现代电机典藏系列

电机的暂态与MATLAB优化设计

［罗马尼亚］扬·博尔代亚（Ion Boldea）
［美］卢西恩·图特拉（Lucian Tutelea） 著

武洁 译

机械工业出版社

本书重点讨论了电机暂态运行与优化设计的相关内容。全书共 9 章，涵盖电机暂态模型的共性问题、各种类型电机的暂态分析与控制方法、有限元法及其在电机电磁分析中的应用、优化设计方法及其在电机设计中的应用。第 1 章介绍了几种用于处理电机暂态过程的常用模型。第 2~4 章分别以有刷换向器直流电机、同步电机、感应电机为例，讨论了不同类型电机的电磁暂态和机电暂态，在此基础上分析了电机的控制方法和参数测定/估计方法。第 5 章介绍了有限元法的基础理论。第 6 章分别以单相永磁直线电机、旋转永磁同步电机、三相感应电机为例，讨论了有限元法在电机电磁分析中的应用。第 7 章介绍了电机优化设计的基础理论。第 8 章和第 9 章分别以表贴式永磁同步电机和感应电机为例，详细讨论了电机设计的步骤，采用遗传算法和 Hooke-Jeeves 算法两种方法进行了优化设计，并对设计结果进行了详细分析。

本书的特点是每一章内容都尽量贴近工程实际，将理论分析、实验和工程设计紧密结合在一起。本书可作为高等院校电工理论与新技术、电机系统及其控制、智能电器与电工装备等学科方向相关高阶课程的教学用书，也可供有关工程技术人员、研究生和教师参考。

译者序

"电机学"是电气工程专业的核心课程之一。电机发明至今已有200多年的历史,已成为工业的"肌肉",在现代文明的发展中起着关键、重要的作用。随着新材料、新技术、新思想的出现,电机学科仍在发展之中。

本书是 *Electrical Machines: Steady State, Transients, and Design with MATLAB®* 的第二部分,详细介绍了各种类型电机的暂态模型、暂态分析和控制方法、有限元法及其在电机电磁分析中的应用、优化设计方法及其在电机设计中的应用等内容,涵盖了电机暂态的分析模型和控制方法、电机优化设计的基础理论和设计方法。

本书作者 Ion Boldea 和 Lucian Tutelea 是罗马尼亚蒂米什瓦拉理工大学教授。Ion Boldea 教授长期活跃在学术界和工业界,因在电机领域的杰出贡献当选为 IEEE Fellow、罗马尼亚工程院和欧洲科学院院士,荣获 IEEE 尼古拉·特斯拉奖章,在电机领域享有崇高的学术声望。

本书由浙江水利水电学院电气工程学院武洁博士翻译。机械工业出版社的编辑江婧婧在精神上给予了持之以恒的鞭策和鼓励,在此深表感谢!

外文专业书籍的翻译是一个艰难的再创作过程。在翻译过程中,译者努力追求的目标是忠于原文本意,兼顾国内读者的阅读习惯。由于译者水平及经验有限,本书难免存在不当与疏漏之处,敬请广大读者批评指正。

译者
2025年4月于杭州钱塘

原书前言

从能源到电机

电机是一种机电能量转换装置,其中,发电机将机械能转换为电能,电动机将电能转换为机械能。电机的工作状态是可逆的,它们可以很容易地从发电状态切换到电动状态。

能源对现代生活至关重要,可以用于加热/冷却,可以用于制造各种工业和家用电器,还可以用于运输货物和人员。电能是清洁能源,易于远距离传输,并且易于通过电力电子技术进行电能变换,因此电能最适合用于温度(热量)和运动控制。

发电机(除了燃料电池、光伏板和蓄电池)是几乎所有发电厂的电能来源。它们由原动机驱动,如水轮机、燃气轮机和蒸汽轮机、柴油发动机,以及风力或波浪涡轮机。

另一方面,电动机驱动的运动控制系统在所有工业中都是必需的,可以提高生产效率,节约能源,减少污染。

由电力电子通过数字信号处理器(Digital Signal Processor,DSP)进行数字控制的电动机驱动广泛应用于各个领域中,从高架起重机到人员和货物的搬运,从内燃机到混合动力电动汽车,从家用电器到信息产品。电动机的功率可以从单机几百MW到不足1W。家用电器、汽车、船舶、飞机、机器人、台式计算机和便携式计算机,以及手机之中,都有一个或多个电机。

本书内容

本书旨在全面介绍常用电机和新电机,涵盖以下内容:

1) 暂态建模;
2) 控制概述;
3) 有限元分析;
4) 优化设计方法。

如何使用这本书

本书涵盖三个学期的教学内容(一个学期的本科课程和两个学期的研究生课程),包括上面列出的暂态建模和控制概述(第1~4章);有限元分析和优化设计方法（第 5~9 章）。

这三个部分是相互独立的，整本书尽量统一符号。本书包括许多给出计算过程和数值答案的例子，所列出的思考题都给出了提示，以便于求解。

读者人群

本书适用于所有对发电机和电动机的开发、设计、测试和制造感兴趣的电气工程和机械工程学生以及工业研发工程师。

章节内容

第 1 章：基于暂态分析的先进电机（dq，空间矢量）模型。

第 2 章：有刷直流电机的暂态建模、传递函数和控制概述。

第 3 章：同步电机暂态建模、传递函数和控制概述。

第 4 章：感应电机暂态建模、传递函数和主要控制技术。

第 5 章：有限元法概述和直线电机实例研究。

第 6 章：永磁同步电机和感应电机的有限元法及实例分析。

第 7 章：电机优化设计方法的基础知识。

第 8 章和第 9 章：基于 Hooke-Jeeves 和遗传算法的永磁同步电机和感应电机的优化设计以及实例研究。

本书提供了对电机的"全面"覆盖，这一点从详尽的计算机仿真程序可见一斑。本书的许多内容已经在课堂上使用了好几年，而且在持续改进。

本书已经尽量介绍了现有的电机参数、建模和特性的实用表达式，力求使本书能直接应用于研发现代（分布式）电力系统和基于电力电子运动控制的电机工业。

Ion Boldea

Lucian Tutelea

罗马尼亚蒂米什瓦拉

目　　录

译者序
原书前言
第1章　电机的高级模型 ·· 1
　1.1　引言 ·· 1
　1.2　正交（dq）物理模型 ··· 2
　1.3　dq模型中的交变电动势和运动电动势 ··· 3
　1.4　永磁有刷直流电机（$\omega_b = 0$） ·· 4
　1.5　同步电机的基本dq模型（$\omega_b = \omega_r$） ·· 5
　1.6　感应电机的基本dq模型（$\omega_b = 0, \omega_r, \omega_1$） ···································· 7
　1.7　dq模型中的磁饱和 ··· 8
　1.8　dq模型中的趋肤（频率）效应 ··· 10
　1.9　dq模型和交流电机之间的等价关系 ··· 11
　1.10　空间矢量（复变量）模型 ··· 13
　1.11　电机的高频模型 ·· 15
　1.12　本章小结 ·· 16
　1.13　思考题 ·· 18
　　参考文献 ·· 20
第2章　有刷换向器直流电机的暂态 ·· 21
　2.1　引言 ·· 21
　2.2　他励有刷直流电机正交（dq）模型 ··· 21
　2.3　电磁（快速）暂态 ·· 23
　2.4　机电暂态 ·· 25
　　2.4.1　恒励磁（永磁）磁通 Ψ_{dm} ·· 25
　　2.4.2　变磁通暂态过程 ·· 28
　　2.4.3　串励有刷直流电机暂态 ·· 29
　2.5　永磁有刷直流电机的基本闭环控制 ··· 31
　2.6　基于DC-DC变换器的永磁有刷直流电机 ·································· 31

2.7	参数测定/实验2.1	33
2.8	本章小结	34
2.9	思考题	35
参考文献		36

第3章 同步电机的暂态 — 37

3.1	引言	37
3.2	同步电机的一相电感	37
3.3	相量模型	39
3.4	dq0 模型——三相同步参数方程	40
3.5	同步电机 dq0 模型的结构框图	42
3.6	同步电机的标幺化 dq0 模型	45
3.7	dq0 模型的平衡稳态	47
3.8	电磁暂态的拉普拉斯参数	50
3.9	恒速电磁暂态	52
3.10	发电机空载时三相突然短路/实验3.1	53
3.11	给定速度下同步电机的异步运行	56
3.12	机电暂态的降阶 dq0 模型	59
3.12.1	忽略定子暂态	59
3.12.2	忽略定转子笼暂态	59
3.12.3	用于同步电机电压控制的简化（三阶）dq 模型	60
3.13	小偏差机电暂态（标幺值）	62
3.14	大偏差机电暂态	65
3.14.1	直流励磁的异步起动自同步电机/实验3.2	65
3.14.2	并网永磁同步电机的异步自起动	66
3.14.3	相间故障和单相接地故障	67
3.15	受控磁通和正弦电流同步电机的暂态	68
3.15.1	无鼠笼同步电机恒定 d 轴磁通的暂态	68
3.15.2	恒定 ψ_{d0}（i_{d0} 为常数）时永磁同步电机的矢量控制	71
3.15.3	$\cos\varphi_1 = 1$ 时无鼠笼同步电机的定子恒磁通暂态	72
3.15.4	恒磁通 ψ_s 和 $\cos\varphi_s = 1$ 时的同步电机矢量控制	74
3.16	受控磁通和方波电流的同步电机暂态	75
3.16.1	无刷直流电机的暂态模型	76
3.16.2	方波电流控制的直流励磁笼型转子同步电机模型	78
3.17	开关磁阻电机的暂态建模	79
3.18	裂相笼型转子同步电机	84

3.19 同步电机参数的堵转试验/实验3.3 ·· 86
　　3.19.1 堵转时电流衰减实验的饱和稳态参数L_{dm}和L_{qm} ············· 86
　　3.19.2 次暂态电感的单频实验，L_d''和L_q'' ································· 89
　　3.19.3 堵转频率响应实验 ·· 89
3.20 直线同步电机暂态 ·· 91
3.21 本章小结 ·· 94
3.22 思考题 ··· 96
参考文献 ·· 99

第4章 感应电机的暂态 ·· 101
4.1 三相变量模型 ··· 101
4.2 感应电机的dq（空间相量）模型 ·· 103
4.3 三相感应电机与dq模型的关系 ··· 104
4.4 dq模型中的磁饱和与趋肤效应 ·· 105
4.5 稳态空间相量模型：感应电机的笼型和绕线转子 ························· 106
4.6 电磁暂态 ··· 111
4.7 三相突然短路/实验4.1 ·· 112
　　4.7.1 零速时的暂态电流 ·· 115
4.8 小偏差机电暂态过程 ··· 116
4.9 大偏差机电暂态过程/实验4.2 ··· 117
4.10 多机瞬变过程的降阶dq模型 ··· 119
　　4.10.1 其他严重暂态过程 ·· 120
4.11 带有笼型故障的感应电机的m/N_r实际绕组建模 ······················· 121
4.12 受控磁通与可变频率下的暂态过程 ·· 124
　　4.12.1 感应电机空间相量模型的复特征值 ···································· 124
4.13 笼型转子恒定定子磁通暂态及矢量控制基础 ······························ 125
　　4.13.1 笼型转子恒定定子磁通暂态及矢量控制基础 ······················ 130
　　4.13.2 双馈式感应电机转子恒磁通瞬变及矢量控制原理 ··············· 132
4.14 双馈式感应电机作为同步电机的无刷励磁电机 ·························· 133
4.15 堵转试验参数估计/实验4.3 ··· 137
　　4.15.1 用于磁化曲线识别的静止磁通衰减：$\Psi_m^*(I_m)$ ················· 137
　　4.15.2 堵转磁通衰减实验中电阻和漏电感的识别 ························· 139
　　4.15.3 堵转频率响应实验 ·· 139
4.16 裂相电容式异步电机暂态过程/实验4.4 ······································ 141
　　4.16.1 相变量模型 ··· 142
　　4.16.2 dq模型 ··· 143

- 4.17 直线感应电机暂态 ············ 143
- 4.18 本章小结 ············ 146
- 4.19 思考题 ············ 150
- 参考文献 ············ 153

第5章 电磁有限元法概要 ············ 155
- 5.1 矢量场 ············ 155
  - 5.1.1 坐标系 ············ 155
  - 5.1.2 矢量运算 ············ 156
  - 5.1.3 矢量场的曲线积分与曲面积分（通量） ············ 157
  - 5.1.4 微分运算 ············ 158
  - 5.1.5 积分恒等式 ············ 159
  - 5.1.6 微分恒等式 ············ 160
- 5.2 电磁场 ············ 161
  - 5.2.1 静电场 ············ 161
  - 5.2.2 电流密度场 ············ 162
  - 5.2.3 磁场 ············ 163
  - 5.2.4 电磁场：麦克斯韦方程组 ············ 163
- 5.3 场的可视化 ············ 164
- 5.4 边界条件 ············ 166
  - 5.4.1 狄利克雷边界条件 ············ 166
  - 5.4.2 诺伊曼边界条件 ············ 166
  - 5.4.3 混合罗宾边界条件 ············ 167
  - 5.4.4 周期性边界条件 ············ 167
  - 5.4.5 开放边界 ············ 167
- 5.5 有限元法 ············ 170
  - 5.5.1 残差（伽辽金）法 ············ 171
  - 5.5.2 变分（瑞利-里茨）法 ············ 172
  - 5.5.3 有限元法的应用步骤 ············ 172
- 5.6 二维有限元法 ············ 173
- 5.7 有限元分析 ············ 175
  - 5.7.1 电磁力 ············ 177
  - 5.7.2 损耗计算 ············ 178
- 参考文献 ············ 179

第6章 电机电磁分析中的有限元法 ············ 181
- 6.1 单相永磁直线电机 ············ 181

6.1.1 前处理阶段 ……………………………………………………………… 182
6.1.2 后处理阶段 ……………………………………………………………… 186
6.1.3 小结 ……………………………………………………………………… 192
6.2 旋转永磁同步电机（6槽4极） …………………………………………… 193
6.2.1 永磁无刷直流电机的前处理 …………………………………………… 194
6.2.2 永磁无刷直流电机的后处理 …………………………………………… 199
6.2.3 小结 ……………………………………………………………………… 213
6.3 三相感应电机 ……………………………………………………………… 213
6.3.1 感应电机的理想空载 …………………………………………………… 216
6.3.2 转子导条趋肤效应 ……………………………………………………… 221
6.3.3 小结 ……………………………………………………………………… 227
参考文献 …………………………………………………………………………… 227

第7章 电机优化设计：基础篇 ……………………………………………… 229
7.1 电机设计问题 ……………………………………………………………… 229
7.2 优化方法 …………………………………………………………………… 232
7.3 最优电流控制 ……………………………………………………………… 235
7.4 改进的 Hooke-Jeeves 优化算法 …………………………………………… 239
7.5 基于遗传算法的电机设计 ………………………………………………… 243
参考文献 …………………………………………………………………………… 247

第8章 表贴式永磁同步电机的优化设计 …………………………………… 248
8.1 设计主体 …………………………………………………………………… 248
8.2 电负荷和磁负荷 …………………………………………………………… 248
8.3 选择几个尺寸因子 ………………………………………………………… 249
8.4 一些工艺限制 ……………………………………………………………… 250
8.5 磁性材料的选择 …………………………………………………………… 251
8.6 尺寸设计方法 ……………………………………………………………… 253
8.6.1 转子大小 ………………………………………………………………… 256
8.6.2 永磁体磁通计算 ………………………………………………………… 257
8.6.3 有源材料的质量 ………………………………………………………… 262
8.6.4 损耗 ……………………………………………………………………… 263
8.6.5 热校核 …………………………………………………………………… 263
8.6.6 电机特性 ………………………………………………………………… 264
8.7 基于遗传算法的优化设计 ………………………………………………… 264
8.7.1 目标（适应度）函数 …………………………………………………… 265
8.7.2 基于遗传算法的永磁同步电机优化设计：案例研究 ………………… 266

8.8 基于 Hooke-Jeeves 算法的永磁同步电机优化设计 ……………………… 277
8.9 本章小结 ……………………………………………………………… 283
参考文献 …………………………………………………………………… 283

第9章 感应电机的优化设计 …………………………………………… 284
9.1 用于感应电机设计的实用解析模型 …………………………………… 284
9.1.1 设计主体 ………………………………………………………… 284
9.1.2 设计变量 ………………………………………………………… 284
9.1.3 感应电机尺寸 …………………………………………………… 286
9.1.4 感应电机参数 …………………………………………………… 291
9.2 基于遗传算法的感应电机优化设计 …………………………………… 295
9.3 基于 Hooke-Jeeves 算法的感应电机优化设计 ………………………… 304
9.4 电机性能 ……………………………………………………………… 309
9.5 本章小结 ……………………………………………………………… 314
参考文献 …………………………………………………………………… 315

第1章 电机的高级模型

1.1 引言

在本书第一部分中，我们只对稳态运行模式下的电机进行了探讨。在稳态模式下，电机的转速、端电压、电流、幅值，以及频率均为恒定值。事实上，所有的电机无论运行在发电机状态还是电动机状态，当它们连接到电网或者利用PWM静态变换器进行闭环调速时，不免会经历暂态过程，在暂态模式下，电机的转速、电压、电流、幅值，以及频率会发生变化。

估计电机运行参数的时候我们优先选择暂态，通过分析相应的电机暂态响应来获取电机的运行参数。本章介绍一些用于处理电机暂态过程的常用模型。

电机模型主要有两类：
- 电路模型
- 场路耦合模型

电机模型的另一种分类方法：
- 基频模型
- 超高频模型：例如，当PWM静态变换器为电机供电时的开关频率很高，需考虑电机内部的杂散电容。

电路模型主要包括：
- 一相电路的等效模型
- 正交（dq）空间相量（复变量）模型[1-6]

场路耦合模型已经得到广泛认可：
- 解析磁场模型：在《电机的稳态模型、测试及设计》这本书中，这种方法用于推导电机稳态运行的简化电路模型[7-8]。
- 有限元模型[7-8]：当需要考虑二次效应（如电机的槽开口，电机负载饱和，趋肤效应）时，场路耦合的数值积分模型可以用来研究电机在稳态或暂态的运行状况。本书的第三部分详细阐述了有限元法，它在电机和驱动器的改进设计中至关重要。
- 多重磁路模型：将电机区域划分为磁通密度相同的磁导区，这些区域可以是三维的，并且计及槽中绕组的位置以及线圈连接、槽开口、磁饱和。粗略地讲，采用这种方法可以将计算量降低到原先的十分之一以下[9]。

其他模型，如已经提出的螺旋矢量理论[10]，尚未获得广泛的认可。

在上述所有模型中，我们将深入讨论物理正交模型及其衍生的空间矢量（复变）模型，它们广泛应用于研究电力系统中的电机暂态和电力传动的变速电力电子控制。dq 模型也可以从数学角度、变量变换或通过物理模型（可建模和可测试）来得到。

由于物理模型更为直观，我们首先从物理模型展开讨论。

1.2 正交（dq）物理模型

电机的正交（dq）物理模型如图 1.1 所示。

这个模型反映电机的物理实际，因而被称为物理模型（在英国，这种模型一直被用于教学并沿用至今）。

本章介绍的 dq 物理模型在定子和转子上带有电刷-换向器绕组，电刷沿着 2 个相互正交的 d 轴和 q 轴。在定子上有 2 个这样的绕组（d 和 q），在转子上有 3 个这样的绕组（沿 d 轴方向的 d_r 和 F，沿 q 轴方向的 q_r），所有绕组的电刷都与正交轴 d 和 q 对齐。众所周知，对于电刷换向器电机，非对称电枢线圈的电枢磁场轴线随电刷中心线偏移。

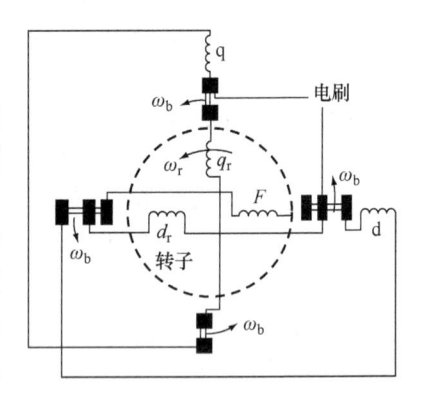

图 1.1 电机的正交（dq）物理模型

因此，所有绕组的磁动势和相应的气隙磁场通常沿着电刷中心线方向，并且在所有运行模式下均处于静止状态。

另一方面，定子线圈处于静止状态，而转子线圈以速度 ω_r 旋转，转子磁场轴线的转速与电刷的速度 ω_b 相同。电刷也会消耗一小部分功率。

我们应该提到的是在实际的电刷-换向器绕组中，气隙磁动势的波形是三角形而不是正弦波形，这里只考虑基波。我们也注意到，对于所有正交绕组，当且仅当将电刷连接到具有磁各向异性（凸极）的电机部件（定子和转子）时，自感和互感与转子位置无关。

通过这种方法，我们得到了具有恒定系数（电感）的 dq 物理模型的微分方程组。

这是一种非常简单处理电机暂态的方法，但是我们必须计算出 dq 物理模型与实际电机之间的等价关系。

现在讨论同步有刷换向器和感应电机中电刷速度 ω_b 的限制。

如果电机具有凸极转子，例如同步电机，必须满足 $\omega_b = \omega_r$，以获得与 dq 模型参数（电感）无关的转子位置。

实际上，图 1.1 中 $\omega_b = \omega_r$ 的 dq 模型直接指的是同步电机。如果定子显示出凸极性，比如在有刷换向器电机中 $\omega_b = 0$，除了定子 d 轴绕组和转子 q_r 绕组外，其他绕组都被消除。

对于气隙均匀的电机（感应电机）来说，在任意的电刷（轴）速度 ω_b 情况下，dq 模型的电感均与转子位置无关。而 $\omega_b = 0$、ω_r、ω_1 是应用最广泛的主轴转速。

dq 物理模型中的电刷-换向器（见图 1.1）是得出相同 dq 模型的数学坐标（或变量）变换下的物理对应关系。

dq 模型什么情况下能正确地模拟实际的三（两）相同步电机和感应电机？

从图 1.1 可以看出，按照 dq 轴旋转速度 ω_b 运动的电机部件，即 d 和 q 轴绕组应该是对称的。此外，dq 模型中（和实际电机中）所有绕组的磁场（不一定是磁动势）应该沿着转子圆周呈正弦空间分布。通过增加额外的 dq 绕组可以处理该磁场的空间谐波，这些绕组的 dq 轴以不同的速度 ω_{bv} 旋转。

dq 模型可以用于处理双凸极电机（开关磁阻电机）吗？

答案是肯定的，但是只有当转子没有绕组且定子绕组电感随转子位置正弦变化时才成立。在同步电机中［三相开关磁阻电机（SRM）］，互感几乎为零。在永磁同步电机中，永磁磁场应该在定子绕组中产生正弦波电动势，以使 dq 模型适用于这个范围。

所以 dq 模型不仅可以应用于分布式交流绕组电机（同步电机和感应电机），也可以应用于非叠绕定子线圈的电机（开关磁阻电机和永磁同步电机），此时转子上没有绕组，定子绕组电感随转子位置呈正弦变化，同时永磁磁场产生的电动势也按正弦变化。

为了证明上述结论，我们将研究变压器（脉动）电动势和动生（切割）电动势的概念。

1.3 dq 模型中的交变电动势和运动电动势

在耦合电路中，感应电动势有两种类型：一种是由交变磁通产生的（变压器）电动势，记为 E_p；另一种是由导体和磁场之间的相对运动产生的电动势，记为 E_m。这是因为，绕组交链的磁链 $\Psi(\theta,t)$ 与位置和时间相关。

总电动势 E_t 为

$$E_t = -\frac{\mathrm{d}^{\ominus}\Psi(\theta,t)}{\mathrm{d}t} = E_p + E_m \tag{1.1}$$

$\ominus$　此处原书有误。——译者注

$$E_p = -\frac{\partial \Psi(\theta,t)}{\partial t} \ ; \ E_p = -\frac{\partial \Psi(\theta,t)}{\partial \theta_r} \cdot \frac{d\theta_r}{dt} \quad (1.2)$$

注：在直线电机中，转子的位置角 θ_r 用直线位置 x 代替。

假设与绕组交链的磁链在两个坐标轴上的分量随 θ_r 以正弦规律变化，

$$\Psi_d(\theta_r) = \Psi_m \sin\theta = \frac{\partial \Psi_q}{\partial \theta} \ ; \ \Psi_q(\theta_r) = -\Psi_m \cos\theta = -\frac{\partial \Psi_d}{\partial \theta} \quad (1.3)$$

图 1.1 中，沿着 ω_r 的旋转方向，q 轴超前于 d 轴。由式 (1.3) 可以得出，在一个正交轴上的运动电动势是由另外一个正交轴上的磁链产生。

两个绕组的最大磁链相同，因而两个绕组对称，但这种情况只有在 dq 轴跟随 dq 绕组旋转时才成立。在《电机的稳态模型、测试及设计》这本书中已经讨论过，只有动生电动势有助于转矩的产生。

1.4 永磁有刷直流电机（$\omega_b = 0$）

现在再次讨论永磁有刷直流电机的情况（见图 1.2）。

永磁有刷直流电机的 dq 模型可以从图 1.1 得到：去掉图中的所有绕组，只保留转子 q 轴绕组（电枢绕组），并在定子中引入一个沿 d 轴的永磁体来产生磁场。

由于凸极在定子（本例的永磁体）上，因此，在现实中电刷固定在定子侧，并且定子绕组不需要有电刷-换向器。注意到图 1.2b 中转子绕组磁场的轴线固定在 q 轴上，可以暂时忽略电刷。永磁电机通过转子的转动产生感应电动势。

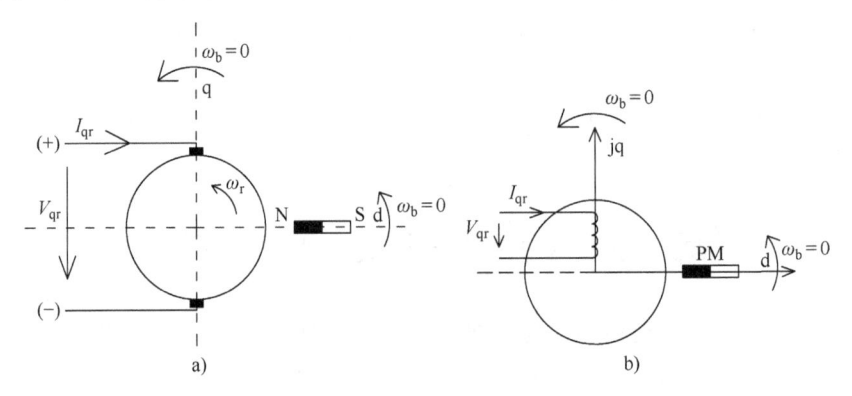

图 1.2 a) 永磁有刷直流电机 b) dq 模型

最后，我们可以得到一个电压方程：

$$V_{qr} = R_a I_{qr} + \frac{\partial \Psi_{qr}}{\partial t} + \frac{d\Psi_{qr}}{d\theta_r} \cdot \frac{d\theta_r}{dt} \quad (1.4)$$

$\mathrm{d}\theta_r/\mathrm{d}t$ 指的是绕组中相应的导体与外施励磁磁场的相对运动。

$$\frac{\mathrm{d}\theta_r}{\mathrm{d}t} = \omega_r - \omega_b = \omega_r \tag{1.5}$$

由方程（1.4）可得

$$\frac{\partial \Psi_{qr}}{\partial \theta_r} = \Psi_{dr} = \Psi_{pm}; \quad \Psi_q = L_a I_{qr} \tag{1.6}$$

令 Ψ_{dr} 表示沿 d_r 轴放置的转子 q_r 轴虚拟绕组交链的磁链。事实上，这种情况不存在，因为其磁链直接来自于定子中沿 d 轴产生的永磁磁链。

因此，方程（1.4）变为

$$V_{qr} = R_a I_{qr} + L_a \frac{\mathrm{d}i_{qr}}{\mathrm{d}t} + \Psi_{pm}\omega_r \tag{1.7}$$

方程（1.7）的两边同乘以 i_{qr}：

$$V_{qr}I_{qr} = R_a I_{qr}^2 + L_a I_a \frac{\partial i_{qr}}{\partial t} + \Psi_{pm}\omega_r i_{qr} \tag{1.8}$$

$$\underbrace{\phantom{V_{qr}I_{qr}}}_{\text{输入功率}} \quad \underbrace{\phantom{R_a I_{qr}^2}}_{\text{铜耗}} \quad \underbrace{\phantom{L_a I_a \frac{\partial i_{qr}}{\partial t}}}_{\substack{\text{磁场能}\\\text{量变化}}} \quad \underbrace{\phantom{\Psi_{pm}\omega_r i_{qr}}}_{\text{电磁功率}}$$

式中，ω_r 是电转子角速度，$\omega_r = p_1 \Omega_1 = p_1 2\pi n$；$n$ 是转子速度，其单位为 r/s；p_1 是电机的极对数。

用电磁功率 P_e 可直接得到转矩 T_e：

$$T_e = \frac{P_e}{\Omega_r} = p_1 \Psi_{pm} i_{qr} \tag{1.9}$$

在方程（1.4）中有

$$T_e = \frac{p_1 N}{a} \cdot \frac{\Phi_p i_{q1}}{2\pi} = p_1 \Psi_{pm} i_{qr} \tag{1.10}$$

式中，N 是转子槽中导体的总数；a 是电流支路数；Φ_p 是一个极的磁通。

因此

$$\Psi_{pm} = \frac{N}{a} \cdot \frac{\Phi_p}{2\pi} \tag{1.11}$$

有刷直流电机是 dq 模型的简化版。

1.5 同步电机的基本 dq 模型（$\omega_b = \omega_r$）

对于同步电机（SM）来说，dq 轴通常固定在转子上（$\omega_b = \omega_r$），因此转子电路中不会出现动生电动势，因为其结构是不对称的（见图 1.3）。

定子中的动生电动势与（$-\omega_b$）成比例，（$-\omega_b$）是定子线圈相对于 dq 轴

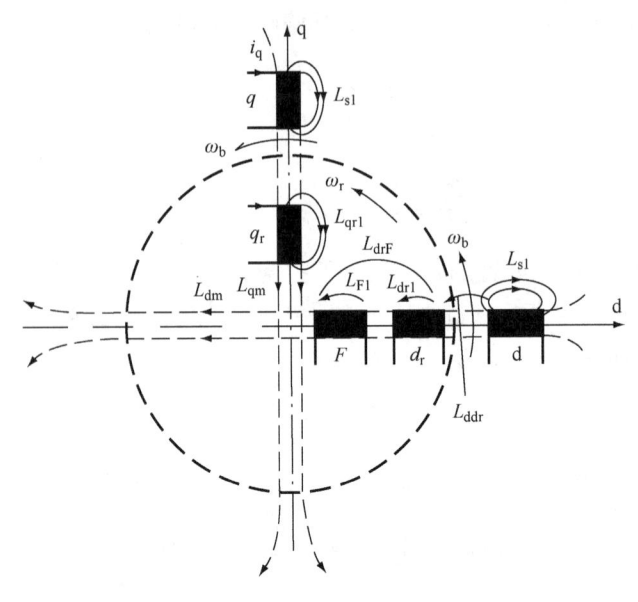

图 1.3 同步电机的基本 dq 模型

磁场的速度。

因此,定子方程可以表示为

$$V_d = R_s I_d + \frac{\partial \Psi_d}{\partial t} - \omega_r \Psi_q; \ \frac{\partial \Psi_d}{\partial \theta_{er}} = -\Psi_q; \ \frac{d\theta_{er}}{dt} = \omega_r \tag{1.12}$$

$$V_q = R_s I_q + \frac{\partial \Psi_q}{\partial t} + \omega_r \Psi_d; \ \frac{\partial \Psi_q}{\partial \theta_{er}} = \Psi_d \tag{1.13}$$

$$V_F = R_F I_F + \frac{\partial \Psi_F}{\partial t} \tag{1.14}$$

$$0 = R_{dr} I_{dr} + \frac{\partial \Psi_{dr}}{\partial t} \tag{1.15}$$

$$0 = R_{qr} I_{qr} + \frac{\partial \Psi_{qr}}{\partial t} \tag{1.16}$$

将方程(1.12)和方程(1.13)的两端同时乘以 I_d 和 I_q,然后将两式相加可以得到:

$$\underbrace{V_d I_d + V_q I_q}_{\substack{\text{输入功率} \\ P_e \text{ 等于}}} = R_s (I_d^2 + I_q^2) + \underbrace{I_d \frac{\partial \Psi_d}{\partial t} + I_q \frac{\partial \Psi_q}{\partial t}}_{\text{磁场能量变化}} + \underbrace{\omega_r (\Psi_d I_q - \Psi_q I_d)}_{\text{电磁功率}} \tag{1.17}$$

$$P_e = T_e \frac{\omega_1}{p_1}; \ T_e = p_1 (\Psi_d I_q - \Psi_q I_d) \tag{1.18}$$

增加运动方程使方程组更加完整:

$$\frac{J}{p_1}\frac{d\omega_r}{dt} = T_e - T_{load}; \frac{d\theta_{er}}{dt} = \omega_r \qquad (1.19)$$

还必须添加磁链-电流的关系。由于 dq 轴是正交的,在没有磁饱和的情况下,d 轴和 q 轴之间没有磁耦合,因此

$$\Psi_d = L_{sl}I_d + \Psi_{dm}; \; \Psi_{dr} = L_{drl}I_{dr} + \Psi_{dm} + L_{drF}(I_{dr} + I_F)$$
$$\Psi_F = L_{F1}I_F + \Psi_{dm} + L_{drF}(I_{dr} + I_F); \; \Psi_{dm} = L_{dm}(I_d + I_{dr} + I_F) = L_{dm}I_{dm}$$
$$\Psi_q = L_{sl}I_q + \Psi_{qm}; \; \Psi_{qr} = L_{qrl}I_{qr} + \Psi_{qm}; \; \Psi_{qm} = L_{qm}(I_q + I_{qr}) = L_{qm}I_{qm}$$
$$(1.20)$$

方程 (1.12) ~ 方程 (1.20) 描述了一个八阶系统,其变量为 6 个电流、ω_r 和 θ_{er},输入量是 V_d、V_q、V_F 和 T_{load}。使用 6 个磁通变量并以电流作为虚拟变量也是可行的。

1.6 感应电机的基本 dq 模型 ($\omega_b = 0$, ω_r, ω_1)

考虑带有对称槽和转子绕组的感应电机。这种电机在定子和转子上各有两个对称正交的绕组。如图 1.4 所示,两个对称正交绕组可以转化为互差 120° 的三相绕组,比如在感应电机中就是如此。

现在, dq 轴的速度 ω_b 是无约束的。

在定子和转子中产生的动生电动势为

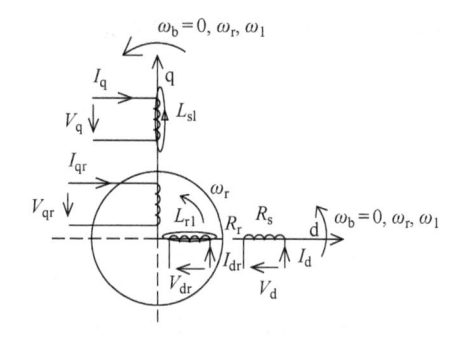

图 1.4 感应电机的基本 dq 模型

$$V_d = R_s I_d + \frac{\partial \Psi_d}{\partial t} - \omega_b \Psi_q$$

$$V_q = R_s I_q + \frac{\partial \Psi_q}{\partial t} + \omega_b \Psi_d$$

$$V_{dr} = R_r I_{dr} + \frac{\partial \Psi_{dr}}{\partial t} - (\omega_b - \omega_r) \Psi_{qr}$$

$$V_{qr} = R_r I_{qr} + \frac{\partial \Psi_{qr}}{\partial t} + (\omega_b - \omega_r) \Psi_{dr} \qquad (1.21)$$

$$T_e = p_1(\Psi_d I_q - \Psi_q I_d)$$

$$\frac{J}{p_1}\frac{\mathrm{d}\omega_\mathrm{r}}{\mathrm{d}t} = T_\mathrm{e} - T_\mathrm{load}; \frac{\mathrm{d}\theta_\mathrm{er}}{\mathrm{d}t} = \omega_\mathrm{r}$$

$$\Psi_\mathrm{d} = L_\mathrm{sl}I_\mathrm{d} + \Psi_\mathrm{dm}; \ \Psi_\mathrm{dr} = L_\mathrm{drl}I_\mathrm{dr} + \Psi_\mathrm{dm}; \ \Psi_\mathrm{dm} = L_\mathrm{m}I_\mathrm{dm}; \ I_\mathrm{dm} = I_\mathrm{d} + I_\mathrm{dr}$$

$$\Psi_\mathrm{q} = L_\mathrm{sl}I_\mathrm{q} + \Psi_\mathrm{qm}; \ \Psi_\mathrm{qr} = L_\mathrm{qrl}I_\mathrm{qr} + \Psi_\mathrm{qm}; \ \Psi_\mathrm{qm} = L_\mathrm{m}I_\mathrm{qm}; \ I_\mathrm{qm} = I_\mathrm{q} + I_\mathrm{qr}$$

(1.22)

从转子方程可以计算转矩：

$$T_\mathrm{e} = -p_1(\Psi_\mathrm{dr}I_\mathrm{qr} - \Psi_\mathrm{qr}I_\mathrm{dr})\tag{1.23}$$

方程（1.23）中 T_e 的负号表示转子上的转矩。笼型转子 $V_\mathrm{dr} = V_\mathrm{qr} = 0$，绕线转子 $V_\mathrm{dr} \neq V_\mathrm{qr} \neq 0$，然后可得方程（1.23）。

1.7 dq 模型中的磁饱和

方程（1.20）和方程（1.22）的磁通-电流关系表现为磁化电感 L_dm、L_qm、L_m 和漏电感 L_sl、L_rl。磁饱和会影响这两部分，特别是主电感，但有两种情况例外，一是转子采用闭口槽；二是漏磁路饱和时，定子（转子）电流仍然很大。为了使 dq 模型包含磁饱和的情况，要注意定子和转子的励磁方式（见表1.1）。

表 1.1

类型	同步电机	异步电机	无刷直流电机
dq 模型	$\omega_\mathrm{b} = \omega_\mathrm{r}$	$\omega_\mathrm{b} = \omega_1$	$\omega_\mathrm{b} = 0$
转子	直流	交流，$\omega_2 = \omega_1 - \omega_\mathrm{r}$	交流，$\omega_2 = \omega_\mathrm{r}$
定子	交流，$\omega_1 = \omega_\mathrm{r}$	交流，ω_1	直流

因此，磁饱和在各种电机的定子和转子中具有不同的表现，铁心损耗也不相同。但如表1.1所示，所有电机的 dq 模型中，在稳态下，电压、电流、磁链均为直流量。这是最适合控制系统设计的。

在电机的 dq 模型中，有很多包含磁饱和的模型。我们这里只给出独特的 dq 轴磁化曲线的模型，$\Psi_\mathrm{dm}(i_\mathrm{m})$ 和 $\Psi_\mathrm{qm}(i_\mathrm{m})$，如图1.5所示。

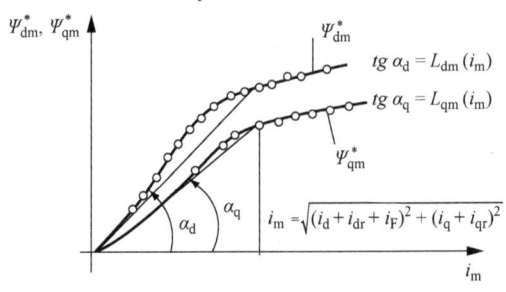

图 1.5 d、q 轴磁化曲线

换言之，在 d、q 轴上的主电感（磁化电感）L_{dm}、L_{qm} 只取决于总磁化电流 I_m：

$$I_m = \sqrt{I_{dm}^2 + I_{qm}^2}\ ;\ I_{dm} = I_d + I_{dr} + I_F;\ I_{qm} = I_q + I_{qr} \tag{1.24}$$

$$\Psi_{dm} = L_{dm}(I_m) \cdot I_{dm}\ ;\ \Psi_{qm} = L_{qm}(I_m) \cdot I_{qm} \tag{1.25}$$

$$L_{dm} = \frac{\Psi_{dm}^*(I_m)}{I_m}\ ;\ L_{qm} = \frac{\Psi_{qm}^*(I_m)}{I_m} \tag{1.26}$$

式中，Ψ_{dm}^* 和 Ψ_{qm}^* 是测量值或计算值。

L_{dm}、L_{qm} 与铁心磁导率 μ_n 有关，如图 1.5 所示。它们在稳态情况下是有效的，准确说是在同步电机的直流励磁转子中有效。

暂态时，将方程（1.24）~方程（1.26）中 Ψ_{dm} 和 Ψ_{qm} 分别对时间求导数，

$$\frac{d\Psi_{dm}}{dt} = \frac{d\Psi_{dm}^*}{di_m}\frac{di_m}{dt}\frac{i_{dm}}{i_m} + \frac{\Psi_{dm}^*}{i_m^2}\left(i_m\frac{di_{dm}}{dt} - i_{dm}\frac{di_m}{dt}\right) \tag{1.27}$$

$$\frac{d\Psi_{qm}}{dt} = \frac{d\Psi_{qm}^*}{di_m}\frac{di_m}{dt}\frac{i_{qm}}{i_m} + \frac{\Psi_{qm}^*}{i_m^2}\left(i_m\frac{di_{qm}}{dt} - i_{qm}\frac{di_m}{dt}\right) \tag{1.28}$$

$$\frac{di_m}{dt} = \frac{i_{qm}}{i_m}\frac{di_{qm}}{dt} + \frac{i_{dm}}{i_m}\frac{di_{dm}}{dt} \tag{1.29}$$

最后

$$\frac{d\Psi_{dm}}{dt} = L_{ddm}\frac{di_{dm}}{dt} + L_{qdm}\frac{di_{dm}}{dt}$$

$$\frac{d\Psi_{qm}}{dt} = L_{qdm}\frac{di_{qm}}{dt} + L_{qqm}\frac{di_{qm}}{dt} \tag{1.30}$$

$$L_{ddm} = L_{dmt}\frac{i_{dm}^2}{i_m^2}\ominus + L_{dm}\frac{i_{qm}^2}{i_m^2}$$

$$L_{qqm} = L_{qmt}\frac{i_{qm}^2}{i_m^2} + L_{qm}\frac{i_{dm}^2}{i_m^2}$$

$$L_{dqm} = (L_{dmt} - L_{dm})\frac{i_{dm}i_{qm}}{i_m^2} = (L_{qmt} - L_{qm})\frac{i_{dm}i_{qm}}{i_m^2} = L_{qdm} \tag{1.31}$$

$$L_{dmt} = \frac{d\Psi_{dm}^*}{di_m}\ ;\ L_{qmt} = \frac{d\Psi_{qm}^*}{di_m}$$

$$L_{dqm} = L_{qdm}\ ;\ L_{dmt} - L_{dm} = L_{qmt} - L_{qm}（互易定理）$$

上述方程得到如下的几条结论：

- 在暂态和稳态两种情况下，沿 d 轴和 q 轴的磁通受电流 i_d 和 i_q 的影响，但是，在这个模型中存在不同的 d 轴和 q 轴磁化曲线。通过有限元法[8]分析，

⊖ 此处原书有误。——译者注

对于欠励大型同步电机来说，这个模型不太合适。

- 暂态情况下（$\mathrm{d}\Psi_{\mathrm{dm}}/\mathrm{d}t \neq 0$ 和/或 $\mathrm{d}\Psi_{\mathrm{qm}}/\mathrm{d}t \neq 0$），由于磁饱和，两个正交轴之间存在磁耦合。
- 只有在没有磁饱和（$L_{\mathrm{dm}} = L_{\mathrm{dmt}}$）或者 i_{d}、i_{q} 至少有一个等于零的情况下才会有磁耦合电感（$L_{\mathrm{qdm}} \neq 0$）。
- 电机轻载堵转时，暂态电感 L_{dmt}、L_{qmt} 可以由电感增量 L_{dmi}、L_{qmi} 来代替，

$$L_{\mathrm{dmi}} = \frac{\Delta \Psi_{\mathrm{dm}}^*}{\Delta i} ; \quad L_{\mathrm{qmi}} = \frac{\Delta \Psi_{\mathrm{qm}}^*}{\Delta i} \tag{1.32}$$

从局部（小幅值）的磁滞回线可以得出磁导率增量 $\mu_i = (120 \sim 150)\mu_0$。
- 在现代的特种电机中应当考虑磁饱和。
- 为了考虑磁饱和，需要把方程（1.28）~方程（1.31）应用到同步电机或者感应电机的 dq 模型中，然后引入磁通变量，但是用 Ψ_{dm}、Ψ_{qm} 代替 Ψ_{d}、Ψ_{q} 作为定子变量，方便求解方程组[11-12]。

1.8 dq 模型中的趋肤（频率）效应

异步电机转子笼上存在趋肤效应，随着 ω_2 升高，当 $k_R > 1$ 时转子电阻 R_r 增大，转子漏电感 L_{rl} 减小。大型同步发电机的转子实心铁心或阻尼笼中也有很强的趋肤效应。

导体中的趋肤效应也受到磁饱和的影响，但是这里没有考虑这种影响。因此，需要将磁饱和的影响从趋肤效应中分离出来。

为了在 dq 模型中包含趋肤效应，引入了两个或三个具有恒定参数（R_{dr} 和 L_{ldr}）的虚拟笼型电路进行并联，使得它们的频率响应与具有可变转子参数的实际电机所指定的全局误差相匹配（见图 1.6）。

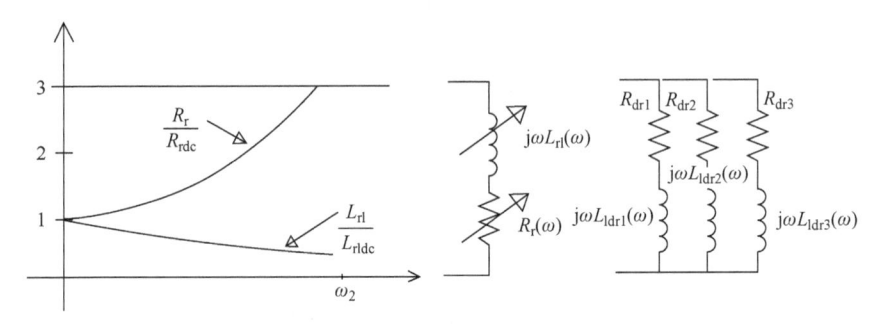

图 1.6 从可变参数的单一支路到不变参数的多支路并联

多电路参数可以用有限元法计算，也可以用回归方法从频率响应的堵转试验

中计算。

在具有较大铁心损耗的电机中,后者可以通过增加两个正交的短路定子绕组(在具有励磁交流电机的一侧)引入 dq 模型,其漏电感可以忽略,其电阻大小可由测量得到或者根据电机[11]的铁耗计算得到。

注:计及磁饱和、频率效应和铁心损耗,dq 模型的精度得到显著改善。

1.9 dq 模型和交流电机之间的等价关系

如果 dq 模型在转矩、功率、速度和损耗方面表现得与实际交流电机一样,那么 dq 模型就是交流电机的合理表示。因此,有必要讨论二者之间的等价关系。

磁动势基波守恒是一个隐含的强等价条件。将 A、B、C 三相定子磁动势矢量投影到 d 轴和 q 轴(见图 1.7),得到

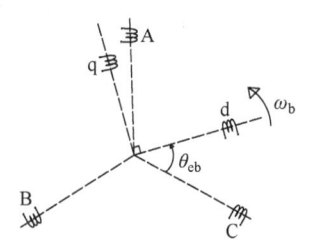

图 1.7 三相交流与 dq 磁动势之间的等价性

$$F_d = W_1 K_{w1} [i_A \cos(-\theta_{eb}) + i_B \cos(-\theta_{eb} + 2\pi/3) + i_C \cos(-\theta_{eb} - 2\pi/3)]$$
$$F_q = W_1 K_{w1} [i_A \sin(-\theta_{eb}) + i_B \sin(-\theta_{eb} + 2\pi/3) + i_C \sin(-\theta_{eb} - 2\pi/3)]$$
(1.33)

又因为

$$F_d = W_d K_{wd} i_d$$
$$F_q = W_d K_{wd} i_q$$
(1.34)

在工程实践中,

$$\frac{W_1 K_{w1}}{W_d K_{wd}} = \frac{2}{3} 或 \sqrt{\frac{2}{3}}$$
(1.35)

可以很容易地看出,$\sqrt{2}/\sqrt{3}$ 对应着从 dq 模型到实际电机的功率守恒比例,而对于 2/3 的比值来说,3/2 倍 dq 模型的功率等价于电机实际有功功率,转矩的等价性亦是如此。由此,2/3 的比例被扩展用于电机控制。

在两相 dq 模型和三相交流电机之间的等效关系还需要一个变量,即零序分量或者 V_0、i_0 和 Ψ_0。

因此,三相定子的所谓广义的 Park 变换,$S(\theta_{eb})$ 在电压、电流和磁链表达式中是相同的。

$$\begin{vmatrix} i_d \\ i_q \\ i_0 \end{vmatrix} = |S_{dq0}| \cdot \begin{vmatrix} i_A \\ i_B \\ i_C \end{vmatrix} ; \theta_{eb} = \int \omega_b dt ; \frac{d\theta_{eb}}{dt} = \omega_b$$
(1.36)

$$|S_{\text{dq}0}| = \frac{2}{3} \begin{vmatrix} \cos(-\theta_{\text{eb}}) & \cos(-\theta_{\text{eb}} + 2\pi/3) & \cos(-\theta_{\text{eb}} - 2\pi/3) \\ \sin(-\theta_{\text{eb}}) & \sin(-\theta_{\text{eb}} + 2\pi/3) & \sin(-\theta_{\text{eb}} - 2\pi/3) \\ 1/2 & 1/2 & 1/2 \end{vmatrix} \quad (1.37)$$

在方程（1.36）中零序分量 i_0 为

$$i_0 = \frac{i_A + i_B + i_C}{3} \quad (1.38)$$

零序分量不产生旋转的磁场，因此，与定子漏电感和电阻之间相互联系。

$$V_{0s} \approx R_s + L_{sl}\frac{di_{0s}}{dt} \quad (1.39)$$

对称稳态和暂态时 $i_0 = 0$，星形联结的任何情况下也有 $i_0 = 0$。

注：Park 变换可以推广到 m_1 相（$m_1 = 6$、9、12…），其中方程（1.37）中的相位角变为 $2\pi/m_1$，方程（1.37）的列数为 m_1。

对于每一个对称三相来说，都需要一个零序分量来实现（数学上的）完全等效，除非对所有三个对称相应用分离的星形联结。

对于有独立中点的 2×3 相，只存在 d_1q_1、d_2q_2。

逆矩阵为

$$[S_{\text{dq}0}]^{-1} = \frac{3}{2}[S_{\text{dq}0}]^T \quad (1.40)$$

dq0 模型中的功率：

$$P_{\text{dq}0} = [V_{\text{dq}0}]^T[I_{\text{dq}0}] = V_d I_d + V_q I_q + V_0 I_0 \quad (1.41)$$

所以

$$\frac{3}{2}P_{\text{dq}0} = \frac{3}{2}[V_{\text{ABC}}]^T[S_{\text{dq}0}]^T[S_{\text{dq}0}][I_{\text{ABC}}] = [V_{\text{ABC}}]^T[I_{\text{ABC}}]$$
$$= V_a I_a + V_b I_b + V_c I_c \quad (1.42)$$

这个等效关系指的是瞬时有功功率，因此瞬时转矩也成立〔对于方程（1.42）的详细推导，见参考文献〔5〕〕：

$$\frac{3}{2}T_{\text{edq}0} = T_{\text{eABC}} = \frac{3}{2}p_1(\psi_d i_q - \psi_q i_d) \quad (1.43)$$

注：在同步电机的转子坐标系（$\omega_b = \omega_r$）和感应电机的同步坐标系（$\omega_b = \omega_1$）的稳态下，电压和电流是直流量，所以 dq 模型中不显示任何的无功功率。

然而，可以证明，实际三相交流电机无功功率 Q_{ABC} 的 dq 模型可以表示为

$$Q_{\text{ABC}} = -\frac{3}{2}(V_d I_q - V_q I_d) \quad (1.44)$$

定子铜耗为

$$p_{\text{copper}} = 3R_s(I_d^2 + I_q^2)/2 \quad (1.45)$$

式中，dq0 模型中的 R_s 就是三相交流系统中的 R_s。

在实际电机和 dq0 模型中,同步电机中的阻尼笼和励磁绕组是相似的(正交的)。

对于转子上有三相交流绕组的绕线式感应电机,采用与定子相似的 Park 变换,但是 d 轴的相位角是 θ_{ebr} 而非 θ_{eb}。

$$\theta_{ebr} = \int (\omega_b - \omega_r) dt \; ; \; \frac{d\theta_{ebr}}{dt} = \omega_b - \omega_r \tag{1.46}$$

因为转子导体相对于 dq 轴(坐标)以 $\omega_b - \omega_r$ 的速度旋转,而 dq 轴以 ω_b 转速旋转。

到目前为止,我们已经定义了三相交流绕组和 dq0 模型的电压、电流、磁链的等效关系,并计及功率-转矩损耗。唯一遗漏的一点是三相交流绕组和 dq 模型电感之间的关系,这将在后续章节中讨论。下面介绍空间相量(复变量)模型。

1.10 空间矢量(复变量)模型

因为空间矢量(或复变量)模型和 dq0 模型基于相同的假设,因此空间矢量(或复变量)模型可以从 dq0 模型推导得出,但它也可以直接从相坐标模型[4,6]推导出来。这里推导时利用现成的 dq0 模型。

对于空间矢量模型,引入定子侧相量可表示为

$$\bar{I}_s = I_d + jI_q \; ; \; \bar{V}_s = V_d + jV_q \; ; \; \bar{\psi}_s = \psi_d + j\psi_q \tag{1.47}$$

式中,$\bar{I}_s$、$\bar{V}_s$、$\bar{\psi}_s$ 分别是电流、电压、磁链的直接空间矢量。

至少对于磁链而言,$\bar{\psi}_s$ 指的是一个空间矢量,其相对于定子 A 相的位置是以转速 ω_b 的旋转磁场的轴线所在的位置。

利用方程(1.36)中的 I_d、I_q,可得

$$I_d + jI_q = \bar{I}_s = \frac{2}{3} \left[I_A + I_B e^{j\frac{2\pi}{3}} + I_C e^{-j\frac{2\pi}{3}} \right] e^{-j\theta_{eb}} \; ; \; \frac{d\theta_{eb}}{dt} = \omega_b \tag{1.48}$$

对于转子来说,$\theta_{ebr} = \int (\omega_b - \omega_r) dt$。

在方程(1.48)中没有零序电流,因此必须加入零序电流。实际上方程(1.48)给出了相位角 θ_{eb} 的旋转变换:

$$\bar{I}_s = \bar{I}_s^s e^{-j\theta_{eb}} \tag{1.49}$$

其中,$\bar{I}_s$ 是定子坐标系的空间矢量。由方程(1.49)的逆变换可得

$$I_A(t) = \text{Re}(\bar{I}_s^s) + I_0 = \text{Re}(\bar{I}_s e^{j\theta_{eb}}) + I_0 \tag{1.50}$$

$$I_0 = \frac{1}{3}(I_A + I_B + I_C) \tag{1.51}$$

对于同步电机和感应电机来说,它们的定子 dq 轴电压方程(1.12)~方程

(1.14) 和方程 (1.6) 是相同的,因为 dq 轴以 ω_b 的速度旋转,所以可以简单地转换成空间矢量(复变量)方程:

$$\overline{V}_s = V_d + jV_q = R_s \overline{I}_s + \frac{d\Psi_s}{dt} + j\omega_b \Psi_s ; \quad \overline{\Psi}_s = \Psi_d + j\Psi_q \quad (1.52)$$

对于绕线式转子感应电机,转子电压方程[方程 (1.6)]为

$$\overline{V}_r = V_{dr} + jV_{qr} = R_r \overline{I}_r + \frac{d\Psi_r}{dt} + j(\omega_b - \omega_r)\Psi_r ; \quad \overline{\Psi}_r = \Psi_{dr} + j\Psi_{qr} \quad (1.53)$$

电磁转矩[方程 (1.44)]为

$$T_e = \frac{3}{2} p_1 \text{Re}[j\overline{\Psi}_s \overline{I}_s^*] = -\frac{3}{2} p_1 \text{Re}[j\overline{\Psi}_r \overline{I}_r^*] \quad (1.54)$$

为了从字面上解释复变量,按照交流电机中典型的对称三相正弦电流的表达式得到

$$I_{ABC} = \sqrt{2} I \cos\left[\omega_1 t - (i-1)\frac{2\pi}{3}\right] ; \quad i = 1, 2, 3 \quad (1.55)$$

根据方程 (1.55) 和方程 (1.48) 可得定子坐标系方程 ($\omega_b = 0$, $\theta_{eb} = \theta_{0s} = 0$):

$$\overline{I}_s^s = \frac{3}{2}\left[i_A(t) + i_B(t)e^{j\frac{2\pi}{3}} + i_C(t)e^{-j\frac{2\pi}{3}}\right] = \sqrt{2} I[\cos\omega_1 t + j\sin\omega_1 t] \quad (1.56)$$

其中,$\theta_{eb} = 0$ 表示 d 轴与定子 A 相轴线重合。

若方程 (1.49) 中的 $\theta_{eb} = \omega_b t = \omega t$,可得同步坐标系 $\omega_b = \omega_1$ 方程为

$$\overline{I}_s = \overline{I}_s^s e^{-j\omega_1 t} = \sqrt{2} I(\cos\omega_1 t + j\sin\omega_1 t)(\cos\omega_1 t - j\sin\omega_1 t) = \sqrt{2} I = I_d \quad (1.57)$$

因此,在定子坐标系 ($\omega_b = 0$) 中,$\overline{I}_s^s$ 指的是一个交流矢量,其位置随时间以 ω_1 角速度变化(见图 1.8a);另一方面,在同步坐标系 ($\omega_b = \omega_1$) 中,沿 d 轴方向的是一个直流矢量(因为在本例中 θ_{eb} 的初始值被选为零),它与 d 轴一起以 ω_1 速度旋转(见图 1.8b)。

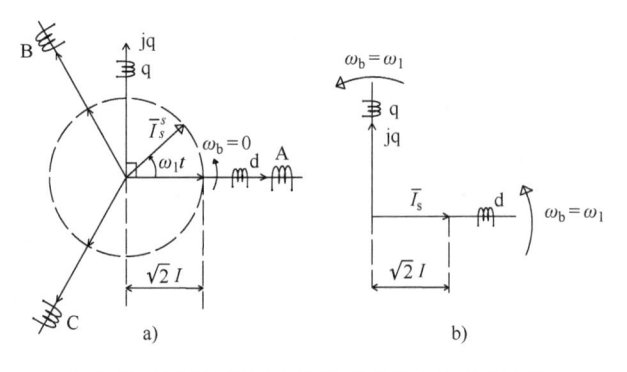

图 1.8 不同坐标系中的稳态交流电流空间相量
a) 定子坐标系 b) 同步坐标系

除了简化 dq0 模型方程外，空间矢量（复变量）在电机磁场定向控制中还提出了一些其他概念。

1.11 电机的高频模型

大气（微秒前沿）波、换向（数十微秒前沿）电压脉冲和 IGBT（MOSFET）触发脉冲（0.5~2μs 前沿波）非常快，以至于对电机的电阻和电感影响很小。而匝间、线圈间、绕组和机座之间的杂散电容与变压器类似（见图 1.9）。在 400Hz 以下，电机的 R、L、E 电路模型是有效的；而在 20kHz 以上，应当采用高频模型（见图 1.9）。

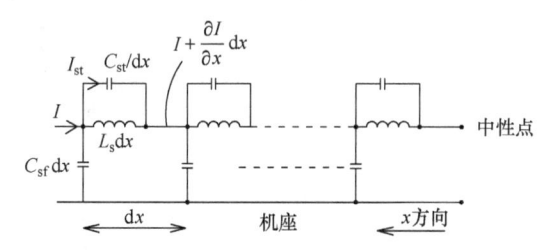

图 1.9 分布式交流定子绕组高频参数电机

电流通过电缆从电力电子电源流向电机，电机通过这种方式与电缆产生相互作用，因而在频率 400Hz~20kHz 之间必须正确建模。施加到电机端口的高频电压脉冲有两种类型：差模（DM）脉冲和共模（CM）脉冲。共模是指中性点电位相对于大地波动，以及通过绕组到机座和机座（轴承）到大地的杂散电容引发的电机响应。

最近的文献报道了感应电机从低频到高频的通用模型[13]（见图 1.10）。如果电路模型的低频部分与《电机的稳态模型、测试及设计》中的内容相关，那么它对所有交流电机都是有效的。

当电机与 PWM 变换器（功率或运动控制）相连接时，这种模型有助于解释电压跳闸的电磁干扰和轴承电流。

图 1.10 中的轴承模型由共模电容（绕组到机座）组成，包括定子到机座（C_{sf}）、转子到机座（C_{rf}）、定子到转子（C_{sr}）和轴承滚珠滚道电阻（R_b），它们与电容（C_b）和非线性阻抗 Z（由于粗糙点接触刺穿油膜而对转子轴进行随机充放电）构成串并联组合电路。C_{sf-0} 对应低频响应。

此时 PWM 变换器提供中性点对地的零序电压 V_{nsg}。低频时，电机端电压从电机端口到中性点均匀分布。

在中频（400Hz~20kHz）下，气隙对低频模型中转子部分的影响可以忽略

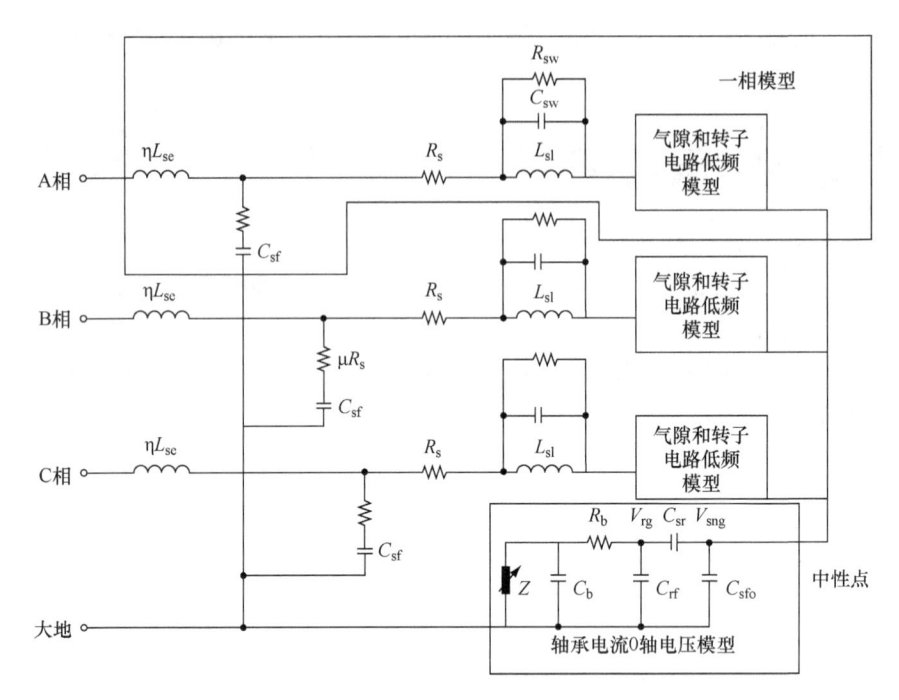

图1.10　交流电机通用（低频-高频）模型

不计。图 1.10 引入了 3 个电容 C_{sf}、C_{sfo}、C_{sw}，以匹配中高频响应：
- C_{sf} 是每相第一个槽的定子-机座电容
- C_{sfo} 是中性点的定子-机座的电容
- C_{sw} 是每相的匝间电容

在这里介绍通用模型是为了内容的完整性，并作为 PWM 变换器控制的发电机和电动机电磁兼容（EMC）的讨论起点。

1.12　本章小结

- 电机与电源连接/断开时，由于负载变化、空气中陡峭的电压脉冲，或者受到功率和运动控制的 PWM 变换器的影响，电机均会经历暂态过程。
- 电机暂态或者高频响应需要专门的建模，该模型需足够精确，且占用 CPU 时间少。
- 电机高频模型包含分布式杂散电容网络，因而可以单独处理。
- 大多数暂态，特别是功率和运动控制的暂态都是指低频，均是通过电路模型进行处理，其中 dq0 模型和空间矢量（复变量）模型已经得到广泛认可，这里直接引入。

- 这些电机模型的等效电路参数可以在设计阶段计算出来，也可以通过特殊实验测量出来。
- 与相位坐标模型相比，dq0（正交轴）模型具有与转子位置无关的恒定的自感和互感的优点。后者将在专门讨论交流电机暂态的章节中进行介绍。
- dq0 物理模型的概念是基于换向器正交绕组，其中所有电刷均与 dq 轴对齐，dq 轴存在于具有磁极（或绕组）的各向异性的电机部件之中。这种方法避免了电机各向异性部件的动生电动势，并且 dq0 模型中的电感保持不变。dq0 模型适用于 2 相、3 相及多相交流电机。
- 除了 dq 物理模型外，对三相交流电机建模中出现的零序电流也进行了等效。对于星形联结或对称（平衡）运行来说，零序电流为 0。在 dq0 模型中，定子和转子变量具有相同的频率 $\omega_1 - \omega_b$。
- 对于 6 相（9 相、12 相）交流电机的建模，在功率、损耗、磁链和转矩方面需要 2 对（3 对、4 对）dq 轴并附加 1（2、3）组零序电流才能实现完全等效。零序电流只作用于定子（转子）漏电感和电阻。
- 对于同步电机 dq0 模型，电刷速度（dq 轴速度）$\omega_b = \omega_r$（转子速度），因为同步电机的转子是直流励磁（或永磁体励磁），或者是磁阻型的 $L_{dm} \neq L_{qm}$。稳态时 dq0 模型中的物理量是直流量，是电机控制的理想情况。
- 对于感应电机 dq0 模型，电刷速度（dq 轴速度）无关紧要，但最常用的是 $\omega_b = 0$、ω_r、ω_1。为了在稳态下得到直流，令 $\omega_b = \omega_1$，即同步坐标系。
- 对于在转子侧采用 PWM 变换器频率控制的绕线式感应电机，dq 轴也可以固定在转子上（$\omega_b = \omega_r$）。定子坐标系（$\omega_b = 0$）可用于研究感应电机的软起动器或定子逆变器馈电作用。
- 在 dq0 模型中，通过引入 d 轴和 q 轴暂态电感（分别对应不同的磁化曲线）可以较好地（尽管不是局部地）考虑磁饱和影响，其中磁化电感 L_{dm}、L_{qm} 仅取决于合成磁化电流 I_m。
- 在 dq0 模型中，通过并联额外的虚拟恒定参数电路来处理感应电机和同步电机转子中的趋肤（频率）效应对漏感和电阻的影响。实际上，对于所有的感应电机和同步电机，三个并联电路即可。
- 空间相量（复变量）模型由 dq 相量 $\overline{V}_s = V_d + jV_q$ 等组成。它提供了方程式的简写形式，并揭示了与旋转磁场概念相关的物理直观解释。零序电流是附加的。
- 交流电机定子或转子对称三相绕组与 dq0 模型的等效是基于磁动势的等效，功率和转矩变换前后比值为 3/2。交流电机的无功功率也可以通过 dq0 模型计算，即使是在直流稳态下也可以。
- 有刷直流电机的电刷放置在电枢中性线上，定子和转子磁场轴线正交，因此有刷直流电机对应于简化的 dq0 模型。

- 本章介绍了三相交流电机与 dq0 模型之间的电压、电流、磁链、功率和转矩的等效关系，这些参数（电感、电阻）的对应关系将在第 3 章和第 4 章中进行讨论。
- 应当指出，m 相交流电机 dq0 模型依据的主要假设条件是：
  – 电机的定转子上有非对称绕组或磁各向异性，从而形成了 dq 轴。
  – 定子上有对称的分布式交流绕组，在气隙中产生正弦电枢磁通密度。此时，凸极转子需在 d 轴用一个薄且虚拟的（超导）隔磁桥代替，从而保证气隙不变。
  – 对于定子侧安装非叠绕（集中）的绕组，且转子上没有绕组的情况：转子或具有磁各向异性或装有永磁体，定子自感和互感随转子位置按正弦规律变化。因为 dq 轴与感生电动势耦合，所以电感按正弦分布对于 dq0 模型至关重要。
  – 对于所有其他情况，应采用相量模型（定子和转子上的非对称三相绕组等）。参见后续章节。
  – 交流直线电机（直线感应电机和直线同步电机）的暂态建模遵循相同的原理，但定子（动子）端部磁路开路造成动态端部效应，以高斯通量定理作为约束条件时，高速直线电机和少极动子的建模更加复杂。

1.13 思考题

1.1 他励有刷直流电机符合 dq0 模型吗？说明原因并写出两个电压方程。

提示：参照 1.4 节，将永磁体改为励磁绕组，观察励磁为零时的动生电动势。

1.2 具有凸极转子的分布式交流三相同步电机（$L_{dm} > L_{qm}$）的 dq0 模型只有当凸极转子具有恒定气隙时才是严格有效的。对于 $2p_1 = 2$ 极电机，画出相应 d（或 q）轴隔磁桥转子。若用永磁体代替隔磁桥，验证 $L_{dm} < L_{qm}$。

提示：$L_{dm} > L_{qm}$ 时，在 d 轴放置一个径向的隔磁桥，在 q 轴填充永磁体，保持转子为圆柱形。

1.3 去除三相同步电机转子上的鼠笼和直流励磁绕组，用 d 轴永磁极代替，从而简化电机 dq0 模型方程，重写磁通-电流关系和转矩简化方程。

提示：参照方程（1.12）~方程（1.20）并简化，用 Ψ_{pm} 替换 $L_{dm}I_F$。

1.4 图 1.11a[○] 为永磁凸极转子（$L_{dm} < L_{qm}$）两相同步电机。定子绕组匝数不同，但用铜量相同。这台电机是否可以用 dq0 模型（零序电流非零）来分析暂态？如果去掉一个定子绕组，在什么坐标系下（$\omega_b = ?$），电机还能用 dq 模型来分析？为什么会这样？

提示：具有相同用铜量的两个正交定子绕组基本对称。

1.5 图 1.11b 是一台两极两相感应电机，其定子绕组和转子笼均是完全对称的。dq0 模型是否适用于这台电机？采用什么坐标系（$\omega_b = ?$）。

[○] 此处原书不准确。——译者注

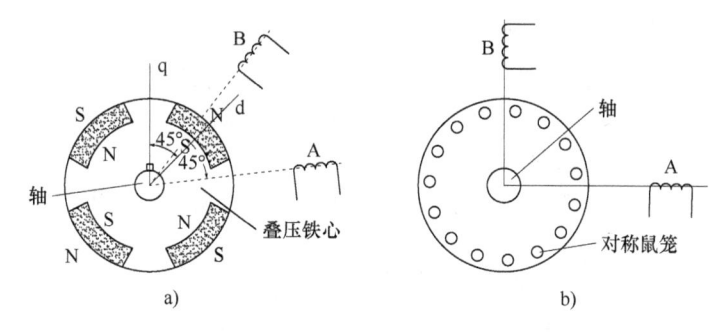

图 1.11 a) 永磁凸极转子两相同步电机 b) 笼型转子两极两相感应电机

提示：两相对称感应电机类似于没有零序分量的 dq 模型。

1.6 一台带绕组线圈的 6 槽 4 极三相永磁同步电机，如图 1.12 所示，与定子线圈交链的永磁磁链随转子位置按正弦规律变化，dq 模型能否应用于这台隐极（恒磁气隙）电机？采用什么坐标系（$\omega_b = ?$）。

提示：定子绕组磁动势 $2p_1 = 4$，它产生同步转矩；其他的定子磁动势谐波加到定子漏感中，它们不会产生非零的平均转矩。

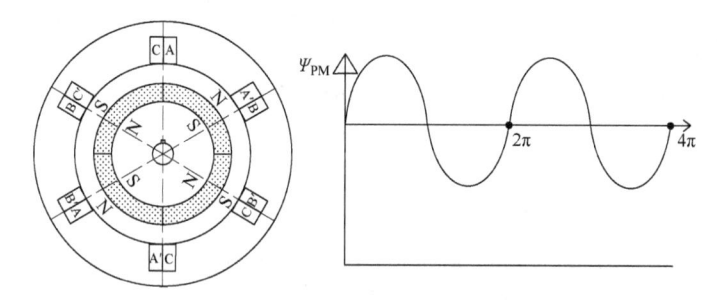

图 1.12 具有正弦永磁磁链的 6 槽 4 极三相永磁同步电机

1.7 6 槽/4 极三相开关磁阻电机（见图 1.13）互感为零，自感如下：

$$L_{A,B,C} = L_{se} + L_0 \cos\left[4\theta_r - (i-1)\frac{2\pi}{3}\right]$$

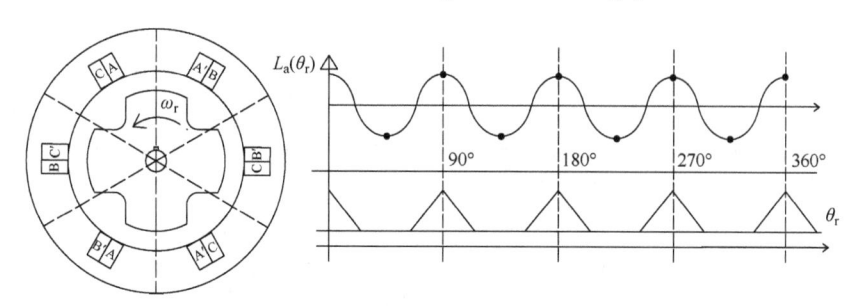

图 1.13 6 槽 4 极三相开关磁阻电机

这台电机可以使用 dq0 模型吗？采用什么坐标系（ω_b = ?）。如果实际的定子相电流是正弦波，能产生转矩吗？正弦波电流是否会导致转矩脉动？

对于电感 L_{AB} 随转子位置变化的线性斜坡和平坦部分（见图 1.13），是否仍可以使用 dq0 模型？如果不能，为什么？

提示：注意，电感随转子按正弦规律变化时，电机变成凸极同步电机。

参 考 文 献

1. R.N. Park, The reaction theory of synchronous machines: A generalized method of analysis, *AIEE Trans.* 48, 1929, 716–730.

2. W.V. Lion, *Transient Analysis of Alternating Current Machinery: An Application of the Method of Symmetrical Components*, MIT, Cambridge, MA, 1954.

3. I. Racz and K.P. Kovacs, *Transient Regimes of AC Machines*, Springer Verlag, 1995 (the original edition in German, 1959).

4. J. Stepina, Complex equations for electric machines at transient conditions, *Proceedings of ICEM-1990*, Cambridge, MA, vol. 1, pp.43–47.

5. I. Boldea and S.A. Nasar, *Electric Machines Dynamics*, MacMillan Publishing Company, New York, 1986.

6. D.W. Novotny and T.A. Lipo, *Vector Control and Dynamics of AC Machines*, OUP, Oxford, U.K., 1996.

7. N. Bianchi, *Finite Element Analysis of Electric Machines*, CRC Press, Taylor & Francis Group, New York, 2005.

8. M.A. Arjona and D.C. MacDonald, A new lumped steady-state model derived from FEA, *IEEE Trans.* EC-14, 1999, 1–7.

9. V. Ostovic, *Dynamics of Saturated Electric Machines*, Springer Verlag, New York, 1989.

10. S. Yamamura, *Spiral Vector Theory of AC Circuits and Machines*, Clarendon Press, Oxford, U.K., 1992.

11. I. Boldea and S.A. Nasar, Unified treatment of core losses and saturation in orthogonal axis model of electric machines, *Proc. IEE*, 134(6), 1987, 355–363.

12. E. Levi, Saturation modeling in dq model of salient pole synchronous machines, *IEEE Trans.* EC-14, 1999, 44–50.

13. B. Mirafzal, G. Skibinski, R. Tallam, D. Schlegel, and R. Lukaszewski, Universal induction motor model for low to high frequency response characteristics, *Proceedings of IEEE-IAS*, Tampa, FL, 2006.

第 2 章 有刷换向器直流电机的暂态

2.1 引言

带有永磁定子的有刷换向器直流电机依然广泛应用在小功率设备上，例如小型风力机以及汽车辅助设备。在大多数应用场景中电机单向旋转，永磁有刷小型直流电机采用低成本的 PWM 变换器使其更具性价比。

另外，直流励磁的有刷换向器电机仍然应用于城市和城际交通运输。尽管其单机运行时只需一个小的励磁电阻即可调节电压，但直流电机仍然很少运行在发电模式。

在低速（100r/min 左右）时，例如，在冶金中使用 1MW 可逆驱动器，具有 3/1 的起动/额定转矩比，有刷直流电机驱动器（四象限运行的双向变换器）在成本/性能方面仍然非常有竞争力。无槽转子结构可提供最快的转矩响应特性。

最后，通用型交流有刷串励电机仅需电压控制，因此其在家用电器和建筑工具领域中有着广泛的应用[1-4]。

因此，尽管有刷换向器电机被认为是即将淘汰的电机，但它们似乎很难消亡。这是本章讨论其暂态的原因之一。

第二个原因是它们代表了最简单的二阶（三阶）系统，可以作为交流电机暂态的典型情况。当采用磁场定向控制时，后者在模型中进行了大幅简化，更接近有刷直流电机，进而转化为自然解耦的磁通（励磁磁通）和转矩控制。

2.2 他励有刷直流电机正交（dq）模型

在 1.4 节中，我们推导了永磁有刷直流电机的 dq 模型。在此模型基础上，定子上只保留一个沿 d 轴的励磁绕组，转子上只保留一个沿 q 轴的电枢绕组，推导出他励有刷直流电机的 dq 模型，如图 2.1 所示。

图 2.1 中，直流励磁电路由一个直流电源单独供电。通过简单的条件约束，该模型可变换为并励或串励，如果有换向极的话还可集成到转子电枢绕组上。

并励时，

$$V_F = V_a$$

串励时，

$$I_F = I_a;\ V_F + V_a = V_{source}$$

由于没有动生感应电动势（即 $\omega_b = 0$），所以磁路方程很简单，并且正交的电枢绕组不会在励磁回路产生变压器感应电动势。

$$R_F I_F - V_F = -L_{Ft}\frac{dI_F}{dt} \tag{2.1}$$

在转子上，存在着动生感应电动势和变压器感应电动势。

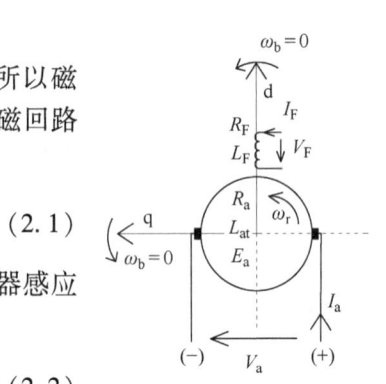

$$R_a I_a - V_a = -L_{at}\frac{dI_a}{dt} - \omega_r \Psi_{dr};\ \Psi_{dr} = L_{dm}I_F \tag{2.2}$$

图 2.1 他励有刷直流电机 dq 模型

Ψ_{dr} 由 d_r 轴上的虚拟的转子电枢绕组产生，实际中并不存在。磁链仅由定子的励磁绕组产生。换言之，L_{dm} 折算到转子上，但 L_F、R_F 和 V_F 不折算。

在《电机的稳态模型、测试及设计》第 4 章中，

$$E_r = k_\Phi n \Phi_p;\ k_\Phi = \frac{p_1 N}{a};\ \omega_r = (2\pi n)p_1 \tag{2.3}$$

式中，n 是转速，单位为 r/s；N 是转子槽中的导体总数；a 是电流支路数；p_1 是极对数。

如果考虑磁路饱和，则方程（2.1）和方程（2.2）中的暂态电感 L_{Ft} 和 L_{at} 为

$$L_{Ft} = L_F + \frac{\partial L_F}{\partial i_F}i_F \leq L_F$$

$$L_{at} = L_a + \frac{\partial L_a}{\partial i_a}i_a \leq L_a \tag{2.4}$$

电感 $L_{dm}(I_F)$ 是产生动生电动势的主要电感。

电磁转矩可以轻易地由 P_e 得出：

$$P_e = T_e 2\pi n = \omega_r \Psi_{dr} I_a = \omega_r L_{dm} I_F I_a \tag{2.5}$$

由《电机的稳态模型、测试及设计》第 4 章可知，由于存在交叉耦合磁饱和，L_{dm} 可能由 I_F 和 I_a 共同决定。

然而，当出现典型的过载情况时（如拖动、冶金、手持工具等应用场景中），通常来说，$L_F(I_F)$、$L_{Ft}(I_F)$、$L_{at}(I_a)$ 和 $L_{dm}(I_F)$ 方程已足够使用，而这些都可以经由测量获得，只需再添加运动方程：

$$\frac{J}{p_1}\frac{d\omega_r}{dt} = T_e - T_{load};\ \frac{1}{p_1}\frac{d\omega_r}{dt} = \theta_r \tag{2.6}$$

我们得到一个四阶系统［方程（2.1）、方程（2.2）和方程（2.6）］，如预

期的那样，其电感参数取决于一些与转子位置无关的变量。

用 s（拉普拉斯算子）表示 d/dt，可得图 2.2 所示的结构图。结构图给出了变量（$I_F I_a$，$I_F \omega_r$）和实际可变电感的乘积，并建立了一个非线性系统。

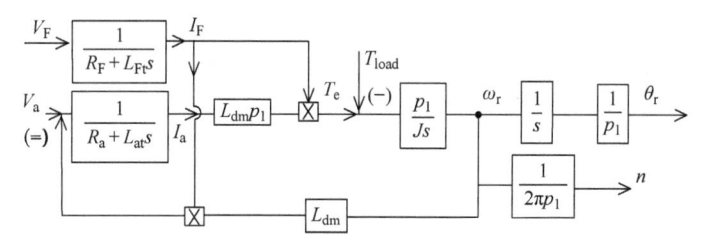

图 2.2 他励有刷直流电机结构框图

为了简化处理暂态问题，我们引入以下三个概念：
- 电磁暂态（n 为常数）；
- 机电暂态（电磁变量和机械变量都发生变化）；
- 机械暂态（仅机械变量发生变化）。

2.3 电磁（快速）暂态

考虑他励有刷直流电机工作在恒转速发电状态的情形（ω_r 为常数）。
通过方程（2.1）~方程（2.3）可得到负载方程：

$$V_F = R_F I_F + L_{Ft} \frac{di_F}{dt}$$

$$V_a = R_a I_a + L_a \frac{di_a}{dt} + \omega_r L_{dm} I_F \tag{2.7}$$

$$V_a = -V_{load} - L_{load} \frac{di_a}{dt}$$

或者拉普拉斯变换后的形式（d/dt 变为 s）：

$$\frac{\widetilde{I}_F}{\widetilde{V}_F} = \frac{1}{R_F + sL_{Ft}} \; ; \; \widetilde{I} = \frac{\widetilde{V}_a}{R_a + sL_{at}} - \frac{\omega_r L_{dm} \widetilde{V}_F}{(R_F + sL_{Ft})(R_a + sL_{at})} \tag{2.8}$$

$$\frac{\widetilde{V}_a}{\widetilde{V}_F} = \frac{\omega_r L_{dm}(R_{load} + sL_{load})}{(R_F + sL_{Ft})(R_{load} + sL_{load} + R_a + sL_{at})} \tag{2.9}$$

除了 R_{load} 和 L_{load}，可以加入反电动势 E_a 模拟有刷直流电机负载。

由方程（2.9）可知，励磁回路在输出电压 $\widetilde{V}_a$ 上引入了延迟，并且方程（2.9）还给出了一个易于处理的二阶系统，通过线性系统整定可以在电机内产生恒定电感。

例 2.1 V_F 突增及短路暂态

一台他励直流发电机的参数如下：$R_a = 0.1\Omega$，$R_F = 1\Omega$，$L_a = 0.5\text{mH}$，$L_F = 0.5\text{H}$，$V_{an} = 200\text{V}$，$I_{an} = -100\text{A}$，$I_{Fn} = 5\text{A}$，转速 $n = 1500\text{r/min}$，负载电阻记为 R_{load}。

当 V_F 升高 20% 时计算方程（2.9）的输出电压传递函数、$V_a(t)$ 和 $I_a(t)$，并计算突然短路电流的变化量。

解：

负载阻值为

$$R_{load} = \frac{-V_{an}}{I_{an}} = \frac{-200\text{V}}{-100\text{A}} = 2\Omega \tag{2.10}$$

要求得方程（2.9）的传递函数，还需求出 $\omega_r L_{dm}$，

$$V_{an} = R_a I_{an} + \omega_r L_{dm} I_{Fn}; \quad 200 = 0.1 \times (-100) + \omega_r L_{dm} \times 5$$
$$\omega_r L_{dm} = 42\Omega \tag{2.11}$$

于是方程（2.9）化为

$$\frac{\tilde{V}_a}{\tilde{V}_F} = \frac{42 \times 2}{(1 + 0.5s)(2 + 0.1s + 0.005s)}$$

当电压 V_F 升高 20%，有

$$\tilde{V}_F = I_{Fn} R_F \frac{0.2}{s} = \frac{5 \times 1^{\ominus} \times 0.2}{s} = \frac{1}{s}$$

于是

$$\tilde{V}_a = \frac{42 \times 2 \times 1}{s(1 + 0.5s)(2.1 + 0.005s)}$$

或者

$$\Delta v_a(t) = 2 \times (20 - 20.9e^{-2t} + 0.95e^{-420t})\text{V}$$

负载电流变化量 $\Delta i_a(t)$ 为

$$\Delta i_a(t) = -\frac{\Delta v_a(t)}{R_{load}} \tag{2.12}$$

由此可得，在励磁回路电压提升 20% 时，输出电压和电流变化量（响应）呈现非周期衰减特性，这是直流发电机作为受控电源的一个独特优点。但是，由于励磁回路时间常数 $T_F = L_F/R_F$ 非常大，响应速度缓慢。若 V_F 变化时输出电压要求快速响应，则 V_F 的上限应很高。

这与交流电机中磁通（电流）的变化非常相似，这就是交流电机磁场定向控制的原理。

同一直流发电机的突然短路也是一种电磁暂态过程（$V_a = 0$，$I_F = I_{Fn}$）：

⊖ 此处原书有误。——译者注

$$\widetilde{I}_{sc} = -\frac{\omega_r L_{dm} I_{Fn}}{R_a + sL_a} \quad (2.13)$$

解得

$$I_{sc}(t) = -\frac{\omega_r L_{dm} I_{Fn}}{R_a} + Ae^{-\frac{t}{T_a}}; \quad T_a = L_a/R_a \quad (2.14)$$

当 $t=0$ 时，$I_{sc}(0) = -I_n$，

$$I_{sc}(t) = -2100 + 2000e^{-0.005t} \quad (2.15)$$

所以短路暂态过程非常短暂，因为电枢时间常数很小，$T_e = 5 \times 10^{-3} s$，对于无槽转子绕组，时间常数甚至小于 1ms。因此，对于有刷直流电机（他励或永磁励磁）来说，突然短路非常迅速且危险，因为只有电阻 R_a 限制最终电流。在所有有刷直流电机驱动器中，保护装置必须快速动作以避免这种情况发生。

2.4 机电暂态

大多数暂态是机电暂态（电气变量和机械变量均不是定值），为了逐步解决这个问题，首先分析恒励磁（或永磁）磁通暂态。

2.4.1 恒励磁（永磁）磁通 Ψ_{dm}

以速度为控制目标，方程（2.1）~方程（2.6）只剩下三个方程：

$$V_a = R_a I_a + L_{at}\frac{di_a}{dt} + \omega_r \Psi_{dm}$$

$$\Psi_{dm} = L_{dm} I_F = \Psi_{pm} \quad (2.16)$$

$$\frac{J}{p_1}\frac{d\omega_r}{dt} = p_1 \Psi_{dm} I_a - T_{load} - B\omega_r$$

拉普拉斯变换后可得

$$\widetilde{V}_a = (R_a + sL_a)\widetilde{i}_a + \widetilde{\omega}_r \Psi_{dm}$$

$$s\widetilde{\omega}_r = \frac{p_1^2}{J}\Psi_{dm}\widetilde{i}_a - (\widetilde{T}_{load} + \widetilde{B\omega}_r)\frac{p_1}{J} \quad (2.17)$$

现在可以得出两种情形的开环传递函数：
- 恒负载转矩 $T_{load} = $ 常数（$\widetilde{T}_{load} = 0$），

$$\widetilde{i}_a = \frac{\widetilde{V}_a(Js + Bp_1)}{(R_a + sL_a)(Js + Bp_1) + p_1^2 \Psi_{dm}^2} = G_i(s)\widetilde{V}_a$$

$$\widetilde{\omega}_r = -\frac{p_1 \Psi_{dm} \widetilde{i}_a}{\dfrac{Js}{p_1} + B} = G_\omega(s)\widetilde{i}_a \quad (2.18)$$

- 恒压 $V_a =$ 常数（$\widetilde{V}_a = 0$），

$$\widetilde{i}_a = \frac{\widetilde{T}_{load} p_1 \Psi_{dm}}{(R_a + sL_a)(Js + Bp_1) + p_1^2 \Psi_{dm}^2} = G_{it}(s) \widetilde{T}_{load}$$

$$\widetilde{\omega}_r = -\frac{(R_a + sL_a) \widetilde{i}_a}{\Psi_{dm}} = G_{\omega t}(s) \widetilde{i}_a$$

(2.19)

根据方程（2.17）画出结构框图，如图 2.3 所示。

建立二阶系统后，由线性系统分析方法可得方程（2.17）中 s 的特征值 $s_{1,2}$，设摩擦转矩为 0，$B = 0$，则有

$$s_{1,2} = \frac{-1 \pm \sqrt{1 - 4T_e/T_{em}}}{2T_e} ; \; B = 0 ; \; T_{em} = \frac{JR_a}{(p_1 \Psi_{dm})^2} ; \; T_e = \frac{L_a}{R_a} \quad (2.20)$$

前文已将 T_e 定义为电气时间常数，T_{em} 为机电时间常数。当 $T_{em} > 4T_e$ 时，特征值为负实数，于是机械响应呈非周期衰减；当 $T_{em} < 4T_e$ 时（小惯量应用场景）呈现周期性衰减。同样，由于加入了内环速度和电压反馈（见图 2.3），永磁有刷直流电机（恒定磁通）具有理想的暂态性能。

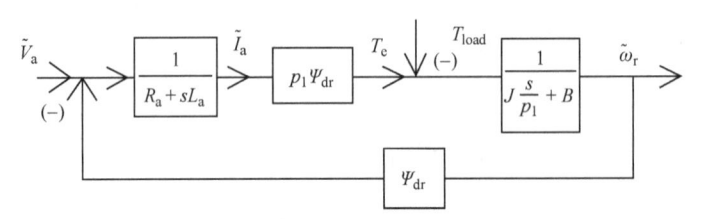

图 2.3 永磁有刷直流电机结构框图

例 2.2 永磁有刷直流电机暂态过程

一台永磁有刷直流电机的参数如下：$P_n = 50W$，$V_n = DC\ 12V$，$\eta_n = 0.9$，$R_a = 0.12\Omega$，$T_e = 2ms$，$p_1 = 1$，$n_n = 1500 r/min$。当直流电压从 DC 12V 突降到 DC 10V 时，计算 $\Psi_{dr} = \Psi_{PM}$（永磁磁链），额定电磁转矩，转速和暂态电流。其中机械惯量 $J = 2 \times 10^{-4} kg \cdot m^2$，$J' = 1 \times 10^{-3} kg \cdot m^2$，负载转矩恒定。

解：

首先由方程（2.16），当 $d/dt = 0$ 可得

$$V_n = R_a I_n + \omega_{rn} \Psi_{PM} ; \; \omega_{rn} = 2\pi p_1 n_n$$

其中

$$I_n = \frac{P_n}{\eta_n V_n} = \left(\frac{50}{0.9 \times 12}\right) A = 4.63 A$$

于是

$$\Psi_{PM} = \left(\frac{12 - 0.12 \times 4.63}{2\pi \times 1500/60}\right) Wb = 0.0729 Wb$$

$$T_{en} = p_1 \Psi_{PM} I_n = (1 \times 0.0729 \times 4.63) \text{N} \cdot \text{m} = 0.3375 \text{N} \cdot \text{m} = T_{load}$$

由方程（2.17）可消去 $\tilde{i}_a$，再将 d/dt 换为 s 可得

$$T_{em} T_e \frac{d^2 \omega_r}{dt^2} + T_{em} \frac{d\omega_r}{dt} + \omega_r = \frac{V_a(t)}{\Psi_{PM}} - T_{load} \frac{R_a}{p_1 \Psi_{PM}^2} \quad (2.21)$$

其中 $T_e = 2 \times 10^{-3}$ s；由方程（2.20）可得 T_{em} 为

$$T_{em} = \frac{JR_a}{(p_1 \Psi_{dm})^2} = \begin{cases} \left(\dfrac{0.0002 \times 0.12}{0.0729^2}\right) \text{s} = 4.516 \times 10^{-3} \text{s} < 4T_e \\ \left(\dfrac{0.001 \times 0.12}{0.0729^2}\right) \text{s} = 22.58 \times 10^{-3} \text{s} > 4T_e \end{cases}$$

方程（2.20）的特征值为

$$\gamma_{1,2} = \frac{-1 \pm \sqrt{1 - 4T_e/T_{em}}}{2T_e} = \begin{cases} \dfrac{-1 \pm \text{j}0.877}{4 \times 10^{-3}} \\ \dfrac{-1 \pm 0.803}{4 \times 10^{-3}} \end{cases}$$

两个惯量下转速初值相同，均为 $n_n = 1500$ r/min（对应 t_0 时刻初始角速度为 $[(\omega_r)_{t_0} = (2\pi \times 1500/60) \text{rad/s} = 157 \text{rad/s}]$，且角速度 ω_{rf} 的最终值对应转矩

$$(\omega_r)_{t=\infty} = \frac{(V_a)_{t=\infty}}{\Psi_{PM}} - \frac{T_{em} R_a}{p_1 \Psi_{PM}^2} = \left(\frac{10}{0.0729} - \frac{0.3375 \times 0.12}{1 \times 0.0729^2}\right) \text{rad/s} = 129.55 \text{rad/s}$$

$$(2.22)$$

另外

$$\left(\frac{d\omega_r}{dt}\right) t = 0 = 0 \quad (2.23)$$

所以可直接解得方程（2.21）的速度为

$$\omega_r(t) = (\omega_r)_t = 0 + A \text{e}^{-250t} \cos(219.25t + \varphi) \quad (2.24)$$

$$\omega_r(t) = (\omega_r)_t = 0 + A_1 \text{e}^{-49.25t} + A_2 \text{e}^{-450t} \quad (2.25)$$

根据边界条件方程（2.22）和方程（2.23），可以很容易地求出方程（2.24）中的 A 和 φ 以及方程（2.25）中的 A_1 和 A_2。

在任何情况下，对于惯性较小的系统，速度响应呈周期性衰减；当惯性很大时，为非周期衰减。小惯性条件下的快速响应意味着速度响应会有超调和衰减振荡，如图2.4所示。

电流响应可由方程（2.17）得到

$$i_a(t) = \left(\frac{J}{p_1} \frac{d\omega_r}{dt} + T_{load}\right)/(p_1 \Psi_{PM}) \quad (2.26)$$

注意：在恒压条件下的类似问题也可以用这种方法解决，只不过负载转矩会逐步增加（或减少）；它与恒负载转矩一样，唯一的区别是 $(di_a/dt)_t = 0 = 0$ 而非

$(d\omega_r/dt)_{t=0}=0$。

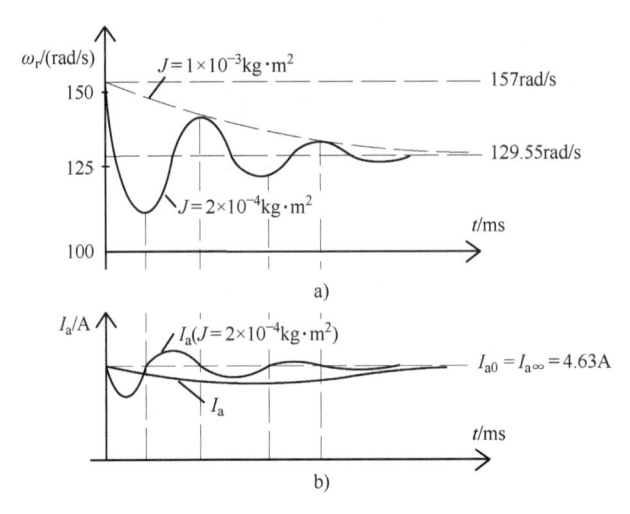

图 2.4 恒负载转矩条件下永磁有刷直流电机的电压从 12V 突降到 10V 时的
a) 速度响应　b) 电流响应

2.4.2 变磁通暂态过程

在额定转子电压条件下，要使转速范围扩展到额定转速（基速）以上，需减少磁通，因此需要直流励磁。这里仍以他励电机为例。

通过方程 (2.1)、方程 (2.2) 和方程 (2.6) 组成的暂态模型可以得到暂态过程的数值解

$$\frac{dI_F}{dt} = \frac{V_F - R_F I_F}{L_{Ft}} \ ; \ \frac{di_a}{dt} = \frac{V_a - R_a I_a - \omega_r L_{dm} I_F}{L_{at}} \qquad (2.27)$$

$$\frac{d\omega_r}{dt} = \frac{p_1}{J}(p_1 L_{dm} I_F I_a - T_{load} - B\omega_r) \ ; \ \frac{d\theta_r}{dt} = \frac{\omega_r}{p_1} \qquad (2.28)$$

现在我们得到了变量的乘积，用小偏差理论对系统进行线性化处理

$$V_F = V_{F0} + \Delta V_F \ ; \ V_a = V_0 + \Delta V_a \ ; \ T_{load} = T_{L0} + \Delta T_L$$

$$I_F = I_{F0} + \Delta I_F \ ; \ I_a = I_0 + \Delta I_a \ ; \omega_r = \omega_{r0} + \Delta \omega_r \ ; \ \theta_r = \theta_{r0} + \Delta \theta_r \qquad (2.29)$$

在初始条件 ($t=0$) 的情况下，令方程 (2.27) 和方程 (2.28) 中的 d/dt 为零

$$V_{F0} = I_{F0} R_F \ ; \ V_0 = R_a I_{a0} + \omega_r L_{dm} I_{F0}$$

$$\theta_{r0} = \theta_0 \ ; \ T_{L0} + B\omega_{r0} = p_1 L_{dm} I_{F0} I_{a0} \qquad (2.30)$$

由小偏差理论可得，方程 (2.27) ~ 方程 (2.29) 矩阵的拉普拉斯变换形式为

$$\begin{bmatrix} \Delta V_F \\ \Delta V_a \\ \Delta T_L \\ 0 \end{bmatrix} = \begin{bmatrix} R_F + sL_{Ft} & 0 & 0 & 0 \\ \omega_{r0}L_{dm} & R_a + sL_{at} & L_{dm}I_{F0} & 0 \\ p_1 L_{dm} I_0 & p_1 L_{dm} I_{F0} & -Js/p_1 - B & 0 \\ 0 & 0 & -1/p_1 & 0 \end{bmatrix} \times \begin{bmatrix} \Delta I_F \\ \Delta I_a \\ \Delta \omega_r \\ \Delta \theta_r \end{bmatrix} \quad (2.31)$$

输入变量 ΔV_F、ΔV_a 和 ΔT_L 与输出（变量）偏差 ΔI_F、ΔI_a、$\Delta \omega_r$ 和 $\Delta \theta_r$ 之间的传递函数可由方程（2.31）导出，而特征值可以由以下方程得出

$$\Delta(s) = (R_F + sL_{Ft}) \left[(R_a + sL_a)\left(\frac{Js}{p_1} + B\right) + p_1^2 L_{dm}^2 I_{F0}^2 \right] = 0 \quad (2.32)$$

因此励磁回路产生一个独立的（解耦的）负实根 $\gamma_3 = -R_F/L_{Ft}$，而另外两个根 $\gamma_{1,2}$ 与恒磁通暂态相同［方程（2.20）］，但计算的是初始励磁电流 I_{F0}（磁通）的情形。

励磁绕组和电枢绕组在空间正交，磁路上无耦合，相互独立，它们的时间常数较大。

磁通暂态是一个变化的过程，所以弱磁（减小 I_F）伴随着更慢的转矩电流（I_a）减小和转矩减小的暂态过程。

这种情况与交流电机磁场定向控制中的弱磁控制非常相似。在交流电机中，励磁电流和转矩电流分量通过 DSP 的在线数学运算实现解耦。

这种相似性引出交流电机的磁场定向（矢量）控制，从而通过电力电子技术彻底改变了电机的控制方法。

通过方程（2.31）可以得到一个相当详细的结构图，如图 2.5 所示。

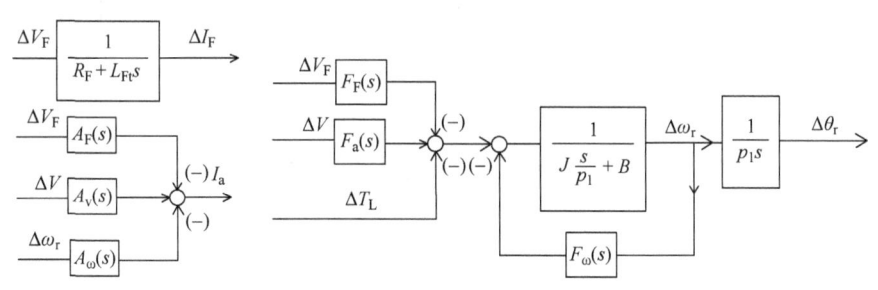

图 2.5 他励有刷直流电机结构框图

2.4.3 串励有刷直流电机暂态

串励有刷直流电机如图 2.6a 所示，只有一个电压方程和一个运动方程（用于调速）。

$$V_a = (R_a + R_{Fs})I_a + [L_{at} + L_{Fst}(i_a)]\frac{di_a}{dt} + \omega_r L_{dm}(i_a) I_a$$

$$T_e = p_1 L_{dm}(i_a) I_a^2 \tag{2.33}$$

$$\frac{J}{p_1}\frac{d\omega_r}{dt} = T_e - T_{load}$$

$L_{dm}(i_a)$ 表示磁饱和几乎不可避免，因为转矩电流 i_a 也是励磁电流（或它与励磁电流成正比）。

根据小偏差理论将系统线性化，并可得出控制方法

$$V_a = V_0 + \Delta V\ ;\ \omega_r = \omega_{r0} + \Delta\omega_r\ ;\ I_a = I_0 + \Delta I_a\ ;\ T_L = T_{L0} + \Delta T_L \tag{2.34}$$

初始条件（$d/dt = 0$）

$$V_0 = (R_a + R_{Fs})I_0 + \omega_{r0}L_{dm}I_0\ ;\ p_1 L_{dm} I_0^2 = T_{L0} \tag{2.35}$$

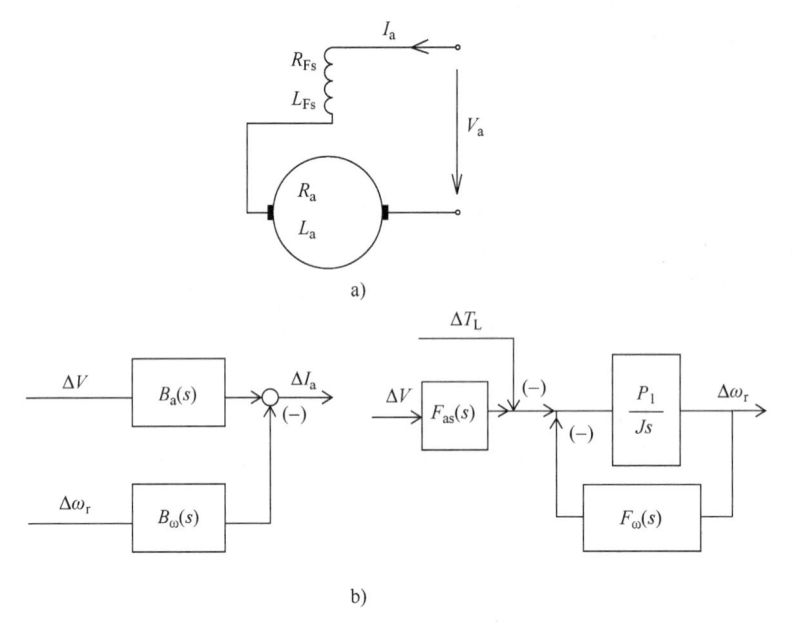

图 2.6 串励有刷直流电机

a) 一般结构　b) 结构框图

从方程（2.33）~方程（2.35）可得小偏差模型

$$\begin{bmatrix} \Delta V \\ \Delta T_L \end{bmatrix} = \begin{bmatrix} R_a + R_{Fs} + \omega_{r0}L_{dm} + s(L_{at} + L_{Fst}) & L_{dm}I_0 \\ 2p_1 L_{dm} I_0 & -Js/p_1 \end{bmatrix} \cdot \begin{bmatrix} \Delta I_a \\ \Delta \omega_r \end{bmatrix} \tag{2.36}$$

方程（2.36）的结构框图如图 2.6b 所示。从方程（2.36）的特征方程中可得特征值为

$$\Delta(s) = [R_a + R_{Fs} + \omega_{r0}L_{dm} + s(L_{at} + L_{Fst})]Js + 2p_1 L_{dm} I_0 = 0 \tag{2.37}$$

与方程（2.32）所示的他励有刷直流电机的 $\Delta(s)$ 相比，可得等效电气时间常数为

$$T_{es} = (L_{at} + L_{Fst})/(R_a + R_{Fs} + \omega_{r0}L_{dm}) \tag{2.38}$$

因此，只有在磁饱和程度随速度减小时等效电气时间常数 T_{es} 才会随速度减小（因为 I_a 随转速降低）。在任何情况下，都有 $T_{es} < T_e = L_a/R_a$，因此，响应速度会比预期更快。

2.5 永磁有刷直流电机的基本闭环控制

基于方程（2.18）和方程（2.19），可以更全面地研究电机转速或转矩基本闭环控制。在这里，仅以方程（2.18）和方程（2.19）说明永磁有刷直流电机的转速控制传递函数，如图 2.7 所示。

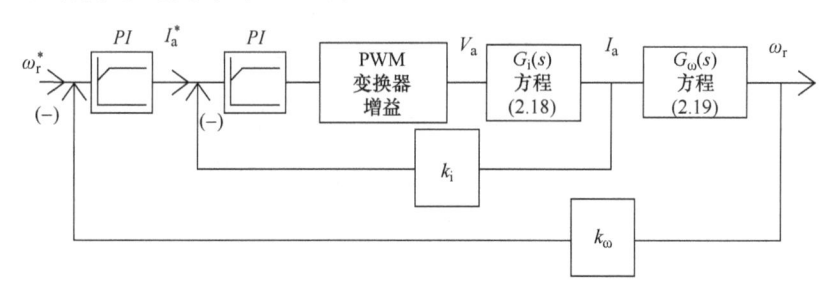

图 2.7 用于永磁有刷直流电机的具有内部电流回路的级联基本闭环控制

k_i 和 k_ω 是电流和速度传感器的增益。有两个闭环，电流环响应快，速度环响应慢。由于开关频率很大，PWM 变换器（通常是 DC-DC 变换器）中的电压变化很快，因此变换器模型可表示为固定增益。在电流连续时这样处理是没问题的，但电流不连续时会导致转速响应迟缓，因此应该避免。

2.6 基于 DC-DC 变换器的永磁有刷直流电机

要实现速度控制，就必须调节 DC-DC 变换器的平均电压 V_{av}。在这里只考虑 DC-DC 变换器单象限运行（见图 2.8a）。首先讨论电流不连续的情况并研究其影响。图 2.8b 给出了流过 IGBT 的电流 I_g，端电压 $V_a(t)$，以及电机不连续电流 $i_a(t)$。

开关频率（$1/T_s$）大于 250Hz。一般情况下，开关频率在千赫兹范围内。采用恒定频率（T_s）脉冲宽度调制（PWM）来调节施加到电机的平均电压 V_{av}。由于机电时间常数 T_{em} 较大，因此转速波动可以忽略不计。

在 IGBT 以及二极管导通时，电压方程为

$$R_a I_a + L_a \frac{di_a}{dt} + \omega_r \Psi_{PM} = V_0 ; \quad 0 \leqslant t \leqslant T_{on} \tag{2.39}$$

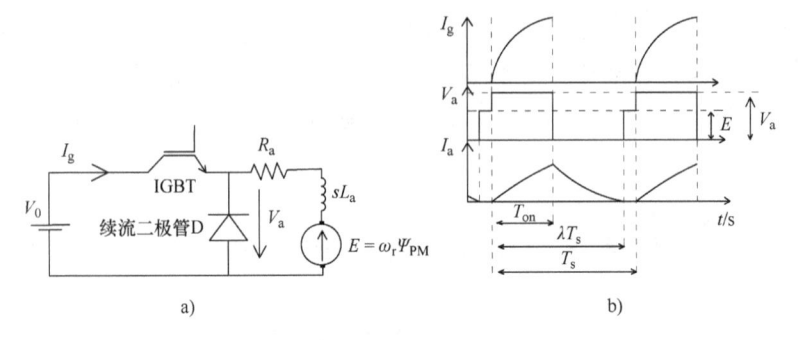

图 2.8　a) DC-DC 变换器驱动永磁有刷直流电机电路图　b) 电流和电压波形

$$R_a I_a + L_a \frac{di_a}{dt} + \omega_r \Psi_{PM} = 0 \ ; \ T_{on} \leq t \leq T_s \tag{2.40}$$

$$T_e = p_1 \Psi_{PM} i_a$$

在电流断续情况下（$\lambda < 1$），方程（2.39）和方程（2.40）的 i_a 可以直接得到

$$I_a(t) = \begin{cases} \dfrac{1}{R_a}(V_0 - \omega_r \Psi_{PM}) + C_1 e^{-t/T_e} \\ -\dfrac{\omega_r \Psi_{PM}}{R_a} + C_2 e^{-(t-\lambda T_s)/T_e} \\ 0 \end{cases}$$

$$T_e = L_a/R_a, \ \lambda T_s \leq t < T_s \tag{2.41}$$

在 $t=0$、T_{on}、T_s 三个时刻，电流保持连续，会产生三个未知数 C_1、C_2 和 λ

$$C_1 = -\frac{1}{R_a}(V_0 - \omega_r \Psi_{PM}) \ ; \ C_2 = \omega_r \Psi_{PM}/R_a$$

$$\lambda T_s = T_{on} + T_e \ln\left[\frac{V_a}{\omega_r \psi_{PM}}(1 - e^{-T_{on}/T_e}) + e^{-T_{on}/T_e}\right] \tag{2.42}$$

方程（2.42）中电流连续时 $\lambda = 1$，从相同的连续性条件可以得出在 $t=0$、T_{on}、T_s 时的 C_1 和 C_2 为

$$C_2 = C_1 + V_0/R_a \ ; \ C_1 e^{-T_{on}/T_e} + V_a/R_a = C_2 e^{-(T_s - T_{on})/T_e} \tag{2.43}$$

两种情况下电枢电压平均值 V_{av} 为

$$V_{av} = \frac{T_{on}}{T_s} V_0 = \alpha V_0 \ (\text{电流连续}, \lambda = 1)$$

$$V_{av} = \frac{T_{on}}{T_s} V_0 + (1 - \lambda)\omega_r \Psi_{PM} \ (\text{电流断续}) \tag{2.44}$$

电机平均电流和平均转矩为

$$I_{av} = \frac{1}{T} \int_0^T I_a(t) dt$$

$$T_{av} = p_1 \Psi_{PM} I_{av} \tag{2.45}$$

因此，对于电流断续的情况，DC-DC 变换器的平均增益更大。为了抵消电流断续对电机动态特性的影响，一旦检测到电流断续的情况，立即以查表的方式人为增加调制系数（增益）α^*，从而维持 V_{av} 和 $\alpha^* + \Delta\alpha = \alpha_a$。出于控制目的，在增益为 α_a 时可以通过采样跟踪零阶保持器来近似 DC-DC 变换器。可控整流器和 2, 4 象限降压/升压 DC-DC 变换器也用于控制有刷直流电机，但本章不做讨论。

2.7 参数测定/实验 2.1

前面的章节解释了有刷直流电机的暂态方程中涉及的参数。本节简要讨论如何从实验中确定这些参数。中等或大功率（牵引或冶金）的电机承受很大的电枢电流。一方面，在某些情况下，可以加入补偿绕组来抵消电枢反应磁场，但是由于励磁电流 I_F 引起的磁饱和仍然存在并且随 I_F 变化；另一方面，小功率电机没有辅助极和补偿绕组，并且在这种情况下，大电枢电流可能影响励磁磁场，从而影响磁饱和水平。具有定子永磁磁极的永磁有刷直流电机，电枢铁心有槽或无槽，都不会出现明显或可变的磁饱和。

这里只使用了一种用于参数估计的基本实验：电流衰减堵转试验。堵转试验并不意味着与另一台电机的耦合，实验的能耗很小。堵转试验包括阶跃响应堵转试验和频率响应堵转试验。这里只介绍阶跃响应（电流衰减）堵转试验。

观察图 2.9a 所示的电机，通过 DC-DC 变换器向电枢回路提供平均初始电流 I_0（见图 2.9b）。IGBT 关断时，电流经过二极管续流，直至 t_{da} 时间后电流衰减为 $0.01 i_0$。续流二极管电压 V_d 和电流 I_a 通过计算机接口采样获得。

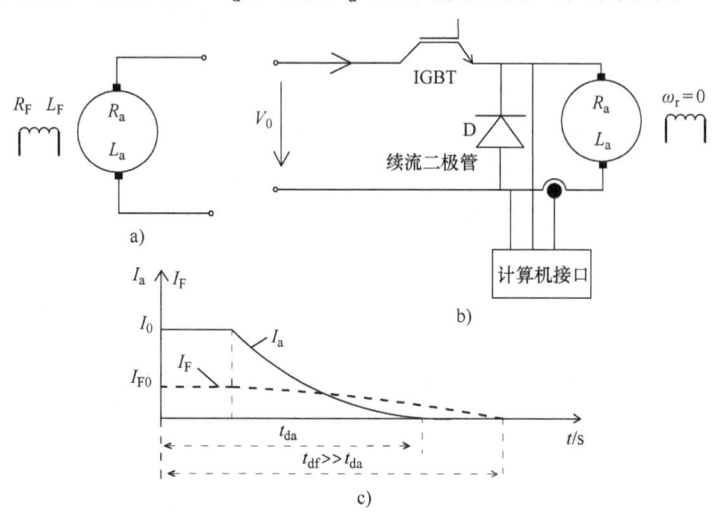

图 2.9　a) 他励有刷直流电机　b) 堵转时从 DC-DC 变换器馈电
c) IGBT 关断后电流衰减

电机电压方程为

$$R_a i_a + L_a \frac{di_a}{dt} + V_d(t) = 0 \ ; \ (i_a)_{t=0} = I_0 \tag{2.46}$$

考虑到最终电流为 0（实际上为 $0.01 i_0$），方程（2.46）的积分形式为

$$L_a i_0 = \int_0^{t_{da}} V_d(t) dt + \int_0^{t_{da}} R_a i_a(t) dt \tag{2.47}$$

现在，如果使用二极管初始电压 V_{d0} 和初始电流 i_0 就可求得电枢电阻 R_a（即 $R_a = V_{d0}/i_0$），则对应于 i_0 的电枢电感 L_a 可由方程（2.47）得到。可以选择几个不同的 i_0 值来校验 L_a 随 i_0 的最终变化并得到测量的平均值。对于电枢开路的情况下，也可以使用相同的实验方法得到 $L_F(I_{F0})$。

另外，在 d 轴或 q 轴上做电流衰减试验时可以令另一个轴上的直流电流恒定，以检查所谓的交叉耦合饱和效应。方程中包含非常重要的续流二极管电压 V_d，特别是在大额定电流或低压电机中。

注：要确定电动势 E 中的励磁磁链 $L_{dm} i_F$ 或 Ψ_{PM}，可以在已知 i_a、V_a 和 ω_r 并已知（或忽略）电刷压降 ΔV_{brush} 的情况下做电机空载试验

$$E = \omega_r L_{dm} i_F \approx V_a - R_a I_a - \Delta V_{brush} \tag{2.48}$$

在 $I_F = 0$ 的自由减速实验中测出 $\omega_r(t)$，则惯量 J 可由方程（2.49）得出

$$\frac{J}{p_1} \frac{d\omega_r}{dt} = -p_{mec} \frac{p_1}{\omega_r} \tag{2.49}$$

电机空载恒转速运行，逐渐减小电压 V_a 和励磁电流 I_F，可分离出 p_{mec}。对于永磁有刷直流电机，铁耗和机械损耗不能分离，此方法不起作用。在这种情况下，J 可以通过摆锤法测量。在诸如 NEMA、IEEE 和 IEC 的标准中描述了有刷直流电机的完整测试。

2.8 本章小结

- 简化的 dq 模型适用于单一直流励磁或永磁有刷电机带有一个定子和一个转子绕组，转子上有固定的电刷（或固定的磁场或定子坐标）。
- 单一直流励磁可以是他励、并励或串励类型，但有刷直流电机的结构图显示两个电气时间常数和变量的乘积为非线性。
- 励磁回路与电枢回路是解耦的。
- 他励有刷直流电机的方程组为四阶方程组，I_F、I_a、ω_r 和 θ_r 为变量，V_a、V_F 和 T_{load} 为输入量。
- 对于电磁（快速）暂态过程，速度可视为恒定量。
- 负载为 R_L 和 L_L 的直流发电机是一个二阶系统。励磁回路引入较大的时间

常数来延迟 V_a 对 V_F 的响应，但电压调节量非常小（$R_a I_a$）。

- 端口突然短路是电磁（快速）暂态过程，在额定励磁电流 I_{Fn}（或永磁）条件下，超过额定速度5%以上时发生短路是很危险的。
- 对于恒定磁链（或永磁）机电暂态，有刷直流电机系统为二阶系统，其中 i_a 和 ω_r 为变量，V_a 和 T_{load} 为输入量。对于恒定参数（电感）而言，二阶系统是线性的，因此易于研究。
- 两个特征值总是具有负实部，因此响应始终是稳定的，但如果 $4T_e > T_{em}$，则其可能会出现振荡。其中 T_e 是电气时间常数，T_{em} 是机电时间常数。
- 对于变磁通机电暂态，在恒定磁通暂态的条件下，增加了一个更大的负实特征值 $\gamma_3 = -L_F/R_F$。这就是为了保证响应迅速而保持磁通恒定的原因。
- 串励有刷直流电机的机电暂态可以在线性化后表述为二阶系统，但电气时间常数随速度 ω_r 减小。
- 当使用 DC-DC 变换器馈电时，有刷直流电机会感应出可变平均电压 V_{av}，并且可以在电流连续或断续模式下工作。必须避免电流断续的模式，以避开控制迟滞，特别是在低速情况下。
- 本章仅介绍了有刷直流电机的变速闭环控制以及用于参数辨识的直流电流衰减堵转试验。

2.9 思考题

2.1 一台他励直流发电机恒转速运行，负载 $R_1 = 1\Omega$，$L = 1H$，电枢电阻 $R_a = 0.1\Omega$，$L_a = 0$。励磁回路 $R_F = 50\Omega$，$L_F = 5H$，励磁电压突变到120V的直流电源上，对于给定速度 $E/i_F = \omega_r L_{dm} = 40V/A$，求出电枢电流的值。

注：参考例题 2.1。

2.2 一台永磁有刷直流电机，电枢电阻 $R_a = 0.12\Omega$，$L_a = 0$，$2p_1 = 2$。连接到12V直流电源上，带负载从静止开始起动，$T_L = 0.2 + \omega_r \times 10^{-3}$，转矩恒定，$p_1 \Psi_{PM} = 0.073 N \cdot m/A$，转动惯量 $J = 2 \times 10^{-4} kg \cdot m^2$。计算起动过程中的转速 $\omega_r(t)$，电枢电流 $i_a(t)$ 和转矩 $T_e(t)$。

注：利用方程（2.21），$T_e = 0$，$V_a = DC\ 12V$ 且直流电源为常数

2.3 题 2.2 中的电机在稳定状态下以 1500r/min 运行。随后，负载转矩逐步降低20%。计算转矩逐步减小时的稳态电枢电流、转速 ω_r 和转矩 T_e。

注：参考例题 2.2，注意到新的边界条件 $(di_a/dt)_{t=0} = 0$。

2.4 一台串励有刷直流电机的参数如下：$R_a = 2R_F = 1\Omega$，$L_a = 10^{-2}H$，$L_{Fs} = 0.5H$，$p_1 = 2$，运行时 $n_n = 1500r/min$，$V_{dc} = 500V$，$I_a = 100A$。除转子绕组损耗外所有损耗均忽略不计。计算额定电动势 E、L_{dm}（$\omega_r L_{dm} I_{an} = E$）和稳态转

矩 T_e，分别确定当 $n_n = 1500\text{r/min}$ 和 $n = 700\text{r/min}$ 时电机的特征值 $\gamma_{1,2}$。另外，1500r/min 时电压恒定 $\Delta V = 0$，负载转矩增加 20% 时计算暂态电流和转速。

注：参考 2.4 节以及方程（2.35）~方程（2.37）。

2.5 一台永磁有刷直流电机参数如下：$R_a = 1\Omega$，$L_a/R_a = 5 \times 10^{-3}\text{s}$，$p_1 = 1$，$emf = 0.05\text{V/rad/s}$，$\omega_r = 120\text{rad/s}$。电机由 DC-DC 变换器馈电，开关周期 $T_s = 10^{-3}\text{s}$，$V_a = \text{DC 12V}$。假设转速恒定且 DC-DC 变换器瞬间完成换向，求电枢电流。

注：参考 2.6 节。

参 考 文 献

1. P.C. Sen, *Thyristor DC Drives*, John Wiley & Sons, New York, 1980.

2. T. Kenjo and S. Nagamori, *Permanent Magnet and Brushless DC Motors*, Chapter 7, Clarendon Press, Oxford, U.K., 1985.

3. I. Boldea and S.A. Nasar, *Electric Machines Dynamics*, Chapter 3, MacMillan Publishing Company, New York, 1986.

4. H.A. Toliyat and G.B. Kliman (eds.), *Handbook of Electric Motors*, 2nd edn., Chapter 6, Marcel Dekker, New York, 2004.

第 3 章 同步电机的暂态

3.1 引言

在《电机的稳态模型、测试及设计》第 6 章中，我们研究了在电流和电压幅值恒定、角速度恒等于电气角速度（$\omega_1 = \omega_{r0}$）条件下同步电机的稳态特性。此外，功率角 δ_v 和转矩是恒定的。

在暂态过程中，比如并网或断网、负载变化、同步电机通过 PWM 变换器馈电或变速运动控制时，全部或大部分的电气物理量（电压和电流的幅值）或机械物理量（功角 δ_v，转矩 T_e，转速 ω_r）都随时间变化。

在暂态过程中，同步电机的稳态模型不可用；另外，第 1 章讨论的 dq 模型（复数变量）非常适合于交流电机的暂态建模，尤其是同步电机。

首先引入相量坐标模型，然后求出与 dq 模型的等价参数。同步电机的 dq 模型一般用于暂态建模，然后分析典型的暂态过程。暂态分为

- 电磁暂态
- 机电暂态：小偏差和大偏差理论
- 控制磁通的电磁和机电暂态
- 用于现代拖动和发电控制的变速同步电机

本章详细介绍裂相电容式永磁同步电机（或磁阻同步电机）的暂态建模。此外，还详细介绍了矩形电流控制永磁同步电机和开关磁阻电机的建模。

最后，针对同步电机参数估计的堵转电流衰减和频率响应测试进行了分析，这已经是 IEEE 标准的一部分。

3.2 同步电机的一相电感

首先讨论凸极同步电机（见图 3.1a 和 b）。分布式交流绕组的电感随转子位置按正弦规律变化（见图 3.1c）。

图 3.1b 中的隔磁桥提供恒定的气隙，使得理想正弦分布绕组产生正弦气隙磁通密度。其物理解释如下：dq 模型与实际电机等效的气隙磁通密度呈正弦分布。

注意：dq0 模型也可用于分析具有非重叠线圈交流绕组（每极每相槽数 $q <$ 0.5）和正弦电动势的具有恒定气隙的永磁同步电机转子铜耗。此时，同步电感

也是定值，$L_d = L_q = L_s$。

A 相电感（见图 3.1c）可以表示为

$$L_{AA,BB,CC}^{\theta_{er}} = L_{sl} + L_0 + L_2\cos\left[2\theta_{er} + (i-1)\frac{2\pi}{3}\right]; i = 1,2,3 \tag{3.1}$$

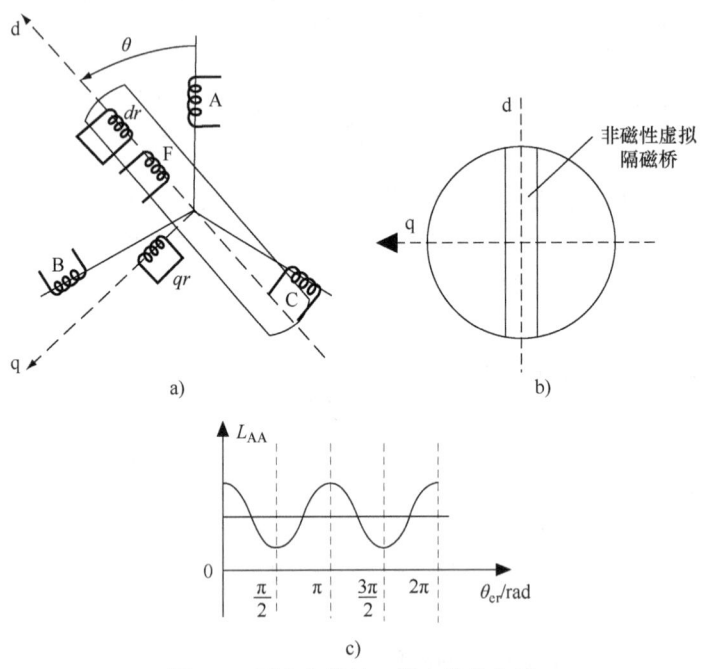

图 3.1 同步电机的一相电路及电感

a) 一相电路　b) 带有恒定气隙的两极凸极转子和隔磁桥　c) A 相自感 vs 转子位置角 θ_{er}（电角度）

当 $\theta_{er} = 0$、π、2π 时，L_{AA} 取最大值。L_{sl} 为漏电感。

定子互感 $L_{AB,BC,CA}$ 为

$$L_{BC,CA,AB}^{\theta_{er}} = M_0 + L_2\cos\left[2\theta_{er} + (i-1)\frac{2\pi}{3}\right]; i = 1,2,3 \tag{3.2}$$

对于三相对称分布式绕组（$q \geqslant 2$），互感中的恒定分量 M_0 为

$$M_0 = L_0\cos\frac{2\pi}{3} = -\frac{L_0}{2} \tag{3.3}$$

由于绕组按正弦分布且气隙恒定，定转子之间的互感简单明了

$$L_{A,B,C,F} = M_F\cos\left[\theta_{er} + (i-1)\frac{2\pi}{3}\right]; i = 1,2,3 \tag{3.4}$$

$$L_{A,B,C,dr} = M_{dr}\cos\left[\theta_{er} + (i-1)\frac{2\pi}{3}\right] \tag{3.5}$$

$$L_{A,B,C,qr} = -M_{qr}\sin\left[\theta_{er} + (i-1)\frac{2\pi}{3}\right] \tag{3.6}$$

A 相绕组通入低频交流电源时的铁耗可忽略，在两个特殊的转子位置 $\theta_{er}=0$（d 轴）和 $\theta_{er}=\pi/2$（q 轴）处测得电压 V_{A0}、V_{B0}、V_{F0}，由此通过堵转试验可得到 $L_{sl}+L_0$、L_2、M_F 为

$$I_{A0} \approx \frac{V_{A0}}{\omega L_{AA}}, L_{AB} = \frac{V_{B0}}{\omega I_{A0}}, L_{AF} = \frac{V_{Fe}}{\omega I_{A0}} \tag{3.7}$$

诚然，这些测量结果不一定反映在额定转速和额定负载下电机磁饱和的实际情况，但它们有助于加强上述假设。

此外，有限元法也可用于计算上述电感系数。关于确定 M_{dr} 和 M_{qr} 的更详细的实验方法将在本章 3.19 节中阐述。

3.3 相量模型

以矩阵形式表示的三相同步电机定子相量模型为

$$|I_{ABCFdrqr}| \times |R_{ABCFdrqr}| - |V_{ABCFdrqr}| = -\frac{d}{dt}\{|L_{ABCFdrqr}^{(\theta_{er})}| \times |I_{ABCFdrqr}|\} \tag{3.8}$$

$$|V_{ABCFdrqr}| = |V_A, V_B, V_C, V_F, 0, 0|^T \tag{3.9}$$

$$|I_{ABCFdrqr}| = |I_A, I_B, I_C, I_F^r, I_{dr}^r, I_{qr}^r|^T \tag{3.10}$$

$$|R_{ABCFdrqr}| = \text{Diag}|R_s, R_s, R_s, R_F^r, R_{dr}^r, R_{qr}^r| \tag{3.11}$$

$$|L_{ABCFdrqr}^{(\theta_{er})}| = \begin{pmatrix} L_{AA}(\theta_{er}) & L_{AB}(\theta_{er}) & L_{CA}(\theta_{er}) & L_{AF}(\theta_{er}) & L_{Adr}(\theta_{er}) & L_{Aqr}(\theta_{er}) \\ L_{AB}(\theta_{er}) & L_{BB}(\theta_{er}) & L_{BC}(\theta_{er}) & L_{BF}(\theta_{er}) & L_{Bdr}(\theta_{er}) & L_{Bqr}(\theta_{er}) \\ L_{CA}(\theta_{er}) & L_{BC}(\theta_{er}) & L_{CC}(\theta_{er}) & L_{CF}(\theta_{er}) & L_{Cdr}(\theta_{er}) & L_{Cqr}(\theta_{er}) \\ L_{AF}(\theta_{er}) & L_{BF}(\theta_{er}) & L_{CF}(\theta_{er}) & L_F^r & L_{Fdr}^r & 0 \\ L_{Adr}(\theta_{er}) & L_{Bdr}(\theta_{er}) & L_{Cdr}(\theta_{er}) & L_{Fdr}^r & L_{dr}^r & 0 \\ L_{Aqr}(\theta_{er}) & L_{Bqr}(\theta_{er}) & L_{Cqr}(\theta_{er}) & 0 & 0 & L_{qr}^r \end{pmatrix} \tag{3.12}$$

在方程（3.12）中，只有转子的自感 L_F^r、L_{dr}^r、L_{qr}^r 和互感 L_{Fdr} 不受转子位置的影响。在直流励磁或者永磁体（$L_2=0$）的隐极同步电机中，L_{AA}、L_{BB}、L_{CC} 和 $L_{BC,CA,AB}$ 也是定值。定转子的互感与转子位置相关（永磁体励磁可以看作是定值，由直流励磁电流 i_F 产生）。

用 $[I]^T$ 乘以方程（3.8）可得

$$[I]^T \times [V] = [I]^T[I][R] + \frac{d}{dt}\left(\frac{1}{2}[I]^T|L(\theta_{er})|[I]\right) + \frac{1}{2}[I]^T \times \left|\frac{\partial L(\theta_{er})}{\partial \theta_{er}}\right| \times [I] \times \frac{d\theta_{er}}{dt} \tag{3.13}$$

忽略铁耗的情况下，方程（3.13）中最后一项是电磁功率 P_e，表示为

$$P_e = T_e \times \frac{\mathrm{d}\theta_{\mathrm{er}}}{p_1 \mathrm{d}t} = \frac{1}{2}[I]^{\mathrm{T}} \left| \frac{\partial L(\theta_{\mathrm{er}})}{\partial \theta_{\mathrm{er}}} \right| [I] \times \frac{\mathrm{d}\theta_{\mathrm{er}}}{\mathrm{d}t} \tag{3.14}$$

因此，电磁转矩为

$$T_e = \frac{p_1}{2}[I]^{\mathrm{T}} \left| \frac{\partial L(\theta_{\mathrm{er}})}{\partial \theta_{\mathrm{er}}} \right| [I] \tag{3.15}$$

增补动力学方程，有

$$\frac{J}{p_1}\frac{\mathrm{d}\omega_r}{\mathrm{d}t} = T_e - T_{\mathrm{load}} ; \frac{\mathrm{d}\theta_{\mathrm{er}}}{\mathrm{d}t} = \omega_r \tag{3.16}$$

上述同步电机模型是一个八阶系统，六个电流和 ω_{er}、θ_{er} 作为输出变量，四个电压和负载转矩作为输入变量。这种变量和变系数乘积（位置相关电感）的高阶系统只能用数值方法求解，需要占用很大的 CPU 时间，很难用于系统控制。

相量模型可以用于特殊电机，例如无转子笼的均匀气隙同步电机，即所谓的永磁无刷直流电机，它通过可变频率（转速）驱动器中的 PWM 变换器提供方波电流。

3.4 dq0 模型——三相同步参数方程

在第 1 章已经介绍了转子坐标系下同步电机的 dq0 模型，包括其电压、电流、磁通方程。该模型方程如下：

$$\frac{\mathrm{d}\psi_d}{\mathrm{d}t} = V_d - R_s I_d + \omega_r \psi_q ; \frac{\mathrm{d}\psi_q}{\mathrm{d}t} = V_q - R_s I_q - \omega_r \psi_d \tag{3.17}$$

$$\frac{\mathrm{d}\psi_F^r}{\mathrm{d}t} = V_F^r - R_F^r I_F^r ; \frac{\mathrm{d}\psi_{\mathrm{dr}}^r}{\mathrm{d}t} = -R_{\mathrm{dr}}^r I_{\mathrm{dr}}^r ; \frac{\mathrm{d}\psi_{\mathrm{qr}}^r}{\mathrm{d}t} = -R_{\mathrm{qr}}^r I_{\mathrm{qr}}^r \tag{3.18}$$

$$\frac{\mathrm{d}\psi_0}{\mathrm{d}t} = V_0 - R_s I_0 ; \frac{\mathrm{d}\omega_r}{\mathrm{d}t} = \frac{p_1}{J}\left[\frac{3p_1}{2}(\psi_d i_q - \psi_q i_d) T_{\mathrm{load}}\right] \tag{3.19}$$

另外

$$\begin{vmatrix} i_d \\ i_q \\ i_0 \end{vmatrix} = |S_{\mathrm{dq0}}(\theta_{\mathrm{er}})| \cdot \begin{vmatrix} I_A \\ I_B \\ I_C \end{vmatrix} ; \theta_{\mathrm{er}} = \int \omega_r \mathrm{d}t + \theta_0 \tag{3.20}$$

$$S_{dq0}(\theta_{er}) = \frac{2}{3} \begin{vmatrix} \cos(-\theta_{er}) & \cos\left(-\theta_{er}+\frac{2\pi}{3}\right) & \cos\left(-\theta_{er}-\frac{2\pi}{3}\right) \\ \sin(-\theta_{er}) & \sin\left(-\theta_{er}+\frac{2\pi}{3}\right) & \sin\left(-\theta_{er}-\frac{2\pi}{3}\right) \\ \frac{1}{2} & \frac{1}{2} & \frac{1}{2} \end{vmatrix} \quad (3.21)$$

对于电压 V_d、V_q、V_0 和磁链 ψ_d、ψ_q、ψ_0 同样适用方程 (3.20)。

$$\begin{vmatrix} \psi_d \\ \psi_q \\ \psi_0 \end{vmatrix} = |S_{dq0}(\theta_{er})| \cdot \begin{vmatrix} \psi_A \\ \psi_B \\ \psi_C \end{vmatrix} \quad (3.22)$$

由于转子绕组 (F, d_r, q_r) 本质上是正交的,所以对于 dq0 模型,同步电机的转子变量不需要改变。

从方程 (3.13) 和电感矩阵方程 (3.12),可以得到磁链 ψ_A、ψ_B、ψ_C

$$\psi_A = L_{AA}I_A + L_{AB}I_B + L_{CA}I_C + L_{AF}^r I_F^r + L_{Adr}^r I_{dr}^r + L_{Aqr}^r I_{qr}^r$$
$$\psi_B = L_{AB}I_A + L_{BB}I_B + L_{CB}I_C + L_{BF}^r I_F^r + L_{Bdr}^r I_{dr}^r + L_{Bqr}^r I_{qr}^r$$
$$\psi_C = L_{CA}I_A + L_{CB}I_B + L_{CC}I_C + L_{CF}^r I_F^r + L_{Cdr}^r I_{dr}^r + L_{Cqr}^r I_{qr}^r \quad (3.23)$$

在方程 (3.23) 中,为了消去定子电流,我们对其进行 Park 反变换,可以得到

$$\begin{vmatrix} I_A \\ I_B \\ I_C \end{vmatrix} = \frac{3}{2}[S_{dq0}]^T \cdot \begin{vmatrix} i_d \\ i_q \\ i_0 \end{vmatrix} \quad (3.24)$$

最终得到

$$\psi_d = L_{sl}I_d + \frac{3}{2}(L_0 + L_2)I_d + \frac{3}{2}M_F I_F^r + \frac{3}{2}M_{dr}I_{dr}^r$$

$$\psi_q = L_{sl}I_q + \frac{3}{2}(L_0 - L_2)I_d + \frac{3}{2}M_{qr}I_{qr}^r \quad (3.25)$$

但是对于转子折算到定子的 dq0 模型(第 1 章),磁链 ψ_d、ψ_q 为

$$\psi_d = L_{sl}I_d + L_{dm}(I_d + I_F + I_{dr})$$
$$\psi_q = L_{sl}I_q + L_{qm}(I_q + I_{qr}) \quad (3.26)$$

显然,方程 (3.25) 和方程 (3.26) 之间的参数等价

$$L_{dm} = \frac{3}{2}(L_0 + L_2) \; ; L_{qm} = \frac{3}{2}(L_0 - L_2) \quad (3.27)$$

$$I_F = I_F^r K_F ; K_F = \frac{3}{2}\frac{M_F}{L_{dm}} \; ; I_{dr} = I_{dr}^r K_{dr} ; K_{dr} = \frac{3}{2}\frac{M_{dr}}{L_{dm}} \quad (3.28)$$

$$I_{qr} = I_{qr}^r K_{qr} ; K_{qr} = \frac{3}{2}\frac{M_{qr}}{L_{qm}} \quad (3.29)$$

从转子功率和损耗守恒角度有

$$V_F = \frac{V_F^r}{K_F}; R_F = R_F^r \frac{1}{K_F^2}; R_{dr} = R_{dr}^r \frac{1}{K_{dr}^2}; R_{qr} = R_{qr}^r \frac{1}{K_{qr}^2} \tag{3.30}$$

也可以从漏磁场能量守恒得

$$L_{F1} = L_{F1}^r \frac{1}{K_F^2}; L_{drl} = L_{drl}^r \frac{1}{K_{dr}^2}; L_{qrl} = L_{qrl}^r \frac{1}{K_{qr}^2}; L_{Fdr} = L_{Fqr}^r \frac{1}{K_F K_{dr}} \tag{3.31}$$

定子电阻 R_s 和一相漏感 L_{sl} 保留在 dq0 模型中，其数值为三相电机中的实际值。L_{F1}、L_{drl}、L_{qrl}、L_{Fdr} 是转子漏感折算到定子上的数值，L_{dm} 和 L_{qm} 是在《电机的稳态模型、测试及设计》第 6 章中的稳态周期性磁化电感。

对于无转子笼的永磁同步电机，dq0 模型大大简化了。

$$\frac{d\psi_d}{dt} = V_d - R_s I_d + \omega_r \psi_q; \psi_d = \psi_{pm} + L_d I_d \tag{3.32}$$

$$\frac{d\psi_q}{dt} = V_q - R_s I_q - \omega_r \psi_d; \psi_q = L_q I_q; L_d < L_q \tag{3.33}$$

转矩方程 (3.19) 变成

$$T_e = \frac{3}{2} p_1 [\psi_{PM} + (L_d - L_q) I_d] I_q \tag{3.34}$$

对于三相磁阻同步电机，$\psi_{PM} = 0$ 且 $L_d \gg L_q$。

3.5 同步电机 dq0 模型的结构框图

将拉普拉斯算子 d/dt 表示为 s，对同步电机的 dq0 模型方程 (3.17) ~ 方程 (3.19) 和转子磁链/电流关系为

$$\psi_F = L_{F1} I_F + \psi_{dm}$$
$$\psi_{dr} = L_{drl} I_{dr} + \psi_{dm} \tag{3.35}$$
$$\psi_{qr} = L_{qrl} I_{qr} + \psi_{qm}$$

进行拉普拉斯变换可得

$$(V_F - s\psi_{dm}) \times \frac{1}{R_F(1+s\tau_F')} = I_F$$
$$V_d - R_s(1+s\tau_s') I_d + \omega_r \psi_q = s\Psi_{dm}$$
$$I_d + I_F = \frac{\psi_{dm}(1+s\tau_{dr})}{L_{dm}(1+s\tau_{dr}')} \tag{3.36}$$
$$V_q - R_s(1+s\tau_s') I_q - \omega_r \psi_d = s\Psi_{qm}$$
$$\frac{\psi_{qm}(1+s\tau_{qr})}{L_{qm}(1+s\tau_{qr}')} = i_q$$

$$\tau'_s = L_{sl}/R_s; \tau_{dr} = (L_{drl} + L_{dm})/R_{dr}; \tau_{qr} = (L_{qrl} + L_{qm})/R_{qr}$$
$$\tau'_{dr} = L_{drl}/R_{dr}; \tau'_{qr} = L_{qrl}/R_{qr}; \tau'_F = L_{F1}/R_F$$

上述方程可表示为图 3.2 中的结构框图。我们可以确定较小的时间常数（毫秒到几十毫秒）τ'_s、τ'_F、τ'_{dr}、τ'_{qr}，和较大的时间常数（数百毫秒）τ_{dr}、τ_{qr}。

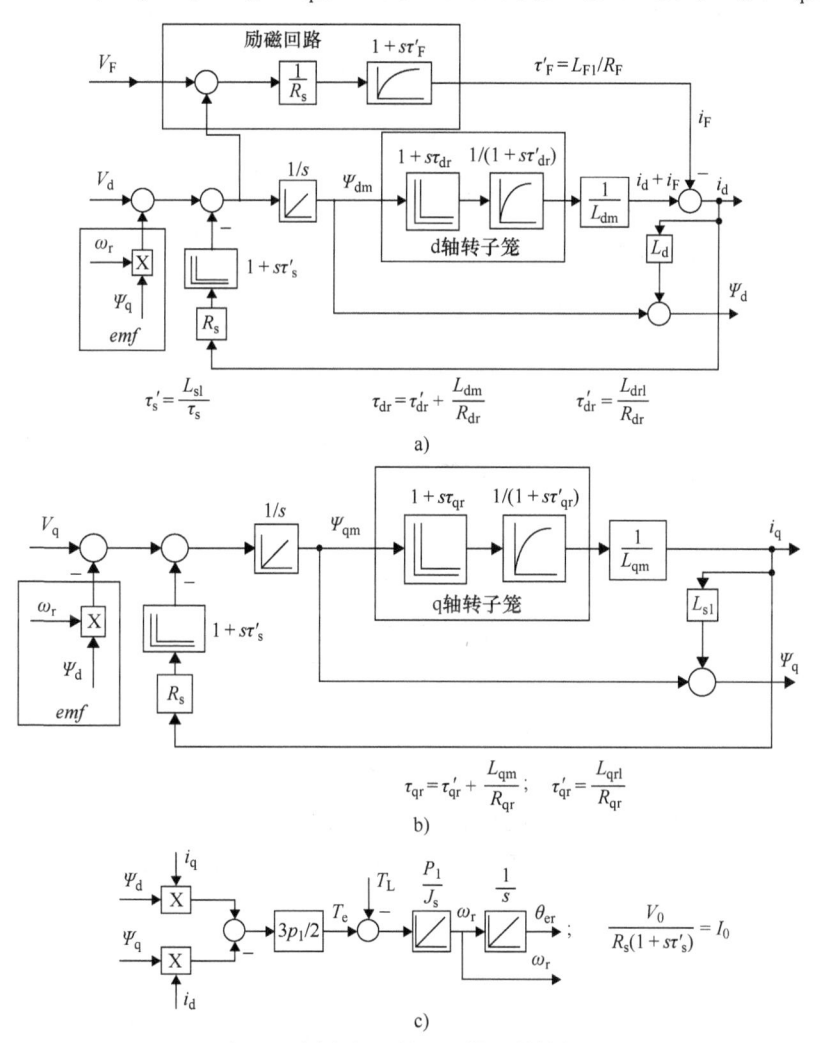

图 3.2 同步电机的 dq0 模型结构框图
a) d 轴 b) q 轴 c) 运动方程

对于稳态，$\omega_b = \omega_r$（转子坐标），$s = 0$，因此结构框图消除了所有时间常数的影响。在没有 d、q 轴笼型转子的情况下，结构框图中将不含有 τ_{dr}、τ'_{dr}、τ_{qr} 和 τ'_{qr}。

现在，如果电机具有永磁体或可变磁阻转子，并且转子没有鼠笼，则结构框图大大简化（见图 3.3）。

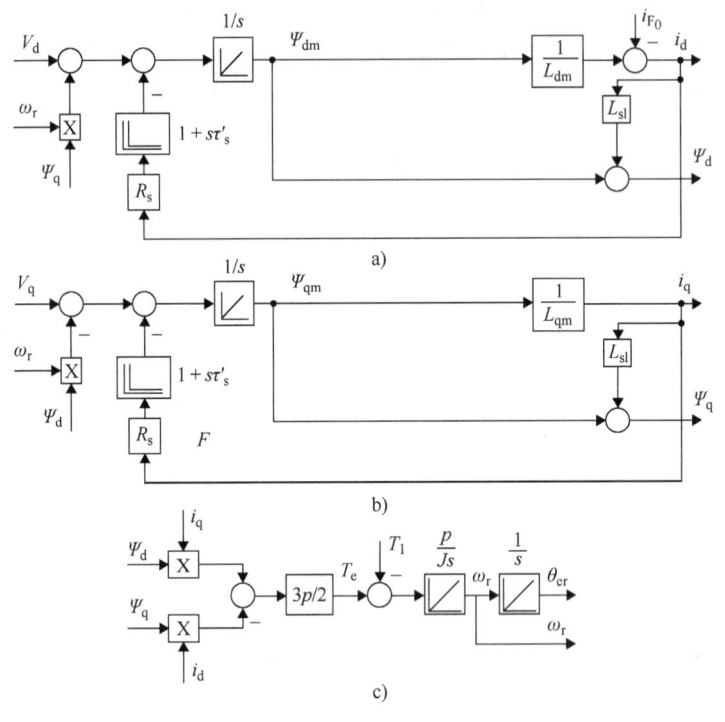

图 3.3 永磁和磁阻同步电机结构框图（无阻尼笼）
a) d 轴 b) q 轴 c) 运动方程

一旦运动电动势、$\omega_r\psi_d$ 和 $\omega_r\psi_q$ 加上（d 轴）或减去（q 轴）相应的电压 V_d、V_q，只有定子漏感（小）时间常数保持有效。

这就是永磁同步电机中直流控制的起源。相同的等式［方程（3.31）］可以放到众所周知的暂态等效电路中（见图 3.4）。对于永磁电机，直流励磁用恒流源代替，$i_{F0} = \psi_{PM}/L_{dm}$。

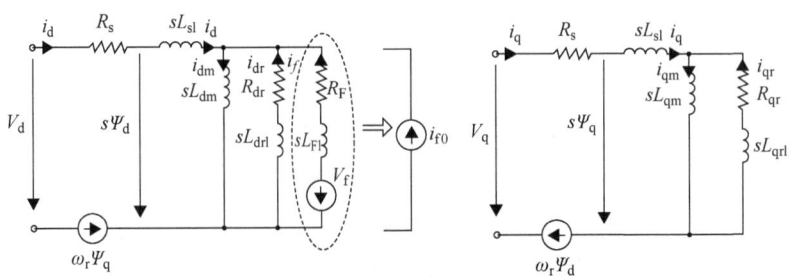

图 3.4 同步电机的 dq 模型暂态等效电路

同样，得到 $s = 0$ 的稳态，尚未考虑铁耗。除了进入暂态的前 3~5mm 外，它们没有太大影响[1]。然而，在铁耗大的电机中，它们可能被包括在与运动电动势、$\omega_r\psi_d$ 和 $\omega_r\psi_q$ 相关联的电阻中。在零速时，$\omega_r\psi_d=0$ 和 $\omega_r\psi_q=0$，对于本章 3.19 节中讨论的堵转电流衰减和频率响应实验的参数估计，等效电路将变得非常有用。

3.6 同步电机的标幺化 dq0 模型

对电压、电流、磁链、电阻、电感、转矩和功率进行标幺化可以得到方程的标准形式。

这种方式规范了所有数值，比如说，限制到最大 30；它也给结果带来了更多的普遍性并引领了国际标准化。

为了构建标幺值系统，需要基准电压。确定基准电压的方法不止一种。

这里描述了一种被广泛接受的方法：

- $\sqrt{2}V_{no}$——基准电压（相电压峰值）
- $\sqrt{2}I_{no}$——基准电流（相电流峰值）
- $X_{no} = V_{no}/I_{no} = \omega_{10}L_{no}$——基准电感（基频电抗，$\omega_{10}$）
- $\psi_{no} = \sqrt{2}V_{no}/\omega_{10}$——基准磁链
- $P_{no} = 3V_{no}I_{no}$——基准功率
- $T_{no} = P_{no}p_1/\omega_{10}$——基准转矩
- $H = \dfrac{J\omega_{10}^2}{2p_1^2 P_{no}}$ 惯性（s）

现在，如果时间以秒为单位，则原始模型 [方程（3.17）～方程（3.19）] 中的 $\dfrac{d}{dt}$ 变为 $\dfrac{1}{\omega_{10}}\dfrac{d}{dt}$

$$\frac{1}{\omega_{10}}\frac{d\psi_d}{dt} = V_d - r_s i_d + \omega_r \psi_q; \frac{1}{\omega_{10}}\frac{d\psi_{qr}}{dt} = V_q - r_s i_q - \omega_r \psi_d$$

$$\frac{1}{\omega_{10}}\frac{d\psi_F}{dt} = V_F - r_F i_F; \frac{1}{\omega_{10}}\frac{d\psi_{dr}}{dt} = -r_{dr}i_{dr}; \frac{1}{\omega_{10}}\frac{d\psi_{qr}}{dt} = -r_{qr}i_{qr} \quad (3.37)$$

$$\frac{d\omega_r}{dt} = \frac{1}{2H}(\psi_d i_q - \psi_q i_d - t_{shaft}); t_e = \psi_d i_q - \psi_q i_d; \frac{1}{\omega_{10}}\frac{d\theta_{er}}{dt} = \omega_r$$

标幺值系统中的磁通/电流关系与实际 dq 轴变量保持相同，但区别在于常常使用小写字母 [方程（3.20）]

$$\psi_d = l_{sl}i_d + l_{dm}(i_d + i_{dr} + i_F)$$
$$\psi_q = l_{sl}i_q + l_{qm}(i_q + i_{qr})$$
$$\psi_F = l_{F1}i_F + l_{dm}(i_d + i_{dr} + i_F) + l_{Fdrl}(i_{dr} + i_F)$$

$$\psi_{\mathrm{dr}} = l_{\mathrm{drl}}i_{\mathrm{dr}} + l_{\mathrm{dm}}(i_{\mathrm{d}} + i_{\mathrm{dr}} + i_{\mathrm{F}}) + l_{\mathrm{Fdrl}}(i_{\mathrm{dr}} + i_{\mathrm{F}})$$

$$\psi_{\mathrm{qr}} = l_{\mathrm{qrl}}i_{\mathrm{q}} + l_{\mathrm{qm}}(i_{\mathrm{q}} + i_{\mathrm{qr}}) \tag{3.38}$$

互感 l_{Fdrl} 允许在 d 轴鼠笼和励磁回路之间存在附加的漏磁通耦合。

例 3.1 标幺值参数

并网运行的大型同步电机具有如下设计数据：$P_{\mathrm{n}} = 1850\mathrm{kW}$，效率 $\eta_{\mathrm{n}} = 0.983$，$\cos\varphi_{\mathrm{n}} = 0.9$，$f_1 = 50\mathrm{Hz}$，$V_{\mathrm{nl}} = 10.0\mathrm{kV}$，$n_1 = 100\mathrm{r/min}$，$l_{\mathrm{dm}} = 0.6\mathrm{pu}$，$l_{\mathrm{qm}} = 0.4\mathrm{pu}$，$l_{\mathrm{sl}} = 0.1\mathrm{pu}$，$l_{\mathrm{drl}} = 0.11\mathrm{pu}$，$r_{\mathrm{dr}} = 0.05\mathrm{pu}$，$l_{\mathrm{qrl}} = 0.025\mathrm{pu}$，$r_{\mathrm{s}} = 0.01\mathrm{pu}$，$l_{\mathrm{F1}} = 0.17\mathrm{pu}$，$r_{\mathrm{F}} = 0.016\mathrm{pu}$，$l_{\mathrm{Fdrl}} = -0.037\mathrm{pu}$。

考虑额定功率时的励磁电流 $i_{\mathrm{F}} = 2.5\mathrm{pu}$，$H = 2\mathrm{s}$。计算额定电流，极对数 p_1，基准转矩，基准电抗，所有电阻和电感的欧姆值，惯量 J（单位 $\mathrm{kg \cdot m^2}$），电流 i_{F}（安培），电压 V_{F}（伏特），计算时间常数 τ'_{F}、τ'_{s}、τ_{dr}、τ'_{dr}、τ_{qr}、τ'_{qr}，单位为秒。

解：

根据效率 η_1 和功率因数定义，额定电流 I_{n} 简化为

$$I_{\mathrm{n}} = \frac{P_{\mathrm{n}}}{\sqrt{3}V_{\mathrm{nl}}\eta_{\mathrm{n}}\cos\varphi_{\mathrm{n}}} = \left(\frac{1800 \times 10^3}{10\sqrt{3} \times 10^3 \times 0.9 \times 0.983}\right)\mathrm{A} = 1176\mathrm{A} \tag{3.39}$$

极数

$$2p_1 = \frac{2f_1}{n_1} = \frac{2 \times 50}{100/60} = 60$$

基准转矩

$$T_{\mathrm{no}} = P_{\mathrm{no}}p_1/\omega_{10} = [1800 \times 10^3 \times 30/(2\pi \times 50)]\mathrm{kN \cdot m} = 171.97\mathrm{kN \cdot m}$$

基准电抗

$$X_{\mathrm{n}} = \frac{V_{\mathrm{nl}}^{\ominus}}{\sqrt{3}I_{\mathrm{n}}} = \left(\frac{10 \times 10^3}{\sqrt{3} \times 1176}\right)\Omega = 4.915\Omega$$

实际惯量

$$J = 2H\left(\frac{p_1}{\omega_{10}}\right)^2 P_{\mathrm{n0}} = \left[2 \times \left(\frac{30}{314}\right)^2 \times 1800000\right]\mathrm{kg \cdot m^2} = 78.87 \times 10^3\mathrm{kg \cdot m^2}$$

励磁电流安培数

$$i_{\mathrm{F}}(\mathrm{A}) = i_{\mathrm{F}}(\mathrm{pu}) \times I_{\mathrm{n}}(\mathrm{A}) = (2.5 \times 1176)\mathrm{A} = 2940\mathrm{A}$$

励磁回路电压（折算到定子上）

$$V_{\mathrm{F}}(\mathrm{V}) = R_{\mathrm{F}}(\Omega)i_{\mathrm{F}}(\mathrm{A}) = r_{\mathrm{F}}(\mathrm{pu})X_{\mathrm{n}}i_{\mathrm{F}}^{\ominus}(\mathrm{A}) = (0.016 \times 4.915 \times 2940)\mathrm{V} = 231.2\mathrm{V}$$

所有的电阻和阻抗

⊖ 此处原书有误。——译者注

⊖ 此处原书有误。——译者注

$$R_s(\Omega) = r_s(\text{pu})X_n(\Omega) = 0.01 \times 4.915 = 0.04915(\Omega)$$
$$X_{sl}(\Omega) = l_{sl}(\text{pu})X_n(\Omega) = 0.1 \times 4.915 = 0.4915(\Omega)$$

时间常数

$$\tau'_F = \frac{l_{F1}}{r_F}\frac{1}{\omega_{10}} = \frac{0.17}{0.016} \times \frac{1}{314} = 3.38 \times 10^{-2}\text{s}$$

$$\tau'_s = \frac{l_{sl}}{r_s}\frac{1}{\omega_{10}} = \frac{0.1}{0.01} \times \frac{1}{314} = 3.185 \times 10^{-2}\text{s}$$

$$\tau_{dr} = \frac{l_{drl} + l_{dm}}{r_{dr}}\frac{1}{\omega_{10}} = \frac{0.11 + 0.6}{0.05} \times \frac{1}{314} = 4.522 \times 10^{-2}\text{s}$$

$$\tau'_{dr} = \frac{l_{drl}}{r_{dr}}\frac{1}{\omega_{10}} = \frac{0.1}{0.05} \times \frac{1}{314} = 6.369 \times 10^{-3}\text{s}$$

$$\tau_{qr} = \frac{l_{qr} + l_{qrl}}{r_{qr}}\frac{1}{\omega_{10}} = \frac{0.4 + 0.025}{0.03} \times \frac{1}{314} = 4.51 \times 10^{-2}\text{s}$$

$$\tau'_{qr} = \frac{l_{qrl}}{r_{qr}}\frac{1}{\omega_{10}} = \frac{0.025}{0.03} \times \frac{1}{314} = 2.654 \times 10^{-3}\text{s}$$

3.7 dq0 模型的平衡稳态

对于理想的并网同步电机，平衡稳态意味着对称的正弦相电压和相电流

$$V_{A,B,C} = \sqrt{2}V_0 \times \cos\left[\omega_1 t - (i-1)\frac{2\pi}{3}\right]; i = 1, 2, 3$$

$$I_{A,B,C} = \sqrt{2}I_0 \times \cos\left[\omega_1 t - (i-1)\frac{2\pi}{3} - \varphi_1\right]; i = 1, 2, 3 \quad (3.40)$$

将转子坐标下（$\theta_{er} = \omega_1 t + \theta_0$）的 Park 变换［方程（3.21）］应用于方程（3.40）中的 A、B、C 电压和电流

$$V_{d0} = \sqrt{2}V_0\cos\theta_0; I_{d0} = \sqrt{2}I_0\cos(\theta_0 - \varphi_1)$$
$$V_{q0} = -\sqrt{2}V_0\cos\theta_0; I_{q0} = -\sqrt{2}I_0\sin(\theta_0 - \varphi_1)$$

(3.41)

正值 φ_1 表示滞后的功率因数（电压电流符合电机惯例）。由于 dq 模型中的定子电压和电流为直流，对于平衡稳态，励磁电流为直流，$d/dt = 0$，由此 $i_{dr} = i_{qr} = 0$（无阻尼笼电流），于是

$$V_{F0} = R_F I_{F0}; i_{dr0} = i_{qr0} = 0 \quad (3.42)$$

转矩 T_e［方程（3.34）］简化为

⊖ 此处原书有误。——译者注

$$T'_e = \frac{3}{2}p_1(\psi_d i_q - \psi_q i_d) = \frac{3}{2}p_1[L_{dm}i_{F0} + (L_d - L_q)i_{d0}]i_{q0} \quad (3.43)$$

稳态的 dq 定子方程（d/dt = 0）可以以空间相量形式写成

$$\bar{V}_{s0} = R_s\bar{i}_{s0} + j\omega_r\bar{\psi}_{s0}; \quad \bar{\psi}_{s0} = \psi_{d0} + j\psi_{q0}; \quad \bar{i}_{s0} = i_{d0} + ji_{q0}$$
$$\psi_{d0} = L_{dm}i_{F0} + L_d i_d; \quad \psi_{q0} = L_{qr}i_{q0} \quad (3.44)$$

因此，我们可以在空间相量（矢量）图中表示方程（3.44），如图 3.5 所示。

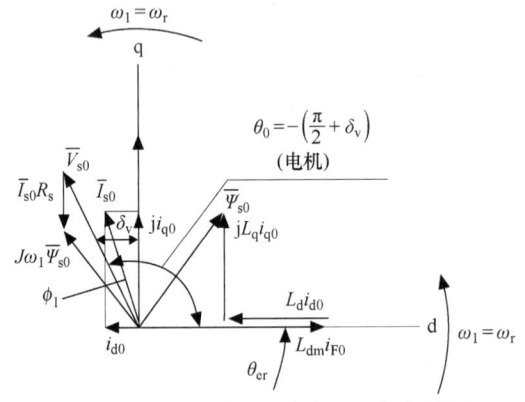

图 3.5 平衡稳态的同步电机空间相量图

空间相量（矢量）图再现了《电机的稳态模型、测试及设计》第 6 章中描述的同步电机相量图的所有相位角。这里，相量的相位角是"空间"角度，而《电机的稳态模型、测试及设计》第 6 章中描述的相量的相位角是"时间"角度。

电机运行时，空间相量图（dq 模型）中的 θ_0 与功角 δ_v（《电机的稳态模型、测试及设计》第 6 章）之间的关系是

$$\theta_0 = -\left(\frac{\pi}{2} + \delta_v\right); \delta_v > 0 \quad (3.45)$$

发电机运行时

$$\theta_0 = -\left(\frac{\pi}{2} + \delta_v\right); \delta_v < 0 \quad (3.46)$$

例 3.2 在 dq0 模型下平衡稳态运行

例 3.1 中的同步电机以单位功率因数作为电机运行，并且 $\delta_v = 30°$。求：

a. 电动势 E_s（空载电压）

b. V_{d0}、i_{d0}、V_{q0}、i_{q0}、V_{s0}、i_{s0}

c. 稳态短路电流和制动转矩

为了解决这个问题，我们利用图 3.5 中的空间相量图，$\varphi_1 = 0$，$\delta_v = 30°$ 即 $\frac{\pi}{6}$。

第 3 章　同步电机的暂态　49

由方程（3.41）~方程（3.45）有

$$V_{d0} = \sqrt{2}V_0 \times \cos\left(-\frac{\pi}{2} - \delta_v\right) = -\sqrt{2}V_0 \sin\delta_v = \left(-5780 \times \sqrt{2} \times \frac{1}{2}\right)\text{V} = 4074\text{V}$$

$$I_{d0} = \sqrt{2}I_0 \times \cos\left(-\frac{\pi}{2} - \delta_v\right) = -\sqrt{2}I_0 \sin\delta_v \tag{3.47}$$

$$V_{q0} = -\sqrt{2}V_0 \times \sin\left(-\frac{\pi}{2} - \delta_v\right) = \sqrt{2}V_0 \cos\delta_v = \left(5780 \times \sqrt{2} \times \frac{\sqrt{3}}{2}\right)\text{V} = 7091.77\text{V}$$

$$I_{q0} = -\sqrt{2}I_0 \times \sin\left(-\frac{\pi}{2} - \delta_v\right) = \sqrt{2}I_0 \cos\delta_v \tag{3.48}$$

注意：对于发电机，方程（3.45）中取 $\varphi_1 = \pi$。例 3.1，$V_0 = \dfrac{V_{nl}}{\sqrt{3}} = \left(\dfrac{10 \times 10^3}{\sqrt{3}}\right)\text{V} = 5780\text{V}$。

由空间相量图（见图 3.5）和 $\varphi_1 = 0$ 可得

$$\begin{aligned}V_{d0} &= -\omega_1\psi_{q0} + R_s i_{d0} = -\omega_1 L_q i_{q0} + R_s i_{d0} \\ V_{q0} &= \omega_1\psi_{d0} + R_s i_{q0} = \omega_1(L_d i_{d0} + L_{dm} i_{F0}) + R_s i_{q0}\end{aligned} \tag{3.49}$$

根据方程（3.47），如果电机电感（电抗）已知，我们可以计算剩下的两个未知量 I_0 和 i_F（例 3.1）。

$$X_d = \omega_1 L_d = (l_{dm} + l_{sl})X_n = [(0.6 + 0.1)4.915]\Omega = 3.44\Omega$$

$$X_q = \omega_1 L_q = (l_{qm} + l_{sl})X_n = [(0.4 + 0.1)4.915]\Omega = 2.4575\Omega$$

$$\omega_1 L_{dm} = l_{dm} X_n = (0.6 \times 4.915)\Omega = 2.95\Omega$$

$$R_s = 0.04915\Omega$$

为此必须求解二阶方程。为了简化求解过程，我们忽略定子电阻 $r_s = 0.01\text{pu}$ 的影响。

本例中

$$i_{q0} = \frac{-V_{d0}}{X_q} = \frac{\sqrt{2}V_0 \sin\delta_v}{X_q} = \left(\frac{5780 \times \sqrt{2} \times 0.5}{2.4575}\right)\text{A} = 1658\text{A}$$

$$i_{d0} = -i_{q0} \times \tan\delta_v = \left(-1658 \times \frac{1}{\sqrt{3}}\right)\text{A} = -958\text{A}$$

定子相电流为 $i_{s0} = \sqrt{2}I_0 = i_{q0}/\cos\delta_v = (1658/0.867)\text{A} = 1912\text{A}$。（一相峰值），有效值为 1356.2A。

$$i_{F0} \approx \frac{(V_{q0} - X_d i_{d0})}{X_{dm}} = \left[\frac{\sqrt{2}\,5780 \times \left(\frac{\sqrt{3}}{2}\right) - 3.44(-958)}{2.95}\right]\text{A} = 3506.8\text{A}$$

空载电压为 $E_0 = X_{dm} i_{F0} = (3506.80 \times 2.95)\text{V} = 10345\text{V}$（一相峰值），有效值为 7336V。短路时，我们只将稳态方程（3.49）中 $V_{d0} = V_{q0} = 0$，可求得 i_{dsc}

和 i_{qsc}。

$$0 = -X_q i_{qsc} + R_s i_{dsc}$$
$$0 = X_d i_{dsc} + X_{dm} i_F + R_s i_{qsc} \qquad (3.50)$$

为了通用性，在方程（3.50）中保留定子电阻。对于千瓦级电机，例如永磁同步电机，忽略 R_s 将导致忽略短路期间的制动转矩，l_d、l_q 和 l_{qm} 较小（将变成 0.5pu）。这将意味着忽略 30%~60% 额定制动转矩。

直接解方程（3.49）可得

$$i_{qsc} = i_{dsc} \times \frac{R_s}{X_q}; i_{dsc} = \frac{-X_{dm} i_{F0}}{X_d + R_s^2/X_q} \qquad (3.51)$$

由方程（3.43）或定子铜耗，得转矩为

$$T_{esc3} = -\frac{3}{2} R_s (i_{dsc}^2 + i_{qsc}^2) \frac{p_1}{\omega_1} \qquad (3.52)$$

$$i_{dsc} = \left(-\frac{10345}{3.44 + 0.04915^2/2.4575} \right) A = -3006.4 A$$

$$i_{qsc} = \left(-3006.4 \times \frac{0.04915}{2.4575} \right) A = -60.128 A$$

从方程（3.52），制动转矩为

$$T_{esc3} = \left[-\frac{3}{2} \times 0.04915 \times (3006.4^2 + 60.128^2) \times \frac{30}{314} \right] kN \cdot m = -63.666 kN \cdot m$$

标幺值形式为（参考例 3.1，$T_{en} = 171.9 kN \cdot m$）

$$t_{esc3} = \frac{T_{esc3}}{T_{en}} = \left(-\frac{63.666}{171.9} \right) pu = -0.37 pu$$

应当注意，即使在短路时，同步电机也作为发电机工作，因此 $T_{esc3} < 0$，因而在 dq 模型中 i_{dsc} 和 i_{qsc} 都是负的。

3.8 电磁暂态的拉普拉斯参数

从暂态等效电路（见图 3.4）中，在消去转子笼电流之后，可以提取磁通电流关系的拉普拉斯形式。

$$\psi_d(s) = L_d(s) i_d(s) + G(s) V_F(s)$$
$$\psi_q(s) = L_q(s) i_q(s) \qquad (3.53)$$

其中

$$L_d(s) = L_d \frac{(1 + s\tau_d')(1 + s\tau_d'')}{(1 + s\tau_{d0}')(1 + s\tau_{d0}'')}$$

$$L_q(s) = L_q \frac{(1 + s\tau_q'')}{(1 + s\tau_{q0}'')}$$

$$G(s) = \frac{L_{dm}}{R_F} \frac{1 + s\tau'_{dr}}{(1 + s\tau'_{d0})(1 + s\tau''_{d0})} \qquad (3.54)$$

$L_d(s)$、$L_q(s)$ 和 $G(s)$ 是同步电机的运行参数（拉普拉斯）。它们的形式与标幺值相同，其中方程（3.54）中只出现 $l_d(s)$、$l_q(s)$ 和 $g(s)$，而非 $L_d(s)$、$L_q(s)$ 和 $G(s)$，因为时间常数仍然以秒为单位。

$$\tau'_d = \left(L_{F1} + L_{Fdrl} + \frac{L_{dm}L_{sl}}{L_{dm} + L_{sl}}\right)\frac{1}{R_F}$$

$$\tau'_{d0} = (L_{dm} + L_{Fdrl} + L_{F1})\frac{1}{R_F}$$

$$\tau''_d = \frac{1}{R_{dr}}\left(L_{drl} + \frac{L_{dm}L_{Fdrl}L_{F1} + L_{dm}L_{sl}L_{F1} + L_{sl}L_{Fdrl}L_{F1}}{L_{dm}L_{F1} + L_{F1}L_{sl} + L_{dm}L_{F1} + L_{se}L_{Fdrl} + L_{sl}L_{dm}}\right) \qquad (3.55)$$

$$\tau''_{d0} = \frac{1}{R_{dr}}\left(L_{drl} + \frac{L_{F1}(L_{dm} + L_{Fdrl})}{L_{F1} + L_{dm} + L_{Fdrl}}\right)$$

$$\tau''_{q0} = \frac{1}{R_{qr}}(L_{qrl} + L_{qm}) ; \quad \tau'_{dr} = \frac{L_{drl}}{R_{dr}}$$

$$\tau''_q = \frac{1}{R_{qr}}\left(L_{qrl} + \frac{L_{qm}L_{sl}}{L_{qm} + L_{sl}}\right)$$

应当注意，拉普拉斯参数不包含任何与电机速度有关的信息，这是因为同步电机的 dq0 模型采用转子坐标。$L_d(s)$ 和 $L_q(s)$ 的初始和最终值分别对应于次暂态 L''_d 和 L''_q，以及同步电感 L_d 和 L_q，分别等于

$$L''_d = \lim_{s \to \infty (t \to 0)} L_d(s) = L_d \frac{T''_d T''_d}{T'_{d0} T''_{d0}} < L_d \qquad (3.56)$$

$$L''_q = \lim_{s \to \infty (t \to 0)} L_q(s) = L_q \frac{T''_q}{T''_{q0}} < L_q$$

$$L_d = \lim_{s \to 0 (t \to \infty)} L_d(s)$$

$$L_q = \lim_{s \to 0 (t \to \infty)} L_q(s)$$

在沿 d 轴无阻尼笼的情况下，所谓的暂态电感 L'_d 被定义为

$$L''_d < L'_d = \lim_{s \to \infty, T''_d = T''_{d0}} L_d(s) = L_d \frac{T'_d}{T'_{d0}} < L_d \qquad (3.57)$$

基于磁通守恒定律，L''_d 和 L''_q 反映了同步电机对暂态的初始反应。转子中会出现额外的（暂态）电流，以保持磁通的初值，从而"释放"初始定子电流的"支撑"，这些变化快速但不是瞬时完成的。在同步电机端口突然短路后，定子和转子中的电流变化很大。事实上，在具有强（小电阻）转子笼的同步电机中，突然的短路电流很大。对于没有转子笼的永磁同步电机，仅存在同步电感，因此在突然短路时的暂态电流数值更小、变化更慢。

即使对于 dq0 模型，暂态研究也通常面临着数学障碍。暂态大致分成三类：
1）电磁暂态。
2）机电暂态。
3）机械暂态。

后续章节将陆续讨论这三类暂态。

3.9　恒速电磁暂态

在快速的暂态过程中，速度可以近似认为是常数，这种情况被认为是电磁暂态。同步发电机空载时定子电压的累积是一个典型的暂态过程，而三相突然短路是工业界公认的最重要的工况。

用 d/dt = s 变换的方程（3.17）和拉普拉斯参数方程（3.53）和方程（3.54），可以研究恒定电感（磁饱和程度不变）的电机暂态过程。

$$V_d(s) = R_s i_d(s) + s[L_d(s)i_d(s) + G(s)V_F(s)] - \omega_r L_q(s)I_q(s)$$
$$V_q(s) = R_s i_q(s) + sL_q(s)i_q(s) + \omega_r[L_d(s)i_d(s) + G(s)V_F(s)] \quad (3.58)$$

我们强调方程（3.58）是以拉普拉斯形式编写的，因此只处理变量 $i_d(s)$ 和 $i_q(s)$ 以及输入量 $V_d(s)$、$V_q(s)$ 和 $V_F(s)$ 相对于其初始值（在 $t=0$）的偏差。转子速度 ω_r 被认为是常数。

例 3.3　电压的累积

考虑一台同步电机，在空载且转速为 ω_r 的情况下，突然施加满载励磁电压。已知 $l_{dm} = 1.2\text{pu}$，$l_{F1} = 0.2\text{pu}$，$V_{F0} = 0.005833\text{pu}$，$r_F = 0.01\text{pu}$，$\omega_r = 1\text{pu}$（$\omega_{10} = 377\text{rad/s}$）。计算定子电压分量和相电压标幺值的暂态表达式。

解：

对于电压累积，拉普拉斯形式的励磁电压阶跃信号标幺值 $V_F(s)$ 为

$$V_F(s) = \frac{V_{F0}}{s}\omega_{10} \quad (3.59)$$

应当注意，在标幺值中，s 被 s/ω_{10} 代替［本例中 $\omega_{10} = 377\text{rad/s}(60\text{Hz})$］。额定转速时 $\omega_r = 1$（标幺值）。

对于空载，$i_d(s) = 0$，$i_q(s) = 0$，因此，从方程（3.58）得

$$V_d(s) = g(s)\frac{s}{\omega_{10}}V_F(s)$$
$$V_q(s) = \omega_r g(s)V_F(s) \quad (3.60)$$

但是从方程（3.54）出发，以 l_{dm}/r_F 代替 L_{dm}/R_F，在没有转子笼的情况下，$\tau_d'' = 0$，$\tau_{dr}' = 0$，定子/励磁绕组传递函数 $g(s)$ 为

$$g(s) = \frac{l_{dm}}{r_F} \frac{1}{\left[1 + (l_{dm} + l_{F1})\dfrac{s}{r_F \omega_{10}}\right]} \quad (3.61)$$

根据方程（3.59）和方程（3.61），由方程（3.60）可直接得出

$$V_d(t) = \frac{V_{F0} l_{dm}}{l_{dm} + l_{F1}} e^{-t/\tau'_{d0}}; \tau'_{d0} = \frac{l_{dm} + l_{F1}}{r_F \omega_{10}}$$

$$V_q(t) = \omega_r \frac{V_{F0} l_{dm}}{r_F}(1 - e^{-t/\tau'_{d0}}) \quad (3.62)$$

当 $V_{F0} = 0.005833\mathrm{pu}$，$r_F = 0.01\mathrm{pu}$，$l_{dm} = 1.2\mathrm{pu}$，$l_{F1} = 0.2\mathrm{pu}$，$\omega_r = 1\mathrm{pu}$，$\omega_{10} = 377\mathrm{rad/s}$ 时，方程（3.62）变成

$$V_d(t) = 0.5 e^{-2.7 \times t} \mathrm{pu}$$

$$V_q(t) = 0.70(1 - e^{-2.7 \times t}) \mathrm{pu}$$

定子相电压 $V_A(t)$ 可通过 Park 反变换得到

$$V_A(t) = V_d(t)\cos(\omega_{10}t) - V_q(t)\sin(\omega_{10}t) \quad (3.63)$$

对于方程（3.63）中的 $\omega_r \neq 1\mathrm{pu}$，反映定子电压实际频率的 $\omega_{10}t$ 将用 $\omega_r \times \omega_{10}t$ 代替，该频率等于实际电角速度 ω_r，以 rad/s 计。

3.10 发电机空载时三相突然短路/实验 3.1

对于发电机在空载（稳态）时，我们有

$$I_{d0} = I_{q0} = 0, V_{d0} = 0, (\delta_{V0} = 0), V_{q0} = \omega_r L_{dm} i_{F0}, \theta_0 = -\frac{\pi}{2}$$

$$V_{F0} = R_F i_{F0} \quad \Psi_{q0} = 0, \Psi_{d0} = L_{dm} i_{F0} \quad (3.64)$$

已知 $V_{d0} = 0$，为了模拟突然短路，将阶跃电压 $-V_{q0}$ 施加到方程（3.58）的 q 轴上

$$\begin{bmatrix} 0 \\ -\dfrac{V_{q0}}{s} \end{bmatrix} = \begin{bmatrix} R_s + s L_d(s) & -L_q(s)\omega_r \\ L_d(s)\omega_r & R_s + s L_q(s) \end{bmatrix} \begin{vmatrix} i_d(s) \\ i_q(s) \end{vmatrix} \quad (3.65)$$

注意，我们再次使用实际（而不是标幺值）变量进行操作（我们来回切换以使得读者适应这两个系统）。

在忽略包含 R_s^2 的项并近似处理后，求方程（3.65）中的 $i_d(s)$ 和 $i_q(s)$

$$\frac{R_s}{2}\left(\frac{1}{L_d(s)} + \frac{1}{L_q(s)}\right) \approx \frac{R_s}{2}\left(\frac{1}{L_d''} + \frac{1}{L_q''}\right) = 1/\tau_a \quad (3.66)$$

可得

$$i_d(s) = -\frac{V_{q0}\omega_r^2}{s\left(s^2 + \dfrac{2s}{\tau_a} + \omega_r^2\right)} \frac{1}{L_d(s)}; \; i_q(s) = -\frac{V_{q0}\omega_r}{\left(s^2 + \dfrac{2s}{\tau_a} + \omega_r^2\right)} \frac{1}{L_q(s)} \quad (3.67)$$

运用方程 (3.54) 的 $L_d(s)$ 和 $L_q(s)$，在进行相当复杂的分析之后，最终得到

$$i_d(t) = -\frac{V_{q0}}{\omega_r}\left[\frac{1}{L_d} + \left(\frac{1}{L'_d} - \frac{1}{L_d}\right)e^{-t/\tau'_d} + \left(\frac{1}{L''_d} - \frac{1}{L'_d}\right)e^{-t/\tau''_d} - \frac{1}{L''_d}e^{-t/\tau_a}\cos(\omega_r t)\right]$$

$$i_q(t) \approx -\frac{V_{q0}}{\omega_r L''_q}l\sin(\omega_r t) \tag{3.68}$$

$i_q(t)$ 中的负号表示电机在短路时作为发电机运行，而 dq0 模型方程是在电机惯例的方程。使用 Park 反变换 [方程 (3.18)] 可得 A 相电流。

$$i_A(t) = i_d\cos(\omega_r t + \gamma_0) - i_q\sin(\omega_r t + \gamma_0)$$

$$= -\frac{V_{q0}}{\omega_r}\left(\begin{array}{c}\left(\frac{1}{L_d} + \left(\frac{1}{L'_d} - \frac{1}{L_d}\right)e^{-t/\tau'_d} + \left(\frac{1}{L''_d} - \frac{1}{L'_d}\right)e^{-t/\tau''_d}\right)\cos(\omega_r t + \gamma_0) \\ -\frac{1}{2}\left(\frac{1}{L''_d} + \frac{1}{L''_q}\right)e^{-t/\tau_a} - \frac{1}{2}\left(\frac{1}{L''_d} - \frac{1}{L''_q}\right)e^{-t/\tau_a}\cos(2\omega_r t + \gamma)\end{array}\right)$$

$$\tag{3.69}$$

忽略定子电阻导致在 $i_d(t)$ 和 $i_q(t)$ 中消除了频率 ω_r 的周期性分量，而 $i_A(t)$ 中只有两个时间常数 τ'_d 和 τ''_d。暂态励磁电流与定子电流相关。

$$i_F(s) = -sG(s)i_d(s)$$

$$i_F(s) = i_{F0} + i_{F0}\frac{L_d - L'_d}{L_d}\left[e^{-t/\tau''_d} - \left(1 - \frac{\tau'_{dr}}{\tau''_d}\right)e^{-t/\tau''_d} - \frac{\tau'_{dr}}{\tau''_d}e^{-t/\tau_a}\cos(\omega_r t)\right]$$

$$\tag{3.70}$$

$\partial i_A/\partial t = 0$ 时，由方程 (3.69) 可得峰值短路电流 $i_{A\max}$，近似等于

$$i_{A\max} \approx \frac{V_{q0}}{\omega_r L''_d} \times 1.8 = \frac{\sqrt{2}V_0}{\omega_r L''_d} \times 1.8 = I_{sc3} \times \frac{L_d}{L''_d} \times 1.8 \times \sqrt{2} \approx (8-20)I_{sc3}$$

$$\tag{3.71}$$

I_{sc3} 是稳态短路时相电流有效值。

磁链 $\psi_d(s)$ 和 $\psi_q(s)$ 分别为

$$\Psi_d(s) = L_d(s)i_d(s)\,;\;\Psi_q(s) = L_q(s)i_q(s) \tag{3.72}$$

最终求得 ($1/\tau_a \ll \omega_r$)

$$\Psi_d(t) = \Psi_{d0} + \Psi_d(t) = \frac{V_{d0}}{\omega_r}e^{-t/\tau_a}\cos(\omega_r t)$$

$$\Psi_q(t) = 0 + \Psi_q(t) = -\frac{V_{q0}}{\omega_r}e^{-t/\tau_a}\sin(\omega_r t) \tag{3.73}$$

从这个近似值可以看出，只有当 $R_s \neq 0$ 时，磁链才发生变化，并且变化的很快。
短路期间的电磁转矩

$$T_{esc}(t) = \frac{3}{2}p_1[\psi_d(t)i_q(t) - \psi_q(t)i_d(t)] \tag{3.74}$$

注意：显然，在突然短路期间，磁饱和水平从空载饱和持续下降到稳态不饱和状态。尽管如此，复杂的数学描述忽略了这一点，只是为了获得能够直观解释的解析值。图 3.6 定量表示出了 $i_d(t)$、$i_q(t)$、$i_F(t)$、$i_A(t)$。表 3.1 给出了暂态参数的典型标幺值和时间常数（以秒为单位）。

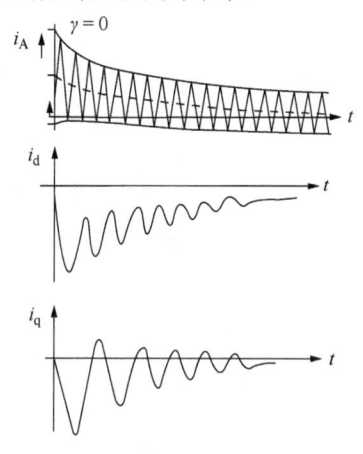

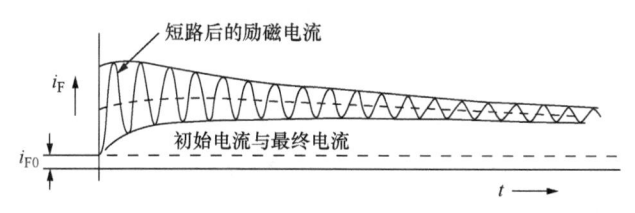

图 3.6　同步电机三相突然短路时的电流

表 3.1　同步发电机参数典型值

参数	2 极汽轮发电机	水轮发电机
l_d（pu）	0.9~1.5	0.6~1.5
l_q（pu）	0.85~1.45	0.4~1.0
l'_d（pu）	0.12~0.2	0.2~0.5
l''_d（pu）	0.07~0.14	0.13~0.35
l_{Fdrl}（pu）	−0.05~+0.05	−0.05~+0.05
l_0（pu）	0.02~0.08	0.02~0.2
l_{sl}（pu）	0.07~0.14	0.15~0.2
r_s（pu）	0.0015~0.005	0.002~0.02
τ'_{d0}（s）	2.8~6.2	1.5~9.5
τ_d（s）	0.35~0.9	0.5~3.3
τ''_d（s）	0.02~0.05	0.01~0.05
τ''_{d0}（s）	0.02~0.15	0.01~0.15
τ''_q（s）	0.015~0.04	0.02~0.06
τ''_{q0}（s）	0.04~0.08	0.05~0.09
l''_q（pu）	0.2	−0.45

突然短路可用来确定同步电机 d 轴时间常数，而峰值短路电流可用于设计定子端部的机械连接，用以抵抗 $i_{A\max}$ 处的最大电动力。

3.11 给定速度下同步电机的异步运行

具有直流励磁和起动/阻尼笼型绕组的同步电机，当在恒定频率和电网电压下工作时，通常以异步模式起动，其励磁绕组首先连接起动电阻，$R_x \approx 10R_F$。当转速稳定在某个低于同步转速（$\omega_1 = \omega_{r0}$）的数值 $\omega_r = \omega_1(1-S)$ 时，励磁绕组切换至直流励磁电源，经过几次振荡，同步电机最终被牵入同步。这是本章后续将讨论的机电暂态。本节分析不同转差时的平均异步转矩。dq 电压 V_d 和 V_q 可以用定子电压来表示

$$V_{A,B,C}(t) = \sqrt{2}V_0 \cos(\omega_1 t + \delta_v) \tag{3.75}$$

$$V_d + jV_q = \frac{2}{3}[V_A(t) + V_B(t)e^{j\frac{2\pi}{3}} + V_C(t)e^{-j\frac{2\pi}{3}}]e^{-j\omega_r t} \tag{3.76}$$

$$= \sqrt{2}V_0[\cos((\omega_1 - \omega_r)t + \delta_v) - j\sin((\omega_1 - \omega_r)t + \delta_v)]$$

$$\omega_1 - \omega_r = S\omega_1; \omega_r = \omega_1(1-S) \tag{3.77}$$

V_d 和 V_q 的复数表达式分别为

$$\underline{V}_d(jS\omega_1) = \sqrt{2}V_0 e^{j(S\omega_1 t + \delta_v)}; \underline{V}_q(jS\omega_1) = j\sqrt{2}V_0 e^{j(S\omega_1 t + \delta_v)} \tag{3.78}$$

在拉普拉斯形式中，$s = jS\omega_1$，定子方程中的 $V_F(jS\omega_1) = 0$，但是 $L_d(jS\omega_1)$ 中 R_F 用 $R_F + R_x$ 替换，变成

$$\underline{V}_d(jS\omega_1) = (R_s + jS\omega_1 \underline{L}_d(jS\omega_1))\underline{I}_d(jS\omega_1) - \omega_1(1-S)\underline{L}_q(jS\omega_1)\underline{I}_q(jS\omega_1)$$

$$\underline{V}_q(jS\omega_1) = (R_s + jS\omega_1 \underline{L}_q(jS\omega_1))\underline{I}_q(jS\omega_1) - \omega_1(1-S)\underline{L}_d(jS\omega_1)\underline{I}_d(jS\omega_1)$$

$$\tag{3.79}$$

根据方程（3.54），复电感 $\underline{L}_d(jS\omega_1)$ 和 $\underline{L}_q(jS\omega_1)$ 为

$$\underline{L}_d(jS\omega_1) = \underline{L}_d = \frac{(1+jS\omega_1\tau'_d)(1+jS\omega_1\tau''_d)}{(1+jS\omega_1\tau'_{d0})(1+jS\omega_1\tau''_{d0})}L_d; R_F \to R_F + R_x \tag{3.80}$$

$$\underline{L}_q(jS\omega_1) = \underline{L}_q = \frac{(1+jS\omega_1\tau''_q)}{(1+jS\omega_1\tau'_{q0})}L_q \tag{3.81}$$

由方程（3.70）得交流励磁电流 $\underline{I}_F(jS\omega_1)$ 为

$$\underline{I}_F(jS\omega_1) = -jS\omega_1 G(jS\omega_1)\underline{I}_d(jS\omega_1) \tag{3.82}$$

平均转矩 T_{eav} 化简为

$$T_{eav} = \frac{3}{2}p_1 \text{Re}[\underline{\psi}_d(jS\omega_1)\underline{I}_q^*(jS\omega_1) - \underline{\psi}_q(jS\omega_1)\underline{I}_d^*(jS\omega_1)] \tag{3.83}$$

同时

$$\underline{\psi}_d(jS\omega_1) = \underline{L}_d \underline{I}_d; \underline{\psi}_q(jS\omega_1) = \underline{L}_q \underline{I}_q \tag{3.84}$$

我们可以用方程（3.79）~方程（3.84）计算 $\underline{I}_d(jS\omega_1)$、$\underline{I}_q(jS\omega_1)$、$I_F(jS\omega_1)$ 和 T_e。对于零定子电阻（$R_s = 0$），从方程（3.79）中可得

$$\underline{I}_d \approx \frac{U_d}{j\omega_1 \underline{L}_d}; \underline{I}_q \approx \frac{U_q}{j\omega_1 \underline{L}_q} \tag{3.85}$$

因此，平均转矩为

$$T_{eav} = \frac{3}{2}p_1 \frac{(\sqrt{2}V_0)^2}{\omega_1} \text{Re}\left[\frac{1}{j\omega_1 \underline{L}_d^*(jS\omega_1)} + \frac{1}{j\omega_1 \underline{L}_q^*(jS\omega_1)} \right] \tag{3.86}$$

最终得到电流 $i_d(t)$ 和 $i_q(t)$ 为

$$\begin{aligned} i_d(t) &= \text{Re}[\underline{I}_d e^{j(S\omega_1 t + \delta_v)}] \\ i_q(t) &= \text{Re}[\underline{I}_q e^{j(S\omega_1 t + \delta_v)}] \\ \psi_d(t) &= \text{Re}[\underline{\psi}_d e^{j(S\omega_1 t + \delta_v)}] \\ \psi_q(t) &= \text{Re}[\underline{\psi}_q e^{j(S\omega_1 t + \delta_v)}] \end{aligned} \tag{3.87}$$

于是

$$i_A(t) = i_d(t)\cos[\omega_1(1-S)t] - i_q(t)\sin(\omega_1(1-S)t) \tag{3.88}$$

在这个解释中，$i_d(t)$ 和 $i_q(t)$ 中只有转差频率。而定子电流 $i_A(t)$ 中存在基频 ω_1；如果 $R_s \neq 0$，电流中还存在附加频率 $\omega_1' = \omega_1(1-2S)$。

异步转矩将在 $2S\omega_1$ 频率处波动，幅值可能高达额定同步转矩的 50%。这主要是由于转子绕组不对称造成的（以及沿 d 轴和 q 轴的磁路不对称）。

一般的瞬时转矩方程为

$$T_e = \frac{3}{2}p_1(\psi_d(t)i_q(t) - \psi_q(t)i_q(t)) \tag{3.89}$$

标幺值系统中同步电机的平均异步转矩与转差 S 的关系如下：

$\sqrt{2}V_0 = 1\text{pu}$, $l_{sl} = 0.15\text{pu}$, $l_{dm} = 1\text{pu}$, $l_{F1} = 0.3\text{pu}$, $l_{qm} = 0.6\text{pu}$, $l_{qrl} = 0.12\text{pu}$, $l_{drl} = 0.2\text{pu}$, $r_s = 0.012\text{pu}$, $r_{dr} = 0.03\text{pu}$, $r_{qr} = 0.04\text{pu}$, $r_F = 0.03\text{pu}$, $r_F + r_x = 10r_F$，如图 3.7 所示。

应该注意的是，当 $R_x = 10R_F$ 连接到励磁回路时，会产生更大的异步转矩（见图 3.7b）。

例 3.4 直流励磁（或永磁）转子感生的异步定子损耗

如果转子上的直流励磁（或永磁）为 0，则转速为 $\omega_1' = \omega_1(1-S)$ 时会在定子绕组中产生额外的（异步）损耗。推导转矩的表达式，并用上面的数据计算同步电机的最大转速。

解：

在转子坐标系中，dq 电流 I_d' 和 I_q' 为直流，定子绕组可视为短路（因为无穷大电网内部阻抗为 0）。转子电流 $I_{dr} = I_{qr} = 0$，$I_F = I_{F0}$：$V_F(s) \to V_{F0} = R_F i_{F0}$。所

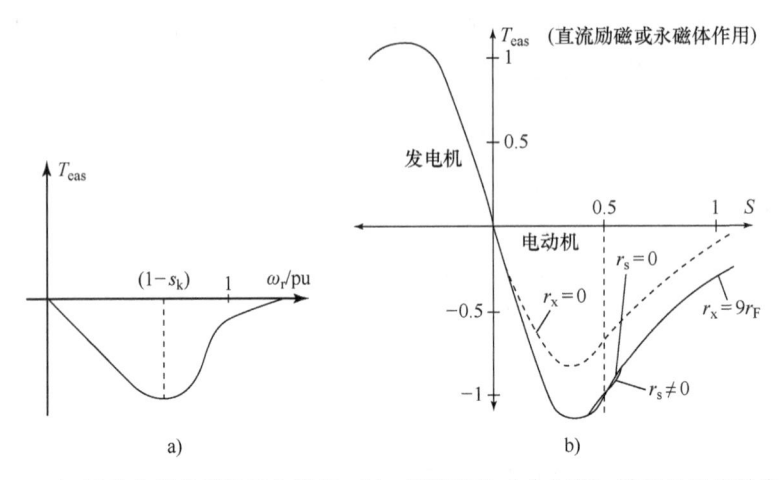

图 3.7 a) 同步电机的平均异步转矩 b) 直流励磁（或永磁）转子的平均异步转矩

以，代入 $\underline{V}_d = \underline{V}_q = 0$，$s \to 0$，$V_F \to R_F i_{F0}$，方程（3.79）退化成稳态方程（3.90）。

$$0 = R_s I'_d - \omega_1(1-S)L_q I'_q$$
$$0 = (1-S)\omega_1(L_d I'_d + L_{dm} I_{F0}) + R_s I'_q \tag{3.90}$$

方程（3.90）的解可直接得到

$$I'_d = \frac{-L_{dm}L_q I_{F0}\omega_1^2(1-S)^2}{R_s^2 + (1-S)^2\omega_1^2 L_d L_q}$$

$$I'_q = \frac{-L_{dm}I_{F0}\omega_1(1-S)R_s}{R_s^2 + (1-S)^2\omega_1^2 L_d L_q} \tag{3.91}$$

对应的定子绕组损耗和转矩为

$$W'_{co} = \frac{3}{2}R_s(I'^2_d + I'^2_q) = -T_{dec}\frac{\omega_1(1-S)}{p_1} \tag{3.92}$$

$$T_{edc} = -\frac{3}{2}p_1 R_s (L_{dm}I_{F0})2\omega_1(1-S)\frac{[R_s^2 + L_q^2\omega_1^2(1-S)^2]}{[R_s^2 + L_d L_q \omega_1^2(1-S)^2]^2} \tag{3.93}$$

产生最大转矩的转差率为

$$S'_k \approx 1 - \sqrt{\frac{2L_d L_q \omega_1^2 - R_s^2}{2L_q^2 \omega_1^2 + L_d L_q \omega_1^2}} \tag{3.94}$$

由以上给出的标幺值数据可得

$$S'_k \approx 1 - \sqrt{\frac{2l_d l_q - r_s^2}{2l_q^2 + l_d l_q}} \approx 1 - \sqrt{\frac{2 \times 1 \times 0.6 - 0.012^2}{2 \times 0.6^2 + 1 \times 0.6}} \approx 0.28 \tag{3.95}$$

因此，在72%额定转速时获得最大转矩 T_{edc}，如图3.7b所示。当 $l_d = l_q$ 且 $r_s = 0$ 时，$S'_k = 1 - \sqrt{2/3} = 0.1875$。对于永磁同步电机，$L_{dm}i_{F0} = \psi_{PM}$，这是 dq 模型中的永磁磁链。

这种转矩依赖于定子电阻,因此在小功率电机(如永磁同步电机)中很重要。需要注意的是,电机转速 $\omega_r = \omega_1(1-S)$,发生短路时实际运行在发电机状态。例 3.3 的结果可以用来解释这种情况。这一点虽然是多余的,但为了读者方便,在此重申。当永磁同步电机并网自起动时,该转矩可能衰减,甚至妨碍自同步过程,特别是在重载时。此外,在 PWM 变换器故障的情况下,该转矩对电机来说是制动性质的转矩,在某些应用场景中这将成为额外的设计约束,例如汽车助力转向系统。

3.12 机电暂态的降阶 dq0 模型

电力系统中许多同步发电机(SG)并网运行,在电力系统稳定性和控制研究中的公共连接点处,同步发电机的建模必须细致,而对于那些远端的同步发电机,则可以使用简化模型以节省计算时间。

这种近似已获得广泛认可,本节给出介绍并举例。

3.12.1 忽略定子暂态

忽略方程(3.17)中的定子脉动电压,得到

$$\left(\frac{d\psi_d}{dt}\right)_{\omega_1 = \omega_{r0}} = \left(\frac{d\psi_q}{dt}\right)_{\omega_1 = \omega_{r0}} \tag{3.96}$$

现在剩下两个选项:考虑转速不变,或者如果转速变化($\omega_r \neq \omega_1$),电机电感与转子位置相关。

本质上,如果在动生电压中用 ω_1 代替 ω_r,但通过运动方程保持速度变化(不太大),则近似更好[2]。

$$V_d = R_s I_d - \omega_1 \psi_q; V_q = R_s I_q + \omega_1 \psi_d$$

$$\frac{d\psi_F}{dt} = V_F - R_F I_F, \frac{d\psi_{dr}}{dt} = -R_{dr} I_{dr}, \frac{d\psi_{qr}}{dt} = -R_{qr} I_{qr} \tag{3.97}$$

$$\frac{d\omega_r}{dt} = \frac{p_1}{J}[p_1(\psi_d I_q - \psi_q I_d) - T_{load}]; \frac{d\theta_{er}}{dt} = \omega_r \tag{3.98}$$

总之,忽略定子暂态意味着忽略暂态电流和转矩中频率 ω_1 和 $2\omega_1$ 的衰减分量。

3.12.2 忽略定转子笼暂态

另外,转子笼暂态忽略不计

$$\frac{d\psi_{dr}}{dt} = \frac{d\psi_{qr}}{dt} = 0; I_{dr} = I_{qr} = 0 \tag{3.99}$$

于是 dq 模型降低两阶

$$V_d = R_s I_d - \omega_r \psi_q; V_q = R_s I_q + \omega_r \psi_d \qquad (3.100)$$

$$\frac{d\psi_F}{dt} = V_F - R_F I_F \qquad (3.101)$$

运动方程（3.80）仍然成立。这里只考虑励磁电流暂态，暂态电感 L'_d 起作用。

3.12.3　用于同步电机电压控制的简化（三阶）dq 模型

为了得到调节励磁电压的模型，从上述三阶模型［方程（3.97）~方程（3.101）］中消去了励磁电流 I_F，于是在发电机惯例下定义了新的暂态电动势 e'_q（标幺值）。

$$e'_q = \omega_r \frac{l_{dm}}{l_F} \psi_F; l_F = l_{dm} + l_{F1} \qquad (3.102)$$

q 轴的定子电压方程（3.100）变为

$$V_q = -r_s i_q - x'_d i_d - e'_q; x'_d = \omega_r \left(l_d - \frac{l_{dm}^2}{l_F} \right) \qquad (3.103)$$

方程（3.101）变为

$$e'_q = \frac{V_F - e'_q + i_d(x_d - x'_d)}{\tau'_{d0}}; \tau'_{d0} = \frac{l_F}{r_F \omega_{10}} \qquad (3.104)$$

运动方程（3.98）仍然成立，暂态电动势 e'_q 的初始值为

$$(e'_q)_{t=0} = \omega_{r0} \frac{l_{dm}}{l_F} [l_F (i_F)_{t=0} + l_{dm}(i_d)_{t=0}] \qquad (3.105)$$

若读者想了解更多的内容，请参考文献［3］。

例 3.5　车用双轴励磁发电机

考虑一台分布式三相交流绕组的同步电机，转子磁路具有强凸极性。该转子 q 轴上有隔磁槽，填充弱磁性永磁体（剩磁密度 $B_r = 0.6 \sim 0.8T$），d 轴上有直流励磁绕组，如图 3.8 所示，以下简称 BEGA 电机[4]。请写出该结构的 dq 模型，画出 $i_d = 0$ 和 $\psi_q = 0$ 时的空间相量图，并讨论结果。

解：

空间相量形式的定子 dq 方程同方程（3.36），但是磁链 ψ_d 和 ψ_q 的表达式略有不同

$$\overline{V}_s = R_s \underline{i}_s + j\omega_r \underline{\psi}_s + \frac{d\underline{\psi}_s}{dt}$$

$$\overline{\psi}_s = \psi_d + j\psi_q; \psi_d = L_{dm} i_F + L_d i_d; L_d > L_q$$

$$\psi_q = L_q i_q - \psi_{PMq}; \psi_F = L_{F1} i_F + L_{dm}(i_F + i_d)$$

$$\frac{d\psi_F}{dt} = V_F - R_F i_F \qquad (3.106)$$

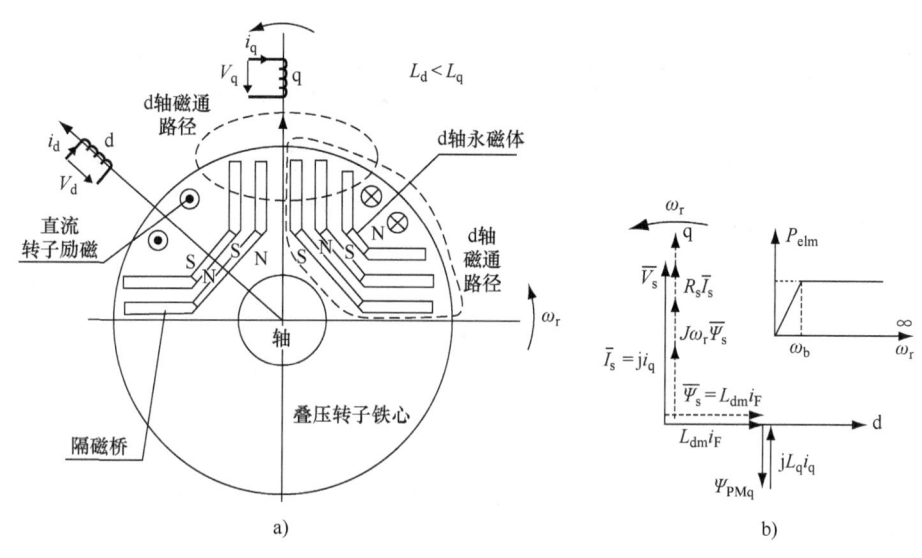

图 3.8　a) 转子横截面　b) 矢量图

转矩为

$$T_e = \frac{3}{2}p_1(\psi_d i_q - \psi_q i_d) = \frac{3}{2}p_1[L_{dm}i_F i_q + \psi_{PMq}i_d + (L_d - L_q)i_d i_q]$$

因此，转矩有四项构成，表明每一分绕组损耗或每一分定子电流都需要产生更多的转矩。然而，对于给定的冷却系统和允许的温升，转矩受到磁饱和的限制。为了限制最大转矩的定子电流，设置 $i_d = 0$ 和 $L_q i_q - \psi_{PM} = 0$，转矩仅剩第一项为

$$(T_e)_{i_d=0,\psi_q=0} = \frac{3}{2}L_{dm}i_F i_q; i_q = \frac{\psi_{PMq}}{L_q} = 常数 \quad (3.107)$$

但是，对于稳态，如果 $i_d = 0$ 且 $\psi_q = 0$，定子电压电流方程变为

$$\overline{I}_s = 0 + j i_q; V_s = R_s i_s + \omega_r L_{dm} i_F \quad (3.108)$$

因此，功率因数隐含为 1。方程（3.108）表明，定子上仅有电阻压降。这正是他励有刷直流电机的情况，它具有最小的（电阻）电压调整率。这种情况是由控制 $i_d = 0$ 和 $i_q = \psi_{PM}/L_q$ 为定值实现的。通过减少这些条件下的 i_F，如果忽略机械损耗，理论上转速可以在恒定功率下增加到无穷大。由此得到同步电机及其 PWM 变换器系统最小过载时恒功率条件下的宽广调速范围。这在起动-发电机和大多数同步发电机中很常见。

这只是同步电机许多新颖结构的一个例子，这些结构可以在一些中小功率的挑战性应用场景中实现优异的控制性能。可能有人会说转子的机械结构不够坚固，但鱼和熊掌不可得兼。

3.13 小偏差机电暂态（标幺值）

小偏差理论研究初始稳态点（工况）周围的小暂态。从空间相量图（见图 3.5）和例 3.2 中，这里继续使用稳态条件（电机惯例 $\delta_v > 0$）。

$$V_d = -\sqrt{2}V\sin\delta_v = -\omega_r L_q i_q + R_s i_d$$

$$T_{e0} = \frac{3}{2}p_1[L_{dm}i_{F0} + (L_d - L_q)i_{d0}]i_{q0}$$

$$V_q = \sqrt{2}V\cos\delta_v = \omega_r(L_d i_d + L_{dm} i_F) + R_s i_q \tag{3.109}$$

其中，$V_d = V_{d0}$，$V_q = V_{q0}$，$i_d = i_{d0}$，$i_q = i_{q0}$，$\delta_v = \delta_{v0}$（初始电压功角），$T_{e0} = T_{L0}$。

对于小暂态，应使用通用方程（3.62）。但是对于小偏差，由方程（3.109）得

$$V_d = V_{d0} + \Delta V_d;\ V_q = V_q + \Delta V_q;\ \delta_v = \delta_{v0} + \Delta\delta_v$$

$$\Delta V_d = -\sqrt{2}\Delta V\sin\delta_{v0} - \sqrt{2}V_0\cos\delta_{v0}\Delta\delta_v$$

$$\Delta V_q = \sqrt{2}\Delta V\cos\delta_{v0} - \sqrt{2}V_0\sin\delta_{v0}\Delta\delta_v \tag{3.110}$$

又

$$V_F = V_{F0} + \Delta V_F;\ T_L = T_{L0} + \Delta T_L;\ T_e = T_{e0} + \Delta T_e$$

$$\omega_r = \omega_{r0} + \Delta\omega_r;\ \omega_1 = \omega_{r0} + \Delta\omega_1 \tag{3.111}$$

磁通/电流关系线性化后变为

$$\Delta\psi_d = L_{sl}\Delta i_d + L_{dm}\Delta i_{dm};\ \Delta i_{dm} = \Delta i_d + \Delta i_F + \Delta i_{dr}$$

$$\Delta\psi_q = L_{sl}\Delta i_q + L_{qm}\Delta i_{qm};\ \Delta i_{qm} = \Delta i_q + \Delta i_{qr} \tag{3.112}$$

$$\Delta\psi_F \approx L_{Fl}\Delta i_F + L_{dm}\Delta i_{dm};\ \Delta\psi_{dr} = L_{drl}\Delta i_{dr} + L_{dm}\Delta i_{dm}$$

$$\Delta\psi_{qr} = L_{qrl}\Delta i_{qr} + L_{qm}\Delta i_{qm}$$

现在，方程（3.17）~方程（3.19）的 dq0 模型线性化后得

$$\frac{d\Delta\psi_d}{dt} = \Delta V_d - R_s\Delta i_d + \omega_{r0}\Delta\psi_q + \Delta\omega_r\psi_{q0}$$

$$\frac{d\Delta\psi_q}{dt} = \Delta V_q - R_s\Delta i_q - \omega_{r0}\Delta\psi_d - \Delta\omega_r\psi_{d0}$$

$$\frac{d\Delta\psi_F}{dt} = \Delta V_F - R_F\Delta i_F;\ \frac{d\Delta\psi_{dr}}{dt} = -R_{dr}\Delta i_{dr} \tag{3.113}$$

$$\frac{d\Delta\psi_{qr}}{dt} = -R_{qr}\Delta i_{qr}$$

$$\Delta T_e = \frac{3}{2}p_1(\Delta\psi_d i_q + \psi_{d0}\Delta i_q - \Delta\psi_q i_{d0} - \psi_{q0}\Delta i_d)$$

其中，$\psi_{d0} = L_d i_{d0} + L_{dm} i_{F0}$，$\psi_{q0} = L_q i_{q0}$，$i_{dm0} = i_{d0} + i_{F0}$，$i_{qm0} = i_{q0}$。

$$\frac{d}{dt}\Delta\delta_v = \Delta\omega_1 - \Delta\omega_r; \frac{J}{p_1}\frac{d}{dt}\Delta\omega_r = \Delta T_e - \Delta T_L \tag{3.114}$$

引入定子频率（实际上是电源的频率）的变化 $\Delta\omega_1$ 作为附加变量，但为了简化计算过程，可以将其视为零（$\Delta\omega_1 = 0$）。上述模型可以写成矩阵形式为

$$[L][\Delta\dot{X}] = |R||\Delta X| + B|\Delta U| \tag{3.115}$$

$$\Delta U = [\Delta V, \Delta V, \Delta V_F, 0, 0, \Delta T_L, \Delta\omega_1]^T \tag{3.116}$$

$$\Delta X = [\Delta i_d, \Delta i_q, \Delta i_F, \Delta i_{dr}, \Delta i_{qr}, \Delta\omega_r, \Delta\delta_v]^T \tag{3.117}$$

$$[L] = \begin{pmatrix} L_{sl}+L_{dm} & 0 & L_{dm} & L_{dm} & 0 & 0 & 0 \\ 0 & L_{sl}+L_{qm} & 0 & 0 & L_{qm} & 0 & 0 \\ L_{dm} & 0 & L_{F1}+L_{dm} & L_{dm} & 0 & 0 & 0 \\ L_{dm} & 0 & L_{dm} & L_{drl}+L_{dm} & 0 & 0 & 0 \\ 0 & L_{qm} & 0 & 0 & L_{qrl}+L_{qm} & 0 & 0 \\ 0 & 0 & 0 & 0 & 0 & 1 & 0 \\ 0 & 0 & 0 & 0 & 0 & 0 & 1 \end{pmatrix}$$

$$\tag{3.118}$$

$$|B| = \begin{vmatrix} -\sqrt{2}\sin\delta_{v0} \\ \sqrt{2}\cos\delta_{v0} \\ 1 \\ 0 \\ 0 \\ -1 \\ 1 \end{vmatrix} \tag{3.119}$$

$$|R| = [\,|C+D|\,] \tag{3.120}$$

$$|C| = \begin{vmatrix} -R_s & \omega_{r0}(L_{sl}+L_{qm}) & 0 \\ -\omega_{r0}(L_{sl}+L_{dm}) & -R_s & -\omega_{r0}L_{dm} \\ 0 & 0 & -R_F \\ 0 & 0 & 0 \\ 0 & 0 & 0 \\ \frac{3}{2}p_1[(L_{sl}+L_{dm})i_{q0}-\psi_{q0}] & -\frac{3}{2}p_1[(L_{sl}+L_{qm})i_{d0}+\psi_{d0}] & -\frac{3}{2}p_1 L_{dm}i_{q0} \\ 0 & 0 & 0 \end{vmatrix}$$

$$\tag{3.121}$$

$$|D| = \begin{vmatrix} 0 & \omega_{r0}L_{qm} & \psi_{q0} & -\sqrt{2}V_0\cos(\delta_{v0}) \\ -\omega_{r0}L_{dm} & 0 & -\psi_{dr0} & -\sqrt{2}V_0\sin(\delta_{v0}) \\ 0 & 0 & 0 & 0 \\ -R_{dr} & 0 & 0 & 0 \\ 0 & -R_{qr} & 0 & 0 \\ \dfrac{3}{2}p_1L_{dm}i_{q0} & -\dfrac{3}{2}L_{dm}p_1i_{d0} & 0 & 0 \\ 0 & 0 & -1 & 0 \end{vmatrix} \quad (3.122)$$

由方程（3.113）和方程（3.114）可直接导出矩阵 $[L]_{7\times7}$ 和 $[R]_{7\times7}$。如果用磁通偏差 $\Delta\psi_d$、$\Delta\psi_q$、$\Delta\psi_F$、$\Delta\psi_{dr}$、$\Delta\psi_{qr}$ 代替电流偏差，则矩阵 $[L]$ 成为简单的 6×1 单列矩阵，易于数值求解。

一旦方程（3.115）的项已知，利用 $\mathrm{d}/\mathrm{d}t\to s$，可以用线性系统理论来研究小偏差暂态。一个特定的传递函数 $\Delta\omega_r(s)$ 对于电动机模式特别有用

$$\dfrac{J}{p_1}s^2\Delta\delta_v = -A_{\delta_v}(s)\Delta\delta_v + A_{\omega1}(s)\Delta\omega_1 - A_F(s)\Delta V_F + A_v(s)\Delta V + \Delta T_L$$

(3.123)

系数 $A_{\delta_v}(s)$、$A_{\omega1}(s)$、$A_F(s)$ 和 $A_v(s)$ 也来源于上述方程。方程（3.123）得出如图 3.9 所示的结构框图，揭示了多输入系统的控制所涉及的复杂性。

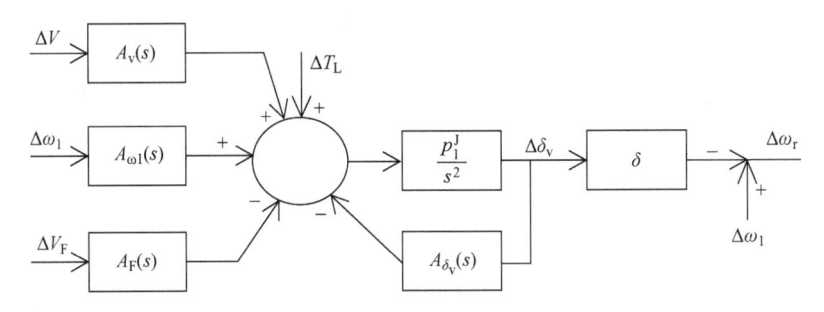

图3.9 用于小偏差暂态的同步电机结构框图

例3.6 用小偏差理论研究受迫转矩脉动的响应

解：

$$\Delta T_L = \sum \Delta T_{Lv}\cos(\omega_v t + r_v) \quad (3.124)$$

然而，对于第一种近似，其他输入都是零（$\Delta V=0$，$\Delta\omega_1=0$，$\Delta V_F=0$）。方程（3.123）退化为

$$\dfrac{J}{p_1}s^2(\Delta\delta_v) = -A_{\delta_v}(s)\Delta\delta_v + \Delta T_L; s\Delta\delta_v = -\Delta\omega_r \quad (3.125)$$

现在，将方程（3.125）右边的第一项分解成两项，将其实部和虚部分开

$$\left[\frac{J}{p_1}\omega_v^2 + A_{\delta vi}(\omega_v)j\omega_v + A_{\delta vr}\right]\Delta\underline{\delta}_v = \Delta\underline{T}_{Lv} \qquad (3.126)$$

方程（3.126）是用复数表示的，它描述了负载转矩脉动的谐波。系数 $A_{\delta vi}$ 和 $A_{\delta vr}$ 随转矩脉动频率发生变化，这一事实使我们能够更精确地研究由原动机或负载转矩脉动导致的同步电机的暂态响应。

3.14 大偏差机电暂态

在变量变化较大的暂态分析中，必须使用同步电机的完整 dq 模型。典型的例子是带有直流励磁转子或永磁励磁的异步起动自同步电机。在这两种情况下，转子上装有鼠笼用以起动。

3.14.1 直流励磁的异步起动自同步电机/实验 3.2

假定定子电压对称：

$$V_{A,B,C,F} = \sqrt{2}V\cos\left[\omega_1 t - (i-1)\frac{2\pi}{3}\right]^{\ominus}; \ i = 1,2,3 \qquad (3.127)$$

运用 Park 变换，且 $\theta = \int\omega_r dt + \theta_0$，在转子坐标系下可得：

$$\begin{aligned} V_d(t) &= \sqrt{2}V\cos(\omega_1 t - \theta); \frac{d\theta}{dt} = \omega_r \\ V_q(t) &= -\sqrt{2}V\sin(\omega_1 t - \theta) \end{aligned} \qquad (3.128)$$

正如所预期的，转子转速在异步起动加速期间连续变化。在标幺值系统中方程（3.6）和方程（3.38）的 dq 模型仍然成立。

对于直流励磁的同步电机，起动时励磁回路连接到电阻 R_x，因此在 dq 模型中 $V_F = -R_x i_F$（见图 3.10）。角度 θ_0 指的是定子电压的初始（起始）相位。加速过程稳定在某个转速 ω_{ra} 后（$\omega_{ra} < \omega_1$，$\omega_{ra}/\omega_1 \approx 0.95 \sim 0.98$），在某个时刻，励磁回路与电阻 R_x 断开，并连接到直流励磁电源。此时发生暂态过程，其中异步转矩和同步转矩相互作用，电机最终同步。同步的成功与否与负载转矩相关，但主要取决于当直流励磁电压施加到转子时的定子电压初始功率角 δ_v。$\delta_v = -\theta_0 - \pi/2 = 0$ 的零值被认为是最优的，因为 $\omega_r < \omega_1$，因此转子不可避免地被定子磁场牵入同步，并且同步转矩从一开始就是拖动性质的，向更可能的同步方向运动。由于转差 S 小，励磁电流频率低（$f_F = Sf_1$），因此其回路几乎是阻性。转差频率励磁电流的过零点对应于零电动势。然而，过零时存在最大定子磁通，这

$\ominus$ 原书此处有误。——译者注

意味着当直流励磁电压施加到转子上时功率角为零。这可以作为重复起动的手段，在许多应用场景中是必需的。图 3.11 显示了例 3.1 中的大型同步电机的异步起动和同步过程（转矩和转速，标幺值）。

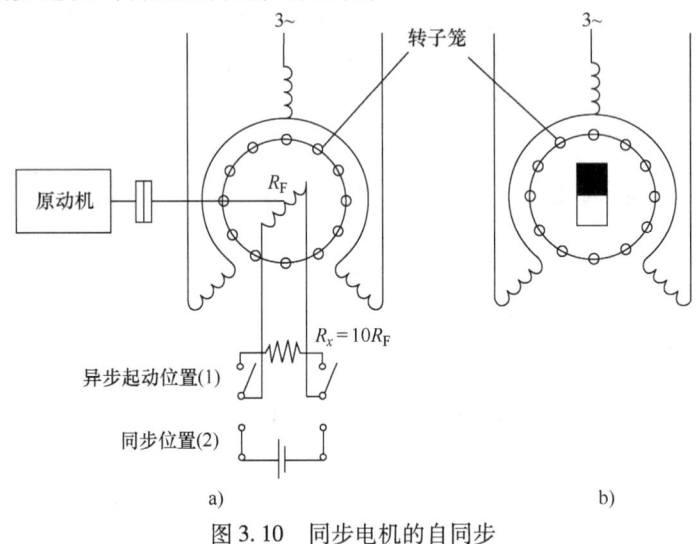

图 3.10　同步电机的自同步
a）采用直流励磁　b）采用永磁转子

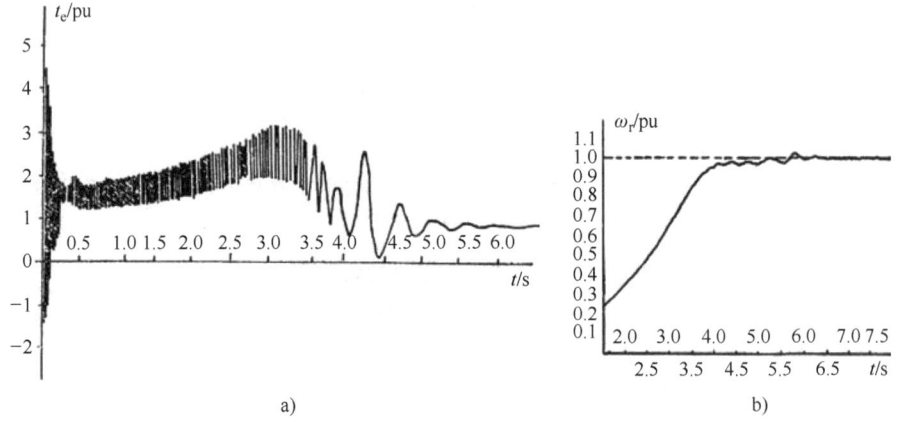

图 3.11　1800kW 同步电机的异步起动和同步过程
a）电磁转矩暂态　b）转速暂态

在 $t=4.15\mathrm{s}$ 时，直流励磁电压施加到转子励磁绕组上，同步电机带 0.8pu 负载时在第 6s 达到同步。存在明显的转矩脉动，起动时最大转矩超过 4.5pu。

3.14.2　并网永磁同步电机的异步自起动

对于永磁同步电机的异步自起动，考虑完整的 dq 模型。由于永磁同步电机没有励磁绕组且 $L_{\mathrm{dm}}i_{\mathrm{F}}=\psi_{\mathrm{PM}}$，该模型得以简化。方程（3.76）中的 dq 电压仍然成立。为了论述完整，将方程（3.32）~方程(3.34) 的 dq 模型列在这里：

$$\frac{\mathrm{d}\psi_\mathrm{d}}{\mathrm{d}t} = V_\mathrm{d} - R_\mathrm{s}i_\mathrm{d} + \omega_\mathrm{r}\psi_\mathrm{q};\psi_\mathrm{d} = L_\mathrm{sl}i_\mathrm{d} + L_\mathrm{dm}(i_\mathrm{d} + i_\mathrm{dr}) + \psi_\mathrm{PMd}$$

$$\frac{\mathrm{d}\psi_\mathrm{q}}{\mathrm{d}t} = V_\mathrm{q} - R_\mathrm{s}i_\mathrm{q} - \omega_\mathrm{r}\psi_\mathrm{d};\psi_\mathrm{q} = L_\mathrm{sl}i_\mathrm{q} + L_\mathrm{dm}(i_\mathrm{q} + i_\mathrm{qr})$$

$$\frac{\mathrm{d}\psi_\mathrm{dr}}{\mathrm{d}t} = -R_\mathrm{dr}i_\mathrm{dr};\frac{\mathrm{d}\psi_\mathrm{qr}}{\mathrm{d}t} = -R_\mathrm{qr}i_\mathrm{qr};\psi_\mathrm{dr} = L_\mathrm{drl}i_\mathrm{dr} + \psi_\mathrm{PMd} + L_\mathrm{dm}i_\mathrm{d}$$

$$\psi_\mathrm{qr} = L_\mathrm{qrl}i_\mathrm{qr} + L_\mathrm{qm}(i_\mathrm{q} + i_\mathrm{qr});T_\mathrm{e} = \frac{3}{2}p_1(\psi_\mathrm{d}i_\mathrm{q} - \psi_\mathrm{q}i_\mathrm{d})$$

(3.129)

$$\frac{J}{p_1}\frac{\mathrm{d}\omega_\mathrm{r}}{\mathrm{d}t} = T_\mathrm{e} - T_\mathrm{L};\frac{\mathrm{d}\theta}{\mathrm{d}t} = \omega_\mathrm{r}$$

(3.130)

3.14.3 相间故障和单相接地故障

相间故障和单相接地故障（见图 3.12a、b）是一种极端的瞬变，对于没有转子笼的永磁同步电机而言，其短路电流峰值非常大。必须重视其电源（如 PWM 变换器）保护系统的设计。

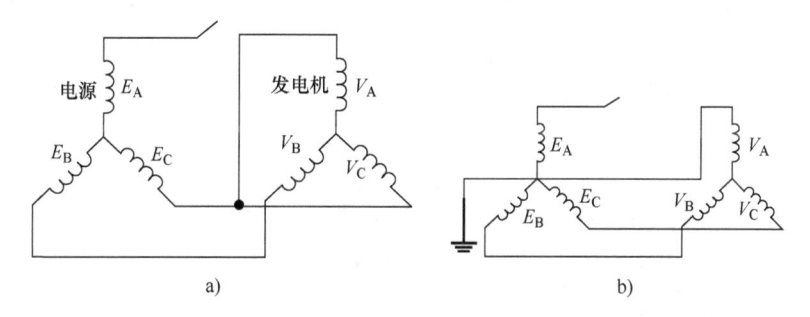

图 3.12 a) 相间故障 b) 单相接地故障

假设电源（电网）无穷大，因此其电压为

$$E_{\mathrm{A,B,C}}(t) = \sqrt{2}V\cos\left[\omega_1 t - (i-1)\frac{2\pi}{3}\right]; i = 1,2,3 \quad (3.131)$$

由图 3.12a 可知

$$V_\mathrm{B} - V_\mathrm{C} = E_\mathrm{B} - E_\mathrm{C}$$
$$V_\mathrm{A} = V_\mathrm{C}; I_\mathrm{A} + I_\mathrm{B} + I_\mathrm{C} = 0, V_\mathrm{A} + V_\mathrm{B} + V_\mathrm{C} = 0 \quad (3.132)$$

因此，相间故障短路时有

$$V_\mathrm{C}(t) = V_\mathrm{A}(t) = \frac{1}{3}(E_\mathrm{C} - E_\mathrm{B}); V_\mathrm{B}(t) = -2V_\mathrm{C}(t) \quad (3.133)$$

单相接地短路故障时有（见图 3.12b）

$$V_B - V_C = E_B - E_C$$
$$V_C - V_A = E_C; V_A + V_B + V_C = 0 \tag{3.134}$$

因此

$$V_A = -\frac{(E_C + E_B)}{3}; V_B = V_A + E_B; V_C = V_A + E_C \tag{3.135}$$

实际上，$V_A(t)$、$V_B(t)$和$V_C(t)$可以表示成时间的函数。根据Park变换有

$$V_d + jV_q = \frac{2}{3}\left[V_A(t) + V_B(t)e^{j\frac{2\pi}{3}} + V_C(t)e^{-j\frac{2\pi}{3}}\right]e^{-j\theta} \tag{3.136}$$

$d\theta/dt = \omega_r$，此时需要做的就是应用dq模型，在这样严重的故障中求出所有变量。

3.15 受控磁通和正弦电流同步电机的暂态

假定在变速电力传动领域应用电压型 PWM 变换器，以恒定磁通（d 轴磁通ψ_d或定子总磁通ψ_s）的正弦电流控制又称为磁场定向控制或者矢量控制。

在这种情况下，转子上不必装设阻尼笼，电流纹波减小（因为L_d和L_q数值较大），避免额外的转子损耗。

注意：存在一个标量控制（V/f或i/f），其中频率逐渐上升，电压的幅值与频率成比例增加。

$$V_1 = V_0 + kf_1 \tag{3.137}$$

此时，增加稳定回路以保持动态同步，因此阻尼笼对转子是有利的。下面将使用本章前面描述的用于暂态的完整dq模型。

3.15.1 无鼠笼同步电机恒定 d 轴磁通的暂态

永磁体相当于一个虚拟的恒定励磁电流转子绕组。采用方程（3.17）~方程（3.19）中的dq模型，并将其简化为具有恒定励磁电流、恒定i_{d0}和ψ_{d0}的无笼型转子

$$V_d = R_s i_{d0} - \omega_r L_q i_q; \psi_{d0} = L_d i_{d0} + \psi_{PMd}$$

$$L_q \frac{di_q}{dt} = V_q - R_s i_q - \omega_r \psi_{d0}$$

$$\frac{J_1}{p_1}\frac{d\omega_r}{dt} = (T_e - T_L - B\omega_r) \tag{3.138}$$

$$T_e = \frac{3}{2}p_1(\psi_{d0}i_q - L_q i_q i_{d0}) = \frac{3}{2}p_1(\psi_{d0} - L_q i_{d0})i_q \tag{3.139}$$

稳态情况下$d/dt = 0$

$$V_{d0} = R_s i_{d0} - \omega_r L_q i_{q0}; V_{d0}^2 + V_{q0}^2 = V_s^2 \quad (3.140)$$
$$V_{q0} = R_s i_{q0} + \omega_r \psi_{d0}$$

忽略 R_s，方程（3.140）变为

$$V_s^2 = \omega_r^2 (L_q^2 i_{q0}^2 + \psi_{d0}^2) \quad (3.141)$$

用方程（3.139）中的 T_e 代替 i_{q0}，则方程（3.141）变为

$$V_s = \omega_r \sqrt{\frac{4}{9} L_q^2 \frac{T_e^2}{p_1^2 (\psi_{d0} - L_q i_{d0})^2} + \psi_{d0}^2} \quad (3.142)$$

理想空载转速 $(\omega_{r0})_{Te=0}$ 为

$$\omega_{r0} = \frac{V_s}{\psi_{d0}} = \frac{V_s}{\psi_{PMd} + L_d i_{d0}} \quad (3.143)$$

对于无穷大理想空载转速

$$i_{d0} = -\frac{\psi_{PMd}}{L_d} \quad (3.144)$$

这些方程已被证明是实现宽转速范围、恒定电磁功率的关键设计条件。因此，转速 ω_r 不必随定子频率 $\omega_1 = \omega_{r0}$ 变化。

上述方程可以计算给定电压 V_s 时的机械特性（见图 3.13）。

只有一个时间常数 T_{eq} 的暂态 dq 模型为

$$i_q (1 + sT_{eq}) = (V_q - \omega_r \psi_{d0})/R_s; T_{eq} = L_q/R_s \quad (3.145)$$

$$\omega_r (1 + sT_m) = \frac{1}{B} \left[\frac{3}{2} p_1 (\psi_{d0} - L_q i_{d0}) i_q - T_L \right] \quad (3.146)$$

$$T_m = \frac{J_1}{p_1 B} \quad (3.147)$$

式中，T_m 是与摩擦转矩分量相关的机械时间常数，与转速成正比。根据方程（3.145）和方程（3.146）建立的结构框图（见图3.13c）与永磁有刷直流转子的类似（见第2章）。

由方程（3.145）~方程（3.147）确定 ω_r 和 i_q 后可计算电压 V_d。正如所预期的，现在的暂态过程要简单得多。

可以从方程（3.145）和方程（3.146）中消除 i_q

$$\widetilde{\omega}_r [s^2 T_m T_{eq} R_s B + s(T_m + T_{eq}) R_s B + R_s B + \frac{3}{2} p_1 (\psi_{d0} - L_q i_{d0}) \psi_{d0}]$$
$$= \frac{3}{2} p_1 (\psi_{d0} - L_q i_{d0}) \widetilde{V}_q - \widetilde{T}_L R_s (1 + sT_{eq}) \quad (3.148)$$

$$i_q = \frac{V_q - \widetilde{\omega}_r \psi_{d0}}{R_s} / (1 + sT_{eq}) \quad (3.149)$$

于是得到了类似于永磁有刷直流电机的二阶系统。

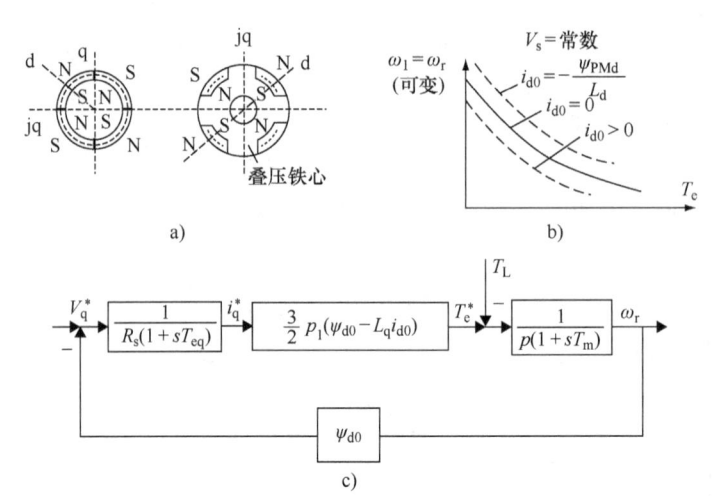

图 3.13 a) 永磁同步电机 b) 在恒定 ψ_{d0} 下的机械特性 c) 电压结构框图

对于输入量 $\widetilde{V}_q$ 和 $\widetilde{T}_L$，预计也会出现类似的暂态。电压 V_d 可以由方程（3.120）求出

$$\widetilde{V}_d = R_s i_{d0} - \omega_T L_q i_q \tag{3.150}$$

注意：上述所有简化对于常数 i_{d0} 和永磁转子都是有效的。

例 3.7 考虑具有以下参数的永磁同步电机：$\psi_{PMd} = 1\text{Wb}$，$R_s = 1\Omega$，$L_d = 0.05\text{H}$，$L_q = 0.1\text{H}$，$p_1 = 2$，$B = 0.01\text{N} \cdot \text{ms}$，$T_m = 0.3\text{s}$。求无穷大转速（零转矩）的电气时间常数 T_{eq}、惯量 J、电流 i_{d0} 以及转速响应的特征值。

解：由方程（3.145）~方程（3.147）可知

$$T_{eq} = L_q / R_s = 0.1\text{s}$$

$$J = T_m p_1 B = (0.3 \times 2 \times 0.01)\text{kg} \cdot \text{m}^2 = 6 \times 10^{-3}\text{kg} \cdot \text{m}^2$$

对于无穷大转速（零转矩），由方程（3.144）知 i_{d0} 为

$$i_{d0} = -\frac{\psi_{PMd}}{L_d} = \left(-\frac{1}{0.05}\right)\text{A} = -20\text{A}$$

由方程（3.148），转速响应对应的特征方程的特征值为

$$s^2(0.3 \times 0.1 \times 1 \times 0.01) + s(0.3 + 0.1) \times 1 \times 0.01 + 1 + 0.01 +$$

$$\frac{3}{2} \times 2(0 - 0.1 \times 20) \times 0 = 0$$

$$s_{1,2} = \frac{-2 \times 10^{-3} \pm \sqrt{4 \times 10^{-6} - 10^{-2} \times 3 \times 10^{-4}}}{3 \times 10^{-4}} = -3.33 \text{ 或 } -10 \tag{3.151}$$

因此，转速响应是稳定的和非周期性的。当 $i_d = i_{d0} = -\psi_{PM}/L_q (\psi_{d0} = 0)$ 时，方程（3.149）可简化为

$$(\tilde{i}_q)_{\psi_{d0}=0} = \frac{\tilde{V}}{R_s(1+sT_{eq})} \tag{3.152}$$

3.15.2 恒定 ψ_{d0} (i_{d0} 为常数) 时永磁同步电机的矢量控制

在方程（3.138）和方程（3.139）的基础上，引入永磁同步电机的电流矢量控制（见图3.14）。在基速 ω_b 下，电流 i_d 的参考值为零；弱磁后超过基速时，i_d 的参考值为负。经由转速调节器传递函数，"传递"出参考转矩 T_e^*。已知 T_e^* 和 i_{d0}^*，根据转矩表达式，计算参考转矩电流 i_q^*。然后，在已知 i_d^* 和 i_q^* 的情况下，运用从转子坐标到定子坐标的 Park 变换，计算三相电流参考值 $i_a^*(t)$、$i_b^*(t)$、$i_c^*(t)$，再通过各种结构的电流调节器进行控制。

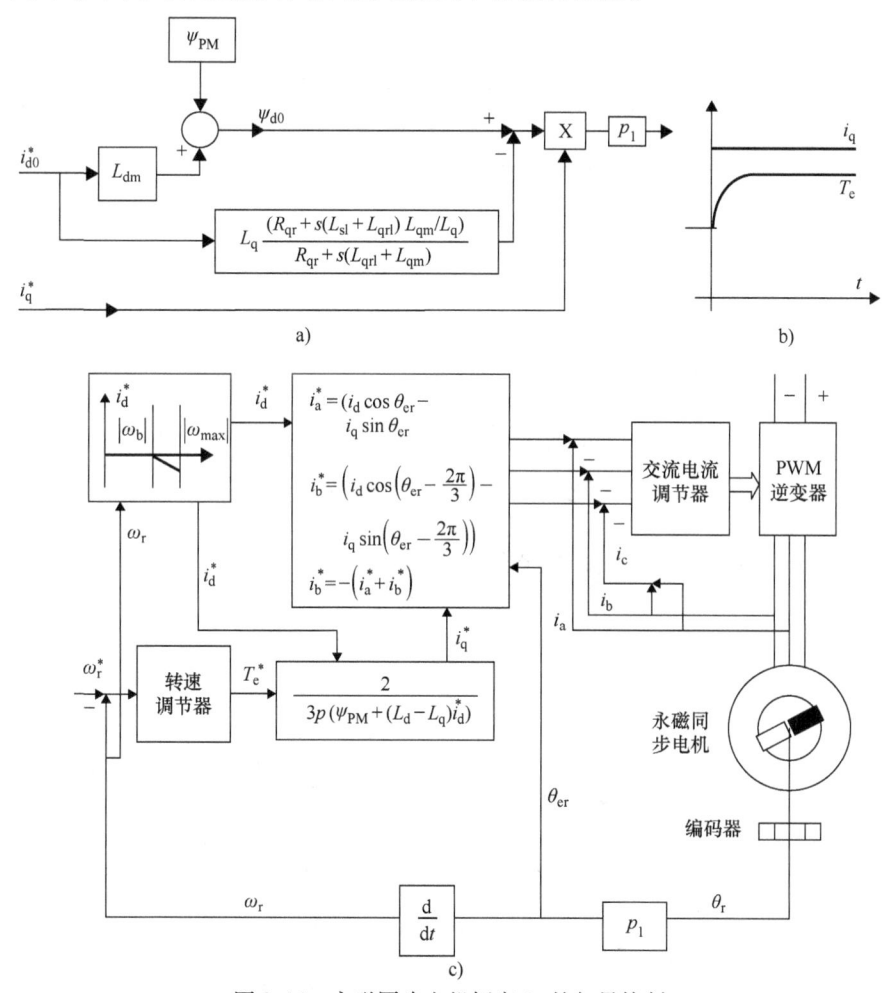

图 3.14 永磁同步电机恒定 i_{d0} 的矢量控制

a) 永磁同步电机 i_{d0} 控制框图 b) i_q 突然增大时的转矩响应 c) 矢量控制基本原理图

电流调节器使 PWM 变换器产生电机所需的交流电压。这就是获得高性能可变转速的方法。

3.15.3 $\cos\varphi_1 = 1$ 时无鼠笼同步电机的定子恒磁通暂态

定子总恒磁通 $|\psi_s| = |\psi_d + j\psi_q|$ 在负载时可以保持恒定，仅对于转子直流励磁的同步电机成立。此时，典型的工况是在单位功率因数下运行，比如采用 PWM（两电平，三电平或多电平）电压型变换器变速驱动（可达 50MW, 60kV 气体压缩机驱动单元）的大型同步电机。

再次从定子方程开始，以单位功率因数和定子磁通恒定为约束

$$V_d + jV_q = V_s = R_s i_s + \omega_r \psi_s \tag{3.153}$$

$$\psi_d = L_q i_d + L_{dm} i_F; \psi_q = L_q i_q$$

$$(L_{F1} + L_{dm})\frac{di_F}{dt} + L_{dm}\frac{di_d}{dt} = V_F - R_F i_F \tag{3.154}$$

$$\psi_d^2 + \psi_q^2 = \psi_s^2 \tag{3.155}$$

运动方程为

$$\frac{J}{p_1}\frac{d\omega_r}{dt} = T_e - T_L; T_e = \frac{3}{2}p_1 \psi_s i_s \tag{3.156}$$

空间相量图如图 3.15b 所示。在单位功率因数下，电压功角 δ_v 等于电流角 δ_i，即磁通角 $\delta_{\psi s}$，则单位功率因数的条件是

$$\sin(\delta_v) = \frac{L_q i_q}{\psi_s} = -\frac{i_d}{i_s}; i_d < 0 \tag{3.157}$$

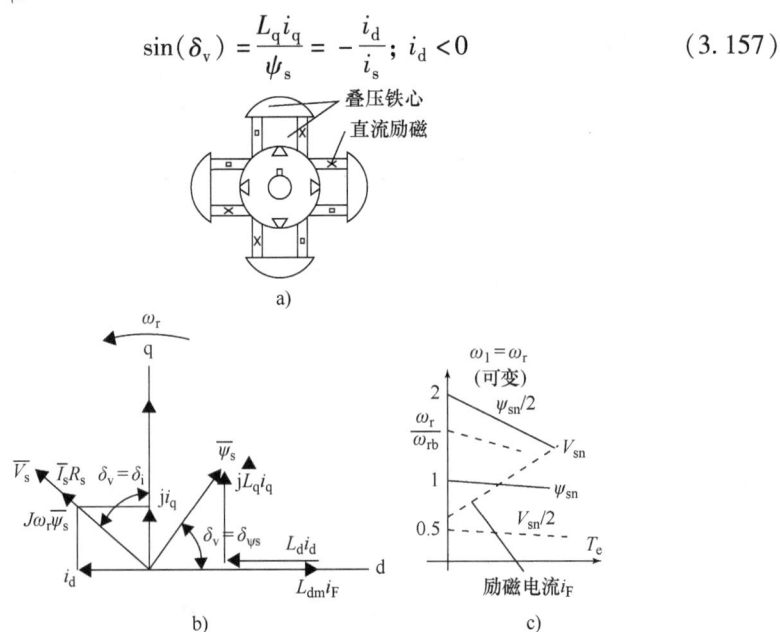

图 3.15 a) 直流励磁无笼型转子同步电机　b) $\cos\varphi_1$ 时的空间相量图　c) 机械特性

因此

$$\tan\delta_v = L_q i_s / \psi_s \tag{3.158}$$

$$L_{dm} i_F = \psi_s \cos\delta_v - L_d i_d\,;\ i_d < 0 \tag{3.159}$$

因此，对于给定的定子磁通 ψ_s^* 和转矩 T_e^*，由方程（3.156）得到

$$i_s^* = \frac{2}{3}\frac{T_e^*}{p_1 \psi_s^*} \tag{3.160}$$

根据方程（3.158）计算 δ_v^*，则

$$i_d = -i_s^* \sin\delta_v^*\,;\ i_q = i_s^* \cos\delta_v^* \tag{3.161}$$

最后，由方程（3.159）求出 i_F^*。这一步骤可用于实现变速驱动控制。值得注意的是，稳态时，方程（3.153）可以写成

$$V_s = \frac{2}{3} R_s \frac{T_e^*}{p_1 \psi_s^*} + \omega_r \psi_s^* \tag{3.162}$$

方程（3.162）表示一个线性的转速/转矩曲线。这与恒定励磁有刷直流电机类似。隐含的是频率 ω_1 随 ω_r 变化。

调速方法包括
- 电压控制（V_s），从基速向下调。
- 弱磁调速（减小 ψ_s），从基速向上调。

例 3.8 一台 1800kW 变速同步电机，恒定磁通 ψ_s，$\cos\psi_s = 1$，$V_{nl} = 4.2$kV，$f_0 = 60$Hz，$2p_1 = 60$，带有无笼型转子和直流励磁，$x_d = 0.6$pu，$x_{dm} = 0.5$pu，$x_q = 0.4$pu，$R_s = 0.01$pu，电流为额定值 10% 至 100%。求：

a. 在效率 $\eta_r = 0.985$、功率因数为 1、额定转速情况下的额定电流 I_n 和所需的励磁电流 i_{Fn}。

b. 在全电压和 50% 电压、i_{Fn} 和 $i_{Fn}/2$（忽略磁饱和）时的理想空载转速。

c. 在 $V_{nl}/2$ 时，I_n 分别取 25%、50%、200% 时的 $\omega_r(T_e)$、$i_F(T_e)$。

解：

a. 额定电流 I_n 根据效率的定义计算

$$I_n = \frac{P_n}{\sqrt{3}\eta_n V_{nl}\cos\varphi_n} = \left(\frac{1800 \times 10^3}{0.985 \times \sqrt{3} \times 4.2 \times 10^3 \times 1.0}\right)\text{A} = 251.50\text{A}$$

$$I_{sn} = \sqrt{2} I_n = 251.50\sqrt{2}\text{A} = 354.62\text{A}$$

由电压方程（3.153）得出

$$V_{sn} = \frac{V_{nl}}{\sqrt{3}}\sqrt{2} = R_s i_{sn} + 2\pi f_b \psi_{sn}$$

$$\psi_{sn} = \left(\frac{4.2 \times 10^3 \sqrt{\frac{2}{3}} - 0.01\dfrac{4.2 \times 10^3}{251.50\sqrt{3}} \times 251.50\sqrt{2}}{2\pi \times 60}\right)\text{Wb} = 8.9938\text{Wb}$$

电磁转矩为

$$T_{en} = \frac{P_n}{\frac{\omega_{rb}}{p_1}} = \left(\frac{1800 \times 10^3 \times 30}{2\pi \times 60}\right) \text{Nm} = 143.312 \times 10^3 \text{Nm}$$

由方程（3.158）得到

$$\tan\delta_{vn} = L_q \frac{i_{sn}}{\psi_{sn}} = \frac{0.4}{\psi_{sn}} \frac{V_{nl}}{\sqrt{3}} \frac{I_n \sqrt{2}}{I_n \omega_{rb}} = \frac{0.4 \times 4200}{8.9938 \times 120 \times \pi}\sqrt{2/3} = 0.4 \; ; \delta_{vn} = 22° \quad (A)$$

因此，额定电压（磁通、电流）功率角为22°，这有很高的实用价值。
由方程（3.161）可得

$$i_{dn} = -I_{sn}\sin\delta_{vn} = (-354.62 \times \sin22°)\text{A} = -132.84\text{A} \quad (B)$$

由方程（3.159）可知所需的励磁电流 i_{Fn} 为

$$i_F = \frac{\psi_s \cos\delta_v - L_d i_d}{L_{dm}} = \left[\frac{8.9938 \times 0.927}{0.5 \times \frac{4200}{\sqrt{3}} 25/0.5 \times 120\pi} - \frac{0.6}{0.5}(-132.84)\right]\text{A} \quad (C)$$

$$= (650.876 + 159.41)\text{A} = 810.284\text{A}$$

注意，励磁电路被折算到定子侧。

b. 理想空载转速［方程（3.162）］ω_{r0} 为

$$\omega_{r0} = \frac{V_s}{\psi_s} = \left(\frac{4200 \times \sqrt{2/3}}{8.9438}\right)\text{rad/s} = 380.609 \text{rad/s}$$

该转速略大于额定转速 $\omega_{rb} = (2\pi \times 60)\text{rad/s} = 376.8\text{rad/s}$。当电压为原电压的一半时（即 $V_{sn}/2$），理想空载转速减半到190.304rad/s；另外，对于 $i_{Fn}/2$，$\psi_s = \psi_{sn}/2$，理想空载转速翻倍，为 $2 \times 380.609\text{rad/s}$。

c. 为了计算 $i_s = (25\%, 50\%)I_{sn}$ 以及单位功率因数和满额磁通时的励磁电流，只需重复上述过程，从 $\tan\delta_v$ 开始，然后由方程（A）~方程（C）计算 i_d、i_F，再由方程（3.160）得到转矩 $T_e = \frac{3}{2}p_1\psi_{sn}i_s$。

如图3.15所示，转速随转矩的增加而略有下降，此时系统稳定，为保持单位功率因数，励磁电流应随转矩的增加而增大。

3.15.4　恒磁通 ψ_s 和 $\cos\varphi_s = 1$ 时的同步电机矢量控制

用于恒磁通 ψ_s 和单位功率因数的基本矢量控制框图如图3.16所示。

- 在基速以下时，参考定子磁通 ψ_s^* 被设置为定值。超过基速后，达到满额电压，随转速增加，参考定子磁通 ψ_s^* 反比例减小。
- 参考转矩 T_e^* 是转速调节器的输出，在基速以上时，它必须被限制（减小）。

- 在实时获取 ψ_s^* 和 T_e^* 的基础上，计算 i_s^*、δ_v^* 和 i_F^*，如方程（3.157）～方程（3.161）所示；然后用方程（3.153）计算 V_s，将方程（3.24）中的电压角 $\theta_{vs} = (\frac{\pi}{2} + \delta_v + \theta_{er})$ 代入 Park 变换，得到 $V_A^*(t)$、$V_B^*(t)$ 和 $V_C^*(t)$，由此在逆变器中"构建"开环 PWM。
- 同时，通过 DC–DC（或 AC–DC）PWM 变换器实现参考励磁电流 i_F^*（用 k_F 折算到转子侧）的闭环调节。
- 为了便于校正参数失配，通过测量功率因数角，并用附加 PI 控制器的输出 φ_s（$\varphi_s^* = 0$）来测量功率因数角、校正参考电流 i_F^*。

图 3.16 中没有定子电流调节器，意味着必须使用其他手段保护电流安全。图 3.16 展示了对变速电动机/发电机控制暂态建模的例子（更多关于电驱动的信息可在参考文献 [5] 中找到）。

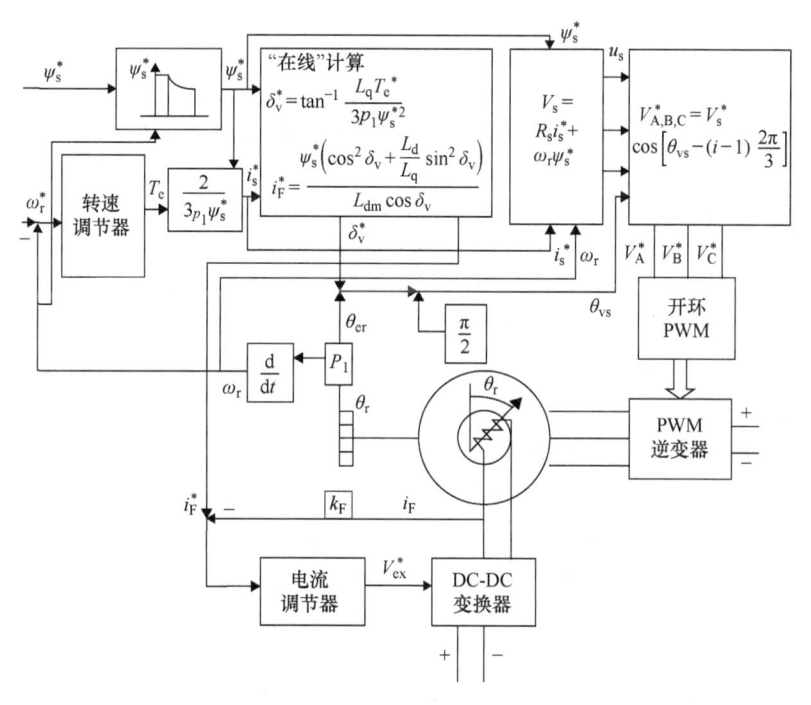

图 3.16 恒磁通（ψ_s）和单位功率因数的基本矢量控制框图

3.16 受控磁通和方波电流的同步电机暂态

同步电机的方波电流控制用于两个极端情况：

- 带有一个接近式霍尔传感器和 PWM 电压型逆变器的小功率无笼型转子永磁同步电机,适合于变速和低成本场景(无刷直流电机,见图 3.17a~d)
- 具有接近式霍尔传感器和电流型逆变器的大功率笼型转子励磁直流同步电机,以降低成本(见图 3.17a 和 b)

由于两者在工业中都有广泛的应用,因此我们分析两者的暂态,作为进一步研究电力传动的基础。

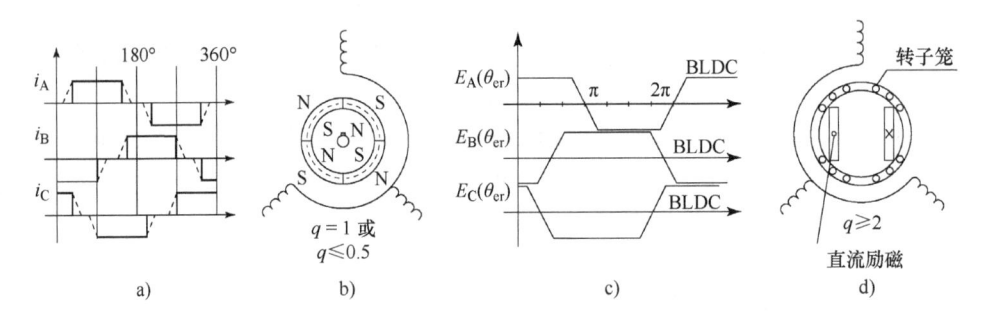

图 3.17 a)方波电流 b)表贴式永磁转子(BLDC 电机)
c) BLDC 电机的电动势 d)直流励磁笼型转子同步电机

3.16.1 无刷直流电机的暂态模型

具有无笼型转子、梯形电动势($q=1$ 或 $q<0.5$ 极槽配合)的永磁同步电机,采用理想的方波(实际是梯形波)交流电流控制,三个接近式霍尔传感器(依次相差 120°)组成转子位置传感器,由 PWM 电压型逆变器供电,称为无刷直流电机(或 BLDC 电机)。

大多数无刷直流电机在转子上有表贴式永磁体,因此 $L_d = L_q = L_s$,与转子位置无关。但是,在定子一相绕组中由永磁体产生的电动势近似梯形波(理想情况下是宽度为 180°的方波,包括正负两个极性),如图 3.17c 所示。

电动势可分解为奇次谐波

$$E_A(t) = \sum_{v=1,3,5,\cdots} \omega_r \psi_{PMv} \cos(v\theta_{er})$$

$$E_B(t) = \sum_{v=1,3,5,\cdots} \omega_r \psi_{PMv} \cos\left[v\left(\theta_{er} - \frac{2\pi}{3}\right)\right] \quad (3.163)$$

$$E_C(t) = \sum_{v=1,3,5,\cdots} \omega_r \psi_{PMv} \cos\left[v\left(\theta_{er} + \frac{2\pi}{3}\right)\right]$$

在实际应用中,可只考虑第 1、3、5 次谐波就足够。

当考虑表贴式永磁转子磁极时,周期性电感 L_s 为

$$L_s = L_{sl} + \frac{4}{3}L_g; L_{AB} = -L_g/3 \quad (3.164)$$

因此，相位坐标模型可直接得到

$$\begin{vmatrix} L_s & 0 & 0 \\ 0 & L_s & 0 \\ 0 & 0 & L_s \end{vmatrix} \frac{d}{dt} \begin{vmatrix} I_A \\ I_B \\ I_C \end{vmatrix} = \begin{vmatrix} V_A(t) \\ V_B(t) \\ V_C(t) \end{vmatrix} - \begin{vmatrix} R_s & 0 & 0 \\ 0 & R_s & 0 \\ 0 & 0 & R_s \end{vmatrix} \begin{vmatrix} i_A \\ i_B \\ i_C \end{vmatrix} - \begin{bmatrix} E_A(t) \\ E_B(t) \\ E_C(t) \end{bmatrix} \quad (3.165)$$

转矩为

$$T_e = \frac{E_A(t)i_A(t) + E_B(t)i_B(t) + E_C(t)i_C(t)}{(\omega_r/p_1)} \quad (3.166)$$

$$\frac{J}{p_1}\frac{d\omega_r}{dt} = T_e - T_{load}; \frac{d\theta_{er}}{dt} = \omega_r \quad (3.167)$$

如果电压的 PWM 波形与转子位置（θ_{er}）相关，每隔 60°电角度换相一次，则该电机的性能与直流电机非常相似。

虽然方程（3.163）~方程（3.167）构成完整的模型，但稳态时忽略换相，平顶宽度 120°的方波电流使得电机运行在两相导通模式（见图 3.17）

$$V_{dc} = V_A - V_B = 2L_s\left(\frac{di_a}{dt}\right)_{=0} + 2R_s i_{A0} + E_A - E_B \quad (3.168)$$

考虑一个电压脉波 $V_A - V_B = V_{dc}$，恒定反电动势（180°宽）$E_A - E_B = 2E$

$$V_{dc} = 2R_s i_{A0} + 2E \quad (3.169)$$

由方程（3.169）知，电磁转矩为

$$T_e = \frac{2Ei_{A0}}{\omega_r/p_1} \quad (3.170)$$

$$E = \omega_r \psi_{PM} \quad (3.171)$$

因此

$$V_{dc} = 2R_s i_{A0} + 2\omega_r \psi_{PM} \quad (3.172)$$

$$V_{dc} = R_s T_e/(\psi_{PM} p_1) + 2\omega_r \psi_{PM} \quad (3.173)$$

但这又类似于有刷直流永磁电机，具有已知的线性转速/转矩曲线。由于相电流与相电动势同相，在换相（从 AB、AC、CB 到 BA）期间，B 相的电流将变为零，C 相的电流将取而代之。这个过程在电容 C_{dc} 的参与下进行（见图 3.18）。

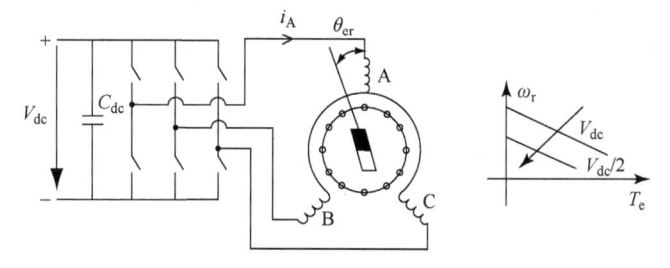

图 3.18 带有电压源 PWM 逆变器的无刷直流永磁电机

为了使电流波形平坦,需要进行斩波,直到施加全电压 V_{dc} 时到达基速。实际上,位置传感器只须产生 6 个位置信号(移相 π/3 电弧度)便可实现低成本的霍尔位置传感器。有关无刷直流电机控制的更多信息,读者可以参考文献[6]。

3.16.2 方波电流控制的直流励磁笼型转子同步电机模型

装有笼型转子和直流励磁回路的同步电机,可用完整的 dq 模型模拟其所有的暂态过程,包括方波电流控制的暂态过程。它由一个电流源逆变器供电(见图 3.19a)。

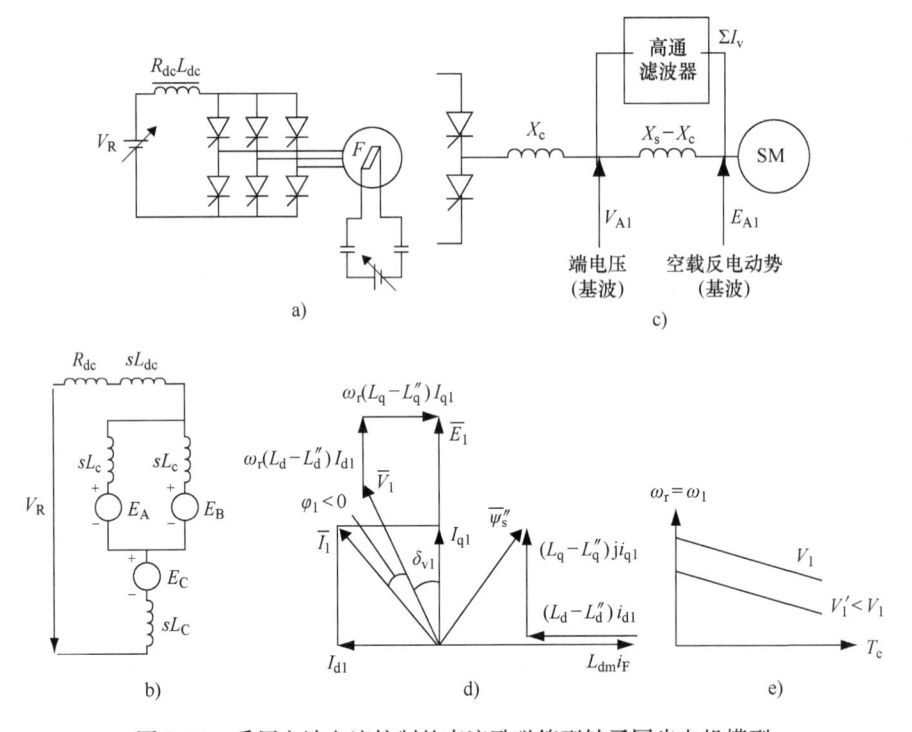

图 3.19 采用方波电流控制的直流励磁笼型转子同步电机模型
a)电流逆变器和同步电机 b)负载从 AC′换相到 BC′期间的等效电路 c)稳态等效电路
d)基波矢量图 e)机械特性的线性关系,位置控制和超前功率因数 $\varphi_i = -(8 \sim 12)°$

然而,为了简化处理,可以假设换相(方波电流控制)时采用负载(电动势)换向。这意味着方波电流的基波分量呈超前功率因数或电机过励。此外,换向电感是 $L_c = (L_d'' + L_q'')/2$,其中 L_d'' 和 L_q'' 是前面章节中定义的次暂态电感,他们随着转子笼的变粗而减小。

因此,同步电机可由换相电感 L_c 进行暂态建模,或由 $L_s - L_c$ 进行稳态建模

(见图 3.19b)。

换向过程很微妙，但本质上，L_c 越小，在 15°～30°电角度范围内换向的负载电流就越大。在近似处理电流基波分量的稳态时，假定次暂态电抗（电感）对应的磁通 ψ''_s 恒定，并具有超前功率因数，如图 3.19 所示。

$$V_{s1} \approx R_s i_{s1} \cos\varphi_1 + \omega_r \psi''_s$$

$$\psi_{d1} = L_{dm} i_F + (L_d - L''_d) i_{d1} ; \psi''_3 = \sqrt{\psi_{d1}^2 + \psi_{q1}^2}$$

$$\psi_{q1} = (L_q - L''_q) i_{q1} ; T_e = \frac{3}{2} p_1 \psi''_3 i_{s1} \cos\varphi_1 \tag{3.174}$$

由图 3.19d 的向量图可得

$$\tan(\delta_{v1} - \varphi_1) = -I_d / I_q$$

$$\tan\delta_{v1} = \psi_{d1} / \psi_{q1} \tag{3.175}$$

对于给定的 ψ_s^*、T_e^* 以及 $\varphi_1^* < 0$，当 $\cos\varphi_1 = 1$ 时，可以利用方程（3.174）和方程（3.175）计算 i_{s1}^*、δ_{v1}^*、i_{d1}^*、i_{q1}^* 以及 i_F^*。正如预料的那样，当 $\cos\varphi_1 = 1$ 时，i_F^* 随着转矩增加而增大，但此时 i_F^* 必须很大。

由电压方程（3.174）可以得到稳定的（线性）机械特性。想要了解更多关于电流型逆变器驱动同步电机的信息，请参考文献 [5]。

3.17 开关磁阻电机的暂态建模

开关磁阻电机是具有无源转子的双凸极简单励磁电机[7-8]。它们的非叠绕（单齿）线圈（相绕组）按转子位置顺序导通，流过直流电压脉冲产生的单极性电流，从而产生转矩。三相或多相开关磁阻电机可以从任意转子位置起动，但是单相开关磁阻电机需要一个自起动部件、一个驻车永磁体、阶梯式转子气隙、一个耗能笼附加绕组、转子上的短路线圈（罩极）或转子磁极上的易饱和区（带槽）。

大多数开关磁阻电机没有相间互感磁通，这使得它们具有更强的容错性，但代价是转矩下降。

典型的三相 6 槽 4 极（6/4）开关磁阻电机如图 3.20a 所示，其相感随转子位置而变化，如图 3.20b 所示。图 3.20c 中简化的磁通/电流/位置曲线揭示了转矩产生的潜在原因。

通过有限元或实验获得的磁通/电流/位置曲线可以用各种方法近似为解析表达式。图 3.19c 所示的线性相关性可表示为

$$\psi \approx \left(L_u + \frac{K_{s(\theta_r - \theta_0)}}{i_s}\right)i ; \quad i \leq i_s$$

$$\psi \approx L_u i + K_s(\theta_r - \theta_0) ; \quad i \geq i_s \tag{3.176}$$

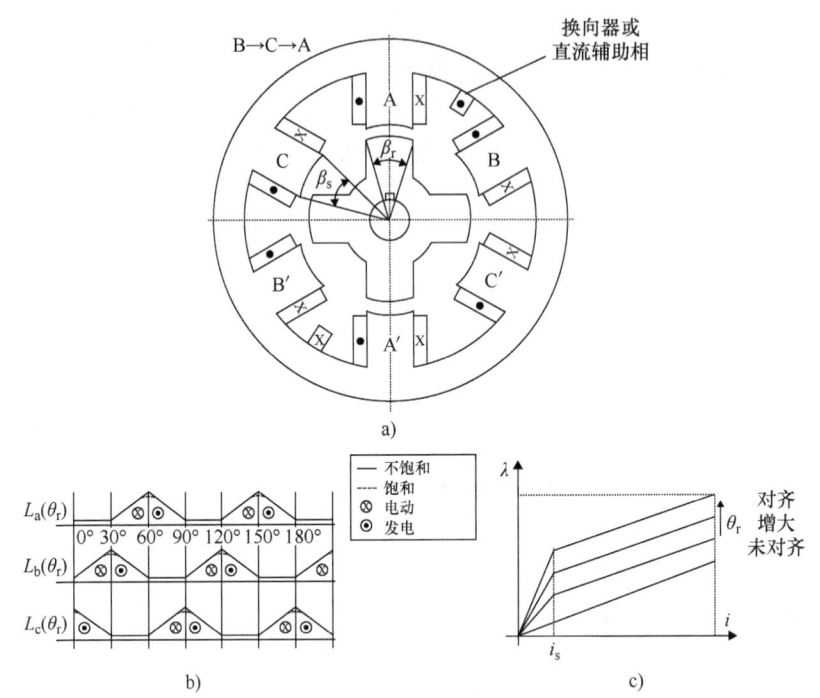

图 3.20 a) 三相 6/4 开关磁阻电机 b) 电感 c) 简化的磁通/电流/位置曲线

θ_r 仅在未对齐位置到对齐位置间变化。由于相间没有耦合，并且电机具有双凸极，所以可采用三相坐标系

$$V_{A,B,C} = R_s i_{A,B,C} + \frac{d_s \psi_{A,B,C}(i, \theta_r)}{dt} \quad (3.177)$$

$$T_{e,A,B,C} = \left(\frac{\partial W_{m\,coenergy}}{\partial \theta_r}\right)_{i=\text{常数}} \quad (3.178)$$

把方程（3.177）写成

$$V_{A,B,C} = R_s i_{A,B,C} + \frac{\partial \psi_{A,B,C}(i, \theta_r)}{\partial i} \frac{di}{dt} + \frac{\partial \psi_{A,B,C}(i, \theta_r)}{\partial \theta_r} \frac{d\theta_r}{dt} \quad (3.179)$$

$$J \frac{d\Omega_r}{dt} = T_e - T_{load} - B\Omega_r; \quad \frac{d\theta_r}{dt} = \Omega_r \quad (3.180)$$

$E_i = \frac{\partial \psi_{A,B,C}(i, \theta_r)}{\partial \theta_r}$ 看起来像感应电动势，但它不是真实的感应电动势，因为转矩表达式

$$T_e = \frac{1}{2} \sum \frac{E_i i_i}{\Omega_r} = \frac{1}{2} \sum i_i^2 \frac{\partial L_i}{\partial \theta_r}; \quad \Omega_r = \frac{d\theta_r}{dt} \quad (3.181)$$

仅对 $L_i(\theta_r)$ 有效，即在线性磁路时有效（无磁饱和）。E_i 的符号与转子位置相关（对于上升的电感斜率它是正的，下降时它是负的），因此对于正电流，可以获

得正的转矩（电动机）或负的转矩（发电机）。

每转一圈，每相存在 N_r 个（转子极数）能量周期。所以，开关磁阻电机就像一个具有 N_r 对极的同步电机。平均转矩 T_{eav} 为

$$T_{eav} = mN_r(T_{eav})_{cycle} \tag{3.182}$$

式中，m 是定子相数。

对于线性情况，可以建立开关磁阻电机一相的小信号模型

$$i = i_0 + \Delta i;\ \Omega_r = \Omega_{r0} + \Delta \Omega_r$$
$$V = V_0 + \Delta V; T_L = T_{L0} + \Delta T_L \tag{3.183}$$

利用方程（3.177）~方程（3.180），

$$\left(s + \frac{1}{\tau_e}\right)\Delta i + \frac{K_b}{L_{av}}\Delta \Omega_r = \frac{\Delta V}{L_{av}} \tag{3.184}$$

$$-\frac{1}{J}K_b\Delta i + \left(s + \frac{1}{\tau_m}\right)\Delta \Omega_r = -\frac{\Delta T_l}{J} \tag{3.185}$$

其中

$$R_e = R_s + \frac{\partial L}{\partial \theta_r}\omega_{r0};\ T_{eq} = \frac{L_{av}}{R_e};\ L_{av} \approx \frac{L_{max} + L_{min}}{2} \tag{3.186}$$

$$K_b = \frac{dL}{d\theta_r}i_0;\ \Delta E = K_b\Delta \Omega_r;\ E \approx K_b\Omega_r$$

方程（3.184）和方程（3.185）得出了图 3.21a 的线性化结构框图，其控制框图的简化形式如图 3.21b 所示。

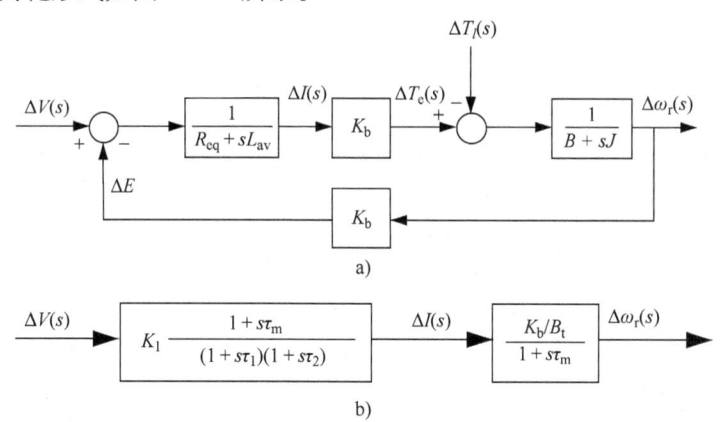

图 3.21 开关磁阻电机
a）结构框图　b）结构框图简化形式

在推导小信号模型时，L 用一个常数 L_{av} 代替，但仍然考虑了它与转子位置的导数。其结构图与串励有刷直流电机非常相似，其中 K_b 随初始电流 i_0 和 $\partial L/\partial \theta_r$ 变化，R_e 随 $dL/d\theta_r$ 和 Ω_r 变化。$T_m = J/B$ 是机械时间常数。从方程（3.184）

和方程（3.185）中可以提取出依赖于 i_0、Ω_{r0} 和 $\partial L/\partial\theta_r$ 的线性模型的特征值 τ_1 和 τ_2，两者均具有负实部，因此响应是稳定的。但是，它可能是周期性的或非周期性的，如串励有刷直流电机。

与串励有刷直流电机的一个主要区别是，该电机在 $\partial L/\partial\theta_r > 0$ 时为电动机状态，在 $\partial L/\partial\theta_r < 0$ 时为发电机状态。已经提出了许多开关磁阻电机的应用方案，但只有少数被市场接受。它们能抵抗高温和化学侵蚀性环境，因此受市场青睐。有关开关磁阻电机及其驱动的更多信息请参考文献 [9]。

例3.9 一台三相6/4开关磁阻电机，一相电感（见图3.20b）$L_{\min} = 2\text{mH}$，$L_{\max} = 10\text{mH}$，一相电阻 $R_s = 1.0\Omega$，转速 $n = 3000\text{r/min}$，电流 i_0 在整个定转子极距 $\theta_{\text{dwell}} = 30°$ 内保持理想恒定，平均电压 $V_0 = \text{DC36V}$。求：

a. 当 $T_{e0} = T_{L0}$，$\omega_r = \omega_{r0} = (2\pi \times 9000/60)$ rad/s $= 300\pi$ rad/s 时，求恒定电流 i_0 的最大值、相磁链和平均转矩。

b. $\tau_m = J/B = 0.1\text{s}$，$B = 3.33 \times 10^{-4}\text{N}\cdot\text{ms}$，负载转矩恒定，平均电压 V_0 上升10%（$\Delta V = +0.1V_0$），用小信号法计算特征值、电流和转速瞬变。

解：

a. 由方程（3.180），对时间积分，t_{on} 对应于30°为

$$t_{\text{on}} = \frac{\pi/6}{2\pi n} = \left(\frac{\pi/6}{2\pi \times 3000/60}\right)\text{s} = 1.666 \times 10^{-3}\text{s}$$

可得

$$V_0 t_{\text{on}} = R_s I_0 t_{\text{on}} + (L_{\max} - L_{\min})I_0$$

$$I_0 = \left[\frac{36 \times 1.666 \times 10^{-3}}{(10-2) \times 10^{-3} + 1 \times 1.666 \times 10^{-3}}\right]\text{A} = 6.2048\text{A}$$

磁链最大值 $\psi_{\max} = L_{\max} i_0 = (10 \times 10^{-3} \times 6.2048)\text{Wb} = 0.062048\text{Wb}$。

考虑到理想情况下任意给定时间都有一相处于工作状态，可根据每周期的功率平衡计算平均转矩，$T_{\text{eav}} \times 2\pi n = (V_{\text{dc0}} - R_s I_0) \times I_0$。

$$T_{\text{eav0}} = \left[\frac{(36 - 1 \times 6.2048) \times 6.2048}{2\pi(3000/60)}\right]\text{N}\cdot\text{m} = 0.588\text{N}\cdot\text{m}$$

负载转矩等于暂态初始时刻的电机转矩

$$T_{\text{eav0}} = T_{L0} + B\omega_{ra} = T_{L0} + 3.33 \times 10^{-4} \times 2\pi \times 50; T_{L0} = 0.483\text{N}\cdot\text{m}$$

b. 电感数值在 $L_{\min}$ 和 $L_{\max}$ 之间变化，从 $\theta_r = 0$ 线性变化到 $\theta_r = \pi/6$，则

$$L(\theta_r) = L_{\min} + (L_{\max} - L_{\min})\frac{\theta_r}{\pi/6}\text{H}; 0 \leq \theta_r \leq \pi/6$$

于是

$$K_b = \frac{\partial L}{\partial \theta_r}i_0 = \left[(L_{\max} - L_{\min})\frac{6}{\pi}\right]i_0 = \left[(10-2)\frac{6}{\pi}\right]10^{-3} \times 6.2048 = 0.09485\text{Wb}$$

由方程（3.186）可得

$$R_e = R_s + \frac{\partial L}{\partial \theta_r}\omega_{r0} = (1.0 + 15.2866 \times 10^{-3} \times 300\pi)\Omega = 15.4\Omega$$

转动惯量 J 为

$$J = T_m B = 0.33 \times 10^{-4} \text{kg} \cdot \text{m}^2$$

$$\tau_e = L_{av}/R_e = \left[\frac{(2+10) \times 10^{-3}}{2 \times 15.4}\right]\text{s} = 0.3895 \times 10^{-3}\text{s}$$

因此，方程（3.184）和方程（3.185）变成（$\Delta V = +3.6\text{V}$，$\Delta T_L = 0$）

$$\left(s + \frac{1}{0.3895 \times 10^{-3}}\right)\Delta i(s) + \frac{0.09485}{6 \times 10^{-3}}\Delta\Omega_r(s) - \frac{3.6}{s \times 6 \times 10^{-3}}$$

$$-\frac{0.09485}{0.33 \times 10^{-4}}\Delta i(s) + \left(s + \frac{1}{0.1}\right)\Delta\Omega_r(s) = 0$$

从特征方程中可以得到特征值

$$(s+2567)(s+10) + \frac{0.09485^2}{0.333 \times 10^{-4} \cdot 6 \times 10^{-3}} = s^2 + 2557.7 + 4.756 \times 10^4 = 0$$

$$s_{1,2} = \frac{-2577.7 \pm \sqrt{2577.7^2 - 4 \times 4.756 \times 10^{-4}}}{2 \times 2539.8} = -18.6, -2558.4$$

现在可直接得出转速暂态解

$$\omega_r(t) = \omega_{r0} + \Delta\omega_r = \omega_{r0} + A_1 e^{-18.6t} + A_2 e^{-2558.4t} + (\omega_{rfinal} - \omega_{r0})$$

对于恒定转矩（恒定电流 i_0，相同的磁通变化量），最终转速值可直接从电压方程在新时刻 t'_{on} 的积分（对应转子角度 $\pi/6$）求出

$$(V_0 + \Delta V)t'_{on} = R_s I_0 t'_{on} + (L_{max} - L_{min})I_0$$

$$t'_{on} = \left[\frac{(10-2)10^{-3} \times 6.2048}{36 + 3.6 - 1 \times 6.2048}\right]\text{s} = 1.4864 \times 10^{-3}\text{s}$$

因此，最终转速 ω_{rfinal} 为

$$\omega_{rfinal} = \omega_{r0}\frac{t_{on}}{t'_{on}} = \left(100\pi \times \frac{1.666 \times 10^{-3}}{1.4864 \times 10^{-3}}\right)\text{rad/s} = 351.94\text{rad/s}$$

当 $t=0$ 时，$\omega_r = \omega_{r0} = 314\text{rad/s}$，$(d\omega_r/dt)_{t-0} = 0$，由此可得两个常数 A_1 和 A_2 为

$$A_1 + A_2 = \omega_{r0} - \omega_{rfinal} = 314 - 351.94 = -37.94$$

$$-18.6A_1 - 2558.4A_2 = 0$$

$$A_1 = -38.218 \quad A_2 = 0.2779$$

瞬时电流开始和结束于 $I_0 = 6.2048\text{A}$，服从方程（3.185），其中 $\Delta T_L = 0$

$$i = i_0 + \Delta i = i_0 + (\Delta\omega_r(t)) \times \frac{J}{\tau_m K_B} + \frac{J}{K_B} \times \frac{d(\Delta\omega_r(t))}{dt}$$

图3.22定性地显示了转速变化 $\Delta\omega_r(t)$ 和电流变化 $\Delta i(t)$。

注意：相比于电气时间常数 τ_e，惯性和机械时间常数 τ_m 较大，因此响应如预期一样稳定，但也是非周期性的。

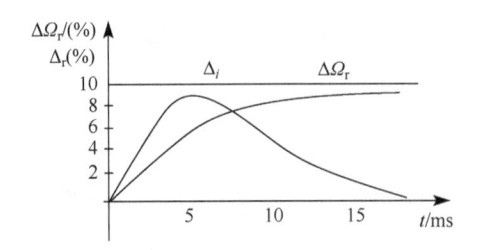

图 3.22 恒定负载转矩下 10% 电压阶跃时的转速 $\Delta\omega_r$ 和电流微小变化 Δi

3.18 裂相笼型转子同步电机

裂相笼型转子同步电机（见图 3.23）的效率比裂相感应电机更高，因此多用于小功率单相并网（恒频/恒转速、恒压）。

对于图 3.23 所示的四极电机，电角度的正交轴线在几何上相距 π/4 机械角度。转子磁屏蔽区中不一定会放置永磁体。强永磁体对电机的稳态运行更有利，但在自起动过程中会产生较大的制动转矩，除非使用较大的起动电容，否则会妨碍电机自起动和同步。

自起动暂态过程对于裂相同步电机和 $L_d < L_q$ 的同步磁阻电机都十分重要，无论 d 轴上是否采用了弱磁控制。

电机转子上有磁性凸极，所以 dq 模型也可用于转子。但是在这种情况下，定子主相绕组和辅相绕组应该等效对称，即辅相绕组折算到主相绕组时，其电阻 R'_a 和漏感 L'_{al} 应该分别等于 R_m 和 L_{ml}。

图 3.23 裂相笼型转子

$$R_m = R_a \left(\frac{W_m K_{W_m}}{W_a K_{W_a}} \right)^2 = R_s ; a = \frac{W_a K_{W_a}}{W_m K_{W_m}}$$

$$L_{ml} = L_{al} \left(\frac{W_m K_{W_m}}{W_a K_{W_a}} \right)^2 = L_{sl}$$

(3.187)

在主相绕组和辅相绕组中使用相同质量的铜可以满足这种等效性。如果不满足此条件，则应从一开始就使用相位坐标。

假定方程（3.187）成立，此时可直接应用 dq 模型为

$$\frac{d\lambda_d}{dt} = -i_d R_s + V_d + \omega_r \lambda_q$$

$$\frac{d\lambda_q}{dt} = -i_q R_s + V_q - \omega_r \lambda_d$$

$$\frac{d\lambda_{dr}}{dt} = -i_{dr} R_{rd}$$

$$\frac{d\lambda_{qr}}{dt} = -i_{qr} R_{rq}$$

$$T_e = p_1(\lambda_d i_q - \lambda_q i_d)$$

$$\lambda_d = L_{sl} i_d + L_{dm}(i_d + i_{dr}) + \lambda_{PM}$$

$$\lambda_q = L_{sl} i_q + L_{qm}(i_q + i_{qr})$$

$$\lambda_{dr} = L_{drl} i_{dr} + L_{dm}(i_d + i_{dr}) + \lambda_{PM}$$

$$\lambda_{qr} = L_{qrl} i_{qr} + L_{qm}(i_q + i_{qr}) \tag{3.188}$$

并且当 $L_d < L_q$ 时，有

$$\frac{J}{p_1}\frac{d\omega_r}{dt} = T_e - T_{load}; \frac{d\theta_{er}}{dt} = \omega_r \tag{3.189}$$

式中，θ_{er} 是转子位置电角度。

关于电压和定子电流，实际电机和 dq 模型等效为

$$V_m(t) = \sqrt{2} V \cos(\omega_1 t + \gamma)$$

$$V'_a(t) = \frac{V_m(t) - V_c(t)}{a}$$

$$\frac{dV_c}{dt} = \frac{i_a}{C_a}$$

$$V_d = V_m(t)\cos\theta_{er} + V'_a(t)\sin\theta_{er}$$

$$V_q = -V_m(t)\sin\theta_{er} + V'_a(t)\cos\theta_{er}$$

$$I_m = I_d \cos\theta_{er} - I_q \sin\theta_{er}$$

$$I'_a = I_d \sin\theta_{er} + I_q \cos\theta_{er}$$

$$I_a = I'_a/a \tag{3.190}$$

如果状态变量是 ψ_d、ψ_q、ψ_{dr}、ψ_{qr}、V_c、ω_r 和 θ_{er}，磁饱和只能通过 L_{qm}(i_{qm})函数和 $i_{qm} = i_q + i_{qr}$ 以简化的方式包含在 q 轴中。

3.19 同步电机参数的堵转试验/实验3.3

同步电机的参数是指：
- d 轴和 q 轴磁化曲线族：$\psi_{dm}(i_{dm},i_{qm})$ 和 $\psi_{qm}(i_{dm},i_{qm})$。
- 暂态电感、次暂态电感和时间常数：l_d、l'_d、l''_d、l''_q（标幺值）、τ'_{d0}、τ''_{d0}、τ''_{q0}、τ'_d、τ''_d、τ''_q、τ_{dr}（单位：s）。
- 定子电阻和漏感：R_s 和 L_{sl}。
- 励磁回路电阻和漏感：R_F 和 L_{Fl}。
- 转子励磁绕组折算到定子的折算系数：$K_{iF} = i_f/i_F^*$。
- 转子惯量：H（s）。

有几点需要说明：
- 上述整套参数是单鼠笼（每轴）和转子励磁同步电机的典型参数。对于受趋肤效应影响的同步电机（大功率或实心转子），沿 d 轴再增加一个鼠笼，沿 q 轴再增加两个励磁回路，以便正确模拟 0.001~100Hz 频谱中的电机暂态变化。
- 转子上没有鼠笼的永磁同步电机或者直流励磁同步电机，所有的次暂态电感（或次次暂态电感）和时间常数都不存在。因此参数测定非常简单。
- 有一些电机运行的参数测定标准（$\omega_r \neq 0$），如突然短路电流波形处理。这些标准新颖全面，需要较少的硬件和较短的测试时间，并且充分利用了 dq 模型。这里只介绍堵转试验。

3.19.1 堵转时电流衰减实验的饱和稳态参数 L_{dm} 和 L_{qm}

下文采用基本磁化曲线的概念，$\psi_{dm}^*(i_m)$ 和 $\psi_{qm}^*(i_m)$，如参考文献 [1，9，10]，以及总磁化电流 $i_m = \sqrt{i_{dm}^2 + i_{qm}^2}$。堵转时的电流衰减实验在 dq 轴和励磁回路中进行，从不同的电流初值开始：i_{d0}、i_{q0} 和 i_{F0}。图 3.24 所示为 d、q 轴电流（磁通）衰减实验的接线图。当直流电源连接到 d 轴的实验装置时（见图 3.24a），转子很容易和 d 轴对齐（$L_d > L_q$）。

注：在转子带有磁屏蔽区的永磁电机中，确定转子 d 轴位置和永磁体的极性时需要特别注意 $L_d < L_q$。

在定子绕组（或励磁绕组）中通入一定的直流电流后，断开定子连接，定子电流通过续流二极管衰减（与有刷直流电机相同，见第 2 章）。在零转速时（$\omega_r = 0$），定子的 dq 模型方程为

$$i_d R_s - V_d = -\frac{d\psi_d}{dt}; i_q R_s - V_q = -\frac{d\psi_q}{dt} \tag{3.191}$$

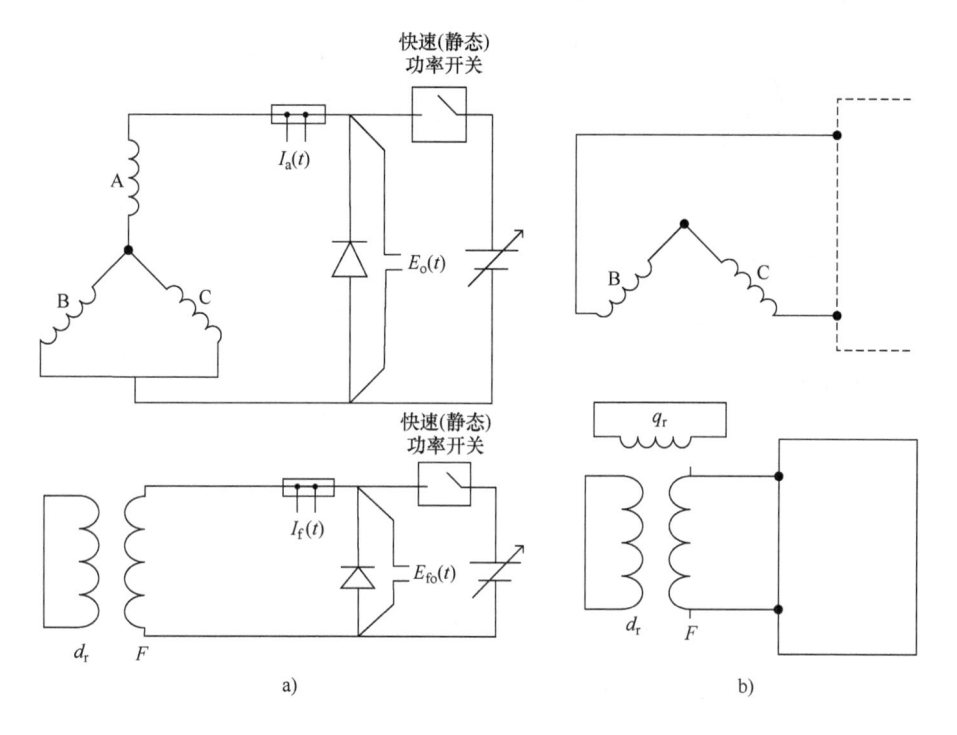

图 3.24 电流衰减实验

a) d 轴　b) q 轴

采用 Park 变换（θ_{er}）得

$$i_d = \frac{2}{3}\left[i_A + i_B\cos\frac{2\pi}{3} + i_C\cos\left(-\frac{2\pi}{3}\right)\right] = i_A \tag{3.192}$$

$$i_q = \frac{2}{3}\left[0 + i_B\sin\frac{2\pi}{3} + i_C\sin\left(-\frac{2\pi}{3}\right)\right] = 0;(i_B = i_C) \tag{3.193}$$

q 轴磁通为零（见图 3.24a）。定子通过续流二极管短路后

$$R_s\int_0^\infty i_d(t)\,dt + \frac{2}{3}\int_0^\infty V_{\text{diode}}(t) = (\psi_d)_{\text{initial}} - (\psi_d)_{\text{final}} \tag{3.194}$$

最终磁链仅由励磁电流 i_{F0} 产生

$$(\psi_d)_{\text{final}} = L_{dm}i_{F0} \tag{3.195}$$

在定子开路的情况下，可以从 i_{F0} 的某个初值开始，在励磁回路上进行电流衰减实验，记录此时的定子电压 $V_{ABC}(t) = V_{\text{diode}}(t) = 3/2V_d(t)$

$$(\psi_d)_{\text{initial}}(i_{F0}) = \int_0^\infty \frac{2}{3}V_{ABC}(t)\,dt; i_A = 0 \tag{3.196}$$

通入定子 d 轴电流（$i_F = 0$），然后进行励磁回路电流衰减实验（定子开

路），可以从方程（3.194）和方程（3.196）中得出

$$(\psi_{\text{initial}})_{i_F=0} = (L_{\text{dm}} + L_{\text{sl}})i_{d0} = \psi_{\text{dm}}(i_{d0}) + L_{\text{sl}}i_{d0} \tag{3.197}$$

因此，在 L_{sl} 已知的条件下，可以计算 $\psi_{\text{dm}}(i_{F0})$ 和 $\psi_{\text{dm}}(i_{d0})$。根据磁通相等的原则，可以得到励磁电流折算系数

$$K_F = \frac{i_{d0}}{i_{F0}} \tag{3.198}$$

现在回到方程（3.194），由励磁电流衰减曲线的 $(\psi_d)_{\text{final}}$ 得出

$$(\psi_d)_{\text{initial}}(i_{\text{dm}0} = i_{d0} + i_{F0}) = L_{\text{sl}}i_{d0} + \psi_{\text{dm}}(i_{\text{dm}0}) \tag{3.199}$$

但是，本例中 $i_{q0}=0$，因而 $i_{\text{dm}0}=i_{m0}$，因此实验得出饱和曲线 $\psi_{\text{dm}}(i_{\text{dm}})$。

对于 q 轴（见图 3.23b）

$$i_d = 0; i_A = 0; i_B = -i_C \tag{3.200}$$

又

$$i_q = \frac{2}{3}\left[i_B \sin\frac{2\pi}{3} + i_C \sin\left(-\frac{2\pi}{3}\right)\right] = \frac{2}{\sqrt{3}}i_B$$

$$V_q = \frac{2}{3}(V_B - V_C)\sin\frac{2\pi}{3} = \frac{V_B - V_C}{\sqrt{3}} \tag{3.201}$$

与 d 轴一样，电流衰减实验得到

$$\psi_q(i_{m0}) = (\psi_q)_{\text{inital}}(i_{q0}, i_{F0}) = \frac{2}{\sqrt{3}}\int i_B R_s dt + \frac{1}{\sqrt{3}}\int_0^\infty V_{\text{diode}} dt \tag{3.202}$$

即使励磁回路 $i_{F0} \neq 0$，q 轴上的最终磁通也是零，以确保达到所需的（对应）磁饱和水平。现在磁化电流初始值 i_{m0} 为

$$i_{m0} = \sqrt{i_{q0}^2 + i_{F0}^2} \tag{3.203}$$

实验可以在零值或非零直流励磁电流下进行，以检查交叉耦合磁饱和的重要性。如果在 q 轴衰减实验期间励磁电流显示暂态，这便是一个明显的交叉耦合饱和效应的表现。

注意：类似实验可在转子任意位置进行，方程（3.172）~方程（3.179）用于同时计算 $\psi_{\text{dm}}(i_m)$ 和 $\psi_{\text{qm}}(i_m)$ 曲线，但如果 $i_{F0} \neq 0$，则磁化电流 i_{m0} 为

$$i_{m0} = \sqrt{(i_{d0} + i_{F0})^2 + i_{q0}^2} \tag{3.204}$$

电机磁化电感 $L_{\text{dm}}(i_{m0})$ 和 $L_{\text{qm}}(i_{m0})$ 为

$$L_{\text{dm}}^*(i_{m0}) = \frac{\psi_{\text{dm}}^*(i_{m0})}{i_m}; L_{\text{qm}}^*(i_{m0}) = \frac{\psi_{\text{qm}}^*(i_{m0})}{i_{m0}} \tag{3.205}$$

这些电感对应于 d 轴和 q 轴的基本磁化曲线[9]。3kW 同步电机的典型 ψ_{dm}^* (i_m) 曲线如图 3.25 所示，其中 $\psi_{\text{dm}}^*(i_{F0})$ 通过发电机空载试验计算得出，以验证所得结果。

注：直流电流衰减实验暂态也可用于识别所有由曲线拟合方法计算得到的运行参数 $L_d(s)$、$L_q(s)$ 和 $G(s)$ [11-12]。

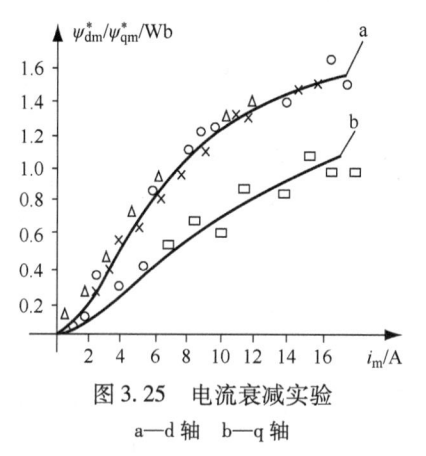

图 3.25 电流衰减实验
a—d 轴 b—q 轴

3.19.2 次暂态电感的单频实验，L''_d 和 L''_q

次暂态电感 L''_d 和 L''_q（或电抗，标幺值 X''_d 和 X''_q）指代快速暂态。堵转时，如果从图 3.24a 和 b 所示的单相变压器（不带续流二极管）以频率 ω_1 向电机供电，并测量 E_{ABC}、I_A、P_d、E_{BC}、I_B、P_q，得到

$$Z''_d = \frac{2}{3}\frac{E_{ABC}}{I_A}; R''_d = \frac{2}{3}\frac{P_d}{I_A^2} \tag{3.206}$$

$$Z''_q = \frac{1}{2}\frac{E_{BC}}{I_B}; R''_q = \frac{1}{2}\frac{P_q}{I_B^2} \tag{3.207}$$

$$X''_d = \sqrt{(Z''_d)^2 - (R''_d)^2}; L''_d = X''_d/\omega_1$$

$$X''_q = \sqrt{(Z''_q)^2 - (R''_q)^2}; L''_q = X''_q/\omega_1 \tag{3.208}$$

负序参数 R_- 和 X_- 可以改写为

$$R_- = (R''_d + R''_q)/2 \text{ 或 } R_- = \sqrt{R''_d R''_q} \tag{3.209}$$

$$X_- = (X''_d + X''_q)/2 \text{ 或 } X_- = \sqrt{X''_d X''_q} \tag{3.210}$$

注意：实际上对于负序，转子经历 $2f_1$ 频率（而非 f_1）。因此，可以将堵转频率增加到 $2f_1$，并重复实验，以了解频率效应（趋肤效应）在转子中的相对重要性。

3.19.3 堵转频率响应实验

堵转频率响应实验（SSFRS）接线图如图 3.24（去掉了续流二极管）所示，其中电机通过变频正弦电压源供电，并网同步发电机的频率从 0.001（0.01）Hz

变化到100Hz。在每个频率点，闭合/开路励磁绕组时测量电机dq轴的电压、电流、相位角，每个周期采8~10个数值。因为实验时间较长，须避免电机过热，因而实验在10%额定电流下进行。

电流/电压dq-ABC关系式与电流衰减实验相同。基于方程（3.158）和$\omega_r = 0$、$V_F(s) = 0$的dq关系式为

$$\underline{Z}_d(j\omega) = \frac{\underline{V}_d(j\omega)}{\underline{I}_d(j\omega)} = R_s + j\omega L_d(j\omega)$$

$$\underline{V}_d(j\omega) = \frac{2}{3}\underline{V}_{ABC}$$

$$\underline{I}_d(j\omega) = \underline{I}_A \tag{3.211}$$

$$\underline{Z}_q(j\omega) = \frac{\underline{V}_q(j\omega)}{\underline{I}_q(j\omega)} = R_s + j\omega L_q(j\omega)$$

$$\underline{V}_q(j\omega) = \frac{(\underline{V}_B - \underline{V}_C)}{\sqrt{3}}$$

$$\underline{I}_q(j\omega) = \underline{I}_B \frac{2}{\sqrt{3}} \tag{3.212}$$

其中，$L_d(j\omega)$和$L_q(j\omega)$的形式与方程（3.58）相同

$$L_{d,q}(j\omega) = L_{d,q}(0) \frac{(1 + j\omega T'''_{d,q})(1 + j\omega T''_{d,q})(1 + j\omega T'_{d,q})}{(1 + j\omega T'''_{d,q0})(1 + j\omega T''_{d,q0})(1 + j\omega T'_{d,q0})} \tag{3.213}$$

在方程（3.213）中，沿每个轴考虑了三个转子回路（对于大功率实心转子的同步发电机来说已足够）。

而且

$$-j\omega G(j\omega) = \frac{I_F(j\omega)}{\underline{I}_d(j\omega)} \tag{3.214}$$

代入励磁绕组短路时方程（3.54）中的$G(j\omega)$和$i_F(j\omega)$，

$$G(j\omega) = \frac{L_{dm}(0)}{R_F} \frac{(1 + pT_{dr1})(1 + pT_{dr2})}{(1 + j\omega T'''_{d0})(1 + j\omega T''_{d0})(1 + j\omega T'_{d0})} \tag{3.215}$$

典型实验结果如图3.26所示。一旦通过实验获得了$L_d(j\omega)$、$L_q(j\omega)$、$j\omega G(j\omega)$，确定方程（3.213）~方程（3.215）中的时间常数就成为曲线拟合的问题[12]。有些方法需要计算梯度，而另外一些方法则避免了求梯度，例如模式搜索（IEEE标准115-1995）。SSFR参数的简单分析表达式见参考文献[13]。对于多转子回路模型的情况，参考文献[14]提出了一种基于相位响应极值频率的识别时间常数的直观方法。有关同步电机实验的完整介绍请参阅IEEE标准115-1995，而有关永磁同步电机的内容，请见参考文献[15]。

图 3.26 典型的实验结果

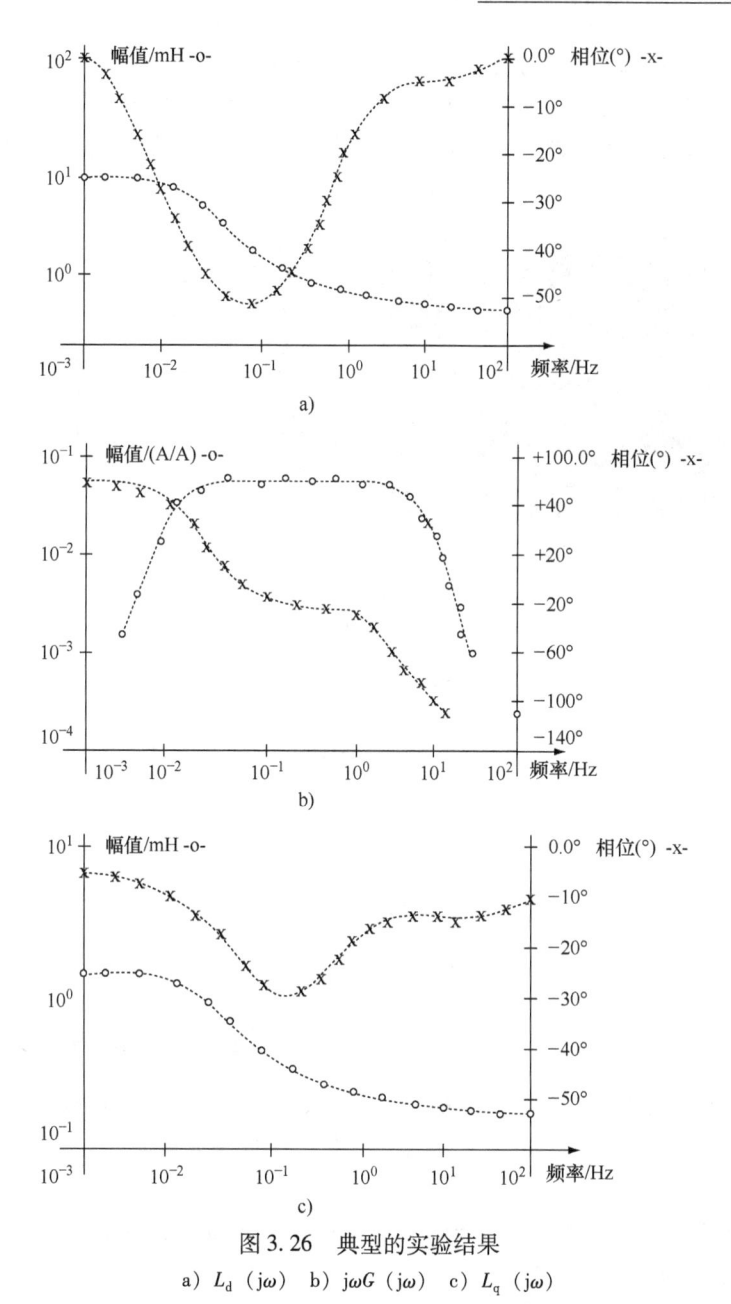

a) $L_d(j\omega)$ b) $j\omega G(j\omega)$ c) $L_q(j\omega)$

3.20 直线同步电机暂态

如《电机的稳态模型、测试及设计》第 6 章所述,直线同步电机可与有源导轨、直流励磁、超导直流励磁或移动的永磁励磁（见图 3.27a~c）一起建立。对于有限行程直线同步电机，永磁体沿导轨放置，三相绕组放置在动子上（见图 3.28a）。动子上可以既有永磁体（或直流励磁）又有交流绕组，沿着导轨呈一个单凸极铁心结构（见图 3.28b）。

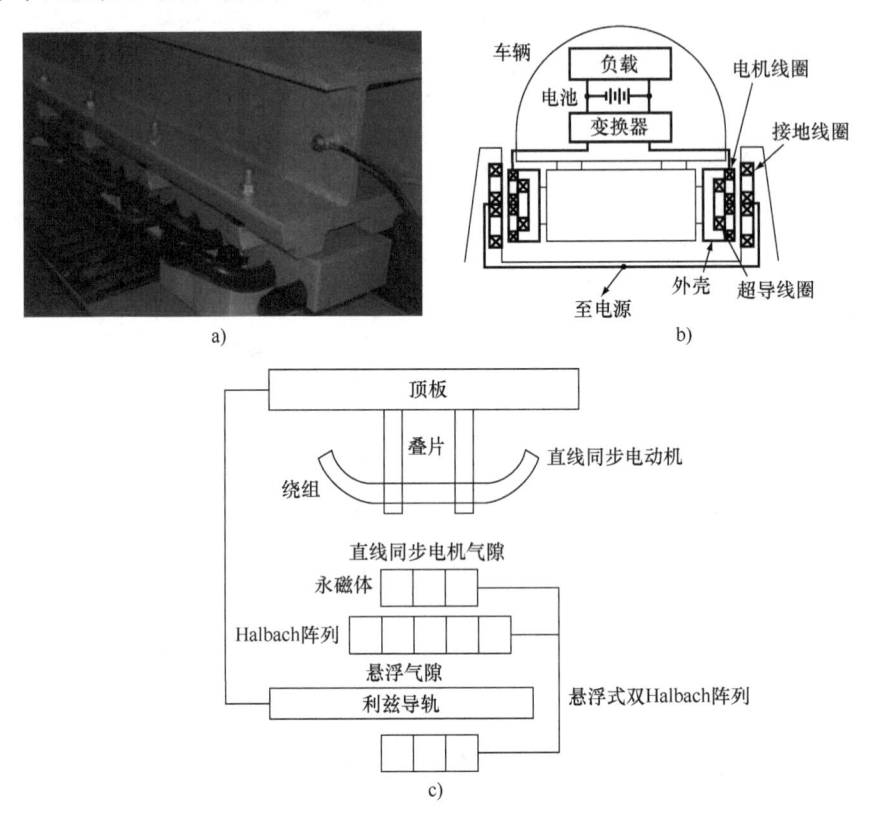

图 3.27 带有 a）直流励磁、b）直流超导励磁和 c）永磁励磁的有源导轨直线同步电机

但无论何种结构，如果极数超过 $2p_1 \geq 6$，沿运动方向的磁路开断端部效应可以忽略不计。旋转同步电机的典型 dq 模型在这里仍然适用，但变量有三个差异：

• 同步（转子）转速 ω_r（rad/s）变为直线（磁场）速度 $v_s = 2\tau f_1$(m/s)，v_m 是动子的实际速度，单位 m/s。

• 电磁转矩 T_e（单位 N·m）被推力 F_e（单位 N）代替。

• 转子角度变量 θ_r（单位 rad）变为直线变量 x（单位 m），电感表达式中的 θ_r 变成 $x\pi/\tau$。

电磁功率 P_{elm} 从 $P_{elm} = T_e\omega_r/p_1$ 变为 $P_{elm} = F_e \cdot 2\tau f_1$。于是，直线同步电机的 dq 模型为

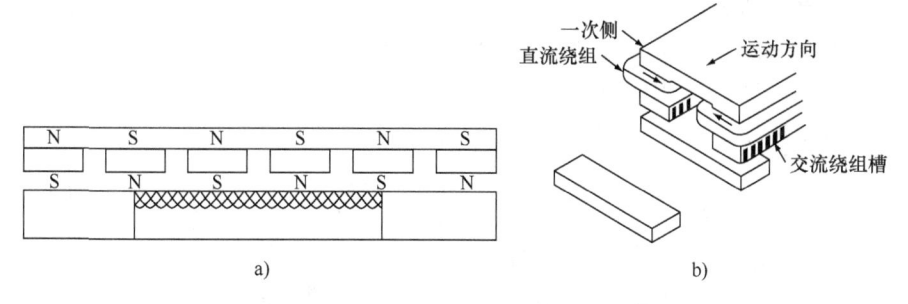

图 3.28　动子带 a）永磁导轨、b）直流励磁和交流绕组的直线同步电机

$$\overline{V}_s = R_s \overline{I}_s + jU_m \overline{\psi}_s \frac{\pi}{\tau} + \frac{d\overline{\psi}_s}{dt}$$

$$V_F = R_F i_F + \frac{d\psi_F}{dt}$$

$$\overline{\psi}_s = \psi_d + j\psi_q$$

$$\psi_d = L_{dm}(g)i_F + L_d(g)i_d$$

$$\psi_F = L_F(g)i_F + L_{dm}(g)i_d$$

$$\psi_q = L_q(g)i_q \tag{3.216}$$

式中，g 是磁（或机械）气隙。

$$F_e = \frac{3}{2} \frac{\pi}{\tau}(\psi_d i_q - \psi_q i_d)$$

$$M_m dU_m/dt = F_e - F_{load}$$

$$dx/dt = U_m$$

$$\begin{vmatrix} V_d \\ V_q \\ V_0 \end{vmatrix} = \frac{2}{3} \begin{vmatrix} \cos\left(-\frac{\pi}{\tau}x\right) & \cos\left(-\frac{\pi}{\tau}x + \frac{2\pi}{3}\right) & \cos\left(-\frac{\pi}{\tau}x - \frac{2\pi}{3}\right) \\ \sin\left(-\frac{\pi}{\tau}\right) & \sin\left(-\frac{\pi}{\tau}x + \frac{2\pi}{3}\right) & \sin\left(-\frac{\pi}{\tau}x - \frac{2\pi}{3}\right) \\ \frac{1}{2} & \frac{1}{2} & \frac{1}{2} \end{vmatrix} \tag{3.217}$$

方程（3.217）中的（$-\pi x/\tau$）对应有源导轨直线同步电机，对于无源导轨直线同步电机应变为（$+\pi x/\tau$），其中电枢（交流）绕组在动子上。这是因为 dq 模型的坐标系固定在直线同步电机的直流励磁或无源（磁各向异性）部件上。

dq 模型也适用于具有均匀槽的分布式交流电枢绕组（$q \geq 2$）和分数槽单齿线圈绕组（$q \leq 0.5$），此时永磁体产生的电动势随动子位置 x 按正弦规律变化，如旋转式同步电机那样。直线开关磁阻电机或直线步进电机通常与它们的旋转电机的相坐标模型相同。

直线同步电机可以像旋转电机那样进行恒磁通控制（ψ_{d0} 或 ψ_s），单位功率因数仅在直流励磁直线步进电机下可行。此外，直线同步电机还可用于集成推进和悬浮控制（磁悬浮列车）。后者的定子（或气隙磁通）经由控制从而动态保持气隙 g 恒定［在 ± (20～25)% 范围内］。

产生悬浮的正交力 F_{na} 为

$$F_{na} \approx \frac{3}{2}\left(i_d \frac{\partial \psi_d}{\partial g} + i_q \frac{\partial \psi_q}{\partial g}\right) \tag{3.218}$$

状态反馈或变结构控制已被证明适合于主动悬浮控制。

注意：对于直流励磁的直线同步电机，通过励磁电流进行悬浮控制，通过 i_d 和 i_q 进行推进控制，后者比前者响应快得多。有关直线同步电机控制的更多信息请参考文献［16-19］。

3.21 本章小结

- 同步电机暂态变化，指的是同步电机的电压、电流、磁通或频率在时间上从缓慢到快速的变化。
- 同步电机的两个电枢反应稳态模型（《电机的稳态模型、测试及设计》第 6 章）不适用于同步电机暂态。
- 同步电机的相坐标模型表明转子的自感和互感是随位置变化的，因此在求解暂态问题时计算时间过长，但是对于暂态和控制设计来说，快速计算是不现实的。
- 在转子坐标系下，同步电机的 dq0 模型中电感与转子位置无关，因此非常适合于暂态建模。它也广泛用于现代变速传动中的同步电机控制。
- dq0 模型一般只适用于分布式交流绕组（每极每相槽数 $q \geqslant 2$）和恒定气隙。为了产生凸极，沿 q 轴设置了一个磁屏蔽区。
- dq0 模型也可以（谨慎）应用于 $q \leqslant 0.5$ 的永磁同步电机（单齿线圈），其中感应电动势随时间按正弦变化，转子上无绕组。
- 对于特殊形状的转子/定子磁极，即使对于具有双凸极的开关磁阻电机（$q \leqslant 0.5$），以及随转子位置呈正弦变化的电感（无转子绕组），可以谨慎使用 dq0 模型。
- 单笼型转子直流励磁同步电机的 dq0 模型是一个八阶系统。
- 标幺值 dq0 模型方程使用 $\frac{1}{\omega_{10}}\frac{d}{dt}$ 代替 $\frac{d}{dt}$，所有参数（电阻和电感）均为标幺值，但惯性 H 和各种时间常数以秒为单位。
- 正如预料的那样，在转子坐标系中，同步电机稳态时的 dq0 模型变量均为直流。

- 对于对称定子而言，方程的空间相量形式有效、实用。
- 对于 dq 模型中的理想空载发电机，$i_{d0} = i_{q0} = 0$，$V_{d0} = 0$，$V_{q0} = \sqrt{2}V_0$，其中 V_0 为相电压有效值。
- 对于三相稳态短路工况，电机磁场不饱和，电流一般小于 3 倍额定电流，即使是无笼型转子的永磁同步电机也是这样。永磁同步电机由于定子电阻的存在，存在相当大的短路制动转矩，这对于某些容错应用来说可能是一个设计约束条件。
- 恒速暂态是纯电磁过程。对于固定的同步电机参数（电感），如果同步电机沿 d 和 q 轴的电感在暂态期间发生变化，则其运行参数定义为 $L_d(s)$、$L_q(s)$、$sG(s)$。初始值 L_d'' 和 L_q'' 称为次暂态电感，暂态电感 L_d' 对应于不再有任何转子笼效应时的后续暂态。最后，在稳态时，同步电机会呈现出直轴电感 L_d 和交轴电感 L_q。运行参数还包含时间常数，取决于用以模拟频率效应（趋肤效应）的 d、q 转子轴回路的数量。
- 处理三相突然短路电流波形时，通过曲线拟合的方法可以确定 d 轴参数 L_d''、L_d'、τ_d''、τ_d'、τ_{d0}'' 和 τ_{d0}'。
- 异步运行也可以用拉普拉斯方程进行处理，其中，$s = jS\omega_1$，（其中，S 为转差率），计算异步转矩与转速的关系。这一信息对于评估并网同步电机的异步起动能力非常有用。
- 简化的 dq0 模型忽略定子/转子暂态，带直流励磁的同步电机模型保持三阶。
- 对于机电暂态，转速也会变化，dq 模型方程会被线性化。它们以 ΔV、$\Delta \omega_1$、ΔV_F 和 ΔT_L 为输入，以 Δi_d、Δi_q、Δi_{dr}、Δi_{qr}、Δi_F、$\Delta \omega_r$ 和 $\Delta \delta_v$ 为变量。
- 用小偏差理论可以很容易地计算负载转矩脉动的转速响应。
- 大偏差暂态充分利用了转子坐标系中的 dq 模型。异步起动、自同步、相间短路、单相接地短路构成大的暂态。研究结果可用于改进电机和加强保护。
- 恒定 d 轴磁通控制 ψ_{d0}^* 和恒定定子磁通控制 ψ_s^* 可用于变速（变频）控制。
- dq 模型揭示了恒频 ψ_{d0}^*（转速）控制的转速随转矩减小的特性，尤其适用于永磁同步电机。理想空载转速为 $\omega_{r0} = V_s/\psi_{d0}$，$\psi_{d0} = \psi_{PM} + L_d i_{d0}$。而 $i_{d0} = -\psi_{PM}/L_d$，$\omega_{r0} \to \infty$ 是适用于多种应用所需的恒功率宽调速范围的理想选择。
- 对于恒定的定子磁通 ψ_s^*（和单位功率因数），转速/转矩曲线为一条下垂的直线，与他励直流电机一样。如果 $\cos\varphi_1 = 1$，励磁电流 i_F 会随着转矩增加而增大。这是电压源 PWM 逆变器供电的同步电机的典型情况。转子上没有阻尼笼。
- 本章介绍了两种基本的矢量控制方法。

- 对于方波驱动两相导通的永磁同步电机（无刷直流电机）和笼型转子直流励磁同步电机（由电流型逆变器驱动调速），推导了基本的暂态方程和转速/转矩曲线（机械特性），它是一条线性下降的直线。这两种情况对应于所描述的两种典型的变速同步电机驱动。
- 开关磁阻电机具有双凸极性，因此采用了相量模型。它的磁场不是旋转磁场，定子一相绕组电流的脉冲频率 f_1 与转子凸极数目 N_r 和转速 n 直接相关，$f_1 = nN_r$。
- 开关磁阻电机的小偏差模型揭示了一种与串励有刷直流电机非常相似的暂态行为。开关磁阻电机耐久性好，适用于高温或化学侵蚀环境。无永磁或带有永磁体（混合）的步进电机作为开关磁阻电机运行，开环供电（通过频率缓升）以免失步，可用于恶劣环境。
- 磁转子凸极（$L_d > L_q$）或内置永磁体（$L_d \leq L_q$）的裂相笼型转子同步电机可用于家用电器，以提高效率、减小电机体积。转子坐标系中的 dq 模型仅在两相正交定子绕组（主相绕组和辅相绕组）等效时成立（相同的用铜量）。对于仅用于起动的辅助绕组，上述条件不成立，因此要采用相坐标。
- 同步电机参数测定是控制设计的关键。本章详细描述了堵转时 d 轴电流衰减实验和频率响应实验（SSFRS），说明了 dq 模型的实用性。有关完整的同步电机实验，请参阅 IEEE 标准 115-1995。
- 直线步进电机在拓扑结构和暂态建模方面与旋转电机非常相似[16-17]，在高速或 2 极、4 极电机应用中应考虑端部效应。
- 直线振荡永磁同步电机用于小型冰箱压缩机。它们在共振频率下工作，电频率 f_e 等于机械固有频率 f_m，即 $f_e = f_m$，请参阅参考文献 [16-19]。

3.22 思考题

3.1 画出单位功率因数时同步电机在电机惯例和发电机惯例的空间相量图。
提示：查看 3.7 节，图 3.5 和方程（3.45）和方程（3.46）。

3.2 对于例 3.1 中的大型同步电机，计算电感 L''_d、L'_d、L''_q、τ''_{d0}、τ'_{d0}、τ''_d、τ'_d、τ''_{q0}、τ''_q。
提示：方程（3.55）

3.3 对于例 3.1 中的同步电机，计算空载突然三相短路时 $i_d(t)$、$i_F(t)$、$i_A(t)$ 的峰值。考虑 $V_{q0} = 1.2(V_{nl}/\sqrt{3})\sqrt{2}$，$i_{F0} = 2I_n$。
提示：参考方程（3.68）~方程（3.70）。

3.4 例 3.5 中的电机参数 $\psi_{PMd} = 1.0\text{Wb}$，$L_d = 0.05\text{H}$，$L_{dm} = 0.9L_d$，$L_q = 0.1\text{H}$，$R_s = 1\Omega$，$p_1 = 2$，$V_{s0} = \sqrt{2}V_0 = 18\sqrt{2}\text{V}$，单位功率因数运行。计算额定定子

电流、转矩、电磁功率时的转速 ω_{rb}。求 $3\omega_{rb}$ 时的转矩和电磁功率。

提示：查看例 3.5。

3.5 求小偏差 dq 模型的同步电机特征值。初始状态数据为 $L_d = L_q = 0.1\mathrm{H}$，$L_{sl} = 0.1L_d = L_{Fl} = L_{drl} = L_{qrl}$，$\delta_{v0} = 30°$，$\omega_{r0} = 314\mathrm{rad/s}$，$R_s = R_F = 1\Omega$，$R_{dr} = R_{qr} = 3R_s$，$V_{s0} = \sqrt{2}V_0 = 220\sqrt{2}\mathrm{V}$，$i_{F0} = 2i_{d0}$，$J = 1\mathrm{kg \cdot m^2}$，$p_1 = 2$。

提示：先计算 i_{d0}、i_{F0}、i_{q0}、ψ_{d0}、ψ_{q0}。

3.6 一台永磁同步电机，$\psi_{PMd} = 2\mathrm{Wb}$，$R_s = 2\Omega$，$L_d = L_q = 0.2\mathrm{H}$，$p_1 = 4$，$B = 5 \times 10^{-3}\mathrm{N \cdot ms}$，$T_m = 0.4\mathrm{s}$，$V_{s0} = \sqrt{2}V_0 = 120\sqrt{2}\mathrm{V}$，转速 $n = 1500\mathrm{r/min}$，试计算：

a. $i_{d0} = 0$ 时的电流 i_q、转矩、效率和功率因数。

b. 转速不变且 $i_{d0} = 0$，在负载转矩增加 10% 时，计算转速和暂态电流 i_q。

3.7 一台直流励磁的笼型转子大型同步电机采用 PWM 电压型逆变器控制，电机参数如下：$P_n = 5\mathrm{MW}$，$V_{s0} = 4200\sqrt{2/3}\mathrm{V}$，$n_b = 10\mathrm{r/min}$，$f_b = 5\mathrm{Hz}$，$\eta = 0.985$，$\cos\varphi_1 = 1$，只考虑铜耗，$x_d = x_q = 0.65\mathrm{pu}$，$X_{dm} = 0.55\mathrm{pu}$。

a. 如果 $E_0 = 1.2V_{s0}$，求电压功角 δ_v、i_{d0}、i_{q0}、i_{F0}。

b. $n_{max} = 1.6n_b$，求 a 中结果。

提示：严格遵循例 3.6。

3.8 一台方波无刷直流电机，$V_{dc} = 42\mathrm{V}$，$R_s = 1\Omega$，$\psi_{PM} = 0.1\mathrm{Wb}$，画出转速/转矩曲线（电动势为平顶波，宽度为 180° 电角度）。

提示：使用方程 (3.169)~方程 (3.173)。

3.9 一台直流励磁的笼型转子大型同步电机具有以下数据：$V_{sl} = 4200\sqrt{2/3}\mathrm{V}$，$I_{sl} = 1000\mathrm{A}$，$f_b = 60\mathrm{Hz}$，$n_b = 1800\mathrm{r/min}$，$x_d = 1.3\mathrm{pu}$，$x_q = 0.6\mathrm{pu}$，$L''_d = 0.3L_d$，$L''_q = 0.3L_q$，$r_s = 0.01\mathrm{pu}$，$\varphi_1 = -10°$（超前功率因数），采用电流型逆变器驱动，通入方波电流 I_{sl}。试计算：

a. 转矩 T_{em}、电压功角 δ_{v1}、I_{d1}、I_{q1} 和 I_F。

b. 理想空载转速。

c. $n_{max} = 2n_b$，$\varphi_1 = -10°$，电压相同，电流 I_{sl}。再次计算 δ_{v1}、I_{d1}、I_{q1} 和 I_F。

提示：3.10 节的方程 (3.174)~方程 (3.175)。

3.10 一台无鼠笼表贴式单相永磁同步电机，转子 2 极（见图 3.29），装有驻车永磁体，使得定转子磁极轴线相距 $\theta_{r\ initial} = 60°$，用于自起动。电动势随转子位置 θ_r 按正弦变化，永磁齿槽转矩（零电流）随 $2\theta_r$ 按正弦变化。列写电机的相坐标模型，编写 Matlab-Simulink 代码对电机暂态进行仿真，代入小型电机相关数据（100W，3600r/min），电压为 $V(t) = \sqrt{2}V\cos(\omega_r t + \gamma)$，$V = V_0 + K_r\omega_r$，其中 ω_r 是当前转速。改变 γ 并讨论结果。

提示：使用相坐标，定子电感恒定，电动势为正弦。

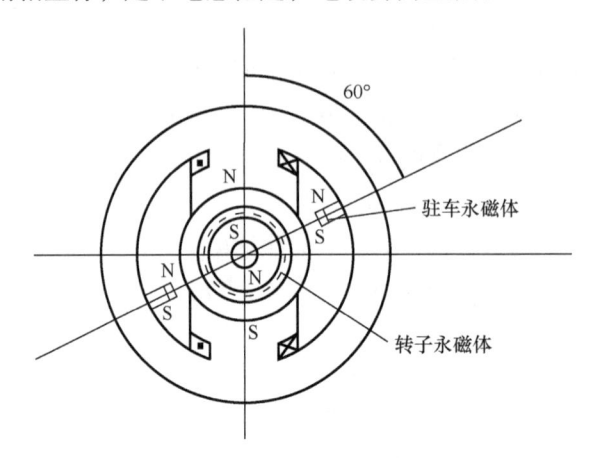

图 3.29 单相永磁同步电机

3.11 一种带有源导轨的小行程单侧直线永磁同步电机，其电流 i_d 为零，产生推力 $F_{xn}=1$kN，极距 $\tau=0.06$m，$v_m=1.56$m/s，$2p_1=8$，推力密度 2.5N/cm^2，气隙 $g=1$mm，表贴式永磁体厚度 $h_{PM}=3.0$mm。永磁体跨度等于极距，永磁体气隙磁通密度 $B_{gPM}=B_r \times h_{PM}/(h_{PM}+g)=0.8$T，$L_{sl}=0.35L_{dm}$，$L_{dm}=L_{qm}$，每相绕组匝数 $W_s K_{W_s}=750$ 匝/相。

试计算稳态：

a. 永磁体磁链 $\psi_{PMd}=W_s K_{W_s} \dfrac{2}{\pi} B_{gPM} \tau l_1$，其中 l_1 是根据推力密度计算的叠压长度。

b. 磁化电感

$$L_m = \frac{6\mu_0 (W_s K_{W_s})^2}{\pi^2 p(g+h_{PM})} \tau l_1 \tag{3.219}$$

c. 当 $\psi_{PMd}=L_m i_{F0}$ 时，和永磁励磁对应的电流 i_{F0}。

d. 在额定推力 F_{xn} 并且 $i_d=0$ 时的定子电流 i_q。

e. 求零电阻损耗时的值 $\psi_d = \psi_{PM}$，ψ_q，f_1，ω_1（定子频率）和 V_s（定子电压）。

f. 法向吸引力 F_{na} 来自于方程（3.218），$F_{na} \approx \dfrac{B_{gPM}^2}{2\mu_0} 2p_1 \tau l_i$，求 F_{na} 和比值 F_{na}/F_{xn}。

提示：查看 3.20 节。参考 $W_s K_{W_s}=750$，$f_1=13$Hz，$V_s=\sqrt{2}\,130$V（相电压峰值），$F_n=10$kN（正常悬架推力）。

参 考 文 献

1. I. Boldea and S.A. Nasar, Unified treatment of core losses and magnetic saturation in the orthogonal axis model of electric machines, *IEE Proc. B*, 134(6), 1987, 355–365.

2. P.C. Krause, F. Mazari, T.L. Skvarenina, and D.W. Olive, The theory of neglecting stator transients, *IEEE Trans.*, PAS-93, 1976, 729–737.

3. J. Machowski, J.W. Bialek, and J.R. Bumby, *Power System Dynamics and Stability*, John Wiley & Sons, New York, 1997.

4. I. Boldea and V. Coroban, BEGA—Vector control for wide constant power speed range at unity power factor, Record of OPTIM-2006, Brasov, Romania, 2006.

5. I. Boldea and S.A. Nasar, *Electric Drives*, 2nd edn., Chapters 11 and 13, CRC Press, Taylor & Francis Group, New York, 2005.

6. R. Krishnan, *Electric Motor Drives*, Prentice Hall, Upper Saddle River, NJ, 2001.

7. T.J. Miller, *Switched Reluctance Motors and Their Control*, Clarendon Press, Oxford, 1993.

8. R. Krishnan, *Switched Reluctance Motor Drives*, CRC Press, Boca Raton, FL, 2001.

9. I. Boldea, *Electric Generators Handbook*, Vol. 1, Synchronous generators, Chapter 5, CRC Press, Taylor & Francis Group, New York, 2005.

10. M. Namba, J. Hosoda, S. Dri, and M. Udo, Development for measurement of operating parameters of SG and control system, *IEEE Trans.*, PAS-200(2), 1981, 618–628.

11. A. Keyhani, S.I. Moon, A. Tumageanian, and T. Leskan, Maximum likelihood estimation of synchronous machine parameters from flux decay data, *Proceedings of ICEM-1992*, Manchester, U.K., Vol. 1, pp. 34–38, 1992.

12. P.L. Dandeno and H.K. Karmaker, Experience with standstill frequency response (SSFR) testing of salient pole synchronous machines, *IEEE Trans.*, EC-14(4), 1999, 1209–1217.

13. S.D. Umans, I.A. Malick, and G.L. Wlilson, Modeling of solid iron rotor turbogenerators, Part 1&2, *IEEE Trans.*, PAS-97(1), 1978, 269–298.

14. A. Watson, A systematic method to the determination of SM parameters from results of frequency response tests, *IEEE Trans.*, EC-15(4), 2000, 218–223.

15. D. Iles-Klumpner, I. Boldea et al., Experimental characterization of IPMSM with tooth-wound coils, Record of EPE-PEMC 2006, Porto Rose, Slovenia, 2006.

16. I. Boldea and S.A. Nasar, *Linear Motion Electromagnetic Systems*, John Wiley & Sons, New York, 1985.

17. I. Boldea and S.A. Nasar, *Linear Electric Actuators and Generators*, Cambridge University Press, Cambridge, U.K., 1997.

18. J. Gieras, *Linear Synchronous Drives*, CRC Press, Boca Raton, FL, 1994.

19. I. Boldea and S.A. Nasar, *Linear Motion Electromagnetic Devices*, Taylor & Francis, New York, 2001.

第4章

感应电机的暂态

感应电机（IM）是由单相、两相、三相（或6相）交流定子绕组和笼型/绕线式转子组成。后者的转子绕组是三相交流绕组，通过铜制集电环和电刷连接到外部电源（PWM变换器），接入可变的电压和频率。这就是所谓的绕线转子或双馈式感应电机。此外，采用铝板置于铁板上的复合板或梯形次级，或者在动子板上带有两相（三相）交流次级绕组的直线感应电机（LIM）也已应用于一些特定场合。

本章要讨论的上述所有类型的感应电机都可以建立暂态模型。

三相笼型次级（转子）感应电机需要单独讨论。我们从三相定、转子绕组开始推导感应电机相变量模型（在正常状态下，转子笼相当于对称的三相绕组）。

4.1 三相变量模型

考虑一台定、转子三相绕组对称的感应电机（见图4.1）。相变量（坐标）的电机方程（见图4.1）可以直接写成矩阵形式

$$[I_{ABCabc}][R_{ABCabc}] - [V_{ABCabc}] = -\frac{\mathrm{d}}{\mathrm{d}t}[\Psi_{ABCabc}^{(\theta_{er},t)}] \tag{4.1}$$

以及

$$[\Psi_{ABCabc}^{(\theta_{er},t)}] = [L_{ABCabc}^{(\theta_{er})}][I_{ABCabc}] \tag{4.2}$$

电阻矩阵是对角阵

$$[R_{ABCabc}] = \mathrm{Diag}[R_s \quad R_s \quad R_s \quad R_r \quad R_r \quad R_r] \tag{4.3}$$

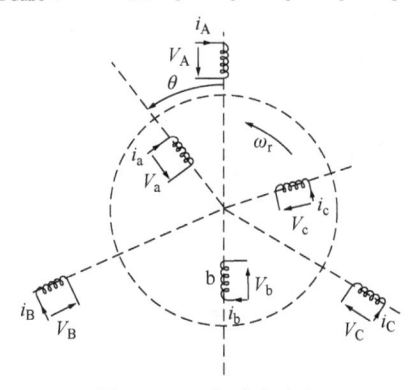

图4.1 三相感应电机

电感矩阵为 6×6，定子/转子的互感随电机转子位置变化。定子自感系数和转子自感系数不随转子位置而变化（忽略槽开口）。对于分布式交流绕组（$q \geqslant 2$），互感系数随转子位置按正弦规律变化。因此，电感矩阵 $L_{\text{ABCabc}}^{(\theta_{\text{er}})}$ 可以简明地表示成

$$L_{\text{ABCabc}}^{(\theta_{\text{er}})} = \begin{matrix} A \\ B \\ C \\ a \\ b \\ c \end{matrix} \begin{bmatrix} L_{\text{sl}}+L_{\text{os}} & -L_{\text{os}}/2 & -L_{\text{os}}/2 & L_{\text{sr}}\cos\theta_{\text{er}} & L_{\text{sr}}\cos(\theta_{\text{er}}+2\pi/3) & L_{\text{sr}}\cos(\theta_{\text{er}}-2\pi/3) \\ -L_{\text{os}}/2 & L_{\text{sl}}+L_{\text{os}} & -L_{\text{os}}/2 & L_{\text{sr}}\cos(\theta_{\text{er}}-2\pi/3) & L_{\text{sr}}\cos\theta_{\text{er}} & L_{\text{sr}}\cos(\theta_{\text{er}}+2\pi/3) \\ -L_{\text{os}}/2 & -L_{\text{os}}/2 & L_{\text{sl}}+L_{\text{os}} & L_{\text{sr}}\cos(\theta_{\text{er}}+2\pi/3) & L_{\text{sr}}\cos(\theta_{\text{er}}-2\pi/3) & L_{\text{sr}}\cos\theta_{\text{er}} \\ L_{\text{sr}}\cos\theta_{\text{er}} & L_{\text{sr}}\cos(\theta_{\text{er}}-2\pi/3) & L_{\text{sr}}\cos(\theta_{\text{er}}+2\pi/3) & L_{\text{rl}}+L_{\text{or}} & -L_{\text{or}}/2 & -L_{\text{or}}/2 \\ L_{\text{sr}}\cos(\theta_{\text{er}}+2\pi/3) & L_{\text{sr}}\cos\theta_{\text{er}} & L_{\text{sr}}\cos(\theta_{\text{er}}-2\pi/3) & -L_{\text{or}}/2 & L_{\text{rl}}+L_{\text{or}} & -L_{\text{or}}/2 \\ L_{\text{sr}}\cos(\theta_{\text{er}}-2\pi/3) & L_{\text{sr}}\cos(\theta_{\text{er}}+2\pi/3) & L_{\text{sr}}\cos\theta_{\text{er}} & -L_{\text{or}}/2 & -L_{\text{or}}/2 & L_{\text{rl}}+L_{\text{or}} \end{bmatrix}$$

(4.4)

且

$$\frac{L_{\text{or}}}{L_{\text{sr}}} = \frac{L_{\text{sr}}}{L_{\text{os}}}; L_{\text{os}}\cos 2\pi/3 = -L_{\text{os}}/2; L_{\text{or}}\cos 2\pi/3 = -L_{\text{or}}/2 \quad (4.5)$$

由方程（4.1）和方程（4.2），与 $[I_{\text{ABCabc}}]^{\text{T}}$ 相乘后，得到

$$[V_{\text{ABCabc}}][I_{\text{ABCabc}}]^{\text{T}} = \underbrace{[I_{\text{ABCabc}}][I_{\text{ABCabc}}]^{\text{T}}[R_{\text{ABCabc}}]}_{\text{绕组损耗}}$$

$$+ \underbrace{\frac{\text{d}}{\text{d}t}\left\{\frac{[I_{\text{ABCabc}}][L_{\text{ABCabc}}^{(\theta_{\text{er}})}][I_{\text{ABCabc}}]^{\text{T}}}{2}\right\}}_{\frac{\partial W_{\text{mag}}}{\partial t}}$$

$$+ \underbrace{\frac{1}{2}[I_{\text{ABCabc}}]\left[\frac{\partial L_{\text{ABCabc}}^{(\theta_{\text{er}})}}{\partial \theta_{\text{er}}}\right][I_{\text{ABCabc}}]^{\text{T}}\frac{\text{d}\theta_{\text{er}}}{\text{d}t}}_{P_{\text{elm}} = \frac{T_{\text{e}}}{p_1}\frac{\text{d}\theta_{\text{er}}}{\text{d}t}} \quad (4.6)$$

瞬时转矩 T_{e} 由电磁功率 P_{elm} "派生"而来

$$T_{\text{e}} = \frac{P_{\text{elm}}}{\frac{1}{p_1}\frac{\text{d}\theta_{\text{er}}}{\text{d}t}} = \frac{p_1}{2}[I_{\text{ABCabc}}]\left[\frac{\partial L_{\text{ABCabc}}^{(\theta_{\text{er}})}}{\partial \theta_{\text{er}}}\right][I_{\text{ABCabc}}] \quad (4.7)$$

运动方程完善了相量模型

$$\frac{J}{p_1}\frac{\mathrm{d}\omega_\mathrm{r}}{\mathrm{d}t} = T_\mathrm{e} - T_\mathrm{load}; \frac{\mathrm{d}\theta_\mathrm{er}}{\mathrm{d}t} = \omega_\mathrm{r}; \omega_\mathrm{r} = 2\pi p_1 n \qquad (4.8)$$

通过 $L_{\mathrm{ABCabc}}^{(\theta_\mathrm{er})}$ 得到一个变系数八阶非线性系统。显然，这样一个系统很难处理，因为它需要大量的 CPU 时间。如在第 1 章推导的那样，空间相量形式的 dq 模型是解决感应电机瞬变问题的关键。

4.2 感应电机的 dq（空间相量）模型

根据第 1 章（见图 4.2）的 d、q 轴单转子回路感应电机 dq 模型，在此简要给出

$$i_\mathrm{d}R_\mathrm{s} - V_\mathrm{d} = -\frac{\partial \Psi_\mathrm{d}}{\partial t} + \omega_\mathrm{b}\Psi_\mathrm{q}; i_\mathrm{q}R_\mathrm{s} - V_\mathrm{q} = -\frac{\partial \Psi_\mathrm{q}}{\partial t} - \omega_\mathrm{b}\Psi_\mathrm{d}$$

$$i_\mathrm{dr}R_\mathrm{r} - V_\mathrm{dr} = -\frac{\partial \Psi_\mathrm{dr}}{\partial t} + (\omega_\mathrm{b} - \omega_\mathrm{r})\Psi_\mathrm{qr}; i_\mathrm{qr}R_\mathrm{r} - V_\mathrm{qr} = -\frac{\partial \Psi_\mathrm{qr}}{\partial t} - (\omega_\mathrm{b} - \omega_\mathrm{r})\Psi_\mathrm{dr}$$

$$(4.9)$$

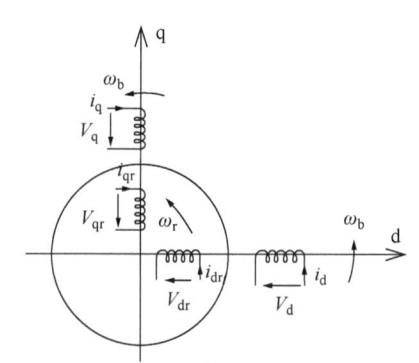

图 4.2 感应电机的 dq 模型

$$T_\mathrm{e} = \frac{3}{2}p_1(\Psi_\mathrm{d}i_\mathrm{q} - \Psi_\mathrm{q}i_\mathrm{d}); \frac{J}{p_1}\frac{\mathrm{d}\omega_\mathrm{r}}{\mathrm{d}t} = T_\mathrm{e} - T_\mathrm{load}; \frac{\mathrm{d}\theta_\mathrm{b}}{\mathrm{d}t} = \omega_\mathrm{b} \qquad (4.10)$$

$$P_\mathrm{s} = \frac{3}{2}(V_\mathrm{d}i_\mathrm{d} + V_\mathrm{q}i_\mathrm{q}); Q_\mathrm{s} = \frac{3}{2}(V_\mathrm{d}i_\mathrm{q} - V_\mathrm{q}i_\mathrm{d}) \qquad (4.11)$$

式中，P_s 和 Q_s 分别是有功输入功率和无功输入功率。

方程（4.10）和方程（4.11）包含了三相感应电机 dq 模型等效的转矩和功率。在空间相量表示法中

$$\overline{V}_\mathrm{s} = V_\mathrm{d} + \mathrm{j}V_\mathrm{q}; \overline{V}_\mathrm{r} = V_\mathrm{dr} + \mathrm{j}V_\mathrm{qr}$$
$$\overline{\psi}_\mathrm{s} = \psi_\mathrm{d} + \mathrm{j}\psi_\mathrm{q}; \overline{\psi}_\mathrm{r} = \psi_\mathrm{dr} + \mathrm{j}\psi_\mathrm{qr} \qquad (4.12)$$
$$\overline{i}_\mathrm{r} = i_\mathrm{dr} + \mathrm{j}i_\mathrm{qr}$$

104　电机的暂态与 MATLAB 优化设计

$$\bar{i}_s R_s - \bar{V}_s = -\frac{\partial \bar{\psi}_s}{\partial t} - j\omega_b \bar{\psi}_s$$

$$\bar{i}'_r R_r - \bar{V}'_r = -\frac{\partial \bar{\psi}'_r}{\partial t} - j(\omega_b - \omega_r)\bar{\psi}'_r \quad (4.13)$$

以及

$$T_e = \frac{3}{2} p_1 \mathrm{Re}[j\bar{\psi}_s \bar{i}_s^*]$$

$$\bar{\psi}_s = L_{sl}\bar{i}_s + L_m(\bar{i}_s + \bar{i}'_r)$$

$$\bar{\psi}'_r = L'_{rl}\bar{i}'_r + L_m(\bar{i}_s + \bar{i}'_r) \quad (4.14)$$

显然，在空间相量（dq）模型中，转子已经被折算到定子（因为 $\bar{i}_s$ 直接与 $\bar{i}'_r$ 相加）。

4.3　三相感应电机与 dq 模型的关系

电流的空间相量变换（第 1 章）为

$$\bar{i}_s = \frac{2}{3}[i_A(t) + i_B(t)e^{j\frac{2\pi}{3}} + i_C(t)e^{-j\frac{2\pi}{3}}]e^{-j\theta_b}$$

$$\bar{i}_r = \frac{2}{3}[i_a(t) + i_b(t)e^{j\frac{2\pi}{3}} + i_c(t)e^{-j\frac{2\pi}{3}}]e^{-j(\theta_b - \theta_{er})}; \frac{d\theta_{er}}{dt} = \omega_r \quad (4.15)$$

$$i_{0s} = \frac{1}{3}(i_A + i_B + i_C); i_{0r} = \frac{1}{3}(i_a + i_b + i_c) \quad (4.16)$$

方程（4.15）与方程（4.16）的变换同样适用于磁链 $\bar{\psi}_s$ 和 $\bar{\psi}'_r$。结合方程（4.4）的电感矩阵 $L_{\mathrm{ABCabc}}^{(\theta_{er})}$ 最终得到

$$\bar{\psi}_s = L_{sl}\bar{i}_s + \frac{3}{2}L_{0s}(\bar{i}_s + \bar{i}'_r); \bar{\psi}'_r = \bar{\psi}_r \times L_{sr}/L_{0s}$$

$$\bar{\psi}'_r = L'_{rl}\bar{i}'_r + \frac{3}{2}L_{0s}(\bar{i}_s + \bar{i}'_r); \bar{\psi}'_r = \bar{\psi}_r \times L_{sr}/L_{0r} = \bar{\psi}_r \times L_{0s}/L_{sr}$$

$$\bar{i}'_r = \bar{i}_r \times L_{0r}/L_{sr}; L'_{rl} = L_{rl}(L_{sr}/L_{0r})^2; R'_r = R_r(L_{sr}/L_{0r})^2$$

$$\psi_{0s} = L_{sl}i_{0s}; \psi_{0r} = L_{rl}i_{0r}; V_{0s} = R_{0s}i_{0s} + L_{sl}\frac{di_{0s}}{dt}; V'_{0r} = R'_r i'_{0r} + L'_{rl}\frac{di'_{0r}}{dt} \quad (4.17)$$

注意 $L_{0r}/L_{sr} = L_{sr}/L_{0s}$。

在方程（4.17）中，转子已经折算到定子。比较方程（4.14）和方程（4.17），可以得到

$$L_m = \frac{3}{2}L_{0s} \quad (4.18)$$

《电机的稳态模型、测试及设计》第 5 章的定义中已经明确 L_m 是感应电机的

周期性磁化电感。由于漏电感 L_{sl}、L'_{rl} 在三相感应电机的 dq 模型变换过程中保持不变，相电阻 R_s、R'_r 同样也保持不变。绕组损耗为

$$P_{\cos} = \frac{3}{2} R_s |\overline{i_s}|^2 ; P_{\text{cor}} = \frac{3}{2} R'_r |\overline{i'_r}|^2 \qquad (4.19)$$

正如预期的那样，由于电感表达式中正弦和余弦函数的"助力"，三相感应电机与其 dq（空间相量）模型的电阻和电感关系非常简单。注意方程（4.17）中的零序（V_{0s}, i_{0s}, V'_{0r}, i'_{0r}）使感应电机和 dq 模型间的等效关系更完备。

4.4 dq 模型中的磁饱和与趋肤效应

第 5 章介绍了感应电机的独特磁化曲线

$$\psi_m(i_m) = L_m(i_m) i_m ; \overline{i_m} = \overline{i_s} + \overline{i'_r} \qquad (4.20)$$

式中，i_m 是总（磁化）电流。

$$i_m = \sqrt{i_{dm}^2 + i_{qm}^2} ; i_{dm} = i_d + i'_{dr} ; i_{qm} = i_q + i'_{qr} \qquad (4.21)$$

定子和转子空间相量 $\overline{\psi_s}$ 和 $\overline{\psi'_r}$ 可以用气隙（主）磁通空间矢量 $\overline{\psi_m}$ 统一表示

$$\overline{\psi_m} = L_m \overline{i_m} ; \overline{\psi_s} = L_{sl} \overline{i_s} + \overline{\psi_m} ; \overline{\psi'_r} = L'_{rl} \overline{i'_r} + \overline{\psi_m} \qquad (4.22)$$

主磁通 $\overline{\psi_m}$ 的时间导数可表示为

$$\frac{d\overline{\psi_m}}{dt} = L_m \frac{d\overline{i_m}}{dt} + \frac{\partial L_m}{\partial i_m} i_m \frac{d\overline{i_m}}{dt} = \left(L_m + \frac{\partial L_m}{\partial i_m} i_m\right) \frac{d\overline{i_m}}{dt}$$

$$= L_{mt} \frac{d\overline{i_m}}{dt} ; L_{mt} = \frac{d\psi_m}{dt} \qquad (4.23)$$

因此，主磁通时间导数中包含暂态磁化电感 L_{mt}，但在方程（4.22）的磁通 ψ_m 中，只包含主电感 L_m。L_{mt} 和 L_m 都取决于磁化电流。

注：如果只使用磁通变量，将电流作为虚拟变量，则不需要 L_{mt}。但是，在感应电机控制中，电流经常是被控量，因此不可避免地存在 L_{mt}。

转子趋肤效应可以通过并联布置的多个虚拟笼来模拟。考虑转子中两个鼠笼的情形

$$\overline{V_s} = R_s \overline{i_s} + L_{sl} \frac{d\overline{i_s}}{dt} + \frac{d\overline{\psi_m}}{dt} + j\omega_b (L_{sl} \overline{i_s} + \overline{\psi_m})$$

$$0 = R'_{r1} \overline{i'_{r1}} + L'_{rl1} \frac{d\overline{i'_{r1}}}{dt} + \frac{d\overline{\psi_m}}{dt} + j(\omega_b - \omega_r)(L'_{rl1} \overline{i'_{r1}} + \overline{\psi_m})$$

$$0 = R'_{r2} \overline{i'_{r2}} + L'_{rl2} \frac{d\overline{i'_{r2}}}{dt} + \frac{d\overline{\psi_m}}{dt} + j(\omega_b - \omega_r)(L'_{rl2} \overline{i'_{r2}} + \overline{\psi_m})$$

$$\frac{d\overline{\psi_m}}{dt} = L_{mt}(i_m) \frac{d\overline{i_m}}{dt} ; \overline{i_m} = \overline{i_s} + \overline{i'_{r1}} + \overline{i'_{r2}} ; \overline{\psi_m} = L_m(i_m) \overline{i_m}$$

$$T_e = \frac{3}{2} p_1 \text{Re}(j\overline{\psi}_s \overline{i}_s^*) = p_1 L_m \text{Re}[j\overline{i}_s(\overline{i}'_{r1} + \overline{i}'_{r2})] \qquad (4.24)$$

以磁链变化率 $\mathrm{d}\overline{\psi}_m/\mathrm{d}t$ 作为电压通项,方程(4.24)给出的等效电路如图 4.3 所示。在现实中,这两个虚拟或真实的鼠笼之间可能存在漏磁通耦合。它的影响被归入虚构的鼠笼参数中。通常,当 ω_b 不等于零时,定子和转子中都存在运动电动势。对于 $\omega_b = \omega_r$(转子坐标系),转子电动势等于零。而 $\omega_b = 0$ 时(定子坐标系),定子电动势等于零。对于同步坐标系($\omega_b = \omega$),定子和转子中的电动势都不等于零。

注意:虚构的鼠笼参数可以从堵转频率响应(本章后续章节)中找到,如同对同步电机的处理方式一样。

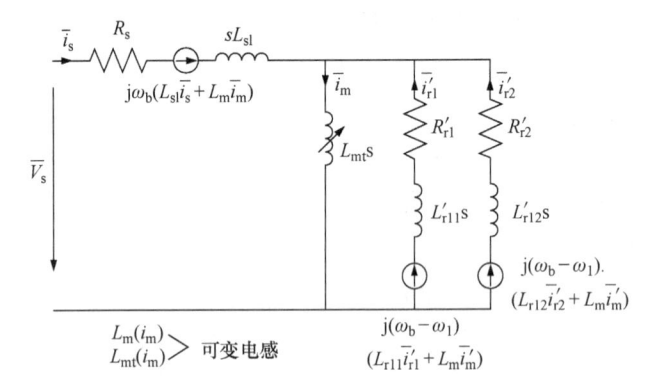

图 4.3 考虑磁饱和状态和趋肤效应的感应电机空间相量等效电路

4.5 稳态空间相量模型:感应电机的笼型和绕线转子

对于稳态,考虑正弦电压、恒定转速和恒定负载转矩

$$V_{A,B,C}^{(t)} = \sqrt{2} V \cos\left[\omega_1 t - (i-1)\frac{2\pi}{3}\right]; i = 1,2,3 \qquad (4.25)$$

从空间矢量变换方程(4.15)和同步坐标($\omega_b = \omega_1$)的 $\theta_b = \omega_1 t$ 可得

$$\overline{V}_s = \frac{3}{2}\left[V_A(t) + V_B(t)e^{j\frac{2\pi}{3}} + V_C(t)e^{-j\frac{2\pi}{3}}\right]e^{-j\omega_1 t} \qquad (4.26)$$

将方程(4.25)代入方程(4.16)得到

$$\overline{V}_s = \sqrt{2}V = V_d + jV_q \Rightarrow V_d = \sqrt{2}V; V_q = 0 \qquad (4.27)$$

空间相量模型在稳态和同步坐标系下(包括定子和转子)的电压空间相量为直流量,电流和磁链也是直流量。在 $\mathrm{d}/\mathrm{d}t = 0$ 时(一般来说,$\mathrm{d}/\mathrm{d}t = \mathrm{j}(\omega_1 - \omega_b)$),方程(4.13)变为

$$\overline{V}_{s0} = R_s \overline{i}_{s0} + j\omega_1 \overline{\Psi}_{s0}; \overline{\Psi}_{s0} = L_{sl}\overline{i}_{s0} + \overline{\Psi}_{m0}; \overline{\Psi}_{m0} = L_m(\overline{i}_{s0} + \overline{i'}_{r0}) \quad (4.28)$$

$$\overline{V'}_{r0} = R'_r \overline{i'}_{r0} + jS\omega_1 \overline{\Psi'}_{r0}; \overline{\Psi'}_{r0} = L'_{rl}\overline{i'}_{r0} + \overline{\Psi}_{m0}; S = (\omega_1 - \omega_r)/\omega_1 \quad (4.29)$$

$$T_e = \frac{3}{2}p_1 \text{Re}(j\overline{\Psi}_{s0}\overline{i}_{s0}^*) \quad (4.30)$$

式中，S 是转差率，已经在《电机的稳态模型、测试及设计》第 5 章中定义过。

稳态空间相量等效电路 [如方程（4.28）和方程（4.29）] 如图 4.4 所示。就第 5 章所描述的（频率为 ω_1 的）相量而言，它与单相的等效电路类似。

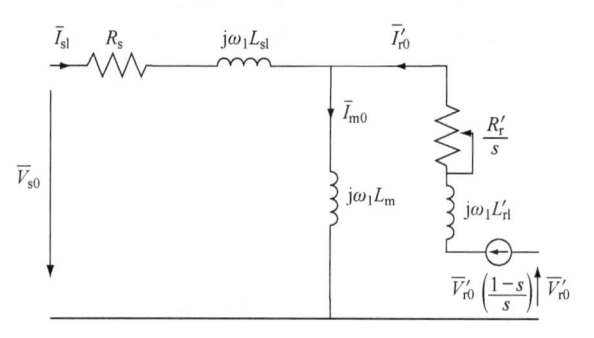

图 4.4 感应电机的稳态空间相量等效电路

应当注意到，转子电压 $\overline{V'}_{r0}$（在同步坐标系下）也是直流的。但 $\overline{V}_{r0}$ 相对于 $\overline{V}_{s0}$ 的相位（位置）会随电动机或发电机运行中的负载情况而变化。现在绘制感应电机的空间相量图，首先是笼型转子，然后是电动机和发电机的运行模式（见图 4.5a 和 b）。

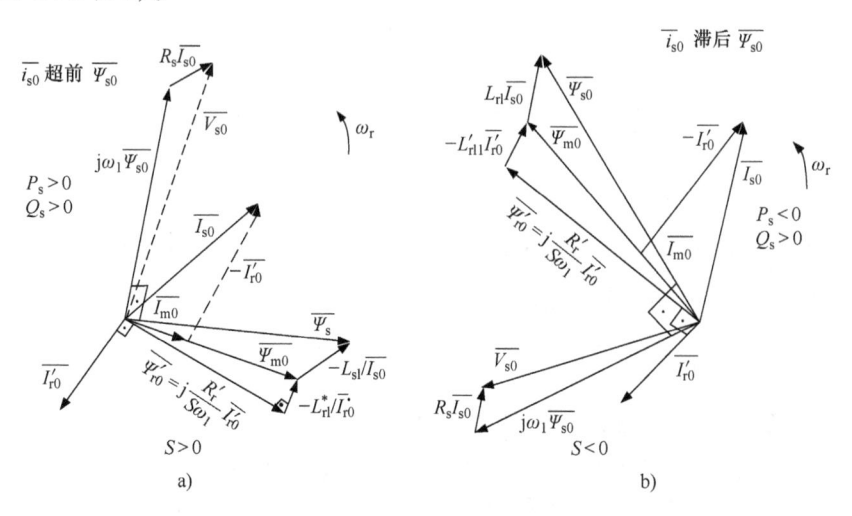

图 4.5 感应电机的笼型转子相量图
a）电动机模式 b）发电机模式

还应当注意到，在稳态下，对于笼型转子感应电机而言，转子磁通 $\overline{\Psi}'_{r0}$ 和电流空间相量 $\overline{i}'_{r0}$ 是正交的。即便是在暂态情况下也是如此，不过此时转子磁通 $\psi_r = \psi_{r0}$ 为常数。这就是所谓的转子磁场定向（矢量）控制。对于电动机运行模式，转差率是正值（$S>0$），而对于发电机运行模式则为负值（$S<0$），但在这两种情况下，定子磁通空间相量幅值都是最大的，即 $\Psi_{s0} > \Psi_{m0} > \Psi_{r0}$，这清楚地表明在这两种情况下电机的磁化都是由电源（无论如何，是由外部电源）产生的。对绕线转子（双馈式）感应电机，首先必须定义理想空载转速 ω_{r0}（转差率 S_0），它对应于方程（10.14）中的转子电流为零的情况

$$\overline{V}_{r0} = jS_0\omega_1\overline{\Psi}'_{r0}; \omega_{r0} = \omega_1(1 - S_0) \tag{4.31}$$

因此，理想空载转速可能会在转差率 S_0 为正值（次同步）或负值（超同步）的情况下出现。

$$\begin{aligned} S_0 > 0 \text{ 时}, \omega_{r0} < \omega_1 \\ S_0 < 0 \text{ 时}, \omega_{r0} > \omega_1 \end{aligned} \tag{4.32}$$

转差率 S_0 的符号和相对大小取决于 $\overline{V}_{r0}$ 的幅值和相位（相对于 $\overline{\Psi}'_{r0}$ 或 $\overline{V}_{s0}$ 而言）。在 S_0 附近，电动机和发电机两种运行状态均有可能出现。通过转子电源、定子电源或者两者同时为电机提供励磁都是可行的。定子（方程4.18）以及转子的有功功率和无功功率分别为

$$P_s = \frac{3}{2}\text{Re}(\overline{V}^*_{s0}\overline{i}^*_{s0}) = \frac{3}{2}(V_{d0}i_{d0} + V_{q0}i_{q0})$$

$$Q_s = \frac{3}{2}\text{Im}(\overline{V}_{s0}\overline{i}^*_{s0}) = -\frac{3}{2}(V_{d0}i_{q0} - V_{q0}i_{d0})$$

$$P^r_r = \frac{3}{2}\text{Re}(\overline{V}'_{r0}\overline{i}'^*_{r0}) = \frac{3}{2}(V'_{dr0}i'_{qr0} + V'_{qr0}i'_{qr0})$$

$$(Q'_r)^r_{S\omega_1} = \frac{3}{2}\text{Im}(\overline{V}'_{r0}\overline{i}'^*_{r0}) = -\frac{3}{2}(V'_{dr0}i'_{qr0} - V'_{qr0}i'_{dr0})$$

在同步坐标系中，Q'^r_r 是按转差频率（$S\omega_1$）来考量的；换句话说，Q'^r_r/S 是在定子频率下观测到的转子源的无功功率。因此，当在 ω_1 频率下观测时，在 $S\omega_1$ 频率下产生的无功功率会被"放大"$1/S$ 倍。这是基于相应的磁能守恒这一事实。

仍然基于方程（4.28）~方程（4.30），考虑在电动机和发电机模式下（见图4.6），转差率 $S<0$（超同步）且转子功率因数为1时的情况。

转子功率因数为1意味着转子电源的千伏安数最小；这也意味着电机的励磁是由定子来完成的（$\Psi_{s0} > \Psi'_{r0}$）。对于定子功率因数为1的情况，电机励磁是由转子电源产生的，因此 $\Psi'_{r0} > \Psi_{s0}$。

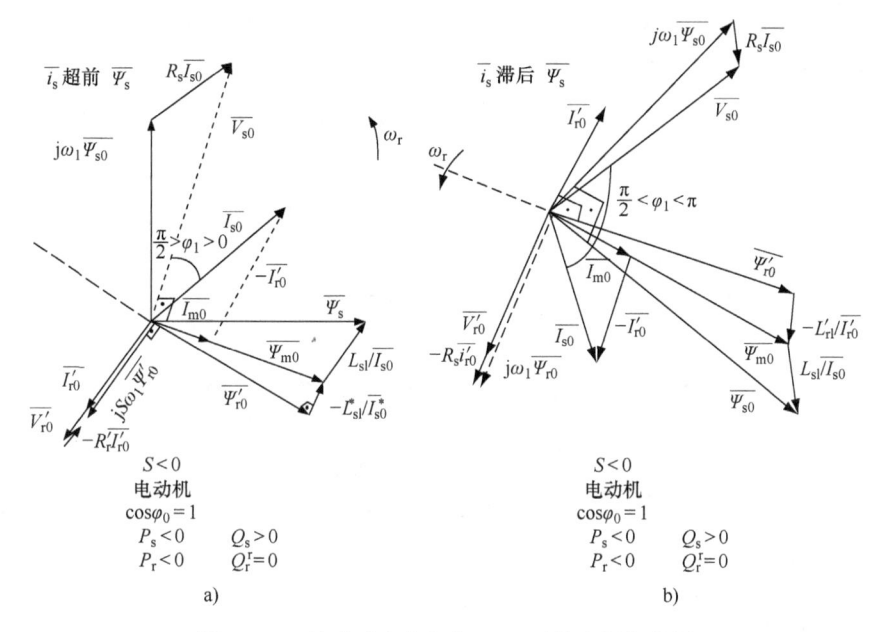

图 4.6　双馈式感应电机在 $S<0$ 时的空间相量图
a) 电动机状态　b) 发电机状态（转子功率因数为 1）

例 4.1　感应电机笼型转子的空间相量稳态

一台三相笼型转子异步电机具有如下数据：$P_n=1.5\text{kW}$，$\eta_n=0.9$，$\cos\varphi_n=0.9$，$f_1=60\text{Hz}$，$V_{s0}=120\sqrt{2}\text{V}$，$r_s=0.04\text{pu}$，$r_r'=0.03\text{pu}$，$l_{sl}=l_{rl}'=0.1\text{pu}$，$2p_1=4$，$l_m=3\text{pu}$，$S=0.03$。计算以下参数：$R_s$，$i_n$，$L_{sl}$，$L_{rl}'$，$L_m$，$\overline{I_{s0}}$，$\overline{I_{r0}'}$，$\overline{\Psi_{r0}'}$，$\overline{\Psi_{s0}}$，$T_e$，$\omega_r$（转速 n 的单位为 r/s）。

解：就像同步电机一样，标幺值（pu）下的额定电抗 X_n 是

$$X_n=\frac{\sqrt{2}V_{nph}}{\sqrt{2}I_{nph}};\quad I_{nph}=\frac{P_n}{3V_{nph}\eta_n\cos\varphi_n}=\left(\frac{1500}{3\times120\times0.9\times0.9}\right)\text{A}=5.144\text{A}$$

$$X_n=\left(\frac{120\sqrt{2}}{5.144\sqrt{2}}\right)\Omega=23.328\Omega;\quad R_s=r_s\times X_n=(0.04\times23.328)\Omega=0.933\Omega,$$

$R_r'=(0.03\times23.328)\Omega=0.6998\Omega, L_{sl}=L_{rl}'=0.1\times\dfrac{X_n}{2\pi f_1}=\left(\dfrac{0.1\times23.328}{2\pi\times60}\right)\text{mH}=6.19\text{mH}$

$$L_m=3\times\frac{X_n}{2\pi f_1}=0.1857\text{H}$$

由方程（4.28）和方程（4.29）得

$120\sqrt{2}=[0.933+\text{j}2\pi\times60(0.00619+0.1857)]\overline{I_{s0}}+\text{j}2\pi\times60\times0.1857\,\overline{I_{r0}'}$

$0=[0.6998+\text{j}0.03\times\text{j}2\pi\times60(0.00619+0.1857)]\overline{I_{r0}'}+\text{j}\times0.03$

$$\times 2\pi \times 60 \times 0.1857 \overline{I_{s0}}$$

$\overline{I_{s0}}$ 和 $\overline{I'_{r0}}$ 两者都可以很容易地由上式计算得到

$$\overline{I'_{r0}} = -6.5596 + j1.159$$
$$\overline{I_{s0}} = 6.393 - j3.362$$
$$\overline{V_{s0}} = 120\sqrt{2}$$

所以磁链 $\overline{\Psi_{s0}}$ 和 $\overline{\Psi'_{r0}}$ 为

$$\overline{\Psi_{s0}} = \frac{\overline{V_{s0}} - R_s \overline{I_{s0}}}{j\omega_1} = \frac{120\sqrt{2} - 0.933(6.393 - j3.362)}{j2\pi \times 60}$$

$$\overline{\Psi'_{r0}} = \frac{-R'_r \overline{I'_{r0}}}{jS\omega_1} = \frac{-0.6998(-6.5596 + j1.159)}{j \times 0.03 \times 2\pi \times 60}$$

$$\overline{\Psi_{s0}} = -j0.4332 + 0.008$$
$$\overline{\Psi'_{r0}} = -j0.40608 - 0.0717$$

很明显，$\overline{\Psi_{s0}} > \overline{\Psi'_{r0}}$（幅值）并且是超前的（电动状态）。转矩 T_e 为

$$T_e = \frac{3}{2}p_1 \mathrm{Re}(j\overline{\Psi_{s0}} \overline{I_{s0}^*}) = \frac{3}{2} \times 2 \times \mathrm{Re}[(0.008 - j0.4332) \times (6.363 + j3.362)]$$
$$= 4.522 \mathrm{Nm}$$

例 4.2 双馈式感应电机稳态

一台双馈式感应电机具有如下参数：$R_s = R'_r = 0.018\Omega$，$X_{sl} = X_{rl} = 0.18\Omega$，$X_m = 14.4\Omega$，$f_n = 50\mathrm{Hz}$，$2p_1 = 4$，$V_{snline} = 6000\mathrm{V}$，$I_{1n/phase} = 1204\mathrm{A}$（有效值），星形联结。转子与定子的匝数比为 $K_{rs} = 4/1$，转差率 $S = -0.25$。对于 $\cos\varphi_s = 1$（定子功率因数为 1）的情况，计算转子有功功率 P'_r 和无功功率 Q'_r，以及发电机输出的总有功功率 $P_{gen} = P_s + P'_r$。

解： 依据定子功率因数为 1 时的方程 (4.28)，$V_{s0} = R_s i_{s0} + j\omega_1 \overline{\Psi_{s0}}$，并且由于这里考虑的是发电机模式，所以 i_{s0} 为负。

$$\frac{6000}{\sqrt{2}} \times \sqrt{2} = 0.018 \times (-1204) + j2\pi \times 50 \overline{\Psi_{s0}}$$

$$\overline{\Psi_{s0}} = j15.64 \mathrm{Wb}$$

但是

$$\overline{\Psi'_{r0}} = \overline{\Psi_{s0}} \frac{L_{rl} + L_m}{L_m} - L_{sc} i_{s0} = -j15.64 \times \frac{(14.4 + 0.18)}{14.4} - \frac{0.36}{314} \times (-1204)$$
$$= -j15.8355 + 1.380$$

由于电机从转子励磁，因此转子电流为

$$\overline{I'_{r0}} = \frac{\overline{\Psi'_{r0}} - L_m i_s}{L_m + L'_{rl}} = \frac{-j15.8355 + 1.380 - 14.4 \times (-1204)/314}{(14.58/314)}$$

$$= \frac{-j15.8355 + 56.49}{4.6433 \times 10^{-2}} = -j341.03 + 1219.29$$

$$I'_{r0} = 1266A > I_{s0}$$

转子电压由方程（4.19）得到

$$\overline{V'_{r0}} = R'_r \overline{I'_{r0}} + jS\omega_1 \overline{\Psi'_{r0}}$$
$$= 0.018 \times (-j341.03 + 1219) + j(-0.25)2\pi \times 50 \times (-j15.8355 + 1.380)$$
$$= -1221 - j114.468$$

定子有功功率 P_s（$\cos\varphi_s = 1$ 时）为

$$P_s = \frac{3}{2} V_{s0} i_{s0} = \frac{3}{2} \times \frac{6000\sqrt{2}}{\sqrt{3}} (-1204) = -8.8316 \times 10^6 W = -8.8316 MW$$

$$S_r^r = P_r^r + jQ_r^r = \frac{3}{2} (\overline{V'_{r0} i'_{r0}}^*)$$

$$= \frac{3}{2} (-1221 - j114.468)(1219.29 + j341.03)$$

$$= -2.174 MW + j0.55566 MVAR$$

因此，双馈式感应发电机输出的总有功功率为

$$P_{gen} = P_s + P_r^r = (-8.8316 - 2.174)MW \approx -11MW$$

定子的无功功率为

$$Q_r = Q_r^r / |S| = \frac{0.55566}{0.25} MVAR = 2.2226419 MVAR$$

对于转子侧变流器的设计而言，转子无功功率 Q_r^r 和转子有功功率 P_r^r 是至关重要的。由于 $K_{rs} = L_{0r}/L_{sr} = 4/1$，这意味着实际的转子电压 V_{r0} 是 V'_{r0} 的 4 倍，而转子电流 I_{r0} 是 I'_{r0} 的四分之一。双馈式感应发电机在现代变速风力发电系统中占据主导地位。

4.6 电磁暂态

对于同步电机而言，笼型异步电机在运行过程中会出现快速暂态过程，在这个过程中电机的转速可以被认为是恒定的。这种暂态过程被称为电磁暂态。

对于快速暂态过程，在 dq（空间相量）模型中使用转子坐标系（$\omega_b = \omega_r$）似乎是合适的。考虑带有双转子笼（用于解释转子趋肤效应）的感应电机。在转子中不存在运动电动势，并且相对于标幺值方程，如同同步电机一样，用 s/ω_{10} 替换 d/dt：

$$\overline{V_s} = \overline{i_s} r_s + \frac{s}{\omega_{10}} \overline{\Psi_s} + j\omega_{r0} \overline{\Psi_s}; \overline{\Psi_s} = l_{sl} \overline{i_{sl}} + l_m (\overline{i_s} + \overline{i'_{r1}} + \overline{i'_{r2}})$$

$$0 = \overline{i'_{\text{r}1}} r'_{\text{r}1} + \frac{s}{\omega_{10}} \overline{\Psi'_{\text{r}1}} ; \overline{\Psi'_{\text{r}1}} = l'_{\text{r}11} \overline{i'_{\text{r}1}} + l_{\text{m}} (\overline{i_{\text{s}}} + \overline{i'_{\text{r}1}} + \overline{i'_{\text{r}2}})$$

$$0 = \overline{i'_{\text{r}2}} r'_{\text{r}2} + \frac{s}{\omega_{10}} \overline{\Psi'_{\text{r}2}} ; \overline{\Psi'_{\text{r}2}} ; \overline{\Psi'_{\text{r}2}} = l'_{\text{r}12} \overline{i'_{\text{r}2}} + l_{\text{m}} (\overline{i_{\text{s}}} + \overline{i'_{\text{r}1}} + \overline{i'_{\text{r}2}})$$

$$T_{\text{e}} = \text{Re}[jl_{\text{m}}(\overline{i_{\text{s}}} \times (\overline{i'_{\text{r}1}}^* + \overline{i'_{\text{i}2}}^*))] \tag{4.33}$$

式中，ω_{10} 是以弧度每秒为单位的额定角频率。

我们可以从方程（4.33）中消去 $\overline{i'_{\text{r}1}}$ 和 $\overline{i'_{\text{r}2}}$，并以拉普拉斯形式得到定子磁通 $\overline{\Psi_{\text{s}}}$。

$$\overline{i_{\text{s}}} = l(s) \overline{i_{\text{s}}}(s)$$

$$l(s) = (l_{\text{sl}} + l_{\text{m}1}) \frac{(1 + s\tau'')(1 + s\tau')}{(1 + s\tau''_0)(1 + s\tau'_0)} \tag{4.34}$$

其运行电感 $l(s)$ 与具有两个并联转子电路的同步电机的运行电感相似，其时间常数以秒为单位。

$$\tau'' = \frac{1}{r'_{\text{r}1} \omega_{10}} \left(l'_{\text{r}11} + \frac{l_{\text{m}} l'_{\text{r}12} l_{\text{sl}}}{l_{\text{m}} l'_{\text{r}12} + l_{\text{m}} l_{\text{sl}} + l'_{\text{r}12} l_{\text{sl}}} \right)$$

$$\tau''_0 = \frac{1}{r'_{\text{r}1} \omega_{10}} \left(l'_{\text{r}11} + \frac{l'_{\text{r}12} l_{\text{m}}}{l'_{\text{r}12} + l_{\text{m}}} \right)$$

$$\tau' = \frac{1}{r'_{\text{r}2} \omega_{10}} \left(l'_{\text{r}12} + \frac{l_{\text{m}} l_{\text{sl}}}{l_{\text{m}} + l_{\text{sl}}} \right)$$

$$\tau'_0 = \frac{1}{r'_{\text{r}2} \omega_{10}} (l'_{\text{r}12} + l_{\text{m}}) \tag{4.35}$$

同样地，这里定义了次暂态电感 l''、暂态电感 l' 和同步电感 l_{s}

$$l'' = \lim_{\substack{s \to \infty \\ (t \to 0)}} = (l_{\text{sl}} + l_{\text{m}}) \frac{\tau' \tau''}{\tau'_0 \tau''_0}$$

$$l' = \lim_{\substack{s \to \infty \\ \tau'' - \tau''_0 = 0}} = (l_{\text{sl}} + l_{\text{m}}) \frac{\tau'}{\tau'_0}$$

$$l_{\text{s}} = \lim_{\substack{s \to 0 \\ (t \to \infty)}} (l(1)) = l_{\text{sl}} + l_{\text{m}} \tag{4.36}$$

4.7 三相突然短路/实验 4.1

大型感应电机的端子处可能会意外发生三相突然短路，导致局部电网出现重大故障。

对于同步电机，可能在发生突然短路后（间隔小于 1ms）立即从电网切除，此时可获取定子电流，借助曲线拟合来识别电机参数。保持标幺值变量，因为这种情况对于电力系统分析来说是首要关注的内容。

为简化数学运算，假设发生突然发生短路时电机运行在理想空载状态（$\omega_r = \omega_{r0} = \omega_1$）。因此初始电流 i_{s0} 为

$$\bar{i}_{s0} = \frac{\bar{v}_{s0}}{r_s + j\omega_1 l_s} \tag{4.37}$$

考虑电机的相电压为

$$V_{ABC} = \sqrt{2}v\cos\left(\omega_1 t + \Psi_0 - (i-1)\frac{2\pi}{3}\right); i = 1,2,3 \tag{4.38}$$

$$\bar{v}_{s0} = \frac{2}{3}\frac{1}{\sqrt{2}V}(V_A + V_B e^{j\frac{2\pi}{3}} + V_C e^{-j\frac{2\pi}{3}})e^{-j\omega_1 t} = v_{s0}e^{j\Psi_0} \tag{4.39}$$

电机短路时 $\bar{v}_s = -\bar{v}_{s0}$。电机电压[方程（4.34）和方程（4.35）]为

$$\bar{i}'_s(s) = \frac{\bar{v}_s(s)}{r_s + \left(\dfrac{s}{\omega_{10}} + j\omega_1\right)l(s)} \tag{4.40}$$

和

$$\bar{v}_s(s) = -\frac{v_{s0}e^{j\Psi_0}}{\left(\dfrac{s}{\omega_{10}}\right)} \tag{4.41}$$

由方程（4.40）和方程（4.41）得

$$\bar{i}'_s(s) = \frac{-v_{s0}e^{j\Psi_0}}{\dfrac{s}{\omega_{10}}\left(\dfrac{r_s}{l(s)} + \dfrac{s}{\omega_{10}} + j\omega_1\right)l(s)} \tag{4.42}$$

根据近似关系

$$\tau_a = \frac{l(s)}{\omega_{10}r_s} \approx \frac{l''}{\omega_{10}r_s} \tag{4.43}$$

得出

$$i'_s(s) \approx -v_{s0}e^{j\Psi_0}\left[\frac{\omega_{10}}{\left(\dfrac{s}{\omega_{10}} + \dfrac{1}{\tau_a\omega_{10}} + j\omega_1\right)\left(s + \dfrac{1}{\tau'}\right)}\left(\frac{1}{l'} - \frac{1}{l_s}\right)\right.$$

$$+ \frac{1}{\dfrac{s}{\omega_{10}}\left(\dfrac{s}{\omega_1} + \dfrac{1}{\tau_a\omega_{10}} + j\omega_1\right)}\frac{1}{l_s}$$

$$\left.+ \frac{\omega_{10}}{\left(\dfrac{s}{\omega_{10}} + \dfrac{1}{\tau_a\omega_{10}} + j\omega_1\right)\left(s + \dfrac{1}{\tau''}\right)}\left(\frac{1}{l''} - \frac{1}{l'_s}\right)\right] \tag{4.44}$$

最后，合成的电流空间矢量 $\bar{i}_s(t)$ 为

$$\bar{i}_s(t) = \bar{i}_{s0} + \bar{i}'_s(t)$$
$$= -\frac{v_{s0}\mathrm{e}^{\mathrm{j}\varphi_0}}{\omega_1}\Big[\left(\mathrm{e}^{-\left(\frac{1}{\tau_a\omega_{10}}+\mathrm{j}\omega_1\right)t\omega_{10}} - \mathrm{e}^{-\frac{t}{\tau'}}\right)\left(\frac{1}{l'} - \frac{1}{l_s}\right)$$
$$+ \left(\mathrm{e}^{-\left(\frac{1}{\tau_a\omega_{10}}+\mathrm{j}\omega_1\right)t\omega_{10}} - \mathrm{e}^{-\frac{t}{\tau''}}\right)\left(\frac{1}{l''} - \frac{1}{l'}\right)$$
$$+ \left(\mathrm{e}^{-\left(\frac{1}{\tau_a\omega_{10}}+\mathrm{j}\omega_1\right)t\omega_{10}} - 1\right)\frac{1}{l_s}\Big] \quad (4.45)$$

A 相电流 $i_A(t)$ 变成
$$i_A(t) = \mathrm{Re}[\bar{i}_s(t)\mathrm{e}^{\mathrm{j}\omega_1\omega_{10}t}]$$
$$= \frac{v_{s0}}{\omega_1 l''}\mathrm{e}^{-\frac{t}{\tau_a}}\sin\varphi_0 - \Big[\left(\frac{1}{\omega_1 l'} - \frac{1}{\omega_1 l_s}\right)\mathrm{e}^{-\frac{t}{\tau'}} + \left(\frac{1}{\omega_1 l''} - \frac{1}{\omega_1 l'}\right)\mathrm{e}^{-\frac{t}{\tau''}}\Big]v_{s0}\sin(\omega_1\omega_{10}t + \varphi_0)$$
$$(4.46)$$

以下是几点说明：
- ω_{10} 是以弧度每秒为单位的额定值，而 ω_1 是相对于 ω_{10} 的角频率标幺值。
- 短路电流呈现出一个幅值较大但快速衰减的非周期分量，以及一个正弦分量，该正弦分量的幅值会随着两个时间常数 τ' 和 τ'' 而衰减。
- 当 $\varphi_0 = \pi/2$ 时，$i_A(t)$ 出现最大峰值。
- 通过曲线拟合，在已知 $i_A(t)$ 的情况下，可识别出 τ_a、τ'、τ''、l''、l' 和 l_s。与同步电机的相似性显而易见，但正如预期的那样，对于感应电机而言，气稳态短路电流为零。

例 4.3 突然短路

异步电机发生三相突然短路，具有以下数据：$v_{s0} = 1\mathrm{pu}$，$l'' = 0.2\mathrm{pu}$，$l' = 0.35\mathrm{pu}$，$l_s = 4\mathrm{pu}$，$\tau_a = 0.05\mathrm{s}$，$\tau' = 0.1\mathrm{s}$，$\tau'' = 0.05\mathrm{s}$，$\varphi_0 = \pi/6$，$\omega_1 = 1\mathrm{pu}$，$\omega_{10} = 2\pi \times 50\mathrm{rad/s}$。计算并以标幺值用图形表示 $\bar{i}_s$（可分解为 I_d 和 I_q）以及 $i_A(t)$，同时推导短路期间转矩的表达式。

解：直接由方程 (4.46) 得到
$$i_A(t) = \frac{1 \times \mathrm{e}^{-t/0.05}}{1 \times 0.2}\cos\frac{\pi}{6} - \Big[\left(\frac{1}{1 \times 0.35} - \frac{1}{1 \times 4.0}\right)\mathrm{e}^{-t/0.1}$$
$$+ \left(\frac{1}{1 \times 0.2} - \frac{1}{1 \times 0.35}\right)\mathrm{e}^{-t/0.05}\Big] \cdot 1 \times \sin\left(2\pi \times 50t + \frac{\pi}{6}\right)$$
$$(4.47)$$

在同步坐标下空间相量 $\bar{i}_s$ [方程 (4.45)] 为
$$\bar{i}_s = i_d + \mathrm{j}i_q$$
它以 I_d 和 I_q 形式的表示如图 4.7a 所示，$i_A(t)$ 的表示如图 4.7b 所示。

计算磁通空间相量 $\Psi_s(s)$，使用方程 (4.34)

$$\overline{\Psi}_s(s) = l_s \overline{i}_{s0} + \frac{(-v_{s0})e^{j\psi_0}}{\dfrac{s}{\omega_{10}}\left(\dfrac{s}{\omega_{10}} + \dfrac{1}{\tau_a \omega_{10}} + j\omega_1\right)} \qquad (4.48)$$

因此

$$\overline{\Psi}_s(t) \approx l_s \overline{i}_{s0} - \frac{v_{s0}e^{j\Psi_0}}{\dfrac{1}{\tau_a \omega_{10}} + j\omega_1}\left(-e^{-\left(\frac{1}{\tau_a \omega_{10}} + j\omega_1\right)t\omega_{10}} + 1\right) \qquad (4.49)$$

磁通暂态过程仅用一个（较小的）时间常数 τ_a 来描述。

短路期间的转矩 t_e 为

$$t_e(t) = \text{Re}[j\overline{\Psi}_s(t)\overline{i}_s^*(t)] \qquad (4.50)$$

其中 $i_s(t)$ 可由方程（4.45）得出。结果表明，峰值转矩能够达到 5~6 倍额定转矩。最后，正如所预期的那样，在暂态过程结束后，磁链和转矩都会变为零。

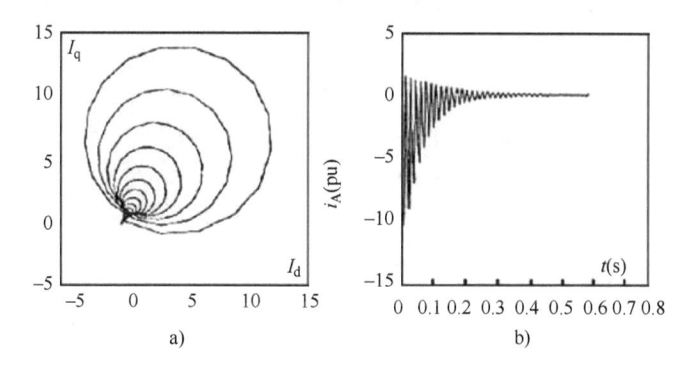

图 4.7 突然短路电流
a) I_d 和 I_q b) 用标幺值表示的 $i_A(t)$

4.7.1 零速时的暂态电流

一台带大惯性负载的异步电机在接入电网后的最初 2~4 个电压周期内，可被视为处于静止状态。在这种情况下，$\omega_{r0} = \omega_b = 0$，并且 $\overline{i}_{s0} = 0$（$t = 0$ 时）。根据方程（4.34）和方程（4.41），当 $\omega_r = 0$ 时有

$$i_s(s) = \frac{\overline{v}_s(s)}{r_s + \dfrac{s}{\omega_{10}}l(s)}; \Psi_s(s) = l(s)i_s(s); t_e(t) = \text{Re}(j\psi_s i_s^*) \qquad (4.51)$$

和

$$\overline{v}_s(t) = v_{s0}e^{j(\Psi_0 + \omega_{10}t)} \qquad (4.52)$$

在此过程中，电流峰值可能会超过 10（标幺值）。对于如此高的电流值，漏磁通会饱和，因而峰值电流会进一步增大。因此，在工业领域，要么需要考虑漏

磁通路径的磁饱和情况（通过减小 l_{sl}、l'_{rl1}、l_{rl2}），要么需要进行全电压实验来正确计算（测量）起动峰值电流和转矩，这在对安全性要求极高的起动应用场合（比如核电站中的热交换器泵电机）中是非常重要的。

4.8 小偏差机电暂态过程

在异步电机中，负载转矩、电源频率以及电压幅值常常会出现微小变化。此外，在进行控制设计时，需要对异步电机模型进行线性化处理。

为了进行线性化，考虑单笼型异步电机的 dq 模型 [方程 (4.9) ~ 方程 (4.11)]

$$i_d = i_{d0} + \Delta i_d ; i_q = i_{q0} + \Delta i_q \tag{4.53}$$

可得

$$|A|s|\Delta X| + B|\Delta X| = |C||\Delta V| + |D|\Delta T_{load} + |E|\Delta \omega_1 \tag{4.54}$$

和

$$|\Delta X| = |\Delta i_d \quad \Delta i_q \quad \Delta i'_{dr} \quad \Delta i'_{qr} \quad \Delta \omega_r|^T$$

$$|\Delta V| = |\Delta V_d \quad \Delta V_q \quad 0 \quad 0 \quad 0|^T$$

$$C = [1 \quad 1 \quad 0 \quad 0 \quad 0]$$

$$D = [0 \quad 0 \quad 0 \quad 0 \quad -1]^T$$

$$E = \begin{bmatrix} L_s I_{q0} + L_m I_{qr0} & -(L_s I_{d0} + L_m I_{dr0}) & L_m I_{q0} + L'_r I_{qr0} \\ -(L_m I_{dr0} + L'_r I_{dr0}) & 0 \end{bmatrix}^T \tag{4.55}$$

$$|A| = \begin{vmatrix} L_s & 0 & L_m & 0 & 0 \\ 0 & L_s & 0 & L_m & 0 \\ L_m & 0 & L'_r & 0 & 0 \\ 0 & L_m & 0 & L'_r & 0 \\ 0 & 0 & 0 & 0 & -\dfrac{J}{p_1} \end{vmatrix} \tag{4.56}$$

$$|B| = \begin{vmatrix} R_s & -\omega_{10}L_s & 0 & -\omega_{10}L_m & 0 \\ \omega_{10}L_s & R_s & \omega_{10}L_m & 0 & 0 \\ 0 & -\omega_{20}L_m & R'_r & -\omega_{20}L'_r & -(L_m i_{q0} + L'_r i'_{qr0}) \\ \omega_{20}L_m & 0 & \omega_{20}L'_r & R'_r & -(L_m i_{d0} + L'_r i'_{dr0}) \\ -\dfrac{3}{2}p_1 L_m i'_{qr0} & \dfrac{3}{2}p_1 L_m i'_{dr0} & \dfrac{3}{2}p_1 L_m i_{d0} & -\dfrac{3}{2}p_1 L_m i_{q0} & 0 \end{vmatrix}$$

$$\tag{4.57}$$

式中，ω_{10} 是定子（同步坐标系）的初始频率；ω_{20} 是转子的初始转差频率；ω_{r0} 是初始转速。$L_s = L_{sl} + L_m$，$L'_r = L'_{rl} + L_m$。

对于初始的稳态情况，dq 模型方程得出

$$\begin{vmatrix} V_{d0} \\ V_{q0} \\ 0 \\ 0 \end{vmatrix} = \begin{vmatrix} R_s & -\omega_{10}L_s & 0 & -\omega_{10}L_m \\ \omega_{10}L_s & R_s & \omega_{10}L_m & 0 \\ 0 & -\omega_{20}L_m & R'_r & -\omega_{20}L'_r \\ \omega_{20}L_m & 0 & \omega_{20}L'_r & R'_r \end{vmatrix} \quad (4.58)$$

方程（4.55）涉及一个五阶系统，该系统以 ΔV_d、ΔV_q、$\Delta \omega_1$ 和 ΔT_{load} 作为输入量，以 Δi_d、Δi_q、$\Delta i'_{dr}$、$\Delta i'_{qr}$ 和 $\Delta \omega_r$ 作为变量。这可以用线性系统常用的方法来处理。

如果能设法从方程（4.55）中消去电流变量，最终会得到一个具有如下形式的小扰动转速传递函数

$$\frac{J}{p_1}s\Delta\omega_r = -G_r(s)\Delta\omega_r + G_d(s)\Delta V_d + G_q(s)\Delta V_q - \Delta T_{load} + G_w(s)\Delta\omega_1 \quad (4.59)$$

如图 4.8 所示的框图阐释了方程（4.59）。要将该框图应用于实际电机，必须添加

$$V_d + jV_q = \frac{2}{3}(V_A + V_B e^{j\frac{2\pi}{3}} + V_C e^{-j\frac{2\pi}{3}})e^{-j\theta_b}$$

$$\frac{d\theta_b}{dt} = \omega_1 = \omega_{10} + \Delta\omega_1 \quad (4.60)$$

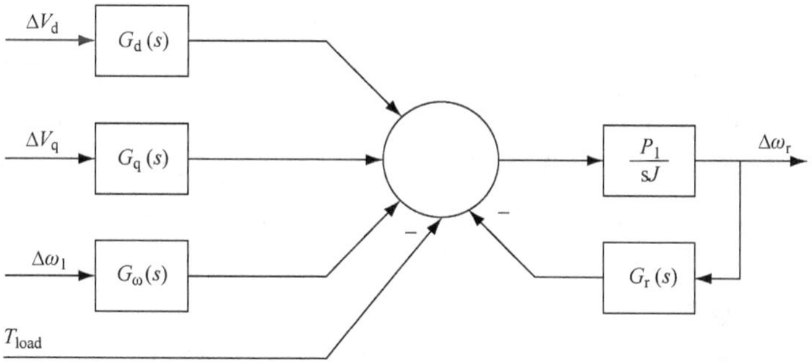

图 4.8 感应电机小偏差转速传递函数

应当注意的是，即便经过线性化处理，该五（六）阶系统也不能得出暂态过程的简单解析解。不过，利用线性系统理论（如特征值理论等）相关知识，使得稳定性分析变得更容易了。

4.9 大偏差机电暂态过程/实验 4.2

大幅度的电压跌落、直接并网起动、大的负载转矩扰动、意外断电及重新接入电网，以及在独立发电模式下的甩负荷情况，都代表着大偏差暂态过程；对于

这些情况，应当使用完整的 dq 模型。

在对 dq 模型方程进行数值求解时，最好使用磁链变量。在定子坐标系中，我们有

$$\frac{d\Psi_d}{dt} = -V_d - R_s i_d; i_d = C_{11}\Psi_d - C_{12}\Psi'_{dr}; C_{11} = \frac{L'_r}{\sigma L_m^2}$$

$$\frac{d\Psi_q}{dt} = V_q - R_s i_q; i_q = C_{11}\Psi_q - C_{12}\Psi'_{qr}; C_{12} = \frac{1}{\sigma L_m}$$

$$\frac{d\Psi'_{dr}}{dt} = -R_r i'_{dr} - \omega_r \Psi'_{qr}; i'_{dr} = -C_{12}\Psi_d + C_{22}\Psi'_{dr}; C_{22} = \frac{L_s}{\sigma L_m^2}$$

$$\frac{d\Psi'_{qr}}{dt} = -R_r i'_{qr} + \omega_r \Psi'_{dr}; i'_{qr} = -C_{12}\Psi_q + C_{22}\Psi'_{qr}; \sigma = \frac{L_s L_r}{L_m^2} - 1 > 0$$

$$\frac{d\omega_r}{dt} = \frac{p_1}{J}[T_e - T_{load}]; T_e = \frac{3}{2}p_1(\Psi_d i_q - \Psi_q i_d) \tag{4.61}$$

只要定子相电压是以时间的函数形式给出，在定子坐标系中有

$$V_{A,B,C}^{(t)} = \sqrt{2}V_1 \cos\left[\omega_1 t + \varphi_0 - (i-1)\frac{2\pi}{3}\right]$$

$$V_d + jV_q = \frac{2}{3}(V_A + V_B e^{j\frac{2\pi}{3}} + V_C e^{-j\frac{2\pi}{3}})$$

$$= \sqrt{2}V_1 \cos(\omega_1 t + \varphi_0) - jV_1\sqrt{2}\sin(\omega_1 t + \varphi_0) \tag{4.62}$$

现在，只要电压是对称（平衡）的，频率 ω_1 就可能会同电压幅值 V_1 一起发生变化。额外的转子笼意味着在方程（4.62）中会多出两个方程，以此来考虑转子笼中的趋肤效应。诸如龙格-库塔-吉尔（Runge-Kutta-Gill）之类的数值方法，如今在 MATLAB/Simulink 中是以工具箱的形式提供的，可用于求解方程（4.61）。

例 4.4 开始瞬变

一台感应电机的参数如下：$R_s = 0.063\Omega$，$R'_r = 0.083\Omega$，$p_1 = 2$，$L_m = 29\text{mH}$，$L_s = L'_r = 30.4\text{mH}$，$T_{load} = 6\text{Nm}$（低转矩负载），$\frac{J}{p_1} = 0.06\text{kgm}^2$，$V_1 = 180/\sqrt{2}\text{V}$（有效值），$f_1 = 60\text{Hz}$。求在直接连接电源起动期间，转速以及转矩相对于转速的变化情况。

解：

上述令 $\varphi_0 = 0$ 的模型通过数值方法求解 T_e、ω_r、Ψ_d 以及 Ψ_q，随后求解 i_d 和 i_q。最后，求出（定子坐标系下的）相电流

$$i_A(t) = i_d(t) \tag{4.63}$$

结果如图 4.9a 和图 4.9b 所示。注意，在这种情况下，所有变量的初值都是零。

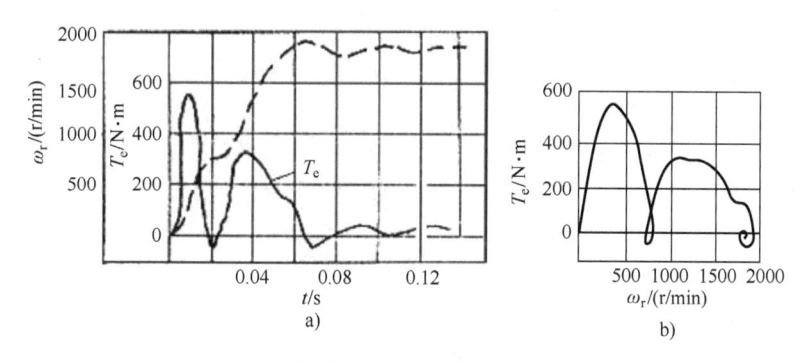

图4.9 a）感应电机起动时的转速和转矩　b）暂态转矩与转速关系

由于转动惯量减小且负载较小，转矩和转速的暂态变化较为显著。暂态转矩与转速曲线（见图4.9b）与异步电机平稳的、仅有单个最大点的稳态转矩和转速曲线之间存在差异，这表明机械和转矩方面存在快速瞬变情况。在此类情形下，转速振荡也是较为典型的现象。

4.10 多机瞬变过程的降阶 dq 模型

当对多台感应电机进行暂态仿真时，五阶 dq 模型的计算可能会非常耗时。对于同步坐标系（$\omega_b = \omega_1$）而言，这时很容易忽略定子暂态过程

$$\frac{d\Psi_d}{dt} = \frac{d\Psi_q}{dt} = 0$$

$$V_d = R_s i_d - \omega_1 \Psi_q ; V_q = R_s i_q + \omega_1 \Psi_d$$

$$\frac{d\Psi'_{dr}}{dt} = -R_r i'_{dr} + (\omega_1 - \omega_r) \Psi'_{qr} ; \frac{d\Psi'_{qr}}{dt} = -R_r i'_{qr} - (\omega_1 - \omega_r) \Psi'_{dr}$$

$$\frac{d\omega_r}{dt} = \frac{p_1}{J}\left[\frac{3}{2} p_1 (\Psi_d i_q - \Psi_q i_d) - T_{load}\right] \tag{4.64}$$

已经得到了一个三阶系统。然而，由于磁链和电流幅值变化所引起的快速暂态过程被忽略了，甚至在转矩方面也是如此。不过，速度响应往往是有利用价值的。其他适用于小型或大型感应电机的简化（改进的一阶）模型也已被提出[1-2]，但必须谨慎使用它们。工业用电负载中有很大一部分是由感应电机来代表的，其功率从每台几千瓦到单机 20~30MW 不等。一般来说，一台本地（工业用）变压器会通过相关的电力开关为一组这样的感应电机供电；随机的负载扰动以及电机的开启和关闭可能会与母线切换同时发生。在从一个电网断电到应急电网接通的这段时间间隔内，由公共电抗馈线供电且带有并联电容组（用于

功率因数补偿）的这组感应电机会呈现出残余电压，该残余电压会缓慢衰减直至重新接通电网。感应电机不断衰减的转子电流会根据电机的转速（惯性）及其参数产生定子电动势，以至于有些电机可能充当电动机，而有些则充当发电机，直至它们储存的磁能耗尽。

要处理如此复杂的现象，完整的五阶 dq 模型显然是不二之选。不过，忽略定子暂态过程会极大地简化问题。在断电期间（见图 4.10）

$$\sum_{j=1}^{n} \overline{i_{sj}} + \overline{i_c} = 0; \frac{\mathrm{d}\overline{V_s}}{\mathrm{d}t} = \frac{\overline{i_c}}{C} \qquad (4.65)$$

式中，i_c 是电容电流。

采用唯一的同步参考系作为整个电机组的定子频率。三阶模型［方程 (4.64)］可用于计算感应电机断电期间的定子残余电压。已经表明，三阶模型能够很好地预测定子残余电压，但实验显示，在断电后该电压会突然跃升。对这一异常现象的一种可能解释是，磁饱和的影响会使一些惯性较大的感应电机在一段时间内保持自励；在此之后，那些充当电动机的电机可能会发生去磁。在 dq 模型中必须考虑磁饱和因素。

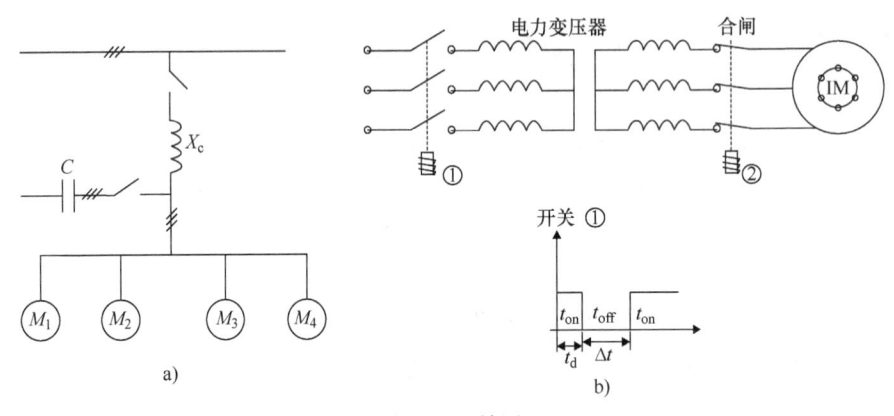

图 4.10 并网
a) 带有公共馈线的一组感应电机　b) 为一台感应电机供电的变压器

4.10.1　其他严重暂态过程

还有许多其他严重的机电暂态过程，它们会导致极大的峰值电流和转矩，这些暂态过程与感应电机的起动、关停以及带速重投相关。在为一台感应电机供电的变压器一次侧电源开关进行关停和起动的情况下（见图 4.10b），似乎偶尔会产生非常大的暂态过程（对于 6kW 的感应电机，转矩峰值标幺值可达 25，而对于 400kW 的感应电机，转矩峰值标幺值仅为 12[3]）。在特定的关停间隔（30 ~ 40ms）内，峰值转矩标幺值可能会达到 35。这就解释了在出现此类情况后，感应电机为何会出现过早老化以及机械故障的问题。只有完整的五阶 dq 模型才能预测此处提到的这类暂态过程；同样，主磁通和漏磁通路径的磁饱和情况也必须加以考虑。

大型感应电机的弹性联轴器可能会产生严重的扭转转矩暂态过程[4]（见第7章），而串联电容器在感应电机直接启动时，为避免电压暂降，可能会引发共振[4]。此类暂态过程同样可以使用感应电机的 dq（空间相量）模型来处理。

4.11 带有笼型故障的感应电机的 m/N_r 实际绕组建模

所谓 m/N_r 绕组模型是指具有 m 个定子绕组和 N_r 个实际（转子槽数）绕组的感应电机[5]。每个转子导条和端环部分都按此方式建模。定子绕组故障，如局部短路或线圈开路，会导致专门的自感和互感表达式，这些表达式是使用绕组函数法定义的[6-7]。

对于对称定子，自感或互感（定子与导条回路电路之间的）具有更简单的表达式[4]。转子中有 N_r 个回路（导条），再加上一个关于端环电流的方程。因此，该模型有 $m + N_r + 1 + 1$ 个方程；最后一个是运动方程。然而，要确定定子与转子回路之间互感的实用表达式并非易事，而且对它们进行测量也不现实（或者说真的不现实吗？）。可以采用磁场分布方法来解决这一问题。

对于对称定子，相量方程为

$$V_{A,B,C} = i_{A,B,C} R_s + \frac{d\Psi_{A,B,C}}{dt} \quad (4.66)$$

转子笼结构及未知量如图 4.11 所示。

对于第 k_r 个转子回路（在转子坐标中）

$$0 = 2\left(R_b + \frac{R_e}{N_r}\right) i_{kr} + \frac{d\Psi_{kr}}{dt} - R_b(i_{k-1,r} + i_{k+1,r}) \quad (4.67)$$

对于一段端环（R_e 和 L_e 是整个端环的参数）

$$0 = R_e i_e + L_e \frac{di_e}{dt} - \sum_1^{N_r} \left(\frac{R_e}{N_r} i_{kr} + \frac{L_e}{N_r} \frac{di_{kr}}{dt}\right) \quad (4.68)$$

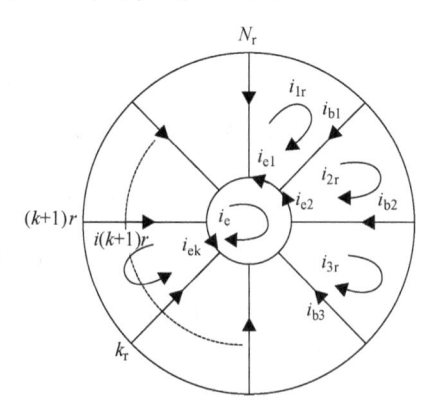

图 4.11 带有转子环流的转子笼

对于正常的鼠笼结构，端环总电流 $i_e = 0$。导条/端环电流之间的关系为

$$i_{bk} = i_{k,r} - i_{k+1,r}; i_{ck} = i_{k,r} - i_e \quad (4.69)$$

这就解释了为什么只剩下 $N_r + 1$ 个独立变量。定子自感和相间互感为

$$L_{AA} = L_{BB} = L_{CC} = L_{sl} + L_{0s}; L_{AB} = L_{BC} = L_{CA} = -\frac{L_{0s}}{2}$$

和（《电机的稳态模型、测试及设计》第 5 章）

$$L_{0s} = \frac{4\mu_0 (w_s k_{ws})^2 \tau l_i}{\pi^2 k_{cg} (1 + k_s) p_1} \tag{4.70}$$

式中，k_s 是饱和系数；L_{sl} 是定子漏电感；τ 是极距；g 是气隙；p_1 是极对数；k_{cg} 是卡特系数；w_s 是每相匝数；k_{ws} 是绕组系数；l_i 是叠压长度。

转子回路（基于其面积）的自感 L_{k_r,k_r} 为

$$L_{k_r,k_r} = \frac{2\mu_0 (N_r - 1) p_1 \tau l_i}{N_r^2 k_{cg} (1 + k_s)} \tag{4.71}$$

两个转子回路之间的平均互感为

$$L_{k,k_r+1} = -\frac{2\mu_0 p_1 \tau L}{N_r^2 k_{cg} (1 + k_s)} \tag{4.72}$$

定子与转子回路间的互感为

$$L_{A_{k_r}}(\theta_{er}) = L_{sr} \cos[\theta_{er} + (k_r - 1)\alpha]$$

$$L_{B_{k_r}}(\theta_{er}) = L_{sr} \cos\left[\theta_{er} + (k_r - 1)\alpha - \frac{2\pi}{3}\right]$$

$$L_{C_{k_r}}(\theta_{er}) = L_{sr} \cos\left[\theta_{er} + (k_r - 1)\alpha + \frac{2\pi}{3}\right]$$

$$\alpha = p_1 \frac{2\pi}{N_r}; \theta_{er} = p_1 \theta_r; L_{sr} = -\frac{-(\omega_s k_{ws}) \mu_0 2 p_1 \tau l_i}{4 p_1 k_{cg} (1 + k_s)} \sin\frac{\alpha}{2} \tag{4.73}$$

以矩阵形式将方程（4.67）～方程（4.73）相加，得到

$$[V] = [R_s][i] + |L'(\theta_{er})| \frac{d}{dt}[i] + \left|\frac{\partial L'(\theta_{er})}{\partial \theta_{er}}\right| [i] \frac{d\theta_{er}}{dt} \tag{4.74}$$

$$[V] = [V_A \quad V_B \quad V_C \quad 0 \quad 0 \quad \cdots \quad 0]^T$$

$$[I] = [i_A \quad i_B \quad i_C \quad i_{1r} \quad i_{2r} \quad \cdots \quad i_{N_r} \quad i_e]$$

$[L'(\theta_{er})]$ 是一个 $(m + N_r + 1) \times (m + N_r + 1)$ 的矩阵，$[R]$ 同样也是这样一个矩阵，不过 $[R]$ 稀疏的多。利用方程（4.67）～方程（4.74）可以很容易地将它们的元素相加起来。运动方程可以与转矩一起添加进来。

$$T_e = p_1 L_{sr} \Bigg[\left(i_A - \frac{1}{2}i_B - \frac{1}{2}i_C\right) \sum_1^{N_r} i_{k_r} \sin(\theta_{er} + (k_r - 1)\alpha) +$$

$$\frac{\sqrt{3}}{2}(i_B - i_C) \sum_1^{N_r} i_{k_r} \cos(\theta_{er} + (k_r - 1)\alpha) \Bigg] \tag{4.75}$$

我们最终得到了一个带有许多与转子位置相关电感的扩展相变量模型。对于转子导条或端环部分出现故障的情况，可通过将它们各自的电阻增大 $10^3 \sim 10^4$

倍进行处理。一台感应电机具有以下参数，$R_s = 10\Omega$，$R_b = R_e = 155\mu\Omega$，$L_{sl} = 35\text{mH}$，$L_{0s} = 378\text{mH}$，每相匝数 $w_s = 340$，$k_{ws} = 1$，转子槽数 $N_r = 30$，极对数 $p_1 = 2$，$L_e = L_b = 0.1\mu\text{H}$，$L_{sr} = 0.873\text{mH}$，极距 $\tau = 62.8\text{mm}$，叠压长度 $L_i = 66\text{mm}$，气隙 $g = 0.37\text{mm}$，$J = 5.4 \times 10^{-3}\text{kg} \cdot \text{m}^2$，$f = 50\text{Hz}$，$V_{\text{line}} = 380\text{V}$（星形连接），$P_n = 736\text{W}$，$I_{0n} = 21\text{A}$，已经对断条情况进行了模拟[8]。

图 4.12 展示了在负载 $T_L = 3.5\text{N} \cdot \text{m}$ 情况下，2 号转子导条断裂（$R_{b2} = 200R_b$）时电机的转速、转矩以及相应导条电流的数值结果[7]。2 号转子导条在 $t_0 = 2\text{s}$ 时发生断裂。

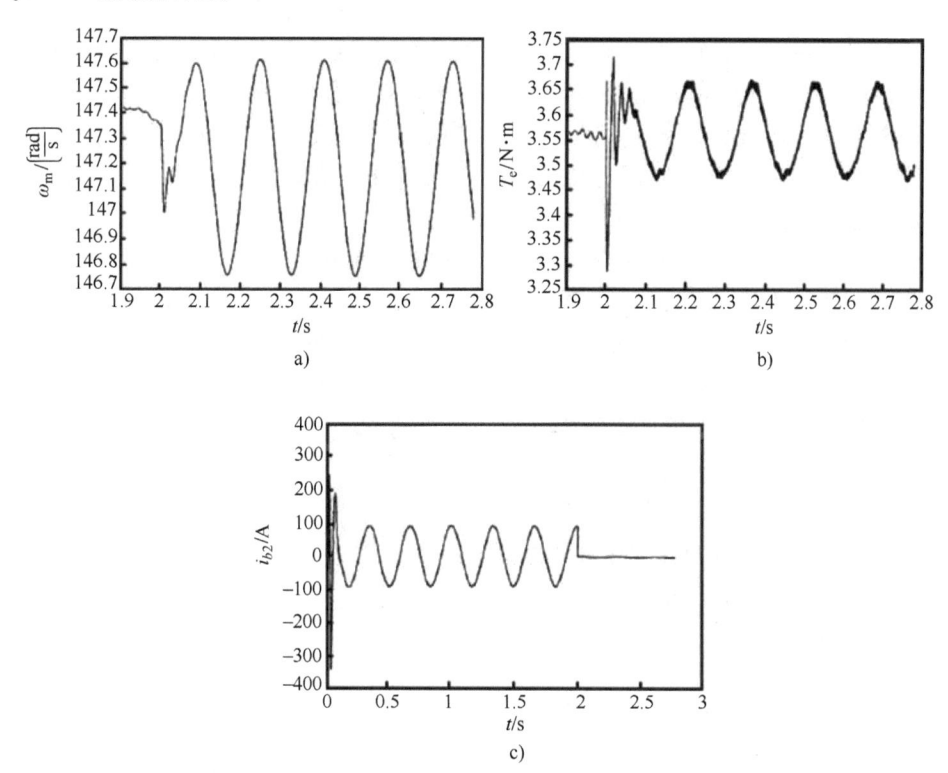

图 4.12　在 3.5N·m 负载转矩下 2 号导条断裂
a）转速　b）转矩　c）断裂导条电流

转速会出现轻微脉动，转矩则会出现更明显的波动。更多转子导条或端环部分出现故障时，会产生显著的转速和转矩脉动。它们还会在定子电流中产生频率为 $2Sf_1$ 的脉动。所有这些信息都可以被处理，用以诊断转子导条或端环部分是否出现故障。

在上述模型中，转子导条与槽壁之间的电阻被视为无穷大，所以不存在导条间电流。但实际情况并非如此。转子导条间电流往往会减弱断条带来的影响[9]。

正如所预期的那样，三维场路结合方法也可用于模拟如前文所述的复杂暂态过程[10]，事实确实如此，不过这类方法会耗费更多的 CPU 时间[11]。

4.12 受控磁通与可变频率下的暂态过程

由于其坚固耐用的特性，笼型转子感应电机非常适用于变速驱动，或用作变速运行的发电机。感应电机的转速 ω_r 为

$$\omega_r = \omega_1(1-S) = \omega_1 - \omega_2; S = \frac{转子笼损耗}{电磁功率} \tag{4.76}$$

显然，在以可变转速 ω_r 运行期间，对于笼型转子感应电机而言，转差率 S 越小，转子笼的损耗就越低。因此，转差频率（转子电流频率）$\omega_2 = S\omega_1$ 越小越好；在电动机运行状态下 $\omega_2 > 0$，而在发电机运行状态下 $\omega_2 < 0$。此外，（电动机的）转矩和（发电机的）有功功率需要能快速响应。在这种情况下，磁通恒定是有益的，因为这也能控制住磁饱和程度。

因此，在恒定磁通（Ψ_s、Ψ_m 或 Ψ_r'）下进行频率（转速）控制就变得至关重要了。两种主要的转速（功率）控制策略已占据主导地位：转子磁通定向（矢量）控制和定子磁通定向（矢量）控制。接下来研究用于矢量控制的感应电机暂态过程。同步坐标系下的空间相量模型最适用于该方案范畴。以定子电流 $\bar{i}_s$ 和转子磁通 $\overline{\Psi}_r'$ 作为变量来重新推导感应电机的方程。

4.12.1 感应电机空间相量模型的复特征值

一般坐标系下（见图 4.13），以定子电流 $\bar{i}_s$ 和转子磁通 $\overline{\Psi}_r'$ 作为复状态变量时，感应电机空间相量形式的电压方程式[方程（4.13）和方程（4.14）]可写成如下形式

$$[R_s + (s + j\omega_b)L_{sc}]\overline{i_{sc}} + (s + j\omega_b)\frac{L_m}{L_r'}\overline{\Psi_r'} = \overline{V}_s;$$

$$S = 1 - \frac{\omega_r}{\omega_b}; -\frac{R_r'}{L_r'}\bar{i}_s + \left[s + \frac{R_r'}{L_r'} + j(\omega_b - \omega_r)\right]\frac{\overline{\Psi_r'}}{L_m} = \frac{\overline{V_r'}}{L_m} \tag{4.77}$$

对于给定的转差率 S，研究方程（4.77）意味着要处理电磁（恒速）暂态过程。从方程（4.77）中我们可以看出，空间相量形式仅意味着一个具有两个复特征值的二阶特征方程

$$(R_s + (s + j\omega_b)L_{sc})\left(s + \frac{R_r'}{L_r'} + j(\omega_b - \omega_r)\right)\frac{1}{L_m} + \frac{R_r'}{L_r'}(s + j\omega_b)\frac{L_m}{L_r'} = 0 \tag{4.78}$$

作为方程（4.78）的解，复特征值 $s_{1,2}$ 取决于转差率 S、频率 ω_1 以及电机参数。因此，当电压 $\overline{V}_s$ 和 $\overline{V_r'}$ 在幅值或相位上发生变化时，对于恒定转差率 S 以及

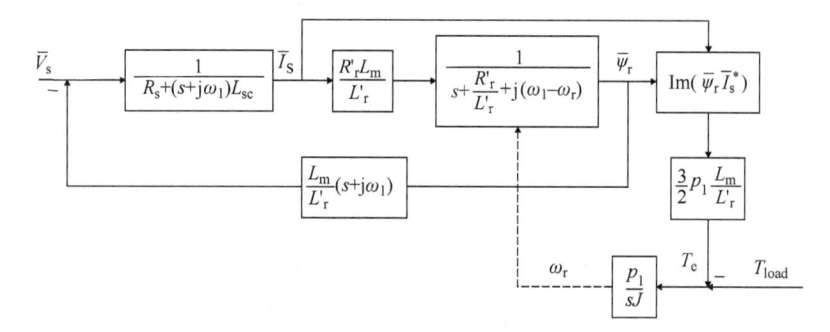

图 4.13 以同步坐标系下的 $\bar{i}_s$ 和 $\bar{\Psi}'_r$ 作为复变量的感应电机结构图

ω_1 暂态过程，存在直接的解析解。定子电流 $\bar{i}_s$ 和转子磁通 $\bar{\Psi}'_r$ 具有如下形式

$$\bar{i}_s = \underline{A} + \underline{B}e^{\underline{s}_1 t} + \underline{C}e^{\underline{s}_2 t} \tag{4.79}$$

其中 $s_{1,2}$ 来自

$$s^2 L_{sc} + s\left[R_s + R'_r\left(\frac{L_m}{L'_r}\right)^2 + L_{sc}\left(\frac{R'_r}{L'_r} + j(\omega_b - \omega_r) + j\omega_b\right)\right]$$

$$+ R_s\left[\frac{R'_r}{L'_r} + j(\omega_b - \omega_r)\right] + j\omega_b L_{sc}\left[\frac{R'_r}{L'_r} + j(\omega_b - \omega_r)\right] + R'_r \frac{L_m}{L'^2_r} j\omega_b = 0 \tag{4.80}$$

需要进行简单的数值计算来求解式（4.80）。

4.13 笼型转子恒定定子磁通暂态及矢量控制基础

恒定的转子磁通意味着在同步坐标系下，$s\bar{\Psi}'_r = 0$ ［见方程（4.78）］

$$[R_s + (s + j\omega_1)L_{sc}]\bar{i}_s + j\omega_1 \frac{L_m}{L'_r}\overline{\Psi'_r} = \overline{V}_s$$

$$-\frac{R'_r}{L'_r}\bar{i}_s + \left[\frac{R'_r}{L'_r} + j(\omega_1 - \omega_r)\right]\frac{\overline{\Psi'_r}}{L_m} = 0 \tag{4.81}$$

很明显，只剩下一个复特征值。五阶系统被进一步降阶。

$$[R_s + (s + j\omega_1)L_{sc}]\left[\frac{R'_r}{L'_r} + j(\omega_1 - \omega_r)\right]\frac{1}{L_m} + j\frac{R'_r}{L'_r}\omega_1 \frac{L_m}{L'_r} = 0 \tag{4.82}$$

从而 s 为

$$\underline{s} = -\left\{\frac{\omega_1 \frac{L_m^2}{L'_r}(\omega_1 - \omega_r)\frac{L'_r}{R'_r}}{L_{sc}\left[1 + (\omega_1 - \omega_r)^2 \frac{L'^2_r}{R'^2_r}\right]} + \frac{R_s}{L_{sc}}\right\}$$

$$-\mathrm{j}\omega_1\left[\frac{L_\mathrm{m}^2}{L_\mathrm{r}'L_\mathrm{sc}}\frac{1}{\left(1+(\omega_1-\omega_\mathrm{r})^2\frac{L_\mathrm{r}'^2}{R_\mathrm{r}'^2}\right)}+1\right] \quad (4.83)$$

正如预期的那样，在 $\omega_\mathrm{r}=0$ 时

$$(s)_{\omega_\mathrm{r}=0}\approx-\frac{R_\mathrm{s}+R_\mathrm{r}(L_\mathrm{m}/L_\mathrm{r}^1)^2}{L_\mathrm{sc}}-\mathrm{j}\omega_1 \quad (4.84)$$

即便现在，s 取决于转速和电机参数，但在电动状态下（$\omega_1-\omega_\mathrm{r}>0$），无论何种转速，其实部 $\mathrm{Re}(s)>0$，这意味着系统具有稳定的性能，这也在一定程度上解释了转子磁通定向控制得以商业化的原因。在低转速、低频率（ω_1 较小）以及发电状态下，s 的实部可能变为正值，进而可能出现不稳定的情况，因此需要通过闭环控制采取特殊措施来解决这一问题。利用方程（4.81），电机模型结构可大幅简化为如图 4.14 所示的样子。

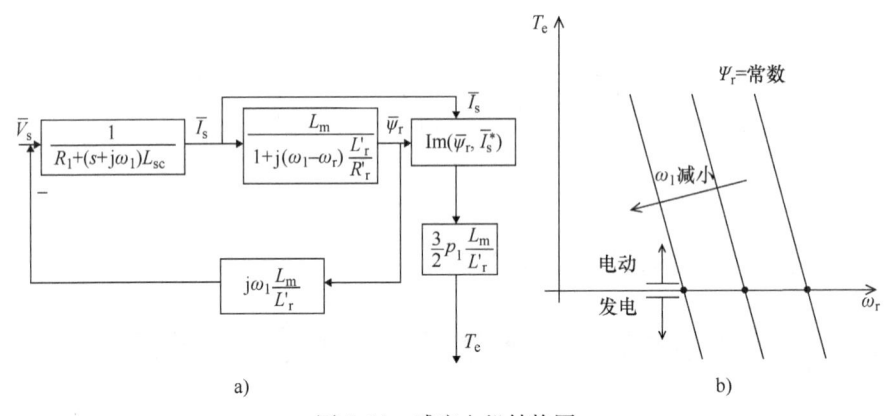

图 4.14 感应电机结构图

a) 同步坐标系下恒定转子磁通（$\omega_\mathrm{b}=\omega_1$，稳态时为直流） b) 稳态转矩/转速直线部分

方程（4.81）中的第二个方程表明，定子电流与（给定的）恒定转子磁通 $\Psi_\mathrm{r}^*=\Psi_\mathrm{dr}^*$ 相关

$$\bar{I}_\mathrm{s}=I_\mathrm{M}+\mathrm{j}I_\mathrm{T};I_\mathrm{M}=\frac{\Psi_\mathrm{r}^*}{L_\mathrm{m}};I_\mathrm{T}=I_\mathrm{M}S\omega_1\frac{L_\mathrm{r}'}{R_\mathrm{r}'};S=1-\frac{\omega_\mathrm{r}}{\omega_1} \quad (4.85)$$

式中，I_M 是励磁分量；I_T 是转矩分量。转子电流满足下式

$$\Psi_\mathrm{qr}'=0=L_\mathrm{r}'I_\mathrm{qr}'+L_\mathrm{m}I_\mathrm{T} \quad (4.86)$$

因此

$$\bar{I}_\mathrm{r}'=\mathrm{j}I_\mathrm{qr}'=-\mathrm{j}\frac{L_\mathrm{m}}{L_\mathrm{r}'}I_\mathrm{T};\quad L_\mathrm{sc}=L_\mathrm{s}-\frac{L_\mathrm{m}^2}{L_\mathrm{r}} \quad (4.87)$$

从而

$$\bar{\Psi}_\mathrm{s}=L_\mathrm{s}\bar{I}_\mathrm{s}+L_\mathrm{m}\bar{I}_\mathrm{r}'=L_\mathrm{s}I_\mathrm{M}+\mathrm{j}L_\mathrm{sc}I_\mathrm{T} \quad (4.88)$$

由于恒定转子磁通这一约束条件，在构建电机的空间矢量模型时，这些都是相当大的简化。转矩表达式变为

$$T_\mathrm{e} = \frac{3}{2}p_1 \mathrm{Re}(\mathrm{j}\Psi_\mathrm{s}\bar{I}_\mathrm{s}^*) = \frac{3}{2}p_1(L_\mathrm{s} - L_\mathrm{sc})I_\mathrm{M}I_\mathrm{T} = \frac{3}{2}p_1\frac{\Psi_\mathrm{r}'^2}{R_\mathrm{r}'}(\omega_1 - \omega_\mathrm{r}) \quad (4.89)$$

在稳态下［方程（4.81）中 $s=0$ 时］

$$\bar{V}_\mathrm{s} = R_\mathrm{s}\bar{I}_\mathrm{s} + \mathrm{j}\omega_1\bar{\Psi}_\mathrm{s} \quad (4.90)$$

上述进展引出了以下几点说明：

- 对于恒定的转子磁通，在转速恒定时，空间矢量模型的阶数可简化为单个复特征值。
- 定子电流空间相量 $\bar{I}_\mathrm{s}$ 可分为两个正交分量（d 轴和 q 轴）：I_M（励磁分量）和 I_T（转矩分量）。对于恒定的 I_M，在给定转速的情况下，可通过改变频率 ω_1 来改变 I_T。这样一来，相对于磁通而言，转矩就能够以解耦的方式进行调节。这就是矢量控制的本质所在。它与他励有刷直流电机的控制类似。
- 对于恒定的转子磁通，转矩表达式［方程（4.89）］表明，异步电机的运行方式类似于磁阻同步电机，其中直轴电感 L_d 相当于定子电感 L_s，交轴电感 L_q 相当于定子漏电感 L_sc，且 $L_\mathrm{sc} \ll L_\mathrm{s}$。由于 dq 模型的直轴与转子磁通轴重合，并且转子电流空间相量位于交轴方向，以抵消转子磁通在交轴方向上的分量，即实现转子磁通定向，从而获得了较大的表观磁凸极效应。

为了说明上述方程的实用性，图 4.15 给出了一种基本的（间接）矢量控制方案。

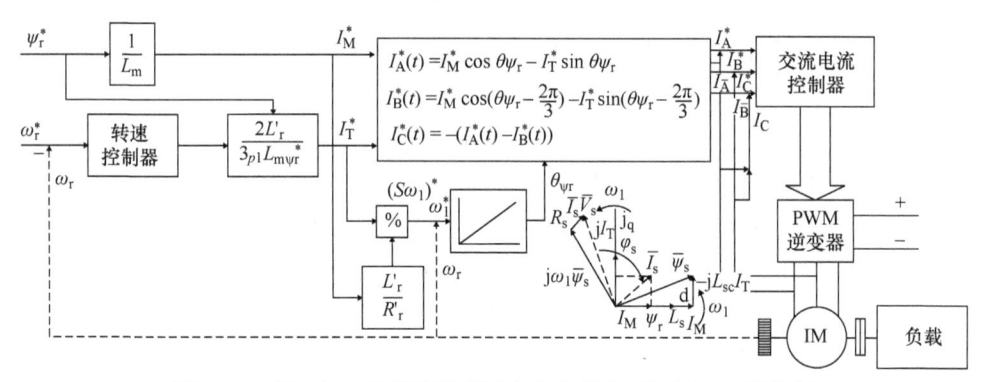

图 4.15　用于恒定转子磁通的感应电机基本（间接）矢量控制

我们能从图 4.15 中的认出方程（4.85）。转子磁通转速 ω_1^* 是基于转子转速 ω_r 以及转差转速 $(S\omega_1)^*$ 来计算的。然后，通过对转速 ω_1^* 随时间进行积分来计算转子磁通角 $\Theta_{\Psi\mathrm{r}}$。由于异步电机的气隙是恒定的，所以 $\Theta_{\Psi\mathrm{r}}$ 的初始值并不重要。接着，通过 Park（或空间矢量）逆变换得出参考相电流。交流电流控制器用于对 PWM 逆变器进行脉宽调制控制，从而实现期望的（参考）定子电流。人

们默认交流电流控制器能够几乎瞬时"执行"参考电流,并且电机参数是恒定且已知。如方程(4.83)所示,即便在转子磁通恒定的情况下,电流($\bar{I}_s$)响应中也存在一个小的时间常数。关于异步电机转子磁通(矢量)控制的更多内容,可参见文献[12]第10章的内容。

例 4.5 转子恒磁通感应电机的稳态

在可变频率和恒定转子磁通的条件下控制一台笼型转子感应电机,其参数如下: $R_s = R'_r = 0.1\Omega$,$L_s = L'_r = 0.093H$,$L_m = 0.09H$,$2p_1 = 4$。该电机转速 $n = 600r/min$,空间相量 $I_M = 20A$,$I_T = \pm 50A$。计算:

a. 产生的电磁转矩。

b. 转差频率 $S\omega_1$ 和 ω_1。

c. 定子相电压、电流、功率因数 $\cos\varphi_s$。

d. 对于较小的励磁电流 $I'_M = 5A$ 且在上述相同电压下 $I_T = 50A$ 时,计算 $(S\omega_1)'$、ω'_1、ω'_r、T'_e 和 $\cos\varphi'_s$。

解:

a. 根据方程(4.89),电磁转矩 T_e 是

$$T_e = \frac{3}{2}p_1(L_s - L_{sc})I_M I_T = \left[\frac{3}{2} \times 2 \times (0.093 - 0.006) \times 20 \times (\pm 50)\right] N \cdot m$$

$$= \pm 26.13 N \cdot m$$

式中,⊕表示电动运行状态,-表示发电运行状态。

b. 根据方程(4.85)得出转差频率 $S\omega_1$ 为

$$S\omega_1 = \frac{I_T}{I_M(L'_r/R'_r)} = \left(\frac{50 \times 0.1}{20 \times 0.093}\right) rad/s = 2.688 rad/s$$

电机转子电角速度 ω_r 为

$$\omega_r = 2\pi p_1 n = (2\pi \times 2 \times 600/60) rad/s = 125.6 rad/s$$

所以,对于电机

$$\omega_1 = S\omega_1 + \omega_r = (2.688 + 125.6) rad/s = 128.288 rad/s$$

$$f_1 = 20.42 Hz$$

$$\Psi_r = L_m I_M = 0.09 \times 20 = 1.8 Wb$$

c. 从方程(4.90)得

$$V_d = R_s I_M - \omega_1 L_{sc} I_T = (0.1 \times 20 - 128.288 \times 0.006 \times 50)V = -36.5V$$

$$V_q = R_s I_T + \omega_1 L_s I_M = (0.1 \times 50 + 128.288 \times 0.093 \times 20)V = 243.6V$$

所以,相电压和相电流为

$$(V_{phase})_{RMS} = \sqrt{\frac{(V_d^2 + V_q^2)}{2}} = \sqrt{\frac{(-36.5)^2 + (243.6)^2}{2}}V = 174.185V$$

$$(I_{phase})_{RMS} = \sqrt{\frac{(I_M^2 + I_T^2)}{2}} = \sqrt{\frac{(20)^2 + (50)^2}{2}}A = 38.08A$$

由图 4.17 的空间相量图可得

$$\varphi_s = -\tan^{-1}\left(\frac{V_d}{V_q}\right) + \tan^{-1}\left(\frac{I_M}{I_T}\right)$$

$$= -\tan^{-1}\left(\frac{-36.5}{243.6}\right) + \tan^{-1}\left(\frac{20}{50}\right) = 30.32°$$

$$\cos\varphi_s \approx 0.865$$

d. 再次计算转差频率

$$(S\omega_1)' = \frac{I'_T}{I'_M(L'_r/R'_r)} = \frac{50 \times 0.1}{5 \times 0.093}\text{rad/s} = 10.75\text{rad/s}$$

$$\Psi'_r = L_m I'_M = (0.09 \times 5)\text{Wb} = 0.45\text{Wb}$$

电压方程

$$V_d = R_s I'_M - \omega'_1 L_{sc} I'_T = 0.1 \times 5 - \omega'_1 \times 0.006 \times 50$$

$$V_q = R_s I_T + \omega_1 L_s I_M = 0.1 \times 50 + \omega'_1 \times 0.093 \times 5$$

作为一阶近似，第一项可以被忽略（$R_s \approx 0$）

$$V_d^2 + V_q^2 = (\omega'_1)^2[(L_{sc}I'_T)^2 + (L_s I'_M)^2]$$

$$(-36.5)^2 + (243.6)^2 = (\omega'_1)^2[(0.006 \times 50)^2 + (0.093 \times 5)^2]$$

$$\omega'_1 = \frac{246.32}{0.5533}\text{rad/s} = 445.12\text{rad/s}$$

转速为

$$\omega'_r = \omega'_1 - (S\omega_1)' = (445.12 - 10.75)\text{rad/s} = 343.37\text{rad/s}$$

$$n = \frac{\omega'_r}{2\pi p_1} = \frac{434.37}{2\pi \times 2}\text{r/s} = 34.58\text{r/s} = 2075\text{r/min}$$

通过将转子磁通减小为原来的 1/4，在相同电压下，转速已经提高了三倍多。

新的转矩值 T'_e 为

$$T'_e = \frac{3}{2}p_1(L_s - L_{sc})I'_M I'_T = \left[\frac{3}{2} \times 2 \times (0.093 - 0.006) \times 5 \times 50\right]\text{N} \cdot \text{m} = 65.25\text{N} \cdot \text{m}$$

实际的电压分量为

$$V'_d = (0.5 - 0.3 \times 445.12)\text{V} = -133\text{V}$$

$$V'_q = (5 + 0.465 \times 445.12)\text{V} = 212\text{V}$$

对于两种转速（600r/min 和 2075r/min）、相同的相电压，但频率不同（分别为 20.42Hz 和 70.87Hz），并且转子磁通减小为原来的 1/4 的情况下，电磁功率为

$$P_{\text{elm}} = T_e \frac{\omega_r}{p_1} = \left(261.3 \times \frac{125.6}{2}\right)\text{W} = 16.409\text{W}$$

$$P'_{\text{elm}} = T'_e \frac{\omega'_r}{p_1} = \left(65.25 \times \frac{434.37}{2}\right)\text{W} = 14.171\text{W}$$

在转速范围为 3.458 倍的情况下，这几乎是一个恒定功率。

4.13.1 笼型转子恒定定子磁通暂态及矢量控制基础

对于恒定定子磁通的情况，考虑定子坐标系（$\omega_b = 0$），并在方程（4.77）中用 $\overline{\Psi}_s$ 替换 $\overline{\Psi}'_r$。在定子坐标系中恒定磁通意味着在输入电压频率 ω_1 下，Ψ_s 的幅值是恒定的。

$$R_s \overline{I}_s + s \overline{\Psi}_s = \overline{V}_s$$

$$\left[\frac{L_s}{L_m}R'_r + (s - j\omega_r)L_{sc}\right]\overline{I}_s - \overline{\Psi}_s\left[\frac{R_r}{L_m} + \frac{L'_r}{L_m}(s - j\omega_r)\right] = 0 \quad (4.91)$$

对于定子坐标系下定子磁通幅值恒定的情况有

$$\overline{\Psi}_s = \overline{\Psi}_{s0} e^{j\omega_1 t} \quad (4.92)$$

所以，方程（4.91）中 $s\overline{\Psi}_s$ 变成 $j\omega_1 \overline{\Psi}_{s0}$

$$R_s \overline{I}_s + j\omega_1 \overline{\Psi}_{s0} = \overline{V}_s$$

$$\left[\frac{L_s}{L_m}R'_r + (s - j\omega_r)L_{sc}\right]\overline{I}_s - \overline{\Psi}_{s0}\left[\frac{R_r}{L_m} + \frac{L'_r}{L_m}j(\omega_1 - \omega_r)\right] = 0 \quad (4.93)$$

这又是一个具有特征方程的单一复特征值系统

$$R_s\left[\frac{R_r}{L_m} + \frac{L'_r}{L_m}j(\omega_1 - \omega_r)\right] + \left[\frac{L_s}{L_m}R'_r + (s - j\omega_r)L_{sc}\right]j\omega_1 = 0 \quad (4.94)$$

和

$$\underline{s} = -\left[\frac{L_s R'_r}{L_m L_{sc}} + \frac{R_s L'_r(\omega_1 - \omega_r)}{\omega_1 L_{sc} L_m}\right] + j\left(\omega_r + \frac{R_s R_r}{\omega_1 L_{sc} L_m}\right) \quad (4.95)$$

同样，就像在恒定转子磁通的情况那样，对于电流暂态过程，特征值的实部 $\text{Re}(S)$ 在转差率 $0 < S < 1$（即 $0 < \omega_r < \omega_1$）的范围内为负。当 $R_s \approx R'_r$ 时，由此可得，即使是在发电模式（$\omega_r > \omega_1$）下，但只要 $|S| \ll 1$，S 的实部依然为负。在大多数对感应电机进行变频控制的情形中都是如此。而在转差率 S 值较大时（这在转速极低时较为典型），情况则更为复杂。

这种现象在发电/电动模式下，对于恒定转子磁通控制或恒定定子磁通控制来说都很典型，在采用变速驱动的极低转速情况下已被观测到。闭环控制应该能够解决这一问题。

图 4.16 给出了与方程（4.93）相对应的感应电机结构图。

在定子磁通恒定的情况下对感应电机进行控制时，应当利用定子坐标系下的定子方程（4.93）（该方程相当简单），在闭环调节定子磁通幅值时（见图 4.17）来估算定子磁通幅值及其位置。

图 4.17 中基本的（原理性的）定子磁通定向（矢量）控制方案具有以下特点：
- 定子坐标系下的定子磁通估计器［见方程（4.93）］。

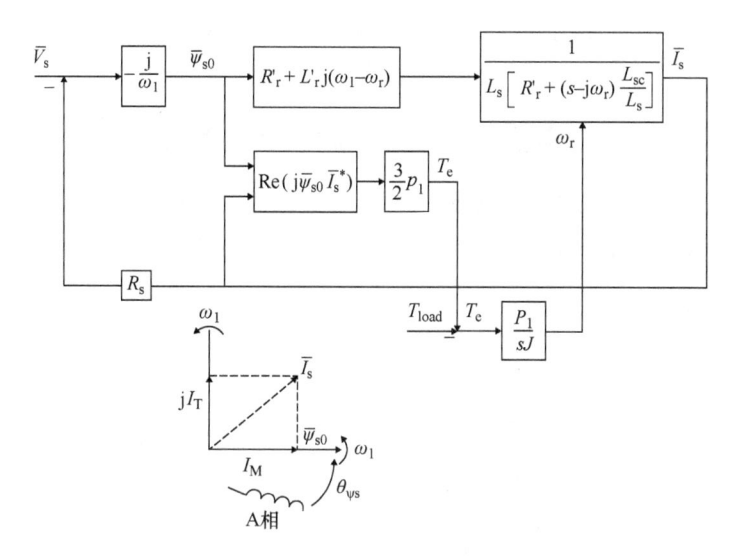

图 4.16 定子坐标系（$\omega_b = 0$）下定子磁通幅值 Ψ_s 恒定的感应电机结构图

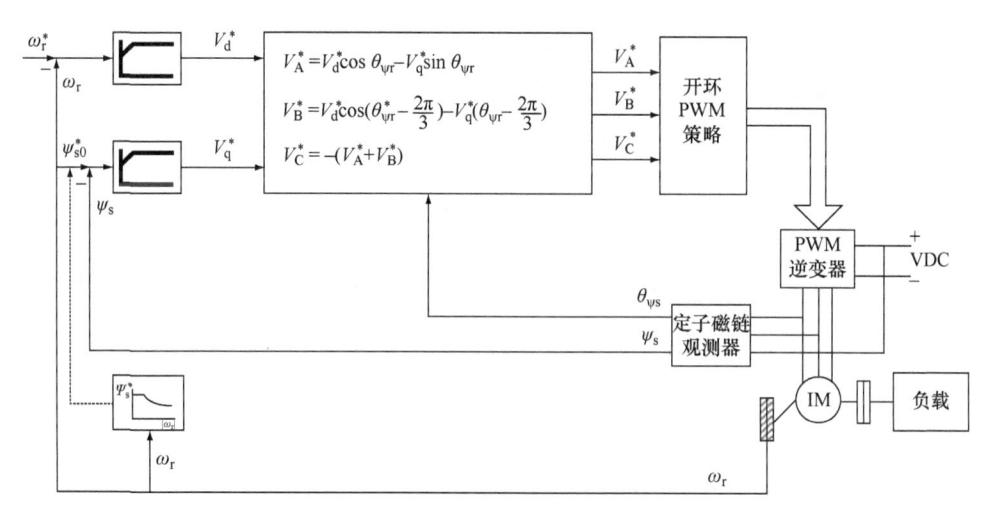

图 4.17 感应电机基本的原理性的定子磁通定向（矢量）控制

- 磁通幅值闭环调节器。
- 定子磁通坐标下的电压矢量旋转器。
- 交流电压 V_A^*、V_B^* 和 V_C^* 通过开环脉宽调制（在 PWM 逆变器中）策略进行"重现"，这是大功率或超高速感应电机驱动器的特点，在这类驱动中，静止逆变器的开关频率 f_{sw} 与基频 f_1 之比（f_{sw}/f_1）较低（小于 20~30）。
- 磁通闭环控制以及两个调节器输出端的限幅器弥补了明显缺少电流控制器这一情况。

定子（或转子）磁通的估算器，可能还包括转速估算器，这些问题超出了此处讨论的范围，但在现代电力驱动或发电机控制中是常见的内容[12]。

4.13.2 双馈式感应电机转子恒磁通瞬变及矢量控制原理

双馈式感应电机的恒定转子磁通或定子磁通暂态过程具有与笼型转子感应电机相同的特征。对于恒定转子磁通的情况，方程（4.81）（在同步坐标系中令 $s\Psi'_r$ 为零）仍然适用

$$[R_s + (s + j\omega_1)L_{sc}]\bar{I}_s + j\omega_1\frac{L_m}{L'_r}\Psi'_r = \bar{V}_s$$

$$-\frac{L_m R'_r}{L'_r}\bar{I}_s + \left[\frac{R'_r}{L'_r} + j(\omega_1 - \omega_r)\right]\Psi'_r = \bar{V}'_r = V'_{dr} + jV'_{qr} \quad (4.96)$$

转矩 T_e 为

$$T_e = \frac{3}{2}p_1\frac{L_m}{L'_r}\Psi'_r I_{qs} \quad (4.97)$$

在转子磁通坐标系中

$$\Psi'_{dr} = \Psi'_r; \Psi'_{qr} = L'_r I'_r + L_m I_{qs0} = 0$$

这一次，由于定子电压 $\bar{V}_s$ 在幅值和频率（相位）方面都是给定的，所以使用转子方程进行控制。

$$V'_{dr} = \frac{R'_r}{L'_r}\Psi'_r - \frac{L_m}{L'_r}R'_r I_{ds}; \Psi'_r = \Psi'_{dr} = L_m I_{ds}(I'_{dr} = 0)$$

$$V'_{qr} = (\omega_1 - \omega_r)\Psi'_r - \frac{L_m}{L'_r}R'_r I_{qs} \quad (4.98)$$

转子的无功功率 Q_r^r 为

$$Q_r^r = \frac{3}{2}p_1 S\omega_1 \Psi_r I_{ds} \quad (4.99)$$

转子有功功率 P_r^r 为

$$P_r^r = \frac{3}{2}(V'_{dr}I'_{dr} + V'_{qr}I'_{qr}) \approx \frac{3}{2}p_1 S\omega_1 \Psi_r I_{qs} \quad (4.100)$$

为了在发电机运行时调节转子（以及定子）的有功功率（或者在电动机运行时调节转速），需要控制交轴电流 I_{qs}，也就是控制 V'_{qr}。对于转子无功功率控制而言，需要通过 V'_{dr} 来控制 I_{ds}。图 4.18 展示了一种基本的矢量控制方案，不过该方案采用的是定子功率 P_s 和 Q_s 的闭环控制器，而非转子功率 P_r 和 Q_r 的闭环控制器。这种方案被称为基本方案，尽管从原理上讲，它可以按现有形式实现，但由于在标准同步转速（零转差：$\omega_r = \omega_1$）附近转子电压往往较小，所以给定转子电压并非易事。因此，转子电流闭环控制应该更具鲁棒性。但这超出了此处

讨论的范围。如需了解更多关于双馈式感应电机作为变速发电机的内容，请参阅参考文献［13］（第2章）。

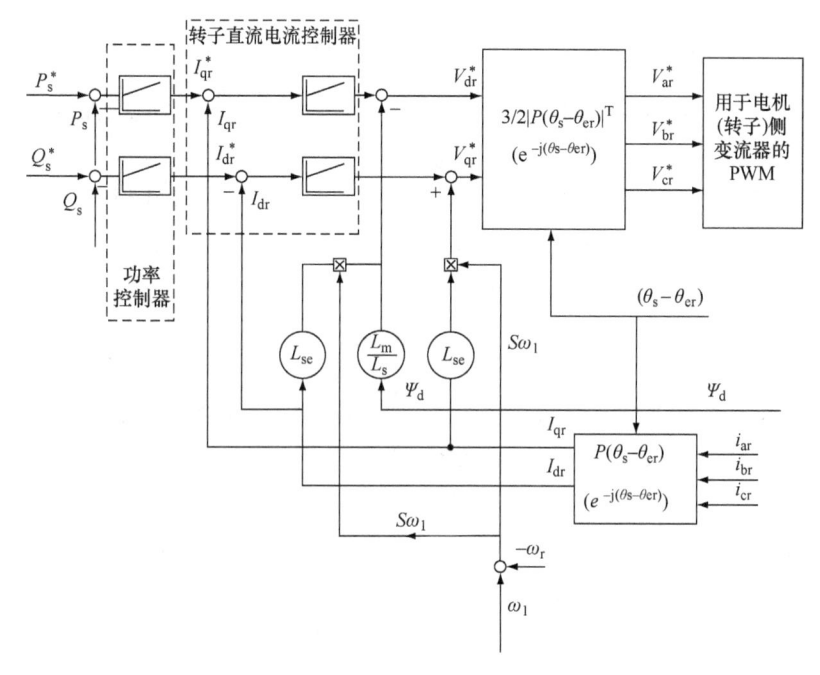

图 4.18 转子坐标系下双馈式感应电机基于受控转子磁通的基本直接矢量控制

4.14 双馈式感应电机作为同步电机的无刷励磁电机

双馈式感应电机的定子可以由交流电以恒定频率 ω_1 供电，但电压可变（通过使用晶闸管软起动器来实现）。转子以转速 $-\omega_r$ 旋转，其方向与定子磁动势的转速 ω_1 相反。因此，转子电动势具有转差频率 ω_2（见图 4.19）

$$\omega_2 = \omega_1 + \omega_r > \omega_1 \tag{4.101}$$

在零转速下，转子电动势完全是通过"变压器"作用产生的。当 ω_r 增大时，转子电动势越来越多地通过运动产生。如果 $\omega_r = 4\omega_1$（当双馈式感应电机的极对数 p_1 比同样转子侧带有二极管整流器进行励磁的同步电机的极对数 p_{1SG} 大四倍时，就会出现这种情况），那么高达 80% 的直流励磁功率是由运动（来自机械轴功率）产生的，而 20% 是通过"变压器"作用产生的。定子坐标系下的空间相量方程如下：

$$\overline{V}_s = R_s \overline{I}_s + \frac{\mathrm{d}\overline{\Psi}_s}{\mathrm{d}t}$$

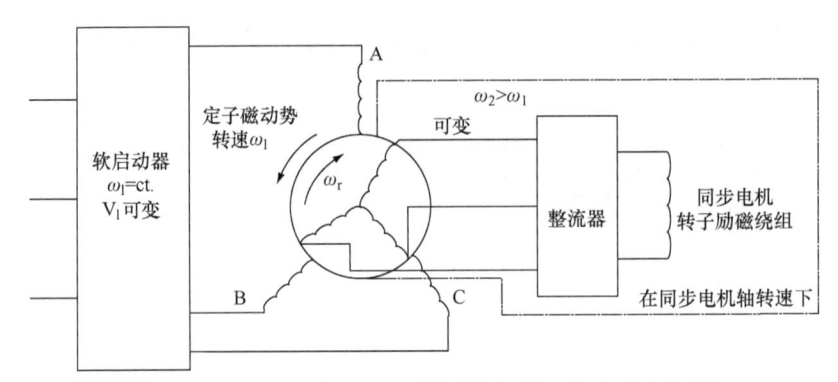

图 4.19 用于同步电机无刷励磁电机的双馈式感应电机

$$\bar{V}'_r = -R'_r \bar{I}'_r + \frac{\mathrm{d}\bar{\Psi}'_r}{\mathrm{d}t} + \mathrm{j}\omega_r \Psi'_r \qquad (4.102)$$

对于稳态且呈正弦变化的转子电流（处于高频 ω_2 下的二极管整流器通常具有这样的工况特点），$\mathrm{d}/\mathrm{d}t = \mathrm{j}\omega_1$（在定子坐标系下）。

$$\bar{V}^s_s = R_s \bar{I}^s_s + \mathrm{j}\omega_1 \bar{\Psi}^s_s; \bar{\Psi}^s_s = L_s \bar{I}_s + L_m \bar{I}'^s_r$$
$$\bar{V}^{sl}_r = -R'_r \bar{I}^{sl}_r + \mathrm{j}(\omega_1 + \omega_r)\bar{\Psi}^{sl}_r; \bar{\Psi}^s_r = L'_r \bar{I}'^s_r + L_m \bar{I}_s \qquad (4.103)$$

如方程（4.103）所示，$\bar{V}'_r$ 具有频率 ω_1，但实际上（在转子坐标系下）$\bar{V}^{rl}_r$ 为

$$\bar{V}^{rl}_r = \bar{V}^{sl}_r \mathrm{e}^{\mathrm{j}\omega_r t} = \bar{V}'_r \mathrm{e}^{\mathrm{j}(\omega_1 + \omega_r)t} \qquad (4.104)$$

因而其频率为 $\omega_2 = \omega_1 + \omega_r$。然而，在同步坐标系下，稳态时它全都是直流分量。不过，稳态方程[方程（4.103）]在所有坐标系中都保持相同的形式。

求解方程（4.103）得到 $\bar{I}_s$ 和 $\bar{I}_r$。考虑这台特定发电机的纯三相电阻性负载（理想的二极管整流器可等效为功率因数为 1 的负载）

$$\bar{V}'_r = \bar{I}'_r R_{\mathrm{load}} \qquad (4.105)$$

所以

$$\bar{I}_s = \frac{\mathrm{j}I'_r(R'_r + \mathrm{j}\omega_2 L'_r + R_{\mathrm{load}})}{\omega_2 L_m} \qquad (4.106)$$

$$\bar{I}'_r = \frac{\bar{V}_s}{\dfrac{\mathrm{j}(R'_r + \mathrm{j}\omega_2 L'_r + R_{\mathrm{load}}) + (R_s + \mathrm{j}\omega_1 L_s)}{\omega_2 L_m} + \mathrm{j}\omega_1 L_m} \qquad (4.107)$$

定子视在功率为

$$\bar{S}_s = P_s + \mathrm{j}Q_s = \frac{3}{2}(\bar{V}_s I^*_s) \qquad (4.108)$$

而转子功率 P_r 为

$$P_r = \frac{3}{2}\mathrm{Re}(\bar{V}'_r \bar{I}'^*_r) = \frac{3}{2}R_{\mathrm{load}}(I'_r)^2 \qquad (4.109)$$

例 4.6 作为同步电机无刷励磁电机的双馈式感应电机

考虑一台用于给大型同步发电机（SG）励磁的双馈式感应电机。其参数如下：$R_s = R'_r = 3.815\Omega$，$L_{sl} = L'_{rl} = 9.45 \times 10^{-5}\text{H}$，$L_m = 2.02 \times 10^{-3}\text{H}$，定子频率 $f_1 = 60\text{Hz}$，转子转速 $n = 1800\text{r/min}$（四极同步发电机）。双馈式感应电机的极对数是 $p_1 = 6$。转子与定子的匝数比 $a_{rs} = 1$，定子额定线电压 $V_{snl} = 440\text{V}$（线电压，有效值）。计算：

a. 在 $n = 1800\text{r/min}$ 以及 $n = 0\text{r/min}$ 两种情况下的转子频率，以及理想空载时的实际转子电压 V'_{r0}。

b. 当 $I'_r = 1000\text{A}$（相电流有效值），在零速时的负载电阻 R_{load}、V'_r、P_r（所有这些量都是针对转子而言）。

c. 对于相同的 R_{load} 和电流 $I'_r = 1000\text{A}$，但转速 $n = 1800\text{r/min}$ 时的定子电压 V_s、I_s、P_s、Q_s 和 P_r。

解：

a. 根据方程（4.102），转子频率 ω_2 为

$$\omega_2 = \omega_1\left(1 + \frac{p_1}{p_{1SG}}\right) = \omega_1\left(1 + \frac{6}{2}\right) = 4\omega_1$$

所以 $f_{2n} = 4f_1 = 240\text{Hz}$。转子理想空载电压 V'_{r0} 为

$$(V'_{r01})_{n=1800\text{r/min}} = V_s a_{rs}\frac{\omega_2}{\omega_1} = \left(1 \times 440 \times \frac{4}{1}\right)\text{V} = 1760\text{V}（线电压，有效值）$$

在零速时

$$(V'_{r01})_{n=0\text{r/min}} = V_s a_{rs}\frac{\omega_2}{\omega_1} = \left(1 \times 440 \times \frac{1}{1}\right)\text{V} = 440\text{V}（线电压，有效值）$$

$$(V'_{r0})_{\text{phase,RMS}} = \frac{440}{\sqrt{3}}\text{V} \approx 254\text{V}$$

b. 当 $n = 0$（零速）时，依据方程（4.107），在 $\omega_2 = \omega_1$、$I'_r = 1000\sqrt{2}\text{A}$ 以及 $V_s = (440/\sqrt{3})\sqrt{2}\text{V}$ 的条件下，可计算出负载每相电阻 $R_{load} = 0.226\Omega$。转子相电压为

$$(V'_{r0})_{\text{phase,RMS}} = R_{load}(I'_r)_{\text{phase,RMS}} = 0.226 \times 1000 = 226\text{V}$$

因此，在零速时的电压调整率为

$$\Delta V = \frac{V_s - V_r}{V_s} = \frac{254 - 226}{254} = 0.1102 = 11.02\%$$

零速时转子（输出）功率 $(P_r)_{n=0}$ 为

$$(P_r)_{n=0} = 3V_r I_r = (3 \times 226 \times 1000)\text{kW} = 678\text{kW}$$

c. 对于 $n = 1800\text{r/min}$ 的情况，同样根据方程（4.106）和方程（4.107），但由于此时 $\omega_2 = 4\omega_1$，因为 R_{load} 和 I'_r 是已知的，现在计算 $\overline{V}_s$

$$(\overline{V}_s)_{\text{phase,RMS}} = -64.06 - j72.1; V_s = 96.8(每相有效值)$$

定子电流 $\overline{I}_s$（方程 4.106）为

$$\overline{I}_s = -1046 + j75.3; I_s = 1049.3\text{A} > I_r = 1000\text{A}$$

因为电机的励磁是由定子完成的。

定子功率（方程 4.108）为

$$P_s + jQ_s = 184.752\text{kW} + j240.751\text{kVAR}$$

输出的转子功率与零速时相同，即 $P_r = 678\text{kW}$。因此，功率的差异源自轴端（源于同步发电机的机械功率）。

讨论：

- 在静止状态下，所有转子输出功率都来自定子，并且双馈式感应电机作为带有整流器负载的变压器运行。此时所需的定子功率和电压达到最大值。
- 随着转速的增加，由于越来越多的输出（转子）功率是从轴端机械（同步发电机）功率中获取的，因此定子所需的有功功率越来越少。
- 双馈式感应电机可从转速为零时起充当同步电机（同步发电机）的无刷励磁机，并且对同步发电机（同步电机）端电压跌落（由于电网故障所致）不太敏感，这是因为其大部分功率是通过机械方式产生的。
- 电压调整率较小，这是因为双馈式感应电机的"内电抗"就是短路电抗，即 $\omega_1 L_{sc}$。只需要一个交流自耦变压器（晶闸管软起动器）来控制同步发电机（同步电机）的励磁电流即可。

由于

$$\overline{\Psi}'_r = \frac{L_m}{L_s}\overline{\Psi}_s + L_{sc}\overline{I}'_r \tag{4.110}$$

转子电压方程（4.103）变为

$$\overline{V}'_r = j\omega_2 \frac{L_m}{L_s}\overline{\Psi}_s - (R'_r + j\omega_2 L_{sc})I'_r = \overline{E}'_r - Z_{\text{DFIM}}I'_r \tag{4.111}$$

由 $R_s \approx 0$ 可得

$$\overline{E}'_r = j\omega_2 L_m \overline{\Psi}_s \approx \overline{V}_s \frac{L_m}{L_s}\frac{\omega_2}{\omega_1} \tag{4.112}$$

因此，转子电动势 $\overline{E}'_r$ 随定子电压 V_s 以及转子频率 ω_2（或转速 ω_r）而变化。短路电抗 $\omega_1 L_{sc}$ 是显而易见的。

电压调整率比轴上采用反转配置的同步辅助发电机（作为同步发电机直流励磁机，其定子采用直流励磁，转子为三相绕组并带有二极管整流器）的电压调整率要小得多。那种同步辅助发电机几乎完全通过机械方式获取所有输出功率，因而可能无法在零转速下运行。而大型变速同步电动机驱动装置则需要具备零转速运行的能力。

第 4 章 感应电机的暂态

鉴于上述优点,难怪双馈式感应电机被该领域全球主要制造商用作大功率同步电机的无刷励磁机了。

4.15 堵转试验参数估计/实验 4.3

所说的参数是指
- 磁化曲线 $\varPsi_m^*(I_m)$ 具有磁化电感 $L_m(I_m) = \varPsi_m^*(I_m)/I_m$,和瞬时磁化电感 $L_{mt}(I_m) = d\varPsi_m^*(I_m)/dI_m$,$I_m$ 是磁化电流。
- 定子的电阻 R_s 和漏电感 L_{sl},以及折算到定子侧的单(或双,或三)转子电路 R'_{r1}、R'_{r2}、R'_{r3}、L'_{rl1}、L'_{rl2} 和 L'_{rl3}。在研究稳态和暂态性能以及控制系统设计或对其进行监测时,需要这些参数。

主磁通路径的磁饱和现象出现在从空载到负载运行的过程中,而漏磁通路径的饱和则在过电流(高于 $2 \sim 3 I_{rated}$)情况下发生,除非转子上采用闭口槽来降低噪声、振动以及杂散负载损耗。

三相感应电机的测试是高度标准化的(详见国际电工委员会 IEC-34 标准系列,以及美国电气制造商协会 NEMA 在 1961—1993 年间针对大型感应电机制定的标准)。这里仅详细介绍用于参数识别的堵转磁通衰减测试和频率响应测试。

4.15.1 用于磁化曲线识别的静止磁通衰减:$\varPsi_m^*(I_m)$

在静止状态下,转子笼型感应电机由直流电源供电,初始电流值为 I_{A0},其 A 相串联,B 相与 C 相并联(见图 4.20)。

图 4.20 所示的这种连接方式意味着一些重要的限制条件。

$$I_B = I_C = -I_A/2; \quad I_A + I_B + I_C = 0$$
$$V_B = V_C; \quad V_A = -2V_B, \quad V_A + V_B + V_C = 0$$
$$V_{ABC} = V_A - V_B = \frac{3}{2} V_A(t) \qquad (4.113)$$

定子坐标系下的电流和电压空间相量为

$$\bar{I}_s(t) = \frac{2}{3}[I_A + I_B e^{j2\pi/3} + I_C e^{-j2\pi/3}] = I_A(t)$$

$$\bar{V}_s(t) = \frac{2}{3}[V_A + V_B e^{j2\pi/3} + V_C e^{-j2\pi/3}]$$

$$= V_A(t) = \frac{2}{3} V_{ABC}^{(t)} \qquad (4.114)$$

现在,一旦直流电流 I_{A0} 被"注入",开关 T_s 断开,定子电流就会持续流动,直至通过续流二极管 D

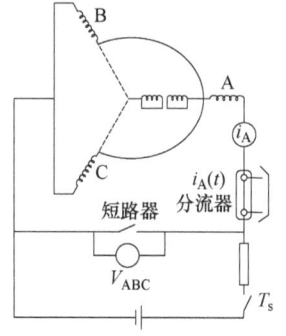

图 4.20 感应电机的堵转磁通衰减测试

逐渐消失（衰减），这与同步电机测试中的情况类似。T_s 断开后的定子方程为

$$-\frac{2}{3}V_{\text{diode}}^{(+)} = \bar{I}_s R_s + L_{s1}\frac{\mathrm{d}\bar{I}_s}{\mathrm{d}t} + \frac{\mathrm{d}\overline{\Psi}_m}{\mathrm{d}t} \tag{4.115}$$

对于双笼型转子结构，转子方程为

$$0 = \bar{I}'_{r1} R'_{r1} + L'_{r11}\frac{\mathrm{d}\bar{I}'_{r1}}{\mathrm{d}t} + \frac{\mathrm{d}\overline{\Psi}_m}{\mathrm{d}t}$$

$$0 = \bar{I}'_{r2} R'_{r2} + L'_{r12}\frac{\mathrm{d}\bar{I}'_{r2}}{\mathrm{d}t} + \frac{\mathrm{d}\overline{\Psi}_m}{\mathrm{d}t} \tag{4.116}$$

可以通过两种方法来运用这些方程：

- 通过仅对定子方程进行积分来求出磁化曲线 $\Psi_m(I_m)$，$I_m = I_{A0}$

$$\Psi_m(I_m) = L_m(I_m)I_m = R_s \int I_A(t)\mathrm{d}t + \frac{2}{3}\int V_{\text{diode}}^{(+)}\mathrm{d}t - L_{s1}I_m \tag{4.117}$$

漏电感 L_{s1} 必须事先通过设计资料或者堵转标准频率交流测试得知。

通过逐步增大初始电流 I_{A0} 的值，可以得到完整的磁化曲线。为避免因 R_s 的温度变化而产生误差，在每次电流衰减测试（测试时长应为 1~2s）之前，可通过 $R_s = (2V_{\text{ABC0}})/(3I_{A0})$ 来计算定子电阻 R_s。

可得到如图 4.21 所示的结果。

- 通过曲线拟合，磁化曲线可以近似为一个可微函数，然后由此计算出 $L_{mt}(I_m)$，计算方式如下

$$L_{mt}(I_m) = \frac{\mathrm{d}\Psi^*}{\mathrm{d}I_m} \tag{4.118}$$

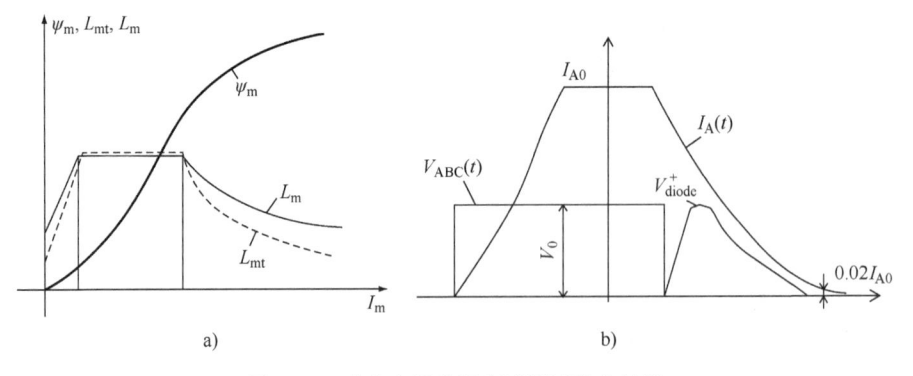

图 4.21 感应电机磁通衰减测试输出结果

a) 磁化曲线 $\Psi_m^*(I_m)$ 以及正常磁化电感 L_m 和暂态磁化电感 L_{mt}

b) 磁通衰减测试期间的电流 $I_A(t)$ 以及二极管两端电压 V_{diode}^+

磁化曲线可通过在可变输入电压下对电机进行空载测试（如《电机的稳态模型、测试及设计》第 5 章所述）来获取，但这样做需要耗费更多的时间和资

源。各项结果对比表明，堵转磁通衰减测试能为电机运行时的情况提供可靠的结果。

由于在设计时允许存在相当程度的磁饱和（以此来减小电机尺寸），并且在单机运行感应发电机模式下（通过并联-串联电容器直接自励，或经由脉宽调制逆变器自励），磁化曲线是一个至关重要的参数。

4.15.2 堵转磁通衰减实验中电阻和漏电感的识别

回到方程（4.115）和方程（4.116），并且当 $\bar{I}_s(t) = I_A(t)$ 时，可以对获取到的下垂曲线进行处理，并通过曲线拟合来确定 R'_{r1}、R'_{r2}、L'_{rl1} 和 L'_{rl2}（针对双笼型转子模型而言），如图 4.21b 所示。当 $d/dt \to s$ 时，得到

$$\underline{Z}_s \approx \frac{\bar{V}_s(s)}{\bar{I}_s(s)} = -\frac{2}{3}\frac{\bar{V}_{ABC}(s)}{\bar{I}_A(s)} = R_s + s(L_{sl} + L_{mt})\frac{(1+s\tau'')(1+s\tau')}{(1+s\tau''_0)(1+s\tau'_0)} \quad (4.119)$$

对于施加阶跃电压的情况（这与通过二极管续流同义）

$$\bar{V}_s(s) = -\frac{2}{3}V_{ABC}(s) = -\frac{2}{3}\frac{V_0}{s} \quad (4.120)$$

所以

$$\bar{I}_s(s) = -\frac{2V_0}{3s\,\underline{Z}(s)}; \quad L_s = L_{sl} + L_m \quad (4.121)$$

但是 $I_s(t)$ 的时间变化情况可直接从 4.7.1 节关于突然短路的内容推导得出，此时 $\omega_1 = 0$，$\Psi_0 = 0$，并且初始电流 $I_{s0} = I_{A0} = V_{s0}/R_s$。如果此时 $\tau_a \approx L_s/R_s$，那么大致上

$$I_s(t) \approx \frac{V_{s0}}{R_s} - V_{s0}\left[\frac{\tau'\tau_a}{\tau_a - \tau'}(e^{-t/\tau_a} - e^{-t/\tau'})\left(\frac{1}{L'} - \frac{1}{L_s}\right) + \right.$$
$$\left. \frac{\tau''\tau_a}{\tau_a - \tau''}(e^{-t/\tau_a} - e^{-t/\tau''})\left(\frac{1}{L''} - \frac{1}{L'}\right) + \frac{\tau_a}{L_s}(1 - e^{-t/\tau_a})\right] \quad (4.122)$$

在这种情况下，电流的初始值为 $I_{A0} = (I_s)_{t=0} = V_{s0}/R_s$，而正如所预期的那样，其最终值为零。运用曲线拟合回归方法来找出 L'、L''、L_s 以及 τ' 和 τ'' 的值。如果初始电流 I_{A0} 小于额定磁化电流，那么磁饱和就无关紧要，因此，正如从设计（或空载电流值）中所知的那样，会采用同步电感的不饱和值 $L_s = L_{sl} + L_m$。由于降压至零电压脉冲过程中频率的特殊混合情况，显然在磁通衰减测试中，转子电流在实际运行条件下的频率成分并不能很好地匹配。

这就是堵转频率响应（SSFR）实验发挥作用的方式。

4.15.3 堵转频率响应实验

针对异步电机的堵转频率响应实验与针对同步电机的实验类似，但异步电机

的实验仅在转子处于任意位置时进行一次。如图 4.20 所示的实验装置仍然适用，不过，这一次需要一个宽变频正弦电压源（频率范围从 0.01~100Hz，对于大多数实际情况来说这就足够了）。这项实验将针对每个频率分别进行，维持几个周期，并测量电压、电流幅值以及它们的相移角，此时方程（4.119）中的 $\underline{Z}(s)$ 变为 $\underline{Z}(j\omega)$：

$$\underline{Z}(j\omega) = R_s + j\omega(L_{sl} + L_{mt})\frac{(1 + j\omega\tau'')(1 + j\omega\tau')}{(1 + j\omega\tau_0'')(1 + j\omega\tau_0')} \quad (4.123)$$

其中

$$|\underline{Z}(j\omega)| = \frac{2}{3}\frac{|V_{ABC}|_{RMS}}{|I_{ABC}|_{RMS}}; \quad \text{Arg}(\underline{Z}(j\omega)) = \alpha(V_{ABC}, I_{ABC}) \quad (4.124)$$

以标幺值表示的此类实验的典型结果如图 4.22 所示。对于图 4.22 中的数据，仅利用幅值的曲线拟合就可得出如下结果：

$$L(s) = 3\frac{(1 + s \times 0.0125)(1 + s \times 0.318)}{(1 + s \times 0.0267)(1 + s \times 1.073)} \quad (4.125)$$

仅使用 $\text{Arg}[\underline{Z}(j\omega)]$ 信息来识别上述时间常数也是可行的[14]。$L(s)$ 有两个极点和两个零点：$1/\tau_0'$、$1/\tau_0''$、$1/\tau'$ 以及 $1/\tau''$；并且 $\tau_0'' > \tau'$，$\tau_0' > \tau'$。设 $\alpha = \tau'/\tau_0' < 1$；这是一个滞后电路。最大相位滞后 φ_c'（见图 4.22）为

$$\sin\varphi_c' \approx \frac{\alpha - 1}{\alpha + 1} \quad (4.126)$$

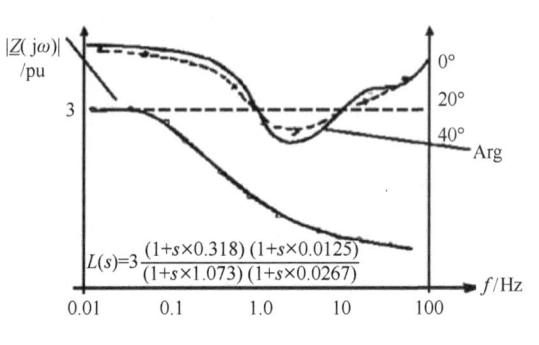

图 4.22 双笼型转子异步电机的堵转频率响应

由图 4.22 中的 α 所对应的零极点对而引起的增益变化是

$$\text{增益变化} = 20\ \log\alpha \quad (4.127)$$

所以

$$\tau' = \frac{\tau_0'}{\alpha} \text{和} \tau_0' = \frac{\sqrt{\alpha}}{2\pi f_c'} \quad (4.128)$$

在计算出第一对零极点后可得 τ' 和 τ''，将它们代入方程（4.125）中，然后重新针对频率计算 $\text{Arg}[\underline{Z}(j\omega)]$，这样就能在 φ'' 处（对应频率 f_c''）得到一个新的最大相角，接着再次利用方程（4.127）和方程（4.128）进行计算，以求出 τ'' 和 τ_0''。这一过程会持续进行，直至 $\text{Arg}[\underline{Z}(j\omega)]$ 不再出现更多的最大值为止。

可以采用额外的步骤来提高 f_c'、f_c''、φ' 和 φ'' 的求解精度[14]。

从图 4.22 中可以明显看出，$\text{Arg}[\underline{Z}(j\omega)]$ 的两个最大值表明采用双笼型模型来表示是比较合理的。关于三相异步电机实验的更多内容，可参见参考文献 [4]（第 22 章）。

4.16 裂相电容式异步电机暂态过程/实验 4.4

裂相式异步电机在驱动家用电器中的水泵或压缩机时，仍能在 100W 及以上功率范围内展现出出色的性能（效率）。许多其他家用工具，比如洗衣机、电钻以及电锯，都使用功率在几百 W 到 1kW 范围内的裂相电容式异步电机。它们在辅相绕组使用起动电阻 R_{start} 或起动电容 C_{start}。为提高效率，后者（起动电容）在带载运行期间可能会保持接入状态，但运行时使用的电容（运行电容）会更小（$C_{\text{run}} < C_{\text{start}}$）（见图 4.23a）。还有一种应用情况是，可能会使用三相绕组来实现单向或可逆运动（见图 4.23b 和图 4.23c）。

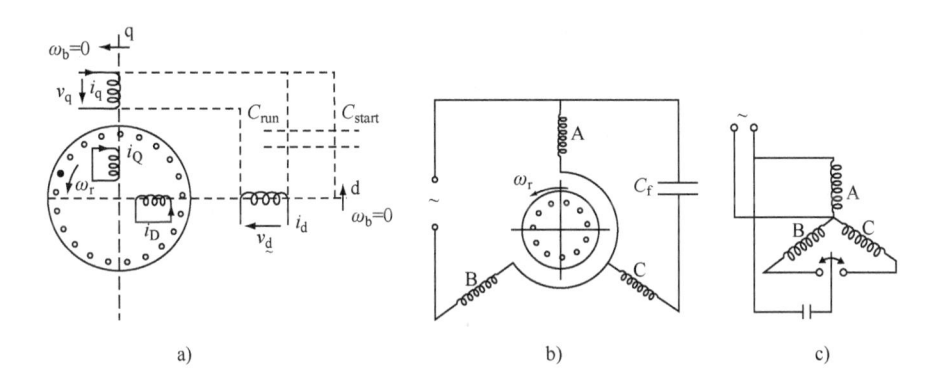

图 4.23 裂相电容式异步电机

a）辅相绕组　b）三相绕组，单向旋转　c）三相绕组，双向旋转

对于某些洗衣机而言，其采用三相 12 极绕组用于洗涤（低速状态），并且有一个独立的两极正交绕组用于脱水（高速状态）。在洗涤模式和脱水模式之间来回切换意味着会出现明显的暂态过程。

三相连接方式（见图 4.23b 和 c）可简化为正交绕组形式（见图 4.23a）[4]（第23章）。因此，在这里只讨论正交绕组的情况。

为了获得更好的起动性能，可以采用空间角度偏移相差 120°的主相绕组和辅相绕组，但它们也可简化为两个正交绕组[4]（第23章）。

最后，当主相绕组和辅相绕组是正交的，但它们使用不同的槽数和用铜量时，这种情况一般应该用相变量来处理。

4.16.1 相变量模型

在这种情况下，转子采用正交绕组 d_r 和 q_r 建模

$$|I_{m,a,d_r,q_r}| |R_{m,a,d_r,q_r}| - |V_{m,a,d_r,q_r}| = -\frac{d}{dt}|\Psi_{m,a,d_r,q_r}|$$

$$|I_{m,a,d_r,q_r}| = |I_m, I_a, I_{d_r}, I_{q_r}|^T$$

$$|I_{m,a,d_r,q_r}| = \text{Diag}(R_m, R_a, R_r, R_r) \tag{4.129}$$

$$|V_{m,a,d_r,q_r}| = |V_m, V_a, 0, 0| \tag{4.130}$$

$$\begin{vmatrix} \Psi_m \\ \Psi_a \\ \Psi_{dr} \\ \Psi_{qr} \end{vmatrix} = \begin{vmatrix} L_{ml} + L_m^m & 0 & L_{mr}\cos\theta_{er} & -L_{mr}\sin\theta_{er} \\ 0 & L_{al} + L_m^a & L_{ar}\sin\theta_{er} & L_{ar}\cos\theta_{er} \\ L_{mr}\cos\theta_{er} & L_{ar}\sin\theta_{er} & L'_{rl} + L_m^m & 0 \\ -L_{mr}\sin\theta_{er} & L_{ar}\cos\theta_{er} & 0 & L'_{rl} + L_m^m \end{vmatrix} \cdot \begin{vmatrix} I_m \\ I_a \\ I_{dr} \\ I_{qr} \end{vmatrix} \tag{4.131}$$

$$T_e = p_1 [I] \frac{\partial |L(\theta_{er})|}{\partial \theta_{er}} [I]^T \tag{4.132}$$

$$\frac{I}{p_1}\frac{d\omega_r}{dt} = T_e - T_{load}; \quad \frac{d\theta_{er}}{dt} = \omega_r; \quad \omega_r = 2\pi p n \tag{4.133}$$

还有一些约束条件

$$V_m(t) = \sqrt{2}V_m\cos(\omega_1 t + \gamma_0)$$
$$V_m(t) = V_a(t) + V_C(t) \tag{4.134}$$

和

$$\frac{dV_C}{dt} = \frac{1}{C}I_a \tag{4.135}$$

当在辅相绕组中接入一个电阻时，V_C 会被 $R_{start}I_a$ 取代，并且方程（4.135）就不再适用了。该系统是七阶的，含有许多可变系数，尽管需要耗费大量的 CPU 时间，但可以通过数值方法来求解。

如果辅相绕组和主相绕组的用铜量相同，那么这个通用模型就会得到简化。

$$R_a = R_m a^2; \quad a = w_a k_{wa}/(w_m k_{wm})$$
$$L_{al} = L_{ml} a^2$$
$$L_{ar} = L_{mr} a$$
$$L_m^a = L_m^m a^2 \tag{4.136}$$

在这种情况下，由于在满足方程（4.136）时，尽管定子绕组匝数不同，但变得对称了，所以可以使用任意坐标系下的模型。

4.16.2 dq 模型

采用定子坐标,并考虑将 d 轴沿主相绕组轴线放置,而 q 轴沿辅相绕组轴线放置。只要满足方程 (4.136),就无需将辅相绕组折算到主相绕组。

由于定子绕组已经是正交的,所以 dq 模型方程很简单,因此不需要 Park 变换。对于图 4.23b 中电机的一相来说,Park 变换是起重要作用的,详见参考文献 [4](第 23 章)。

$$I_d R_m - V_d = -\frac{d\Psi_d}{dt}; \quad I_q R_a - V_q = -\frac{d\Psi_q}{dt}$$

$$I_{dr} R_r = -\frac{d\Psi_{dr}}{dt} - \omega_r \Psi_{qr}; \quad I_{qr} R_r = -\frac{d\Psi_{qr}}{dt} + \omega_r \Psi_{dr}$$

$$\Psi_d = L_{ml} I_d + L_{dm}(I_{dr} + I_d)$$

$$\Psi_{dr} = L'_{rl} I_{dr} + L_{dm}(I_{dr} + I_d)$$

$$\Psi_q = L_{al} I_q + L_{qm}\left(I_q + \frac{1}{a} I_{qr}\right)$$

$$\Psi_{qr} = L'_{rl} I_{qr} + L_{qm}(a I_q + I_{qr}) \tag{4.137}$$

此外

$$\frac{L_{qm}}{L_{dm}} = a^2; \quad L_{dm} = L_m^m; \quad I_m = I_d; \quad I_a = I_q \tag{4.138}$$

$$V_d = V_m; \quad V_q = V_a = V_m - V_C(t); \quad \frac{dV_C}{dt} = \frac{I_q}{C} \tag{4.139}$$

$$T_e = -p_1(\Psi_{dr} I_{qr} - \Psi_{qr} I_{dr}) = p_1 L_{dm}(a I_q I_{dr} - I_d I_{qr}) \tag{4.140}$$

加上运动方程 (4.133),就可以得到完整的模型。此时系统的阶数为六 (在这里,转子位置角 θ_{er} 是无关紧要的)。

注意:再次强调,只有当满足方程 (4.136) 时,dq 模型才有效。

对于稳态情况,正负空间相量模型已在《电机的稳态模型、测试及设计》第 5 章中使用过,因此这里不再重复。如需了解更多关于该主题的内容,请参阅参考文献 [4](第 24~28 章)。

在 dq 模型中,通过以磁通为变量的 $L_m^m(I_m)$ 函数,可以简便地处理磁饱和问题。在稳态情况下,磁饱和会导致定子电流呈非正弦特性,见参考文献 [4](第 25 章)。

4.17 直线感应电机暂态

直线感应电机如今被广泛应用于众多领域,例如城市人员输送机以及轮式车辆的推进 (加拿大 UTDC 公司),并且可通过车载由直流供电且受控的电磁铁实现有源磁悬浮 (见图 4.24) (日本、韩国)。

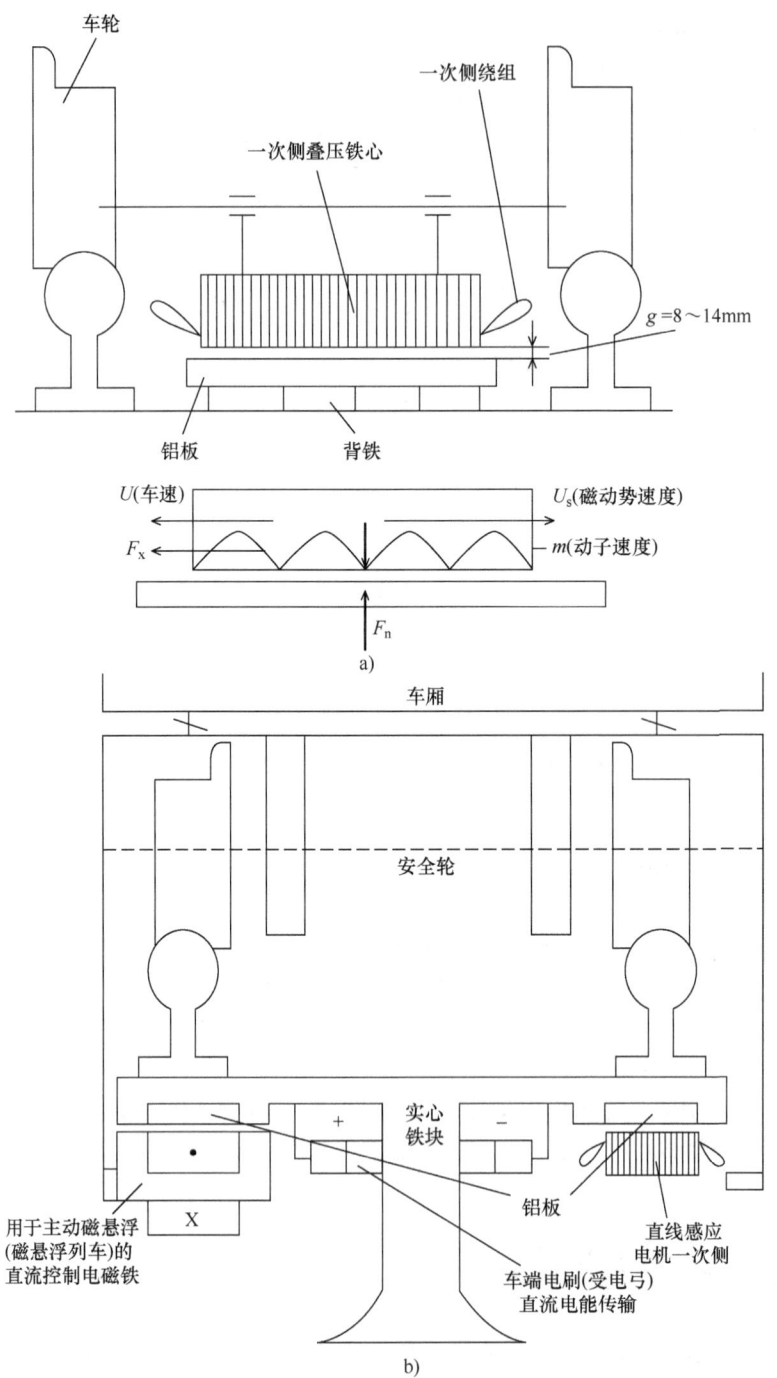

图 4.24　用于人员输送的单边直线感应电机

a) 轮式车辆　b) 磁悬浮

在图 4.24b 所示的磁悬浮列车的每一侧，都布置有与直流电磁铁交错排列的直线感应电机，用于悬浮控制。在这种应用中，二者都使用同一块实心铁轨（梁）作为背铁心[17]。

还应当注意到，如果直线感应电机的法向（垂直）力属于吸力类型，那么它有助于直流控制电磁铁产生有源磁悬浮（见图 4.24b）。在设计良好（以实现较高效率）的直线感应电机中，情况便是如此，见参考文献 [15]（第 3 章）。

可以对直线感应电机的磁通进行控制，以便在推进过程中产生特定的动态特性，同时在达到基速 U_b 之前，可通过吸引力为悬浮助力，使其增加 20% ~ 30%。而在超过基速 U_b 后，为了进行推进控制，可能必须进行弱磁操作。

作为最重要的近似，可以忽略次级（实心背铁加铝板轨道）中的频率和饱和效应。也忽略纵向端部效应，尽管对于城市载人运输系统（峰值速度为 20 ~ 40m/s）来说，后者已经通过降低推力（推进力）、效率和功率因数影响了性能（见《电机的稳态模型、测试及设计》第 5 章）。可以使用修正系数来减小 F_x 和 L_m 并增大 R_r（所有这些都随转差率变化），以考虑纵向端部效应。因此，dq 模型很简单（如同第 3 章中的直线同步电机一样），但现在是在同步坐标系中

$$\overline{V}_s = R_s \overline{I}_s + jU_s\pi\, \overline{\Psi}_s/\tau + d\overline{\Psi}_s/dt;\ U_s - 同步速度(m/s)$$

$$0 = R_r \overline{I}_r' + d\overline{\Psi}_r'/dt + j(U_s - U)\pi\, \overline{\Psi}_r'/\tau;\ U - 速度(m;s)$$

$$F_x = \frac{3}{2}\frac{\pi}{\tau}\mathrm{Re}(j\,\overline{\Psi}_s\,\overline{I}_s^*) \tag{4.141}$$

以及

$$\overline{\Psi}_s = L_s\overline{I}_s + L_m\overline{I}_r';\ \overline{\Psi}_r' = L_r'\overline{I}_r' + L_m\overline{I}_s \tag{4.142}$$

此外，近似地，$L_{rl}' \ll L_{sl}$，所以它可以被忽略，因此

$$\overline{\Psi}_r' = \overline{\Psi}_m = L_m(\overline{I}_r' + \overline{I}_s) = L_m\overline{I}_m \tag{4.143}$$

因此，次级磁链 $\overline{\Psi}_r'$ 与气隙磁链相同，并且因此，其闭环控制可能会实现法向（悬浮）力 F_x 的控制。

当对初级变量应用 Park 变换时应该小心，因为初级变量是动子

$$\overline{I}_s = \frac{2}{3}(I_A + I_B e^{j\frac{2\pi}{3}} + I_C e^{-j\frac{2\pi}{3}})e^{-j\Theta_s};\ \frac{d\theta_s}{dt} = -\frac{\pi}{\tau}x \tag{4.144}$$

式中，x 是直线运动变量。

作为重要近似，法向（悬浮）吸引力 F_n 为

$$F_n \approx \frac{3}{2}I_m^2\frac{\partial L_m}{\partial g} \tag{4.145}$$

矢量控制（用于转子磁场定向）可用于推进，而法向力 F_n 可以被估算，然后根据需要进行控制，以减少噪声和振动，并有助于实现主动磁悬浮（见图 4.25）。

让我们回想一下，我们不仅忽略了次级中的频率效应（对 R_r' 的影响）以及

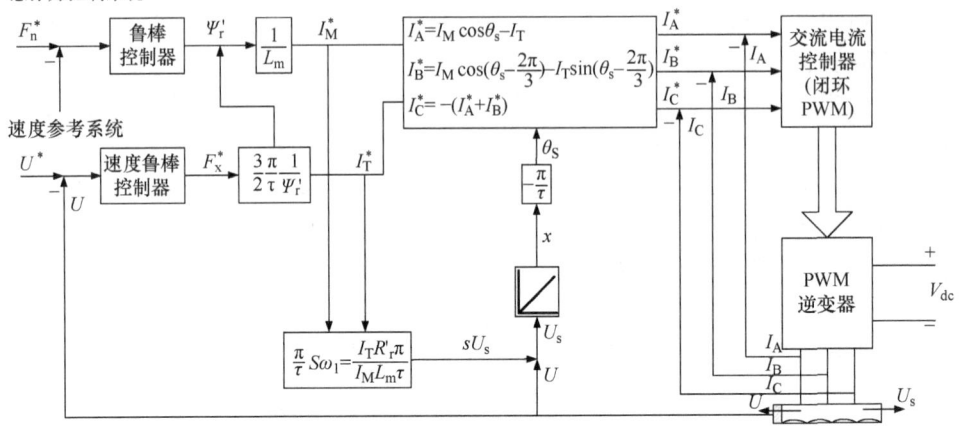

图 4.25 直线感应电机的矢量控制

实心背铁中的磁饱和（对 R_r' 和 L_m 的影响），而且由于轨道不平整，L_m（磁化电感）会随气隙变化，并且在磁悬浮气隙（高度）控制中允许 20%～25% 的动态误差，以便为磁悬浮列车中用于控制直流电磁铁的 PWM 变换器限制峰值千伏安数。

有两种方法来处理这种情况：
- 更好的建模。
- 更稳定的推进和悬浮控制。

两者都值得研究，但第二种方法看起来更实用，可能值得首先尝试。然而，已经尝试使用三维有限元电路模型或具有大量导条的梯形次级电路模型（如本章中的 mN_r 模型，4.11 节）来模拟暂态性能，包括暂态情况下的端部效应。对于控制系统设计，仍需要更简单的模型来考虑纵向端部效应、次级中的频率和饱和效应，以及更实用的气隙、次级磁链 $\overline{\Psi_r'}$ 和速度 U 估算器。

4.18 本章小结

- 当连接（或在运行中"动态"重新连接）到电网时，在各种电网故障、负载转矩扰动或电压跌落之后，或者在 PWM 变换器供电情况下，感应电机的电压、电流幅值和频率以及速度会随时间变化。也就是说，它们会经历暂态过程。
- 具有随转子位置变化的定子/转子电路互感的相变量模型，是适用于感应电机暂态过程的最通用电路模型。不幸的是，对于数值解而言，这意味着需要大量的 CPU 时间。
- 对于三相对称的定子和转子绕组以及均匀气隙（转子零偏心），相变量感应电机模型可以简单地转换为 dq0 模型。参数等效非常简单：相电阻和漏电感保持不变，磁化电感 L_m 是周期性电感（$L_m = 1.5 L_{l1m}$）。

- 定子和转子零序电流方程仅与定子（或转子）电阻和漏电感有关。它们对转矩没有贡献，但会产生额外损耗。对于星形联结，它们为零。
- 对于六相感应电机，需要两个 dq0 模型。
- 通过将 $L_m(I_m) = \Psi_m/I_m$ 和 $L_{mt} = d\Psi_m/dI_m$ 作为合成（磁化）电流 I_m 的函数，可以简单地将磁饱和引入 dq 模型。
- 转子频率（趋肤）效应可以通过并联额外的（虚拟）转子笼恒定参数电路引入 dq0 模型。铁耗绕组也可以引入 dq0 模型[18]。
- 一般坐标系 ω_b 下空间矢量模型的稳态意味着所有变量的频率为 $\omega_1 - \omega_b$（ω_1 为定子电压频率）。在同步坐标系中，当 $\omega_b = \omega_1$ 时，变量在稳态下为直流。
- 在稳态下，对于笼型转子情况，转子磁链空间矢量 $\bar{\Psi}'_{r0}$ 和转子电流空间矢量 $\bar{I}'_{r0}$ 是正交的。
- 即使在暂态过程中，如果转子磁链的幅值保持恒定，$\bar{\Psi}'_r$ 和 $\bar{I}'_r$ 仍然保持正交。
- 对于电动机模式，定子空间矢量 $\bar{I}_s$ 在运动方向上领先于 $\bar{\Psi}_s$；而对于发电机模式，情况则相反。
- 对于双馈式感应电机中转子电流为零（$V'_r \neq 0$）的情况，在转差率 $S_0 \neq 0$ 时可获得理想空载转速，该转差率可为正也可为负；因此，当通过双向脉宽调制（PWM）交-交变换器以频率 $\omega_2 = S\omega_1$ 向转子供电时，在转差率 $S < 0$ 和 $S > 0$ 的情况下，电动机和发电机运行方式均是可行的。
- 在双馈式感应电机（DFIM）中，电机的励磁可以通过转子电源实现，也可以通过定子电源实现。需要注意的是，在双馈式感应电机中，定子频率和电压通常是恒定的，而转子中的 V'_r 及其频率 ω_2 是可变的，且满足 $\omega_2 = \omega_1 - \omega_r$。可以认为双馈式感应电机是作为一台带有交流转子励磁的同步电机在运行；但实际情况是，在定子和转子中存在一个异步的附加功率分量[13]。
- 对于处于次同步运行（转差率 $S > 0$）的双馈式感应电机，在电动机和发电机运行时，功率从一侧输入，再从另一侧输出。
- 在双馈式感应电机的超同步模式（转差率 $S < 0$）下，对于电动机和发电机运行情况，功率会从两侧输入或输出。在有限的转速范围（$|S_{max}| < 0.25$）内，转子侧 PWM 双向变换器的容量按 $|S_{max}|P_n$ 来确定，因此其成本更低。这一方式应用于大多数现代风力发电机系统中。
- 电磁暂态意味着恒速暂态。对于恒定参数，可以像对同步电机所做的那样，在 dq 模型中针对转子坐标系定义运算（拉普拉斯）参数。
- 三相突然短路可以用拉普拉斯方程来处理。对于双转子电路模型，短路电流暂态呈现出三个时间常数：一个是由定子引起的，另外两个是由转子电路引起的。它可以通过曲线拟合来确定电机电感 L''、L' 和 L_s 以及时间常数 τ''、τ_0''、τ'、τ_0' 和 τ_a。

- 小偏差理论用于将感应电机的 dq 模型线性化，以用于机电暂态（ω_r 也是变量）；由此得到一个五阶系统，并且其特征值可用于检验稳定性条件。

- 对于大偏差暂态情况，需要直接使用 dq 模型（如有必要，可包含磁饱和以及转子频率效应）。直接连接到电网或者出现较大负载转矩扰动是大偏差暂态的典型情况。对于小惯性系统，暂态转矩/速度曲线与稳态曲线相差甚远，会出现高达 10/1 的电流峰值以及 5~6 倍转矩峰值，并且还会有速度和电流振荡现象。

- 对于多电机暂态情况，需要采用降阶的 dq 模型。在同步坐标系（$\omega_b = \omega_1$）中忽略定子暂态（$d\Psi_d/dt = d\Psi_q/dt = 0$）是比较典型的做法。

- 给出了基本矢量控制方案，以阐释相关原理，并与现代"电力驱动"相关联，不过，现代"电力驱动"本身是一个独立的学科领域。

- 双馈式感应电机作为发电机/电动机，在有限的转速范围内，也可通过转子矢量控制来进行控制，不过要分别调节定子的有功功率和无功功率。本章也对这种可能性进行了描述。

- 介绍了双馈式感应电机作为同步电机无刷励磁机的模型及性能，其转子输出电压的频率 $\omega_2 = |\omega_1| + |\omega_r| > |\omega_1|$，大部分输出功率从轴（机械）功率中获取。其输出是通过软起动器（自耦变压器）从定子侧进行控制的，定子侧频率 ω_1 恒定，电压可变（随转速降低）。这是一种广泛应用于工业的解决方案，因为其成本合理，能从零转速开始工作，电压调节量小，并且由于在同步电机额定转速下定子电压上限较高，能使同步电机励磁电流响应迅速。

- 详细介绍了用于确定感应电机参数的堵转试验，因为在许多地方这些实验并不是标准实验。磁通衰减实验用于确定磁化曲线和电机时间常数（通过曲线拟合）。

- 一般来说，从 0.01~100Hz 的静止频率响应（SSFR）测试用于确定运算阻抗 $\underline{Z}(j\omega)$、幅值和相角。通过对 $|\underline{Z}(j\omega)|$ 进行曲线拟合，可以确定在运算电感中可见的电机时间常数。或者，$\underline{Z}(j\omega)$ 幅角（角度）频率 f_c'、$f_c''\cdots$ 的最大值以及 φ'、$\varphi''\cdots$ 的值可以引出一种非常简单的时间常数对（$\tau' < \tau_0'$ 和 $\tau'' < \tau_0''$）的计算程序。

- 在本地电网变压器的一次绕组中，电机从电网断开并且在定子剩余电压尚未显著下降之前立即重新连接，这会导致转矩和电流出现非常高的暂态变化，特别是在小型感应电机中。此类情况可能会危及感应电机本体，应该通过适当的保护机制来避免。

- 为了检测断裂的转子导条或端环部分，必须对每个转子回路（导条）进行建模，需要用到 $m+N_r+1+1$ 个方程（变量），其中 m 是定子相数，N_r 是转子导条数，一个是环电流 I_e（对于正常的环 $I_e=0$），还有一个是用于运动方程。定子/转子回路之间的各种耦合电感通过解析的方式定义，并且它们取决于转子的位置。

- 转子导条与铁心壁之间的电阻不是无穷大，这会导致导条间电流产生，这种电流往往会减轻断条效应，从而使断条情况的诊断更加困难。

- 在通过 PWM 逆变器进行变速电动机和发电机控制时，对转子磁通和定子磁通加以控制是比较常见的做法。

- 如果采用空间矢量模型（采用单转子电路模型），在恒速（转差率恒定）电磁暂态情况下，可将定子电流 $\overline{I}_s$ 以及转子磁通 $\overline{\Psi}_r$ 或定子磁通 $\overline{\Psi}_s$ 空间矢量作为变量，此时只会出现两个复特征值。它们的实部取决于转速（转差率），虚部取决于坐标系的转速 ω_b。这意味着所有电磁暂态情况都可以通过空间矢量的解析解来处理。

- 对于恒定的定子磁通和转子磁通，在恒速（转差率）暂态情况下，仅剩下一个复特征值。这是一种极大的简化，并且对于恒定的转子磁通而言，会得到一条如他励有刷直流电机那样的直线型转矩/速度曲线。定子电流可分解为两个分量，一个用于产生磁通，另一个用于产生转矩，且这两个分量可分别进行控制。这种矢量控制的特点是能在较宽的转速范围内实现快速的转矩控制，并且性能良好。

- 裂相电容式感应电机仍广泛应用于家用电器中，因为通常只有单相电源可用。本章介绍了一种针对两个正交（但在槽占比和用铜量方面本质上有所不同）的定子绕组，即主相绕组和辅相（起动）绕组，以及一个笼型转子的相变量模型。当主相绕组和辅相绕组的用铜量相同时，可在任意坐标系下使用 dq 模型来研究暂态情况。即便如此，得到的仍是一个六阶系统。

- 在城市（城郊）交通中，无论是有轮的交通工具还是磁悬浮列车（采用主动磁悬浮技术），都会使用一种在实心铁轨上铺设铝板的三相直线感应电机。直线感应电机存在次级趋肤效应、饱和效应以及纵向端部效应（见《电机的稳态模型、测试及设计》第 5 章）。如果忽略这些效应，就可以使用 dq 模型，只不过要用推力 F_x 来代替转矩，用线速度 V（单位：m/s）来取代转子角速度 ω_r（单位：rad/s）。单边直线感应电机会产生一个法向（悬浮）力，在设计良好的直线感应电机中，当转差频率 $S\omega_1$ 较小时，该力为吸引力类型。如果推力能够使车辆产生 1m/s^2 的加速度，那么这个法向力可提供总悬浮力（车辆重量）的 20%～25%。因此，矢量控制是可行的。恒定的转子磁通参考值通过额外的直流电磁铁与悬浮控制相关联。由于磁悬浮列车上有相当数量的直线感应电机和直流电磁铁,所以必须对这样一个复杂的系统进行建模和控制,以实现良好的稳态和动态性能。

• 电力电子频率控制已使感应电机从工业界的"役马"变成了"赛马"。显然,这一趋势将会持续下去。

4.19 思考题

4.1 写出双正交相定子笼型转子感应电机的相变量方程。

提示:查阅 4.1 节,但要注意到定子与转子互感对 $\sin\theta_{er}$ 和 $\cos\theta_{er}$ 的依赖关系。

4.2 感应电机的磁化电感 L_m 与励磁电流 I_m 的关系如下

$$L_m(I_m) = \frac{L_{m0}}{a + bI_m}$$

计算暂态电感函数 $L_{mt}(I_m)$。

提示:查看方程(4.24)中关于 L_{mt} 的表达式并加以运用。

4.3 一台笼型转子感应电机具有以下参数:$R_s = 1.0\Omega$,$R_r' = 0.7\Omega$,$L_m = 0.2H$,$L_{sl} = L_{rl}' = 6mH$,极对数 $p_1 = 2$。它在转速为 1800r/min、转差率 $S = 0.02$ 以及转子磁通 $\Psi_{r0}' = 1Wb$ 的工况下运行。计算:

a. 转子电流 $\bar{I}_{r0}'$ 和定子频率 ω_1。

b. 主磁通 $\bar{\Psi}_m$ 和定子磁通 $\bar{\Psi}_{s0}$。

c. 定子电流 $\bar{I}_{s0}$。

d. 定子电压相量 $\bar{V}_{s0}$。

提示:参考例 4.1,但要从方程(4.28)开始,然后再参照方程(4.29)等依次进行。

4.4 一台双馈式感应电机具有以下参数:$R_s = R_r = 0.02\Omega$,在 $f_{1n} = 60Hz$ 时 $X_{sl} = X_{rl}' = 0.2\Omega$,$X_m = 15\Omega$,$2p_1 = 4$,并且作为电动机在转差率 $S = +0.25$ 的工况下运行,定子功率因数 $\cos\varphi_s = 0.93$(滞后),定子相电流 $I_{nph} = 1200A$,线电压 $V_{line} = 4200V$(有效值)。计算

a. 定子磁通矢量 $\bar{\Psi}_{s0}$。

b. 转子磁通矢量 $\bar{\Psi}_{r0}'$。

c. 转子电压相量 $\bar{V}_{r0}'$。

d. 定子和转子有功和无功功率 P_s,Q_s,P_r^r 以及 Q_r^r。

提示:参考例 4.2,并留意相对于电压的不为零的定子电流相角 φ_s。

第 4 章 感应电机的暂态　151

4.5　对于问题 4.3[⊖] 中给定数据的单笼型转子感应电机,在零速情况下,计算磁通 $\Psi_s(t)$ 和电磁转矩 $T_e(t)$ 的暂态变化,并将它们用图形表示出来。电机直连至电网,$V_{en} = 220V$ (有效值),星形联结。

提示：直接使用方程 (4.49) ~ 方程 (4.51)。

4.6　问题 4.3 中的单笼型转子感应电机在稳态下运行,其转差频率 $\omega_{20} = 2\pi \text{rad/s}$,$\omega_{10} = 2\pi \times 60 \text{rad/s}$,电压 $V_1 = 380V$ (线电压)。

　　a. 计算空间相量 $\bar{I}_{s0}$、$\bar{I}'_{r0}$ (I_{d0}、I_{q0}、I'_{dr0}、I'_{qr0}) 和转矩 $T_{e0} = T_{L0}$ (见例 4.1)。

　　b. 根据方程 $|A|s|\Delta X| + |B||\Delta X| = 0$,基于方程 (4.57) 和方程 (4.58) 中的 $|A|$ 和 $|B|$,计算在 a 中稳态点附近线性化 dq 模型系统的特征值。

4.7　根据相关理论和 4.11 节中给出的电机数据,编写一个 MATLAB/Simulink 程序,对 1 根、2 根、3 根、4 根断条的情况进行仿真,并绘制定子电流、断条电流以及转矩随时间变化的曲线。

4.8　根据方程 (4.80),对 $R_s = R_r = 0.1\Omega$,$L_s = L'_r = 32\text{mH}$,$L_m = 30\text{mH}$ 的感应电机,在转差率 $S = 1, 0.02, -0.02$、频率 $\omega_1 = 2\pi \times 60 \text{rad/s}$ 的情况下,分别在定子坐标系 ($\omega_b = 0$) 和同步坐标系 ($\omega_b = \omega_1$) 中计算其复特征值。对结果进行讨论。

4.9　针对问题 4.8 中的感应电机,在转子磁通恒定、低频 ($\omega_1 = 2\pi \times 1.2 \text{rad/s}$) 且 $s = \pm 0.7$ (低速) 的情况下,计算其特征值$\underline{s}$,并对结果进行讨论。

提示：在同步坐标系中使用方程 (4.83)。

4.10　一台笼型转子感应电机在转子磁通恒定的情况下运行,$R_r = R'_r = 0.1\Omega$,$L_s = L'_r = 0.093\text{H}$,$L_m = 0.09\text{H}$,$2p_1 = 4$,$n = 120\text{r/min}$,$I_m = 20\text{A}$,转差率 $S\omega_1 = \pm 2\pi \times 1 \text{rad/s}$。计算：

　　a. 输出转矩。

　　b. 频率 ω_1。

　　c. 定子相电压,电流和功率因数。

提示：参考例 4.5。

4.11　问题 4.4 中的双馈式感应电机作为电动机运行,其转子磁通恒定,$\Psi'_r = 10\text{Wb}$,$s = -0.25$,$T_e = 42.3\text{kNm}$,$\omega_1 = 2\pi \times 50 \text{rad/s}$,且定子功率因数为 1。计算：

　　a. 定子电流 I_{d0} 和 I_{q0}。

　　b. 转子电流空间相量 $I'_r = jI'_{qr}$,$\bar{\Psi}'_r = \bar{\Psi}_{dr0} = L_m I_{ds0}$。

　　c. 转子电压分量 V_{dr} 和 V_{qr}。

　　d. 转子有功功率 P^r_r 和无功功率 Q^r_r。

　　e. 定子电压 $\bar{V}_s$ (相电压,有效值),定子功率 P_s 和 Q_s,以及总功率 $P_{tot} =$

　　⊖　原书此处有误。——译者注

$P_r^r + P_s$。

f. $\bar{V}_s$ 和 $\bar{V}_r'$ 之间的夹角。

提示：参考例4.2和4.13节，在计算定子电压 V_s 时，注意定子的功率因数为1这一条件。

4.12 一台感应电机阻抗（标幺值）的堵转频率响应实验在零频率时，电感 $l(s)$ 标幺值为3。其相位有两个最大值，一个是在 $f_c' = 7\text{Hz}$ 时 $\varphi_c' = -30°$，另一个是在 $f_c'' = 60\text{Hz}$ 时 $\varphi_c' = -15°$。利用相位法，确定时间常数 τ'、τ_0' 和 τ''、τ_0''，最后写出标幺值形式的 $l(s)$ [方程 (4.123)]，其中 $r_s = 0.02\text{pu}$，并将其与图4.22中的结果进行对比。

提示：针对所述情况，查阅并使用方程（4.125）~方程（4.128）。

4.13 一台裂相感应电机有两个正交绕组，它们用铜量相同 [满足方程 (4.136)]，并且具有以下参数：$R_m = 20\Omega$，$L_{ml} = 0.2\text{H}$，$L_{dm} = 10L_{ml}$，极对数 $p_1 = 1$，$a = w_a k_{wa}/w_m k_{wm} = 1.2$，$J = 10^{-4}\text{kgm}^2$。计算

a. 辅相绕组参数 R_a，L_{al}，L_{qm}。

b. 编写一段MATLAB代码，利用dq模型来研究起动及其他暂态过程，其中起动时使用起动电阻 R_{start}，运行时使用电容。这两者之间的切换是瞬时的，且在期望的时刻进行。同时，要考虑能够引入随时间以及转速变化的负载转矩变化情况。针对起动电阻 $R_{start} = 3R_a$、运行电容 $C_{run} = 4 \times 10^{-6}\text{F}$ 以及 $V_m = 120\sqrt{2}\cos(2\pi \times 60t)$ 的情况，对程序进行调试并运行。

提示：使用方程（4.136）~方程（4.139）。

4.14 一台用于城市磁悬浮的三相单边直线感应电机具有以下参数：极距 $\tau = 0.25\text{m}$（极数 $2p_1 = = 8$）。纵向端部效应和次级频率效应可忽略不计，额定气隙 $g = 10\text{mm}$，铝板厚度 $h_{Al} = 5\text{mm}$，并且初级和轨道中的背铁磁导率均视为无穷大；该电机在转子磁通恒定（$L_{rl}' = 0$）的情况下运行，即 $L_m = L_r'$。直线感应电机以速度 $V = 30\text{m/s}$ 运行，转差率 $S = 0.1$，$\Psi_r' = \Psi_m = 1.5\text{Wb}$，$I_T/I_M = 1.6/1$，基本推力 $F_{xn} = 12\text{kN}$；并且 $R_s = R_r/2.5$。计算：

a. 初级频率 $f_1(\omega_1)$。

b. 次级电阻 R_r'，定子电阻 R_s 和磁化电感 L_m：$L_{sl} = 0.35L_m$。

c. 考虑到 L_m 与 $(g + h_{Al})$ 成反比变化时的法向（吸引）力。

d. 以转子磁通定向的定子磁通分量，最后计算定子相电压、电流、$\cos\varphi_s$ 以及效率（仅考虑绕组损耗）。

提示：参照方程（4.140）~方程（4.144）中关于 F_x 和 F_n 的表达式，其余问题可参考例4.5进行计算。预期结果：$f_s = 66.66\text{Hz}$，$I_M = 265\text{A}$，$R_r = 0.148\Omega$，$L_m = 5.625 \times 10^{-3}\text{H}$，$V_s \approx 920\text{V}$（一相峰值），$\cos\varphi_s \approx 0.61$，$\eta \approx 0.85$，$F_n =$

39.8kN（这比基本推力 F_{xn} 的三倍略多一点），$P_{elm} = F_{xn}V = 360\text{kW}$。

参 考 文 献

1. S. Ahmed-Zaid and M. Taleb, Structural modeling of small and large induction machines using integral manifolds, *IEEE Trans*. EC-6, 1991, 529–533.

2. M. Taleb, S. Ahmed-Zaid, and W.W. Phia, Induction machine models near voltage collapse, *EMPS*, 25(1), 1997, 15–28.

3. M. Akbaba, A phenomenon that causes most source transients in three phase IMs, *EMPS*, 12(2), 1990, 149–162.

4. I. Boldea and S.A. Nasar, *Induction Machine Handbook*, CRC Press, Boca Raton, FL, 2001.

5. S.A. Nasar, Electromechanical energy conversion in n m-winding double cylindrical structures in presence of space harmonics, *IEEE Trans.*, PAS-87, 1968, 1099–1106.

6. P.C. Krause, *Analysis of Electric Machinery*, McGraw-Hill, New York, 1986 and new (IEEE) edition.

7. H.A. Tolyiat and T.A. Lipo, Transient analysis of cage IMs under stator, rotor, bar and end ring faults, *IEEE Trans.*, EC-10(2), 1995, 241–247.

8. S.T. Manolas and J.A. Tegopoulos, Analysis of squirrel cage with broken bars and end rings, *Record of IEEE-IEMDC*, 1997.

9. I. Kerszenbaum and C.F. Landy, The existence of inter-bar current in three phase cage motors with rotor bar and (or) end ring faults, *IEEE Trans.*, PAS-103, 1984, 1854–1861.

10. S.L. Ho and W.H. Fu, Review and future application of FEM in IMs, *EMPS J.*, 26(1), 1998, 111–125.

11. J.F. Bangura and M.A. Demerdash, Performance characterization of torque ripple reduction in IM adjustable speed drives using time-stepping coupled FE state space techniques, *Record of IEEE-IAS*, 1, 1998, 218–236.

12. I. Boldea and S.A. Nasar, *Electric Drives*, 2nd edition, CRC Press, Boca Raton, FL, 2005.

13. I. Boldea, *Electric Generator Handbook*, Vol. 2, *Variable Speed Generators*, CRC Press, Boca Raton, FL, 2005.

14. A. Watson, A systematic method to the determination of SM parameters from results of frequency response tests, *IEEE Trans.*, EC-15(4), 2000, 218–223.

15. I. Boldea and S.A. Nasar, *Linear Motion Electromagnetic Devices*, Taylor & Francis Group, New York, 2001.

16. I. Boldea and S.A. Nasar, *Linear Motion Electric Machines*, Chapter 4, John Wiley & Sons, New York, 1976.

17. F. Gieras, *Linear Induction Drives*, Oxford University Press, Oxford, U.K., 1994.

18. I. Boldea and S.A. Nasar, Unified treatment of core losses and saturation in the orthogonal axis model of electrical machines, *Proc. IEE*, London, 134(6), 1987, 355–363.

第 5 章

电磁有限元法概要

5.1 矢量场

"场"看似是一个相当抽象的概念，它作为一种物质形式，在解释电磁现象方面起着关键作用，对电机设计有着深远的影响[1-17]。从数学角度而言，存在诸如温度场、压力场和电流密度场这样的标量场，以及像电场、磁场和固体中的机械应力场这类向量场。对于标量场，在空间的每一个点都赋予一个标量。而对于向量场，空间中的每一个点都关联着一个向量。标量场与磁场之间的关系基于电磁学的基本定律，即麦克斯韦方程组。但首先要介绍向量运算的主要性质。

5.1.1 坐标系

在笛卡儿坐标系（见图 5.1）中，矢量 $\bar{A}$ 由其在正交坐标轴上的投影来定义

$$\bar{A} = A_x \cdot \bar{u}_x + A_y \cdot \bar{u}_y + A_z \cdot \bar{u}_z \tag{5.1}$$

式中，$\bar{u}_x$、$\bar{u}_y$ 和 $\bar{u}_z$ 分别是与正交坐标轴 x、y 和 z 同向的单位矢量。

对于圆柱坐标系（见图 5.2），矢量场的作用点 $P(r,\theta,z)$ 由圆柱半径 r、与 x 轴夹角 θ 以及高度 z 确定。沿坐标轴的单位矢量分别为 $\bar{u}_r$、$\bar{u}_\theta$ 和 $\bar{u}_z$。笛卡儿坐标系和圆柱坐标系之间的变换矩阵由方程 (5.2) 给出

$$\begin{pmatrix} A_r \\ A_\theta \\ A_z \end{pmatrix} = \begin{pmatrix} \cos\theta & -\sin\theta & 0 \\ \sin\theta & \cos\theta & 0 \\ 0 & 0 & 1 \end{pmatrix} \cdot \begin{pmatrix} A_x \\ A_y \\ A_z \end{pmatrix} \tag{5.2}$$

柱坐标系在研究的场呈现圆柱对称性时很有用，例如由静电加载的直线导体产生的径向电场（$\bar{E}_r \neq 0$，$\bar{E}_\theta = 0$，$\bar{E}_z = 0$），或者通有电流的同一导体的磁场（$\bar{B}_r = 0$，$\bar{B}_\theta \neq 0$，$\bar{B}_z = 0$）。对于柱坐标系轴上的点，单位向量 $\bar{u}_\theta$ 和 $\bar{u}_z$ 无定义。

球坐标系表示一组曲线坐标，用于自然地描述球面上的位置。坐标由以下几个量给出：r，即到原点的距离；θ 为方位角（位置矢量在 xoy 平面上的投影与正半轴 "x" 之间的夹角）；以及 φ，也就是天顶角（位置矢量与正半轴 "z" 的夹角）。矢量 $\bar{A}$（见图 5.3）的单位矢量是 $\bar{u}_r$、$\bar{u}_\theta$ 和 $\bar{u}_\varphi$，它们对应用点坐标的方向依赖性在方程 (5.3) 中有所描述

$$\begin{pmatrix} \bar{u}_r \\ \bar{u}_\theta \\ \bar{u}_\varphi \end{pmatrix} = \begin{pmatrix} \cos\theta\sin\phi & \sin\theta\sin\phi & \cos\phi \\ -\sin\theta & \cos\theta & 0 \\ \cos\theta\cos\phi & \sin\theta\cos\phi & -\sin\phi \end{pmatrix} \cdot \begin{pmatrix} \bar{u}_x \\ \bar{u}_y \\ \bar{u}_z \end{pmatrix} \tag{5.3}$$

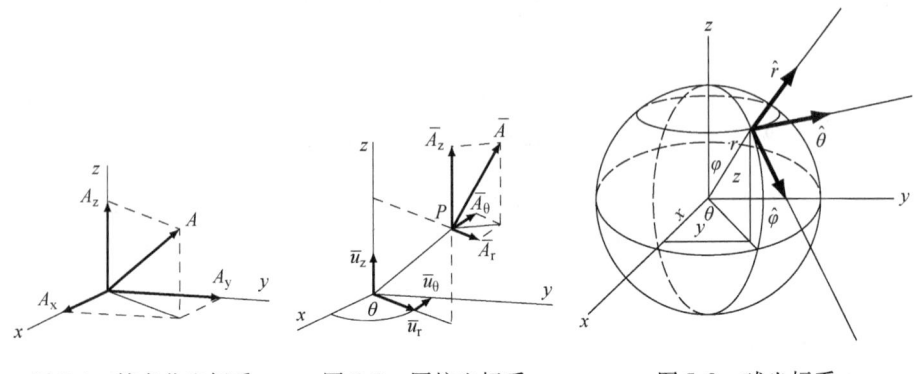

图 5.1 笛卡儿坐标系　　　图 5.2 圆柱坐标系　　　图 5.3 球坐标系

单位向量 $\bar{u}_r$、$\bar{u}_\theta$ 和 $\bar{u}_\varphi$ 在原点处并非是唯一确定的。笛卡儿坐标系与球坐标系之间的变换矩阵由方程（5.4）给出

$$\begin{pmatrix} A_r \\ A_\theta \\ A_\phi \end{pmatrix} = \begin{pmatrix} \cos\theta\sin\phi & -\sin\theta & \cos\theta\cos\phi \\ \sin\theta\sin\phi & \cos\theta & \sin\theta\cos\phi \\ \cos\phi & 0 & -\sin\phi \end{pmatrix} \cdot \begin{pmatrix} A_x \\ A_y \\ A_z \end{pmatrix} \tag{5.4}$$

球坐标系对于具有球对称性的场非常有用，例如由点电荷产生的静电场。在这种情况下，只有场的径向分量不为零（$\bar{E}_r \neq 0$，$\bar{E}_\theta = 0$，$\bar{E}_\varphi = 0$）。

5.1.2　矢量运算

考虑两个矢量 $\bar{A}$ 和 $\bar{B}$，其幅值分别为 $|A|$ 和 $|B|$，相位角 α。它们的标量积定义为

$$\bar{A} \cdot \bar{B} = |A| \cdot |B| \cdot \cos\alpha \tag{5.5}$$

在笛卡儿坐标系中，标量积为

$$\bar{A} \cdot \bar{B} = A_x B_x + A_y B_y + A_z B_z \tag{5.6}$$

矢量积为

$$\bar{A} \times \bar{B} = |A| \cdot |B| \cdot \sin\alpha \cdot \bar{n}_{AB} \tag{5.7}$$

式中，$\bar{n}_{AB}$ 是垂直于矢量 $\bar{A}$ 和 $\bar{B}$ 所在平面的单位向量，其方向由右手定则给出。

在笛卡儿坐标系中，矢量积为

$$\overline{A} \times \overline{B} = \begin{vmatrix} \overline{u}_x & \overline{u}_y & \overline{u}_z \\ A_x & A_y & A_z \\ B_x & B_y & B_z \end{vmatrix} \quad (5.8)$$

$$= (A_y B_z - A_z B_y)\overline{u}_x + (A_z B_x - A_x B_z)\overline{u}_y + (A_x B_y - A_y B_x)\overline{u}_z$$

矢量运算的一些性质如下：

1）绝对值
$$\overline{A} \cdot \overline{A} = |A|^2 \quad (5.9)$$

2）标量积的交换律
$$\overline{A} \cdot \overline{B} = \overline{B} \cdot \overline{A} \quad (5.10)$$

3）矢量积的反交换律
$$\overline{A} \times \overline{B} = -\overline{B} \times \overline{A} \quad (5.11)$$

4）标量积的加法分配律
$$\overline{A} \cdot (\overline{B} + \overline{C}) = \overline{A} \cdot \overline{B} + \overline{A}^{\ominus} \cdot \overline{C} \quad (5.12)$$

5）矢量积的加法分配律
$$\overline{A} \times (\overline{B} + \overline{C}) = \overline{A} \times \overline{B} + \overline{A} \times \overline{C} \quad (5.13)$$

6）双重矢量积的分配律
$$\overline{A} \times (\overline{B} \times \overline{C}) = (\overline{A} \cdot \overline{C})\overline{B} - (\overline{A} \cdot \overline{B})\overline{C} \quad (5.14)$$

5.1.3　矢量场的曲线积分与曲面积分（通量）

所谓向量场的曲线积分，指的是相应向量与在曲线上每一点处都与该曲线相切的单位向量之间的标量积的积分

$$L_{12} = \int_c \overline{A} \cdot \mathrm{d}\overline{l} \quad (5.15)$$

在笛卡儿坐标系中，线积分为

$$L_{12} = \int_c \overline{A} \cdot \mathrm{d}\overline{l} = \int_{P_1}^{P_2}(A_x \mathrm{d}x + A_y \mathrm{d}y + A_z \mathrm{d}z) = \int_{x_1}^{x_2} A_x \mathrm{d}x + \int_{y_1}^{y_2} A_y \mathrm{d}y + \int_{z_1}^{z_2} A_z \mathrm{d}z$$

(5.16)

矢量场的曲线积分具有明确的物理意义。对于力场而言，曲线积分表示的是机械功；而对于磁场来说，它是在两点之间产生该磁场所需的安匝数（磁动势）。如果曲线积分的结果 L_{12} 不依赖于路径的形状，而仅取决于起点和终点，那么这样的场就被称为保守场。当且仅当一个场在任何闭合曲线（回路）上的积分都为零时，这个场才是保守场。向量场通过曲面 S 的通量，由向量 $\overline{A}$ 与垂直于曲面 S（夹角为90°）的单位向量之间的标量积的曲面积分来给出

⊖　原书此处有误。——译者注

$$\phi = \int_S \overline{A} \cdot \overline{d\alpha} = \int_S (\overline{A} \cdot \overline{n}) d\alpha \tag{5.17}$$

笛卡儿坐标系中 Φ 的表达式为

$$\phi = \int_S \overline{A} \cdot \overline{d\alpha} = \int_S A_x dydz + \int_S A_y dxdz + \int_S A_z dxdy \tag{5.18}$$

对于流体而言，其速度矢量的曲面积分表示通过该曲面的体积流量。

5.1.4 微分运算

标量场 Φ 的梯度是一个矢量场，该矢量场中的矢量在空间中的每一点都指示着标量场变化最大的方向 $\overline{u}_{\max}$；其幅值等于标量场沿该方向的导数

$$\mathrm{grad}(\vartheta) = \nabla \vartheta = \max\left(\frac{\partial \vartheta}{\partial l}\right) \overline{u}_{\max} \tag{5.19}$$

在笛卡儿坐标系中，梯度为

$$\mathrm{grad}(\vartheta) = \nabla \varphi = \frac{\partial \vartheta}{\partial x} \overline{u}_x + \frac{\partial \vartheta}{\partial y} \overline{u}_y + \frac{\partial \vartheta}{\partial z} \overline{u}_z \tag{5.20}$$

曲面梯度是针对这样的曲面定义的：在该曲面上，标量场在其法线方向 $\overline{n}_\Sigma$ 上存在不连续性，曲面梯度的方向为该曲面的法线方向 $\overline{n}_\Sigma$，其幅值等于曲面两侧标量场数值的差值。

$$\mathrm{grad}_\Sigma(\vartheta) = (\varphi_2 - \varphi_1) \overline{n}_\Sigma \tag{5.21}$$

标量场的梯度始终是一个保守场。向量场的"旋度"（涡度）被定义为：当一个闭合曲面所包围的体积趋于零时，该向量场中相应向量与曲面单位法向量的向量积的闭合曲面积分，与该闭合曲面所包围体积的比值的极限。

$$\mathrm{rot}(\overline{A}) = \nabla \times \overline{A} = \lim_{V \to 0} \frac{1}{V} \oint_\Sigma \overline{n} \times \overline{A} dS \tag{5.22}$$

向量场的旋度在给定方向 $\overline{n}$ 上的投影等于：当闭合曲线所围成的曲面趋于零时，该向量场沿该闭合曲线（位于由其法线 $\overline{n}$ 所定义的平面内）的曲线积分的极限。

$$\overline{n} \cdot \mathrm{rot}(\overline{A}) = \lim_{S \to 0} \frac{1}{S} \oint_c \overline{A} \cdot \overline{dl} \tag{5.23}$$

在笛卡儿坐标系中，旋度表达式为

$$(\overline{A}) = \nabla \times \overline{A} = \begin{vmatrix} \overline{u}_x & \overline{u}_y & \overline{u}_z \\ \frac{\partial}{\partial x} & \frac{\partial}{\partial y} & \frac{\partial}{\partial z} \\ A_x & A_y & A_z \end{vmatrix}$$

$$= \left(\frac{\partial A_z}{\partial y} - \frac{\partial A_y}{\partial z}\right) \overline{u}_x + \left(\frac{\partial A_x}{\partial z} - \frac{\partial A_z}{\partial x}\right) \overline{u}_y + \left(\frac{\partial A_y}{\partial x} - \frac{\partial A_x}{\partial y}\right) \overline{u}_z \tag{5.24}$$

如果场在一个曲面上不连续，那么它的曲面旋度被定义为曲面的法向量 $\overline{n}_\Sigma$

与不连续曲面两侧向量值之差的向量积

$$\text{rot}_\Sigma(\overline{A}) = \overline{n}_\Sigma \times (\overline{A}_2 - \overline{A}_1) \tag{5.25}$$

场的"散度"是一个标量（与每个场点相关联），它显示了场从相应点发散（$\text{div}\,\overline{A} > 0$）或汇聚（$\text{div}\,\overline{A} < 0$）的趋势。场的散度是当一个闭合曲面所包围的体积趋于零时，通过该闭合曲面的场通量与该闭合曲面所包围体积的比值的极限

$$\text{div}(\overline{A}) = \nabla \cdot \overline{A} = \lim_{V \to 0} \frac{1}{V} \oint_\Sigma \overline{A} \cdot \overline{\text{d}S} \tag{5.26}$$

在笛卡儿坐标系中，散度为

$$\text{div}(\overline{A}) = \nabla \cdot \overline{A} = \frac{\partial A_x}{\partial x} + \frac{\partial A_y}{\partial y} + \frac{\partial A_z}{\partial z} \tag{5.27}$$

如果场在曲面上不连续，则定义一个曲面散度为

$$\text{div}_\Sigma(\overline{A}) = (\overline{A}_2 - \overline{A}_1) \cdot \overline{n} \tag{5.28}$$

在每一点处散度都为零的场被称为无散场；通量密度场是一个无散场。

拉普拉斯算子是一个二阶导数算子，用（Δ 或 ∇^2）表示。在每一点处拉普拉斯算子结果为零的场被称为调和场。标量场的拉普拉斯算子结果也是一个标量场，它等于该标量场梯度的散度。

$$\nabla^2 \varphi = \nabla \cdot (\nabla \varphi) = \text{div}(\text{grad}(\varphi)) \tag{5.29}$$

在笛卡儿坐标系中，标量场的拉普拉斯算子为

$$\nabla^2 \varphi = \frac{\partial^2 \varphi}{\partial x^2} + \frac{\partial^2 \varphi}{\partial y^2} + \frac{\partial^2 \varphi}{\partial z^2} \tag{5.30}$$

矢量场的拉普拉斯算子为

$$\nabla^2 \overline{A} = \nabla(\nabla \cdot \overline{A}) - \nabla \times (\nabla \times \overline{A}) = \text{grad}(\text{div}(\overline{A})) - \text{rot}(\text{rot}(\overline{A})) \tag{5.31}$$

在笛卡儿坐标系中，矢量场的拉普拉斯算子可写成

$$\begin{aligned}\nabla^2 \overline{A} &= \nabla^2 A_x\, \overline{u}_x + \nabla^2 A_y\, \overline{u}_y + \nabla^2 A_z\, \overline{u}_z \\ &= \left(\frac{\partial^2 A_x}{\partial x^2} + \frac{\partial^2 A_x}{\partial y^2} + \frac{\partial^2 A_x}{\partial z^2}\right)\overline{u}_x + \left(\frac{\partial^2 A_y}{\partial x^2} + \frac{\partial^2 A_y}{\partial y^2} + \frac{\partial^2 A_y}{\partial z^2}\right)\overline{u}_y \\ &\quad + \left(\frac{\partial^2 A_z}{\partial x^2} + \frac{\partial^2 A_z}{\partial y^2} + \frac{\partial^2 A_z}{\partial z^2}\right)\overline{u}_z\end{aligned} \tag{5.32}$$

5.1.5 积分恒等式

梯度的第一定理指出，梯度场在点 P_1 和点 P_2 之间的曲线积分等于这两点处标量场值 φ_1 和 φ_2 之间的差值

$$\varphi_{12} = \int_{P_1}^{P_2} \text{grad}(\varphi) \cdot \overline{\text{d}l} = \varphi_2 - \varphi_1 \tag{5.33}$$

梯度的第二定理表明，梯度场的体积积分等于标量场在原点处对封闭相应体

积的曲面的积分

$$\int_V \mathrm{grad}(\varphi)\mathrm{d}V = \oint_\Sigma \varphi\,\overline{\mathrm{d}S} \tag{5.34}$$

这个梯度定理在静电学中有着特别的应用。

旋度（Kelvin-Stokes）定理指出，一个向量场的闭合曲线积分等于该向量场的旋度通过由相应闭合曲线所围成的曲面 S 的通量。

$$\oint_c \overline{A}\cdot\overline{\mathrm{d}l} = \int_S \mathrm{rot}(\overline{A})\cdot\overline{\mathrm{d}S} \tag{5.35}$$

散度（Ostrogradsky-Gauss）定理指出，一个向量场通过闭合曲面的通量等于该向量场的散度在由相应闭合曲面所围成的体积上的积分。

$$\int_Z \overline{A}\cdot\mathrm{d}\overline{S} = \int_V \mathrm{div}(\overline{A})\mathrm{d}V \tag{5.36}$$

这个定理在阐述电通和磁通的定律时尤其重要。

格林第一定理分别是标量场和矢量场的分部积分的等价形式；格林第二定理是第一定理对于对称表达式的直接应用。

标量场的格林第一定理为

$$\int_\tau U\mathrm{div}(k\,\mathrm{grad}(V)) + k\,\mathrm{grad}(U)\cdot\mathrm{grad}(V)\mathrm{d}\tau = \oint_S kU\frac{\partial V}{\partial n}\mathrm{d}\overline{S} \tag{5.37}$$

标量场的格林第二定理为

$$\int_\tau U\mathrm{div}(k\,\mathrm{grad}(V)) - V\mathrm{div}(k\,\mathrm{grad}(U))\mathrm{d}\tau = \oint_S k\left(U\frac{\partial V}{\partial n} - V\frac{\partial U}{\partial n}\right)\mathrm{d}\overline{S} \tag{5.38}$$

矢量场的格林第一定理为

$$\int_\tau k\,\mathrm{rot}(\overline{A})\cdot\mathrm{rot}(\overline{B}) - \overline{A}\cdot\mathrm{rot}(k\,\mathrm{rot}(\overline{B}))\mathrm{d}\tau = \oint_S k\,\overline{A}\times\mathrm{rot}(\overline{B})\cdot\mathrm{d}\overline{S} \tag{5.39}$$

矢量场的格林第二定理为

$$\int_\tau \overline{B}\cdot\mathrm{rot}(k\,\mathrm{rot}(\overline{A})) - \overline{A}\cdot\mathrm{rot}(k\,\mathrm{rot}(\overline{B}))\mathrm{d}\tau = \oint_S k[\overline{A}\times\mathrm{rot}(\overline{B}) - \overline{B}\times\mathrm{rot}(\overline{A})]\cdot\mathrm{d}\overline{S} \tag{5.40}$$

格林定理在有限元方法（FEM）中用于确定代数方程组的系数表达式，该代数方程组将偏微分场方程与边界条件相替代。

5.1.6 微分恒等式

对于常数 k 和标量场 U 的乘积以及常数 k 和矢量场 $\overline{A}$ 的乘积的微分算子，其结果与常数 k 和相应场算子的乘积相同

$$\mathrm{grad}(kU) = k\,\mathrm{grad}(U) \tag{5.41}$$

$$\mathrm{rot}(k\overline{A}) = k\,\mathrm{rot}|\overline{A}| \tag{5.42}$$

$$\mathrm{div}(k\overline{A}) = k\,\mathrm{div}(\overline{A}) \tag{5.43}$$

$$\nabla^2(k\overline{A}) = k\nabla^2(\overline{A}) \tag{5.44}$$

对于两个标量场 U 和 V 的和以及两个矢量场 $\overline{A}$ 和 $\overline{B}$ 的和的微分算子,等于分别对这两项应用求和算子。

$$\mathrm{grad}(U+V) = \mathrm{grad}(U) + \mathrm{grad}(V) \tag{5.45}$$
$$\mathrm{rot}(\overline{A}+\overline{B}) = \mathrm{rot}(\overline{A}) + \mathrm{rot}(\overline{B}) \tag{5.46}$$
$$\mathrm{div}(\overline{A}+\overline{B}) = \mathrm{div}(\overline{A}) + \mathrm{div}(\overline{B}) \tag{5.47}$$
$$\nabla^2(U+V) = \nabla^2(U) + \nabla^2(V) \tag{5.48}$$

对于两个场的乘积,这些规则一般不适用。然而,对于梯度

$$\mathrm{grad}(UV) = U\,\mathrm{grad}(V) + V\,\mathrm{grad}(U) \tag{5.49}$$
$$\mathrm{rot}(U\overline{A}) = U\,\mathrm{rot}(\overline{A}) + \mathrm{grad}(U) \times \overline{A} \tag{5.50}$$
$$\mathrm{div}(U\overline{A}) = U\,\mathrm{div}(\overline{A}) + \mathrm{grad}(U) \cdot \overline{A} \tag{5.51}$$
$$\mathrm{div}(\overline{A} \times \overline{B}) = -\overline{A} \cdot \mathrm{rot}(\overline{B}) + \mathrm{rot}(\overline{A}) \cdot \overline{B} \tag{5.52}$$
$$\nabla^2(UV) = U\nabla^2 V + V\nabla^2 U + 2\mathrm{grad}(U)\mathrm{grad}(V) \tag{5.53}$$

复合场的梯度为

$$\mathrm{grad}(U(V)) = \frac{\partial U}{\partial V}\mathrm{grad}(V) \tag{5.54}$$

梯度场的旋度总是零

$$\mathrm{rot}(\mathrm{grad}(U)) = 0 \tag{5.55}$$

一个旋度场的散度也总是零

$$\mathrm{div}(\mathrm{rot}(\overline{A})) = 0 \tag{5.56}$$

最后这两个恒等式对于电磁场具有特殊的重要性,因为它们允许定义标量磁势和矢量磁势的概念。

5.2 电磁场

5.2.1 静电场

静电学研究的是在不存在磁场变化的情况下,由电荷所产生的电场。

电场强度矢量 $\overline{E}$ 属于无旋场类型,其对应的电场被称为静电场。

$$\mathrm{rot}(\overline{E}) = 0 \tag{5.57}$$

因此,静电场是一种梯度场,它由一个被称为静电势的标量场 V 推导而来

$$\overline{E} = -\mathrm{grad}(V) \tag{5.58}$$

电位移矢量 $\overline{D} = \varepsilon\overline{E}$ 通过闭合曲面 Σ 的电位移通量等于该闭合曲面内的电荷量(高斯定律)

$$\oint_\Sigma \varepsilon\,\overline{E}\mathrm{d}S = \int_V \rho\mathrm{d}V \tag{5.59}$$

高斯定律的微分形式为

$$\mathrm{div}(\varepsilon \bar{E}) = \rho \tag{5.60}$$

将方程（5.58）代入到方程（5.60），得到电位（V）方程

$$\mathrm{div}(\varepsilon \,\mathrm{grad}(V)) = -\rho \tag{5.61}$$

利用 5.1.6 节中的微分恒等式可得到

$$\varepsilon \nabla^2 V + \nabla \varepsilon \cdot \nabla V = -\rho \tag{5.62}$$

在大多数情况下，介质的介电常数是恒定的，因此方程（5.62）中的 $\nabla \varepsilon$ 为零，从而得到泊松方程

$$\nabla^2 V = -\frac{\rho}{\varepsilon_0} \tag{5.63}$$

在无电荷区域中（$\rho = 0$），电位的拉普拉斯方程成立

$$\nabla^2 V = 0 \tag{5.64}$$

5.2.2 电流密度场

电荷的运动由电流密度矢量 $\bar{J}$ 表示

$$\bar{J} = qn\bar{V}_\mathrm{d} = \rho \bar{V}_\mathrm{d} \tag{5.65}$$

式中，q 是粒子所带电荷；n 是单位体积内的粒子数；$\bar{V}_\mathrm{d}$ 是平均（漂移）速度。

通过某一表面的电流由该表面上电流密度的曲面积分给出

$$I = \int_S \bar{J} \cdot \mathrm{d}\bar{S} \tag{5.66}$$

通过一个闭合曲面的总电流等于该闭合曲面内电荷随时间的变化量。

电荷守恒定律的微分形式是由连续性方程来表达的

$$\mathrm{div}(\bar{J}) = -\frac{\partial \rho}{\partial t} \tag{5.67}$$

可以将总电流密度定义为传导电流密度分量与位移电流密度分量之和

$$\bar{J}_\mathrm{tot} = \bar{J} + \frac{\partial \bar{D}}{\partial t} \tag{5.68}$$

因此，总电流密度的连续性方程变为

$$\mathrm{div}(\bar{J}_\mathrm{tot}) = 0 \tag{5.69}$$

所以总电流密度场是一个无散场。

导体中，电流密度 $\bar{J}$ 与电场 $\bar{E}$ 之间的关系为

$$\bar{J} = \sigma \bar{E} \tag{5.70}$$

式中，σ 是电导率。

5.2.3 磁场

磁场是电磁场的一个组成部分,它对运动中的电荷施加力的作用。磁场通过两个矢量变量(概念)来描述,即磁场强度 $\overline{H}$ 和磁通密度 $\overline{B}$:

$$\overline{B} = \mu \overline{H} \tag{5.71}$$

式中,μ 是介质的磁导率,单位为 H/m。

磁通密度场是无散的

$$\mathrm{div}(\overline{B}) = 0 \tag{5.72}$$

所以磁场可以从磁矢位 $\overline{A}$ 导出

$$\overline{B} = \mathrm{rot}(\overline{A}) \tag{5.73}$$

磁场是由运动的电荷产生的,磁场力和相应磁场之间的关系由安培定律给出。安培定律指出,磁场的闭合线积分等于穿过该闭合线所包围曲面的电流。

$$\oint_{\Gamma} \overline{H} \cdot \mathrm{d}l = i \tag{5.74}$$

安培环路定律的微分形式可写为

$$\mathrm{rot}(\overline{H}) = \overline{J}_{\mathrm{tot}} \tag{5.75}$$

磁矢位 A 和磁场源之间的关系为

$$\mathrm{rot}\left(\frac{1}{\mu}\mathrm{rot}(\overline{A})\right) = \overline{J}_{\mathrm{tot}} \tag{5.76}$$

5.2.4 电磁场:麦克斯韦方程组

电磁场是由运动的电荷产生的一种物理场,它会对电荷的行为产生影响。电磁场可以被视为电场和磁场的组合。麦克斯韦将电荷、场的产生以及它们之间的相互作用整合到了一组方程中

$$\begin{aligned} \mathrm{div}(\overline{E}) &= \frac{\rho}{\varepsilon_0} \\ \mathrm{div}(\overline{B}) &= 0 \\ \mathrm{rot}(\overline{E}) &= -\frac{\partial \overline{B}}{\partial t} \\ \mathrm{rot}(\overline{B}) &= \mu_0 \overline{J} + \mu_0 \varepsilon_0 \frac{\partial \overline{E}}{\partial t} \end{aligned} \tag{5.77}$$

式中,ε_0 是真空介电常数;μ_0 是真空磁导率。

these方程对于具有介电常数 ε 和磁导率 μ 的其他介质同样有效。对于不存在电荷（$\rho=0$）且没有电流（$J=0$）的区域，可以得到电磁波的方程

$$\nabla^2 \overline{E} = \frac{1}{c^2} \cdot \frac{\partial^2 \overline{E}}{\partial t^2} \tag{5.78}$$

$$\nabla^2 \overline{B} = \frac{1}{c^2} \cdot \frac{\partial^2 \overline{B}}{\partial t^2} \tag{5.79}$$

$$c = \frac{1}{\sqrt{\varepsilon_0 \mu_0}} \tag{5.80}$$

式中，c 是真空中的光速。

波动方程［方程（5.78）］在设计天线、通信领域的波导以及研究电气设备的电磁兼容性方面都非常有用。

5.3 场的可视化

为了帮助理解与场相关的复杂物理现象，这里介绍了几种表示和可视化场的方法。对于标量场，一般采用等势面（二维空间中的等势场线）的直接方法。例如，图 5.4 展示了由两根无限长的直导体产生的（标量）电动势，这两根导体带有极性相反的静电电荷。一种类似的方法是使用彩色地图来表示二维标量场或三维空间中的截面。在平面上的每个点都赋予一种独特的颜色。为了可视化矢量场，通过一些点来展示场的矢量。箭头的方向与场矢量的方向一致，并且箭头的长度与矢量的幅值成比例（见图 5.5）。

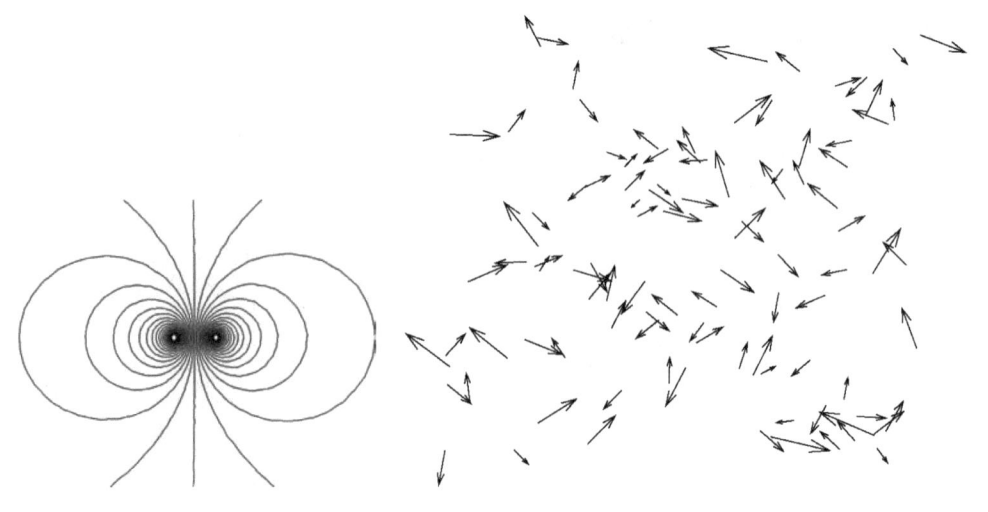

图 5.4 两个带静电导体的电动势

图 5.5 混沌粒子的速度场

一种广泛用于可视化矢量场的方法是展示场线（路径）。场线（路径）的概念是由法拉第引入的。场线（路径）是一条假想的线，在其上的每一点都与该点处的场矢量相切。

图 5.6 展示了由两根无限长且电流方向相反（极性相反）的平行导体所产生的磁场路径。场线的几何描述意味着对该场的描述。对于磁场（无散场）而言，在场强较强的区域，场线较为密集；通过这种方式可以获得有关场强幅值分布的有用信息。对于非无散场，存在场线产生或消失的点。对于二维区域的磁场，通过绘制磁势等高线（垂直于对称平面的分量）来表示场线。当使用标量势的概念来求解场问题时，为了表示磁场线，需要定义一个与磁势法向分量等效的标量变量。对于大多数商用有限元软件来说，做到这一点比较困难。不过，我们可以通过与场矢量相关联的箭头，结合外加场势的等势线来表示场。图 5.7a 和图 5.7b 分别对静电场和静磁场的场矢量和等势线进行了对比展示。

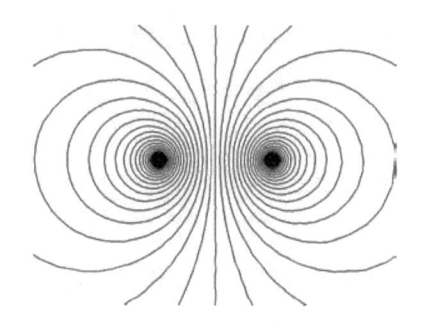

图 5.6　两根通有极性相反电流的平行导体的磁场路径

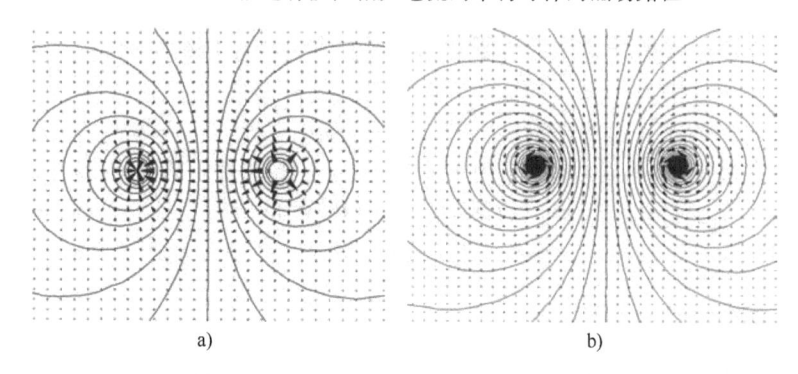

图 5.7　a) 静电场（梯度场）　b) 静磁场（旋度场）的对比图示

矢量场可以用等势线或彩色地图来表示，用于展示矢量的幅值以及它们在给定方向上的投影。由两股电流产生的磁通密度幅值分布（见图 5.8）意味着需要添加一个图例，用以说明颜色与幅值之间的对应关系。

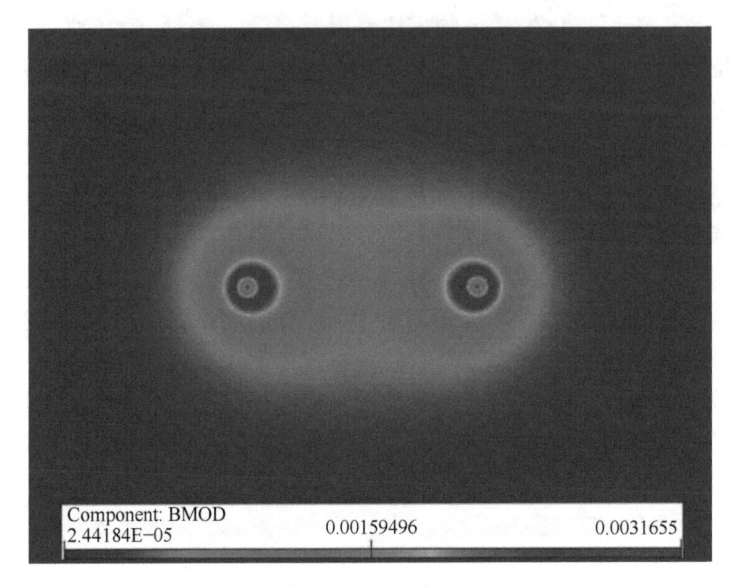

图 5.8　通过彩色地图法对矢量场进行可视化呈现

5.4　边界条件

只有在给定正确的初始边界条件时，微分方程和偏微分方程才会有唯一解。

5.4.1　狄利克雷边界条件

狄利克雷边界条件意味着所研究场的磁势在边界处是给定的。
$$\Phi = \Phi_f \tag{5.81}$$
式中，Φ 是一般意义上的矢量位函数。

如果在边界上 $\Phi_f = 0$，就得到了齐次狄利克雷条件。为了使场有唯一（单一）的解，至少必须在边界上的某一点指定 Φ_f 的值。对于这样的磁场，场线与表面相切；而对于静电场，场线与该表面（边界）垂直（见图 5.9）。

5.4.2　诺伊曼边界条件

诺伊曼边界条件规定了沿边界表面法线方向的场势导数。如果这个导数等于 0，诺伊曼条件称为齐次诺伊曼边界
$$\frac{\partial \Phi}{\partial n} = 0 \tag{5.82}$$

对于这样的磁场，场线与表面垂直，而对于静电场，场线与表面（边界）相切（见图 5.9）。

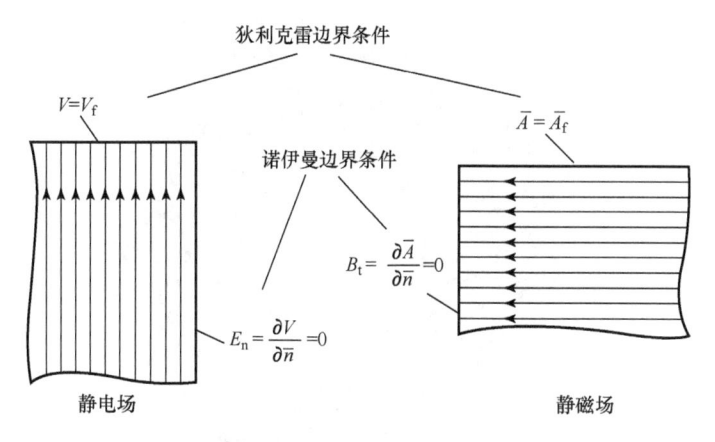

图 5.9 狄利克雷边界条件和诺伊曼边界条件

5.4.3 混合罗宾边界条件

$$\frac{\partial \Phi}{\partial n} + k\Phi = \Phi_g \tag{5.83}$$

如果合成磁势 Φ_g 为零,则我们再次得到相应的齐次边界条件。罗宾边界条件允许定义边界阻抗,通过它可以考虑边界外部场的影响。

5.4.4 周期性边界条件

周期性边界条件可以通过利用对称性来减少计算量(计算区域)。如图 5.10b 所示,对于两个边界 Γ_1 和 Γ_2 上的对应点,场势是相同的(偶对称情况);或者如图 5.10c 所示,场势大小相等但符号相反(奇对称情况)。

$$\Phi_{\Gamma_1} = \pm \Phi_{\Gamma_2} \tag{5.84}$$

对称性条件仅可应用于完全相同的边界(即那些通过平移或旋转能够相互重合的边界)。边界的形状可能会相当复杂(见图 5.11),这意味着即使几何形状的一部分发生了移动,也仍然能够利用对称边界条件。

5.4.5 开放边界

在没有自然边界的情况下(例如在计算铁心损耗螺线管线圈时,磁势在无穷远处降为零的情况)会使用开放边界。文献中推荐了针对此类问题的三种主要解决方案。

5.4.5.1 截断问题

截断问题的解决方法为选择一个距离感兴趣区域足够远的任意边界。为了确

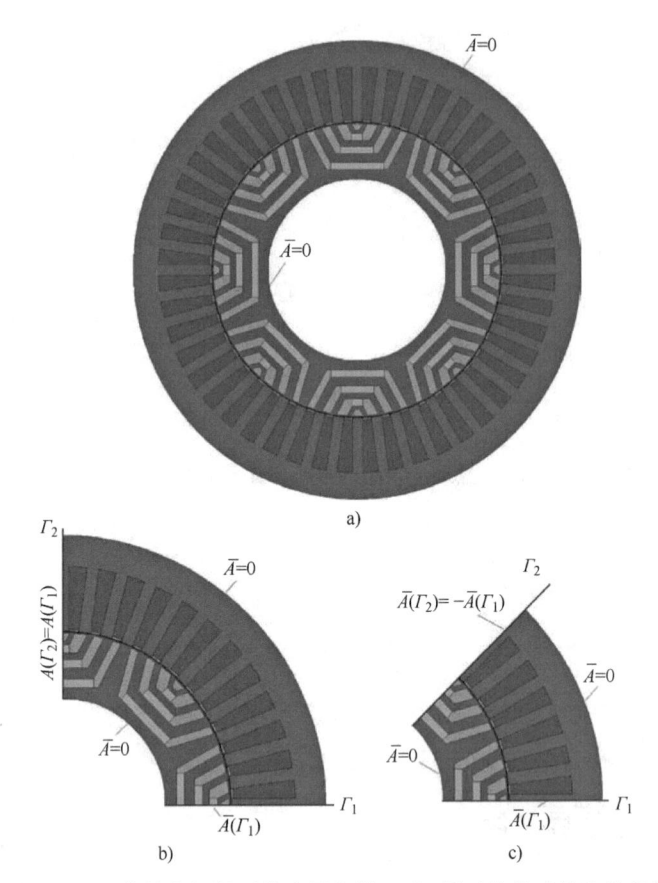

图 5.10 a) 完整电机的对称边界条件 b) 偶对称的对称边界条件
c) 奇对称的对称边界条件

保得到高精度的结果,该任意边界与感兴趣区域之间的距离至少要达到感兴趣区域半径的五倍[6]。这种方法的主要缺点在于,在感兴趣区域之外存在大量的离散化单元,这会导致计算量(时间)大幅增加。

5.4.5.2 渐近边界条件

在外部边界之外不存在场源,因此当半径趋于无穷大时,场势会收敛到零。对于二维磁场问题,假设在圆形边界上的磁矢势 A 与角度

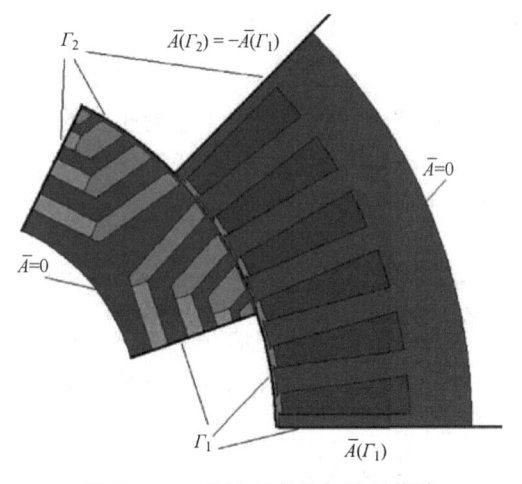

图 5.11 对称边界条件与转子位移

θ 有关，存在一个解析方程

$$A(r,\theta) = \sum_{k=1}^{\infty} \frac{a_k}{r^k}\cos(k\theta + \alpha_k) \tag{5.85}$$

式中，a_k 和 α_k 是经过计算得到的系数。计算这些系数的目的是使（在边界外部有效的）解析解在边界处与边界内部的有限元解相重合（匹配）。

由于高次谐波迅速衰减，只需保留一项，即第 n 项：

$$A(r,\theta) \approx \frac{\alpha_n}{r^n}\cos(n\theta + \alpha_n) \tag{5.86}$$

方程（5.86）沿半径 r（垂直于边界）方向的导数为

$$\frac{\partial A}{\partial r} + \frac{n}{r}A = 0 \tag{5.87}$$

应当注意，方程（5.87）等同于罗宾条件［方程（5.83）］，其中

$$k = \frac{n}{r}; \ \Phi_g = 0 \tag{5.88}$$

通过施加混合边界条件，场解的精度会提高，而且不会增加额外的计算量[6]。

5.4.5.3 开尔文变换

对于远场区域，场相当均匀，因为通常在那里没有场源，并且介质是空气或真空。在这种情况下，磁势满足拉普拉斯方程。开尔文变换［方程（5.89）］将半径为 r_0 的圆外的点 r 映射到圆内的点 R（见图 5.12a），而拉普拉斯方程［方程（5.90）］对于 r 或 R 具有相似的形式

$$R = \frac{r_0^2}{r} \tag{5.89}$$

$$\frac{1}{r}\frac{\partial}{\partial r}\left(r\frac{\partial A}{\partial r}\right) + \frac{1}{r^2}\frac{\partial^2 A}{\partial \theta^2} = 0 \tag{5.90}$$

通过 r 到 R 的变量变换，无穷远处的边界被映射到圆的中心 r_0，从而

$$A_R(R=0) = 0 \tag{5.91}$$

在所研究和生成的区域的边界上施加对称条件

$$\frac{\partial A}{\partial r} = -\frac{\partial A}{\partial R} \tag{5.92}$$

图 5.12 说明了单匝线圈电流产生的磁场。该问题的柱对称性导致在求解磁场问题时使用柱坐标。由于有限元法可以研究有限的区域，所研究的无限区域被映射到半径为 R_b 的球体（见图 5.12a）中，该球体的半径是线圈半径的四倍。诺依曼边界条件（见图 5.12c）适用于球体外部的无限磁导率情况。狄利克雷边界条件（见图 5.12d）适用于球体 R_b 外部的零磁导率（超导材料）情况。通过使用开尔文变换，球体 R_b 的外部区域被缩小为一个半径与所研究区域相同但无

场源的球体。通过在这两个球体上施加对称条件（见图 5.12e）[译注]，可以得到场问题的正确解。在这三种情况下，边界附近的场线有很大不同。然而，正如将在 5.6 节中展示的那样，线圈 1 和线圈 2 的自感和互感大致相同，这主要是因为区域半径比 $R_b/r_0 = 4$。

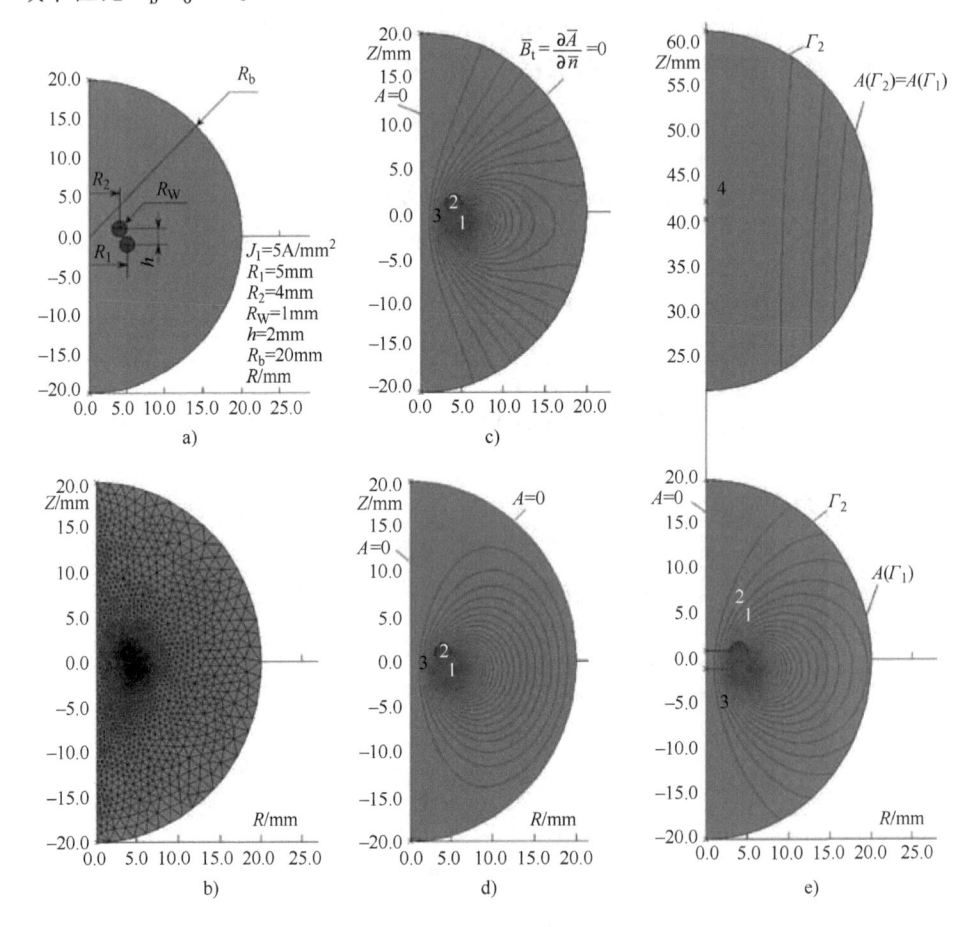

图 5.12 当场延伸到无穷远时的边界条件
a）双导体几何模型 b）离散网格 c）施加诺伊曼边界条件时的磁力线
d）施加狄利克雷边界条件时的磁力线 e）混合边界条件

5.5 有限元法

为了简化数学运算，描述某一现象的微分方程组被写成了算子形式
$$L\Phi(P,t) = f(P,t) \tag{5.93}$$

[译注] 原书此处有误。——译者注

式中，L 是一个通用算子，它象征着含偏导数的方程组；$\varPhi$ 是一个空间函数，用函数 P 和时间 t 表示。

有限元法可近似求解偏导数方程和积分方程[3-5]。使用这种方法，场域被划分为有限数量的简单单元（三角形、平面矩形、四面体、棱柱体和平行六面体），并且场问题的解通过简单函数来近似。

$$\varPhi^*(P,t) = \sum_j^N \varPhi_j v_j(P,t) \tag{5.94}$$

式中，v_j 是基函数的插值或展开式；$\varPhi_j$ 是待确定的系数。从物理角度来看，$\varPhi_j$ 表示离散化网格节点处的磁位。

等效方程组应当是稳定的，从某种意义上说，来自输入数据的误差以及那些来自中间计算的误差不应累积并产生严重（无用）的结果。

5.5.1 残差（伽辽金）法

伽辽金法直接对微分方程进行运算。精确解 $\varPhi$ 满足方程（5.93），它由一个简单函数 $\varPhi^*$ 近似表示，该简单函数 $\varPhi^*$ 满足以下关系

$$L\varPhi^* - f = r \tag{5.95}$$

r 越小，近似效果越好。目标是在整个区域上实现全局的良好近似。残差 r 在乘以加权函数 w_i 之后，在整个区域上积分被强制为零

$$R_i = \int_D w_i (L\varPhi^* - f) \mathrm{d}\tau = 0 \tag{5.96}$$

最常用的残差方法是伽辽金法，在该方法中，选取的加权函数等于展开函数 v_j [方程（5.94）]

$$R_i = \int_D \left(v_i \left(\sum_{j=1}^N \varPhi_j v_j \right) - v_i f \right) \mathrm{d}\tau = 0 \tag{5.97}$$

将方程（5.97）中的所有项强制为零，得到一个矩阵方程组

$$S \cdot \varPhi = T \tag{5.98}$$

式中，S 是系统（或刚度）矩阵，因为有限元法最初用于机械工程；$\varPhi$ 是网格节点处的矢量磁位的列矩阵；T 是列矩阵，其各项取决于函数 f。

$$t_i = \int_V v_i f \mathrm{d}\tau \tag{5.99}$$

刚度矩阵 S 的元素取决于插值函数 v_i 和 v_j

$$S_{ij} = \frac{1}{2} \int_D (v_i L v_j + v_j L v_i) \mathrm{d}\tau \tag{5.100}$$

矩阵 S 是一个稀疏矩阵。另外，如果方程（5.97）成立，则矩阵 S 是对称的

$$\langle L\varPhi, \varphi \rangle = \langle \varPhi, L\varphi \rangle$$

$$S_{ij} = S_{ji} = \int_D v_i L v_j \mathrm{d}\tau \tag{5.101}$$

在这种情况下，通过伽辽金法和变分法导出的代数方程组是相同的。

5.5.2 变分（瑞利-里茨）法

重新从微分方程组开始，定义一个泛函 $F(\Phi)$，使其关于 Φ 的最小值是该方程组的解[1]

$$F(\Phi) = \frac{1}{2}\langle L\Phi, \Phi\rangle - \frac{1}{2}\langle \Phi, f\rangle - \frac{1}{2}\langle f, \Phi\rangle \tag{5.102}$$

为了定义该泛函，两个函数的内积表示为一个函数乘以第二个函数复共轭的积分

$$\langle \Phi, \varphi\rangle = \int_D \Phi \overline{\varphi} \mathrm{d}\tau \tag{5.103}$$

将函数 Φ 用 Φ^* 代入方程（5.94）中。系数 Φ_j 是通过将函数 F 关于前者的导数置零来计算的

$$\frac{\partial F}{\partial \Phi_j} = 0; \ j = 1, 2, 3, \cdots, N \tag{5.104}$$

对于变分法，方程（5.101）必须成立。在这种情况下，使 F 取最小值的函数是方程（5.93）的一个解[1]。刚度矩阵总是对称的，并且该代数方程与伽辽金法的方程完全相同。当边界条件为非齐次方程时，不满足方程（5.101）。在这种情况下，泛函的定义必须考虑边界的非齐次性。

$$F(\Phi) = \frac{1}{2}\langle L\Phi, \Phi\rangle - \frac{1}{2}\langle L\Phi, \Psi\rangle + \frac{1}{2}\langle \Phi, L\Psi\rangle - \frac{1}{2}\langle \Phi, f\rangle - \frac{1}{2}\langle f, \Phi\rangle$$

$$\tag{5.105}$$

式中，Ψ 是满足非齐次边界条件的特解。

5.5.3 有限元法的应用步骤

5.5.3.1 求解区域离散化

将研究的场域划分为 N 个单元。如果该域是一维的，则相应的曲线会被分成线性段。对于二维问题，求解域是一个曲面，每个子域通常是一个多边形，一般是三角形或矩形。最后，对于三维问题，体积域被划分为四面体或三角棱柱或平行六面体。

这种方法的精度在很大程度上取决于单元格的数量 N 和网格的构建方式。

5.5.3.2 选择插值函数

插值函数在每个子域（有限元）中近似未知函数。插值的一般形式由方程

(5.94) 给出,其中 P 表示子域中一个点的坐标。通常,一阶和二阶多项式被用作插值函数。

5.5.3.3 代数方程组公式

残差或变分法得到代数方程 (5.98),其中未知矢量是指网格节点中的标量或矢量磁位。

5.5.3.4 求解代数方程组

当场域内的材料为线性时,代数方程组的系数是常数,常采用高斯-赛德尔法求解代数方程组。如果材料(铁心)是非线性的,则刚度矩阵中的系数不再是常数,常采用牛顿-拉弗森法[2]求解代数方程组。

5.6 二维有限元法

通过观察旋转电机中的平行平面对称性、电力传输线周围静电场的平行平面对称性,或螺线管线圈和其他管型直线电动执行器中的轴对称性,可以从二维角度解决电气工程中的许多场问题。对于平面对称的电机,计算单位长度(铁心叠压长度)的磁通,然后乘以叠压长度得到电机的实际磁通,还需要用解析法或等效二维有限元法(2D FEM)分别计算线圈的端部电感。磁场的轴向变化被忽略,各种框架部件的影响也被忽略。除了叠长小的电机外,2D FEM 在平面对称的情况下可以得到令人满意的结果。对于二维磁场 $(x,y;r,\theta)$,矢量磁位 $\overline{A}$ 只有一个非零分量(沿 z 轴),从而将计算量减少一个数量级。

接下来推导二维静磁场的代数方程组。

将 $\overline{A}$ 变成 A_z,方程 (5.90) 可以写成

$$\frac{1}{\mu}\frac{\partial^2 A_z}{\partial x^2} + \frac{1}{\mu}\frac{\partial^2 A_z}{\partial y^2} = -J_z \qquad (5.106)$$

稳态的一阶插值函数为

$$A(x,y) = a + bx + cy \qquad (5.107)$$

式中,a、b 和 c 是常数,其数值可以通过在离散化网格的节点上施加 A_z 的值来确定。

$$\begin{pmatrix} 1 & x_1 & y_1 \\ 1 & x_2 & y_2 \\ 1 & x_3 & y_3 \end{pmatrix} \cdot \begin{pmatrix} a \\ b \\ c \end{pmatrix} = \begin{pmatrix} A_1 \\ A_2 \\ A_3 \end{pmatrix} \qquad (5.108)$$

有限元中 A_z 的旋度不取决于所选取的点

$$\mathrm{rot}(\overline{A}) = \mathrm{rot}(0,0,A_z) = (c,-b,0) \qquad (5.109)$$

一个泛函的表达式,其稳态解就是来自 m 个网格单元的场解,该表达式变为

$$F_\mathrm{m} = \int_{Q_\mathrm{m}} \left(\frac{1}{2}\overline{B}\cdot\overline{H} - \overline{J}\cdot\overline{A}\right)\mathrm{d}S = \frac{1}{2\mu}\int_{Q_\mathrm{m}} (\mathrm{rot}(\overline{A})\cdot\mathrm{rot}(\overline{A}))\mathrm{d}S - J_z\int_{Q_\mathrm{m}} A_z\mathrm{d}S$$

$$= \frac{1}{2\mu}Q_\mathrm{m}(b^2 + c^2) - J_z Q_\mathrm{m}(a + bx_\mathrm{m} + cy_\mathrm{m})$$

(5.110)

式中,x_m 和 y_m 是三角形 m 的形心坐标;Q_m 是子域 m 的面积。

系数 a,b 和 c 取决于区域 m 的节点坐标以及这些节点处的磁势;因此,以矩阵表示时,方程(5.105)变为

$$F_\mathrm{m} = \frac{1}{2}A_{123}^\mathrm{t} S_\mathrm{m} A_{123}^\mathrm{t} - A_{123}^\mathrm{t} T_\mathrm{m} \qquad (5.111)$$

式中,A_{123} 是单元 m 的节点中 A_z 的列向量;S_m 是刚度矩阵;T_m 是作为场源施加的列向量电流。

这些矩阵中的元素 s_{ij} 和 t_i 为

$$s_{ij} = \frac{q_i q_j + r_i r_j}{4\mu Q_\mathrm{m}} \qquad (5.112)$$

$$t_i = -\frac{Q_\mathrm{m}}{3}J_z \qquad (5.113)$$

其中 q_1,q_2 和 q_3 以及 r_1,r_2 和 r_3[1] 是通过求解方程(5.108)得到的

$$\begin{pmatrix} q_1 \\ q_2 \\ q_3 \end{pmatrix} = \begin{pmatrix} 0 & 1 & -1 \\ -1 & 0 & 1 \\ 1 & -1 & 0 \end{pmatrix} \begin{pmatrix} y_1 \\ y_2 \\ y_3 \end{pmatrix} \qquad (5.114)$$

$$\begin{pmatrix} r_1 \\ r_2 \\ r_3 \end{pmatrix} = \begin{pmatrix} 0 & -1 & 1 \\ 1 & 0 & -1 \\ -1 & 1 & 0 \end{pmatrix} \begin{pmatrix} x_1 \\ x_2 \\ x_3 \end{pmatrix} \qquad (5.115)$$

整个场域的泛函为

$$F = \sum_{m=1}^M F_\mathrm{m} = \frac{1}{2}A^\mathrm{T}SA - AT \qquad (5.116)$$

边界条件为:

$$\frac{\partial F}{\partial A_i} = 0, \quad i = 1,2,3,\cdots,N \qquad (5.117)$$

因此得到所求解的代数方程组为

$$SA - T = 0 \qquad (5.118)$$

5.7 有限元分析

在得到场域的解之后，必须对其进行验证。首先通过可视化场线来完成。用这种方法验证所有的分析对称性。磁力线永远不会相遇或相交。如果发生这种情况，可能是图形分辨率太小或者场域求解错误。磁力线总是闭合的。有时它们通过边界闭合，所以部分磁力线是不可见的。由磁力线包围的闭合区域的总电流应不为零，但磁力线穿过永磁磁化区域时除外。对于平行平面对称几何结构，通过与两条磁力线相交的任何截面的磁通与相交点的表面形状无关，并且等于两条磁力线的磁位之差。

磁通密度图的可视化提供了有价值的信息，在某种意义上说，设计者可以据此来减少或扩大磁路的某些部分。此外，紧固部件、通风通道将被放置在磁通密度非常低的区域。对于旋转电机和直线电机，气隙磁通密度的径向分量沿转子周边的分布情况，对于预测转矩脉动、振动和噪声方面非常重要。带有磁心的线圈中的总磁通由主磁通分量和漏磁通分量组成。利用有限元法，根据方程（5.35）可以计算出线圈中总磁通。对于平面对称的无限薄线圈，总磁通为

$$\Phi_b = (A_2 - A_1) l_z \tag{5.119}$$

式中，A_1 和 A_2 是与线圈边相交的平面上点的磁位；l_z 是线圈长度。

如果磁矢势在横向截面上并非恒定（这是由于置于电机槽中的线圈存在漏磁通），则需计算每个线圈的平均磁通 Φ_b

$$\Phi_b = \left(\frac{1}{S_2} \int_{S_2} A dS - \frac{1}{S_1} \int_{S_1} A dS \right) l_z \tag{5.120}$$

利用方程（5.120），可以逐槽考虑槽内线圈的分布系数。

线圈导线中的电流密度被认为在横截面上是恒定的，因此不考虑趋肤效应和邻近效应。

线圈的自感可以从磁场能量 E_m 计算，也可以根据电流为 I_b 的线圈产生的磁通计算。

$$L_b = \frac{2E_m}{I_b^2} \tag{5.121}$$

$$L_b = \frac{\Phi_b}{I_b} \tag{5.122}$$

这两个方程必须得出相同的结果。

当磁通密度 $\overline{B}$ 和磁场强度 $\overline{H}$ 表示为磁矢势 $\overline{A}$ 的函数，并应用格林定理［方程（5.39）］时，磁场能量 E_m 的方程就变为

$$2E_m = \int_V \overline{B} \cdot \overline{H} dv = \int_V \frac{1}{\mu} \text{rot}(\overline{A}) \cdot \text{rot}(\overline{A}) dv = \int_V \overline{A} \cdot \text{rot}\left(\frac{1}{\mu}\text{rot}(\overline{A})\right) dv$$
$$+ \oint_S \frac{1}{\mu} \overline{A} \times \text{rot}(A) \cdot \overline{d}S$$
(5.123)

将方程 (5.73) 和方程 (5.76) 代入方程 (5.123), 磁场能量 E_m 变为

$$2E_m = \int_V \overline{A} \cdot \overline{J} dv + \oint_S \overline{A} \times \overline{H} \cdot \overline{d}S \quad (5.124)$$

如果所有边界条件都是齐次的, 则方程 (5.124) 中的第二项为零, 并且

$$2E_m = \int_V \overline{A} \cdot \overline{J} dv \quad (5.125)$$

在方程 (5.121) 和方程 (5.122) 中, 使用方程 (5.125) 中的 E_m 以及方程 (5.120) 中的 Φ_b, 对于具有平面平行对称性且不存在趋肤效应的几何结构而言, 两个关于 L_b 的方程将变得等价。

对于由实心导体制成的线圈 (存在趋肤效应), 线圈磁通 Φ_b 变为

$$\Phi_b = \frac{1}{I_b}\left(\int_{S_2} AJdS - \int_{S_1} AJdS\right) l_z \quad (5.126)$$

对于线圈 1 和 2 之间的互感 L_{12}, 使用与互感磁通 Φ_{12} 以及仅存在于第一个线圈中的电流 I_1 相关的定义

$$L_{12} = \frac{\Phi_{12}}{I_1} \quad (5.127)$$

现在阐释图 5.12 中线圈的磁能 E_m 和磁通 Φ_i 的计算。

由于绕旋转轴的对称性, 从体积分计算 E_m 可简化为平面积分

$$E_m(B,H) = \int_S \pi r BH dS \quad (5.128)$$

$$E_m(A,J) = \int_S \pi r AJ dS \quad (5.129)$$

对匝数为 1 和 2 的线圈的磁链的计算是通过在其表面上对磁矢势进行积分来完成的

$$\Phi_i = \frac{1}{S_i}\int_{S_i} 2\pi r A dS \quad (5.130)$$

这些计算的结果见表 5.1。

表 5.1 磁能和电感

边界类型	$E_m(BH)$ /μJ	$E_m(AJ)$ /μJ	Φ_1 /nWb	Φ_2 /nWb	$L_{11}(E_m)$ /nH	$L_{11}(\Phi)$ /nH	L_{12} /nH
诺依曼边界	1.49	1.5086	192.07	78.7989	12.329	12.278	5.037
狄利克雷边界	1.4613	1.4796	188.395	76.4771	12.093	12.043	4.889
开尔文变换	1.4804	1.4963	190.517	77.8844	12.229	12.179	4.979

说明：由于离散化误差，表 5.1 中的值稍有不同；从 E 和 $\varPhi$ 计算得到的 1 匝自感也是如此，但由于距边界的距离较远，这些误差是可以接受的。诺依曼边界条件（边界外的磁导率无限大）的磁能和电感更大，狄利克雷边界条件下的磁能和电感最小。减小场域（边界）半径 R_b 会导致更大的误差。

5.7.1 电磁力

有限元法分析的一个重要目标是电磁力的计算。电磁力的计算方法主要有以下三种。

5.7.1.1 洛伦兹力的积分

用这种方法计算载流导体所受的力

$$\overline{F} = \int_V \overline{J} \times \overline{B} \mathrm{d}v \tag{5.131}$$

对于平面对称或轴对称的问题，体积分变成面积分，力矢量位于对称平面内。

$$\overline{F} = l_z \int_S \overline{J} \times \overline{B} \mathrm{d}S \tag{5.132}$$

$$\overline{F} = \int_S 2\pi r \, \overline{J} \times \overline{B} \mathrm{d}S \tag{5.133}$$

对于圆柱对称，合力沿着对称轴只有一个非零分量。一些商业有限元软件（例如"Vector Field"）即使对于圆柱对称也可以计算出力的两个分量。需要知道径向力才能验证线圈导电体的机械应力。洛伦兹力的计算过程是精确的，但仅适用于空气中的导电体。然而，在大多数电机中，线圈放置在电机槽中，实际作用力是作用于槽壁上而不是施加在导体上，因此洛伦兹力的计算过程在此不适用。

5.7.1.2 麦克斯韦张量法

通过对闭合面上的麦克斯韦应力张量积分（见图 5.13），计算出闭合面内的物体所受的合成电磁力

$$\overline{F} = \oint_\Sigma \mathrm{d}\overline{F} = \mu_0 \oint_\Sigma \left((\overline{H} \cdot \overline{n})\,\overline{H} - \frac{1}{2}H^2\,\overline{n} \right) \mathrm{d}S \tag{5.134}$$

单位面积上的表面法向力 $\mathrm{d}F_n$ 和切向力 $\mathrm{d}F_t$ 为

$$\mathrm{d}F_t = \mu_0 H_t H_n \mathrm{d}S \tag{5.135}$$

$$\mathrm{d}F_n = \frac{1}{2}\mu_0 (H_n^2 - H_t^2) \mathrm{d}S \tag{5.136}$$

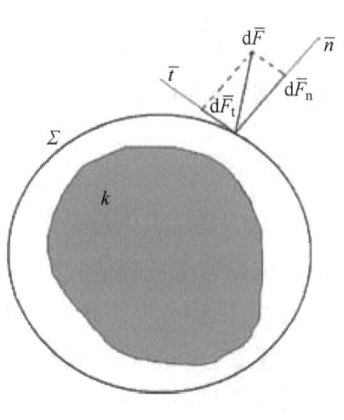

图 5.13 麦克斯韦张量积分

为了减少计算误差，在线性介质中需要用 60°（等边）三角形对场域进行精细离散化剖分。

5.7.1.3 虚功法

电场力的计算是基于总能量守恒定律的

$$\mathrm{d}w_{\mathrm{mec}} + \mathrm{d}w_{\mathrm{m}} = \mathrm{d}w_{\mathrm{el}} \tag{5.137}$$

式中，$\mathrm{d}w_{\mathrm{mec}}$ 是机械功；$\mathrm{d}w_{\mathrm{m}}$ 是磁场储能增量；$\mathrm{d}w_{\mathrm{el}}$ 是外部（电源）输入的电能。

系统的磁共能 w_{m}' 定义为电源输入的电能 w_{el} 与磁场储能 w_{m} 之间的差值

$$w_{\mathrm{m}}' = w_{\mathrm{el}} - w_{\mathrm{m}} \tag{5.138}$$

该力沿运动方向的投影为磁共能对运动变量位移的导数

$$\overline{F} \cdot \overline{l}_{\delta_1} = \frac{\delta w_{\mathrm{m}}'}{\delta_1} \tag{5.139}$$

该方法意味着需计算两个相邻位置的磁场和磁共能。由于场问题的解也是数值解，数值导数会放大计算误差（见图 5.14）。

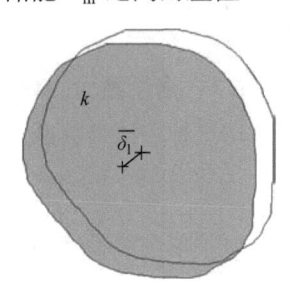

图 5.14 虚功法

5.7.2 损耗计算

通有电流的导电介质中的损耗为焦耳损耗 P_{co}

$$P_{\mathrm{co}} = \int_V \rho J^2 \mathrm{d}v \tag{5.140}$$

对于静磁场状态，电流密度是恒定的，焦耳损耗仅意味着电流和电阻计算。对于良导电介质中的交流电或暂态电流运行模式，电流密度分布取决于场问题的求解，因此需要用方程（5.140）中的体积分。

5.7.2.1 铁心损耗

铁耗计算基于单位体积的铁耗（W/m³）对铁心体积的体积分，或者使用斯坦梅茨近似方程。最后，还会利用场解中的复磁导率概念。

$$P_{\mathrm{iron}} = \int_V p_{B_{\mathrm{s}}, f_{\mathrm{s}}} \left(\frac{B_{\mathrm{m}}}{B_{\mathrm{s}}}\right)^{\alpha_B} \left(\frac{f}{f_{\mathrm{s}}}\right)^{\alpha_f} \gamma_{\mathrm{Fe}} \mathrm{d}v \tag{5.141}$$

式中，$p_{B_{\mathrm{s}}, f_{\mathrm{s}}}$ 是给定磁通密度 B_{s} 和频率 f_{s} 下的比（体积）损耗；B_{m} 是体积元 $\mathrm{d}V$ 中的交流磁通密度幅值；f 是工作频率；$\alpha_B = (1.6 \sim 2.2)$ 是与 B_{m} 有关的铁耗指数；$\alpha_f = (1.5 \sim 1.7)$ 是与频率有关的铁耗指数；γ_{Fe} 是铁心质量密度。

对于铁心线圈或单相电力变压器，每个点的最大磁通密度与最大磁化电流有关。对于多相旋转电机（甚至单相电机），最大磁通密度无法通过求解某一时刻的场问题来确定，而需要求解一个周期内多个时刻的场问题。

即便如此，计算得出的损耗值也并不精确，因为由于空间和时间磁通密度谐波的存在，磁通中会有更高阶的时间谐波。如果磁通密度在磁心的不同位置呈现脉动、行波（圆形）或椭圆形变化，铁耗的计算就会变得更加复杂。最后，电机中磁性硅钢片（叠片）的机械加工会增加额外的铁心损耗；几乎任何铁耗计算方法都需要通过实验工作来验证。

参 考 文 献

1. N. Bianchi, *Electrical Machine Analysis Using Finite Elements*, CRC Press, Taylor & Francis Group, Boca Raton, FL, 2005.

2. S.J. Salon, *Finite Element Analysis of Electrical Machines*, Kluwer Academic Publishers, Norwell, MA, 2000.

3. D.A. Lowther and P.P. Silvester, *Computer-Aided Design in Magnetics*, Springer-Verlag, Berlin, Germany, 1986.

4. C.W. Steele, *Numerical Computation of Electric and Magnetic Fields*, Van Nostrand Reinhold Company, New York, 1987.

5. P.P Silvester and R.L. Ferrari, *Finite Elements for Electrical Engineers*, Cambridge University Press, London, U.K., 1983.

6. D. Meeker, *Finite Element Method in Magnetics*, User's Manual, Version 4.0, January 8, 2006.

7. G. Arfken, *Circular Cylindrical Coordinates*, 3rd edn., Academic Press, Orlando, FL, pp. 95–101, 1985.

8. W.H. Beyer, *CRC Standard Mathematical Tables*, 28th edn., CRC Press, Boca Raton, FL, 1987.

9. G.A. Korn and T.M. Korn, *Mathematical Handbook for Scientists and Engineers*, McGraw-Hill, New York, 1968.

10. C.W. Misner, K.S. Thorne, and J.A. Wheeler, *Gravitation*, W.H. Freeman, San Francisco, CA, 1973.

11. P. Moon and D.E. Spencer, *Circular-Cylinder Coordinates*. Table 1.02 in field theory handbook, including coordinate systems, differential equations, and their solutions, 2nd edn., Springer-Verlag, New York, 1988.

12. P.M. Morse and H. Feshbach, *Methods of Theoretical Physics, Part I*, McGraw-Hill, New York, p. 657, 1953.

13. J.J. Walton, Tensor calculations on computer: Appendix. *Comm. ACM*, 10, 1967, 183–186.

14. J.S. Beeteson, *Visualising Magnetic Fields*, Academic Press, San Diego, CA, 1990.

15. H.E. Knoepfel, *Magnetic Fields—Comprehensive Theoretical Treatise for Practical Use*, Wiley-Interscience, John Wiley & Sons, New York, 2000.

16. F.E. Low, *Classical Field Theory—Electromagnetism and Gravitation*, Wiley-Interscience, John Wiley & Sons, New York 1997.

17. O.C. Zienkiewicz, R.L. Taylor, and J.Z. Zhu, *The Finite Element Method: Its Basis and Fundamentals*, 6th edn., Elsevier Butterworth-Heinemann, Oxford, U.K., 2005.

第6章 电机电磁分析中的有限元法

6.1 单相永磁直线电机

电机的有限元分析主要包括三个阶段：

1）前处理阶段——这一阶段提供与所研究的电机及其操作方法相关的电磁场问题的描述。它包含多个步骤，例如选取问题的对称性、绘制电机嵌入几何图形、选择边界条件、设置场源、生成网格、设置场求解类型（静磁场、涡流场、暂态场、旋转电机、直线电机问题等），设置求解器（最大迭代次数、网格细化程度、求解全局误差等），并为求解器创建输入文件。

2）求解电磁场。

3）后处理阶段——在此阶段，可以显示场的分布，并能够计算电路等效参数。

图6.1展示了一台采用管状结构的单相永磁直线电机。该电机被参考文献 [1] 提议用作热力发动机的阀门执行器。它包括以下部件：

- 一个由两部分组成的烧结软磁合金（Somaloy材料）被动动子。
- 由6~12个扇区组成的管状永磁体，用来减小由于两个线圈电流产生的磁场在永磁体中产生的涡流损耗。
- 与热力发动机阀门连接的不锈钢（轴）。

该机电装置还包含两个机械弹簧，图6.1中未展示。两个机械弹簧的作用方向相反，当动子处于中间位置时，它们的弹力达到平衡。零电流时的磁力会推动动子，使其位移增大（见图6.2）。当动子处于中间位置时，该磁力存在一个不稳定平衡点。线圈电流产生的磁场会打破力的平衡，并根据电流极性使动子朝特定方向移动。当动子处于极限位置时，零电流时的磁力大于弹簧力，可将动子保持在该位置，这能有效降低铜损。改变线圈电流会减小电磁力，弹簧会推动动子经过平衡点。

图6.1所示直线执行器的主要几何尺寸见表6.1。

使用Vector Field软件进行有限元法分析。该有限元分析方法与Cedrat公司的Flux2D、FEMM或其他用于静磁场有限元分析的商用软件类似。

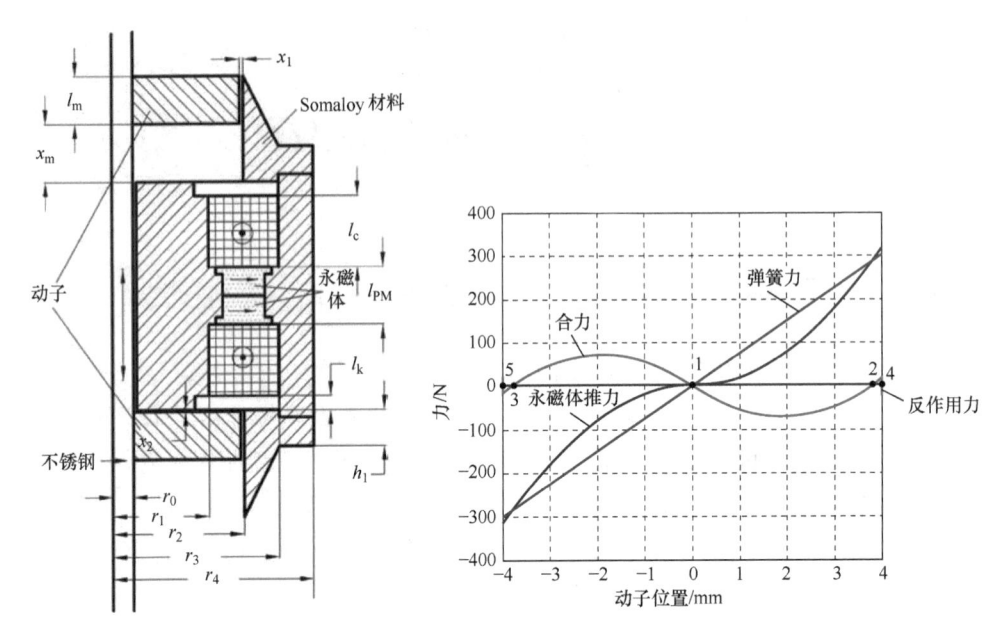

图 6.1 电磁阀用永磁直线执行器结构

图 6.2 机械弹簧力和永磁体产生的推力

表 6.1 电磁阀用永磁直线执行器主要几何尺寸

编号	尺寸	数值	单位	说明
1	r_0	3	mm	动子杆半径
2	r_1	14	mm	内定子铁心外半径
3	r_2	19	mm	定子铁心内半径
4	r_3	24	mm	外定子铁心的内半径
5	r_4	29	mm	外定子铁心的外半径
6	x_m	4	mm	动子位移幅值
7	x_1	0.5	mm	径向气隙长度
8	x_2	0.2	mm	轴向气隙最小值
9	l_m	6.7	mm	动子磁极长度
10	l_c	10	mm	线圈高度
11	l_k	2	mm	线圈与定子铁心的距离
12	h_1	5	mm	定子铁心伸出长度
13	l_{PM}	8	mm	永磁体高度

6.1.1 前处理阶段

在静磁场求解模式下对多个动子位置进行有限元法分析。由于分析装置的管状结构，轴对称模型选择具有修正的矢量磁位"r A"。要导入装置的几何结构，使用图形用户界面（GUI）[2-3]即可，也可在 Vector Field 软件中使用"comi 脚本"，或者在 FEMM 软件中使用"lua 脚本"。对于简单问题，若无需针对其他几何尺寸反复求解，那么最好使用 GUI。若需反复求解类似问题，以寻求更佳性能或计算电路参数随动子位置的变化情况，此时编写一个或多个脚本来构建自动参数化绘图是可行的。在此情形下，需要计算电动气门的推力随动子位置的变化、线圈磁链随位置的变化以及线圈电感随动子位置的变化。因此，有必要多次求解类似问题。若将计算机代码分为三个脚本，代码会更具灵活性：一个脚本仅包含装置尺寸信息——即输入脚本；第二个脚本包含几何图形描述；第三个脚本用于设置求解参数。对于本例，此脚本名为"ev_sol.comi"，其流程图如图 6.3 所示。在此脚本中，设置了动子位置的数量（Nstep）。调用"evalva.comi"脚本来设置如表 6.1 所示的主要几何尺寸。根据当前步数设置动子位置，然后根据当前动子位置调用"build_evalva.comi"脚本构建电磁阀图形。设定求解器的误差、最大迭代次数等相关参数，并选择设置电流比例系数。对于每个动子位置，都可以针对线圈中的多个电流值求解问题。在这种情况下，选择以下电流比例系数：0，0.25，0.5，0.75，1.25，1.5，1.75，2，-0.25，-0.5，-0.75，-1，-1.25，-1.5，-1.75，-2。默认选择单位比例系数。既会针对额定电流进行求解，也会针对额定电流乘以给定比例系数后的情况进行求解。选择几个比例系数有助于检验磁路饱和度对推力、磁链和电感的影响。但大量的比例系数会增加计算时间。比例系数为零表示只有永磁体产生磁场。由

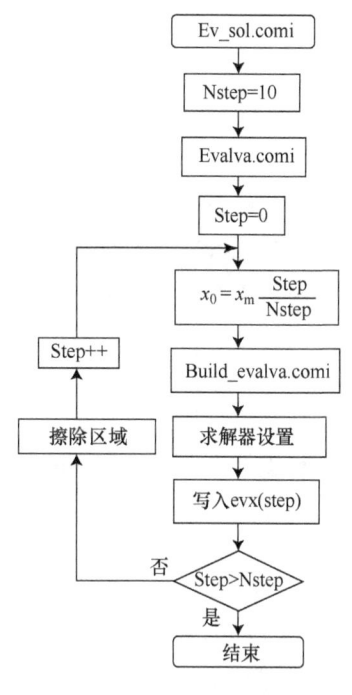

图 6.3 ev_sol 脚本框图

于永磁磁路中永磁体已经预先磁化，正电流和负电流预计会呈现不同的特性。

每个动子位置都作为一个独立的静磁问题保存。如果当前步数未达到最大步数，则清除区域，步数加 1，并生成一个新问题。当达到最大步数时，脚本运行结束。最后一个问题的区域不会被清除，因此会保留在显示屏上。通过这种方式，用户可以检查区域绘制情况和网格。在输入脚本"evalva.comi"中，几何尺寸的单位为 mm，电流密度的单位设为 A/mm^2。在该文件中，还通过将材料编号与包含磁化曲线的文本文件关联来设置磁性非线性材料。永磁体的特性通过其退磁曲线给出（见图 6.4）。

在开始绘制几何图形之前，观察是否存在几何对称性以及复杂的几何形状能

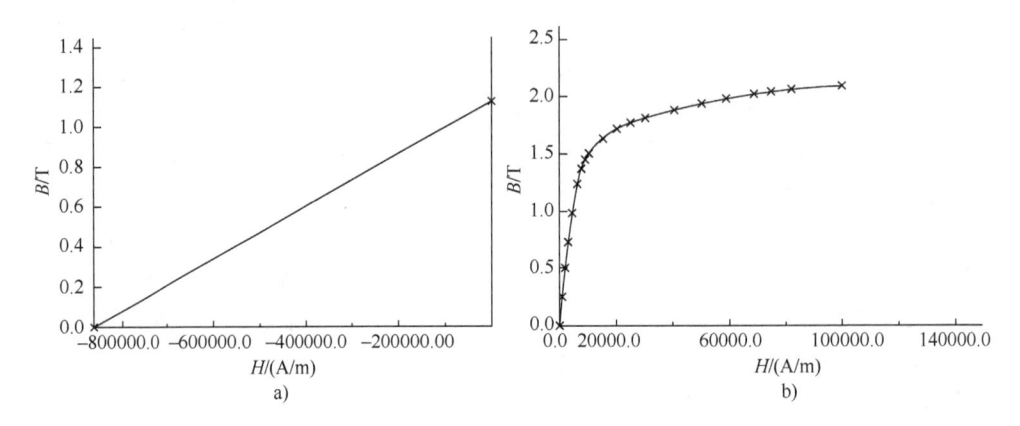

图 6.4 磁化特性
a) 永磁体退磁曲线 b) Somaloy550 磁化曲线

否分解为简单且相同的形状组件非常重要。在这个例子中,动子杆由不锈钢制成。鉴于其磁导率与真空磁导率相等,在静磁模式下可将其等同于真空,因此在绘图时可以忽略它。由于动子位置以及永磁体和电流磁场随位置的变化,磁场不存在对称性,所以需要分析整个场问题。定子关于 x 轴对称,因此只需绘制位于 x 轴上方的定子部分即可。位于 x 轴下方的定子组件可使用复制命令来构建。

Vector Field 软件中使用"Draw"命令来绘制几何图形。这是一个复合指令,用于设置材料特性、直线的剖分数量、边界条件和其他此类要求[2]。

电磁阀可以分解为以下几部分:
- 导磁动子圆盘
- 定子内圆筒
- 永磁体
- 线圈
- 外定子部件
- 底座

动子圆盘在 RZ 平面上的投影是一个简单的矩形,因此,可以选择具有规则剖分(H 形)的四边形形状[2,pp.2-48]。计算上部圆盘边角点坐标

$$X_{12} = r_2 - x_1 \tag{6.1}$$
$$X_{34} = r_0$$

$$Y_{14} = x_0 + \frac{l_{PM}}{2} + l_c + l_k + x_m \tag{6.2}$$
$$Y_{23} = x_0 + \frac{l_{PM}}{2} + l_c + l_k + x_m + l_m$$

式中，x_0 是动子位置。动子圆盘下边缘角点的坐标以类似的方式计算。

$$Y_{14} = x_0 - \left(\frac{l_{PM}}{2} + l_c + l_k + x_m\right)$$
$$Y_{23} = x_0 - \left(\frac{l_{PM}}{2} + l_c + l_k + x_m + l_m\right) \quad (6.3)$$

通过将电磁阀各部分分解为简单几何形状来构建该电磁阀的方式如图 6.5 所示。

下面是一段用于绘制动子圆盘的计算机代码示例。

```
/Mover magnetic piece
DRAW SHAP = H, MATE = 5, PHAS = 0, DENS = 0,
X12 = #r2 - #x1, X34 = #r0,
Y14 = #x0 + #lpm/2 + #lc + #lk + #xm, Y23 = #x0 + #lpm/2 + #lc + #lk + #xm + #lm,
N1 = #nmz, N2 = #nmr, F1 = NO, F2 = NO, F3 = NO, F4 = NO
```

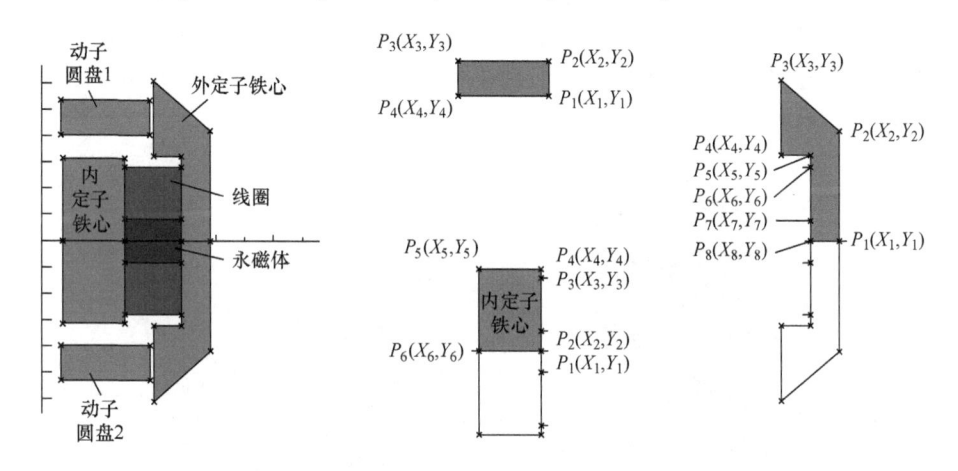

图 6.5 电磁阀几何建模

在使用"Draw"命令后，需要依次选择形状类型、材料编号，最后指定电流密度。

永磁体（PM）区域和线圈区域的边界线应在网格节点处与内定子铁心相交。为确保这一点，当外部介质不连续时，在内定子的边界线上添加一个点是个不错的做法。这样一来，在构建永磁体或线圈区域时，就能避免前处理器发出询问。脚本运行时前处理器意外发出询问（是否添加新点？）会引发错误。最后，尽管内定子铁心呈矩形，但要用六个点来描述它（取其一半）。为描述内、外定子铁心，选择"Poly"形状。内定子铁心的第一个角点 P_1 通过其笛卡儿坐标

(X_1 和 Y_1)来确定。第二个点 P_2 可以通过沿 Y 轴平移永磁体长度的一半来确定。前处理器允许使用笛卡儿坐标或极坐标,以及沿坐标轴的平移来设置多边形的角点。

添加一个背景对象,用于填充材料对象之间的所有自由空间。当使用麦克斯韦张量计算相互作用力时,为了减少积分误差,最好让积分路径穿过所有节点都处于无电流线性介质中的有限元。如果气隙中的网格至少有三层,就可以满足这一条件。为了确保气隙中有三层网格,我们可以沿着气隙定义一个具有空气特性的额外区域。本例中,在动子圆盘周围定义了这样一个区域,其位置的设置使得动子圆盘在从一个极限位置移动到另一个极限位置时不会到达该区域。在生成的网格(见图 6.6)中,气隙中有三层网格。此外,从图 6.6 中还可以观察到包含动子圆盘、线圈和永磁体的"H"区域的规则网格。

为每个动子位置编写完问题描述后,前处理阶段即结束。求解器可以交互式运行,也可以通过批处理运行。当有多个问题需要求解时(本例中,每个动子位置对应一个问题),最好将所有问题添加到一个批处理查询中,然后启动批处理流程;不过,这需要一些时间。在我们的电磁阀案例中,对于 11 个动子位置,每个位置对应 18 种电流情况,在一台主频为 2.4GHz、内存为 512MB 的奔腾 4 计算机上,求解需要 2h40min。

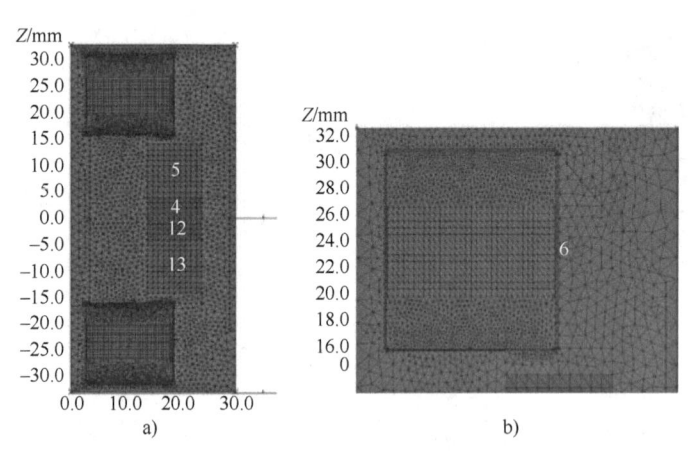

图 6.6 电磁阀剖分
a) 全模型剖分 b) 动子剖分局部放大

6.1.2 后处理阶段

后处理阶段的主要目的是从有限元求解结果中提取性能参数。需要将结果文件加载到后处理器中,这样就能立即显示出磁力线。这一功能是大多数商业有限元软件菜单列表中常见的选项。在 Vector Field 软件中，要先选择等于"POT"的"组件（Component）"，然后在"等高线图（Contour Plot）"子菜单中选择"执行（Execute）"。还可以设置磁力线的数量、绘图样式、标签类型，以及是否需要刷新绘图[3]。磁通密度模值也能直接用彩色图来表示。建议选用填充区域样式并设置较多的线条数量来呈现磁通密度模值，而用较少线条的等高线来表示磁力线。借助"刷新（refresh）"开关，可将磁力线叠加到磁通密度图上，如图 6.7 和图 6.8 所示。

当动子处于中心位置且电流为零时，磁场分布（磁力线和磁通密度云图）应相对于 X 轴对称，如图 6.7a 所示。当几何形状和场源对称而有限元得到的磁场不对称时，则求解是错误的。在计算任何性能参数之前，有必要找出错误所在。我们需要检查边界条件、区域描述、电流和永磁体的值以及相位。

本例中，局部和整体磁通密度云图饱和程度如图 6.7 所示。当动子处于中间位置时，存在局部饱和的小区域。总电流定义为匝数与每匝电流的乘积，也可定义为导体区域上等效电流密度的积分。在这个例子中，等效电流密度为 $5A/mm^2$，如果填充系数在 0.5 左右，则意味着导体净面积等效电流密度约为 $10A/mm^2$。这是一个可接受的峰值电流密度值。对于短时间瞬变情况，或者在考虑采用非常高效的冷却系统时，该值可以翻倍。电流产生的磁场在某些区域与永磁体磁场叠加，在其他区域则抵消。当动子处于中心位置时，磁场分布变得不对称，但整体没有明显的饱和。当动子处于其最大位移时，如图 6.8 所示，磁场分布不对称。正电流在磁路上部产生磁场明显饱和。

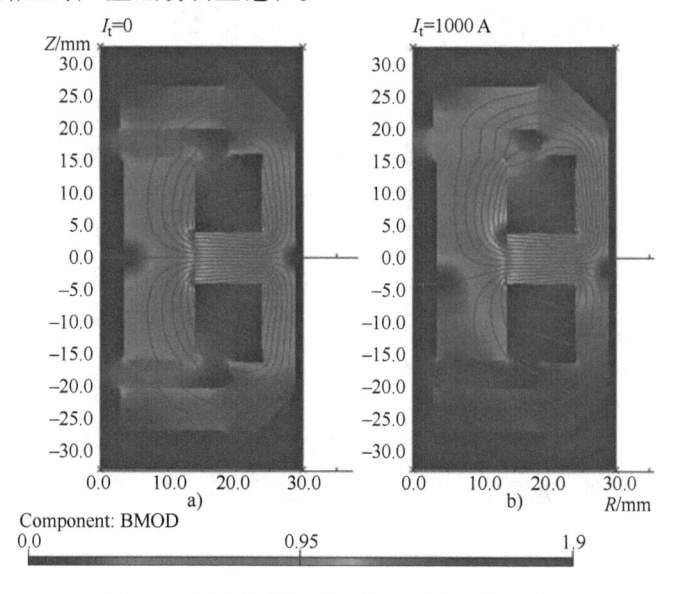

图 6.7　局部和整体磁通密度云图和磁力线图

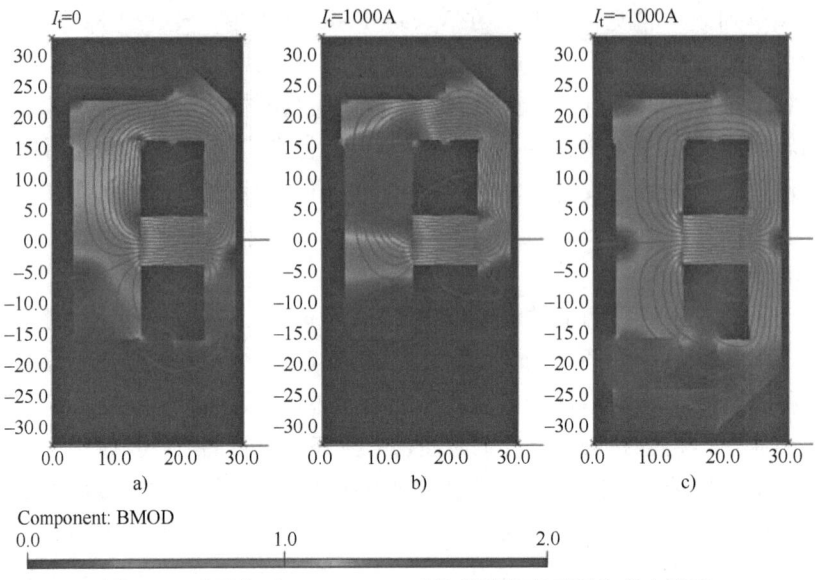

图 6.8 动子位于 $x_0 = -4\text{mm}$ 时的磁通密度云图和磁力线图

磁心饱和程度还取决于材料特性。对于用于电磁阀磁心的 Somaloy 材料而言，2T 的磁通密度意味着严重饱和，但对于 Hiperco 叠片材料来说，这可能仅意味着适度饱和。若如图 6.9 所示给出相对磁导率，就能更好地判断饱和程度。在电流磁场与永磁体磁场叠加的区域，磁导率会下降；在额定电流（$I_t = 1000\text{A}$）下，会出现严重饱和，磁导率降至其最大值的一半（见图 6.9b）。如图 6.9c 所示，若将线圈电流进一步增加至 2000A，磁导率将降至最大值的十分之一。磁导率图仅针对软磁心（Somaloy 材料）给出。这是一项重要的设置，可避免出现异常的显示比例。

有限元法计算得出的最重要的性能参数是线圈磁链和电磁力。磁链是通过在线圈表面应用方程（5.130）⊖来计算的。在 Vector Field 软件中，可通过选择合适的菜单来进行积分运算。用户需要将软件给出的积分值除以线圈表面积，并且还必须考虑长度单位。例如，如果长度单位是 mm，那么根据方程（5.130）⊖计算得出的磁通单位就是 mWb。需要针对多个动子位置以及每个动子位置对应的多种电流情况来计算磁链。通过这种方式，就可以计算出电感随电流的变化关系，从而验证磁饱和现象的存在。可以使用 Vector Field 软件中的"comi"脚本或 FEMM 软件中的"lua"脚本来实现数据提取的自动化[4-5]。将所需数据存储在表格中，然后可以使用专门的软件（例如用 MATLAB）进行图形绘制和其他数据处理。

⊖、⊖　原书此处有误。——译者注

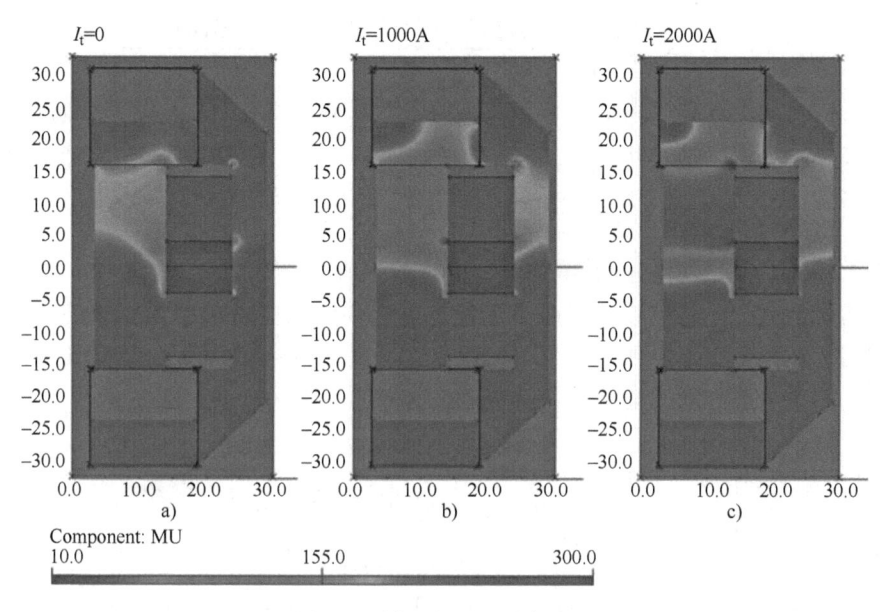

图 6.9 铁心相对磁导率云图

图 6.10 展示了总磁链随动子位置和线圈电流的变化情况。磁链由永磁体和线圈电流共同产生。

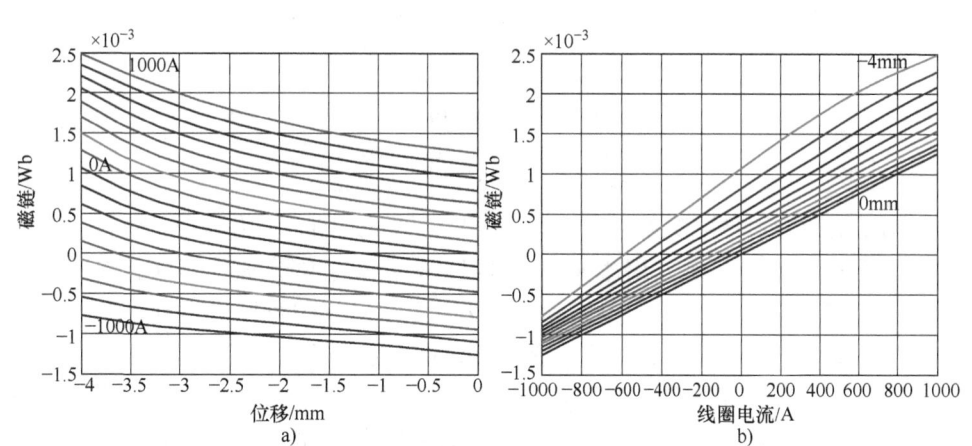

$$\psi(x_0, i_c) = \psi_{PM}(x_0, i_c) + L(x_0, i_c) i_c \tag{6.4}$$

图 6.10 两个串联单匝线圈的总磁链
a) 磁链与位移的关系　b) 磁链与线圈电流的关系

在非线性磁路中，叠加原理并非完全适用，即便如此，也只能计算出磁链电感的近似值。

$$L(x_0, i_c) = \frac{\psi(x_0, i_c) - \psi_{PM}(x_0, i_c)}{i_c} \cong \frac{\psi(x_0, i_c) - \psi_{PM}(x_0, 0)}{i_c} \qquad (6.5)$$

该值可用于计算线圈电流和永磁体产生的磁链,但对于计算电动势而言,采用微分电感近似法会更好

$$L_d(x_0, i_c) = \frac{\partial \psi(x_0, i_c)}{\partial i_c} \cong \frac{\psi(x_0, i_2) - \psi(x_0, i_1)}{i_2 - i_1} \qquad (6.6)$$

图 6.11 展示了静态电感近似值和微分电感近似值。

实际的微分电感应该等于或小于静态电感,但是在图 6.11 中,由于近似值的原因,在某些点上发现了一个小的违反这一规律的现象。但是,对于这个研究案例,静态电感和动态电感值非常接近。

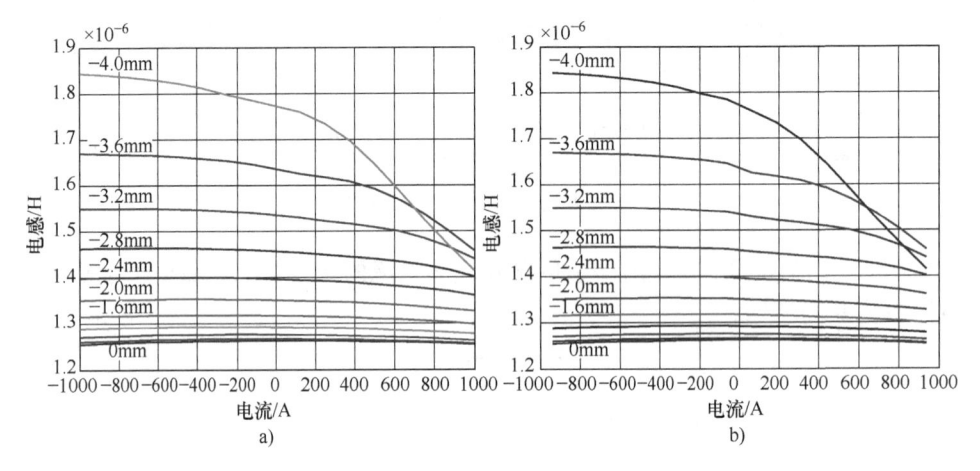

图 6.11 两个串联单匝线圈的电感
a) 静态电感 b) 微分电感

动子上的推力是由麦克斯韦张量法积分计算出来的,推力与动子位移、电流关系曲线如图 6.12 所示。用这种方法可以计算出该电磁装置各部分所受的电磁力。图 6.13 展示了上动子圆盘对动子推力的贡献情况。可以注意到,上动子圆盘所受的推力始终为负,而下动子圆盘所受的推力始终为正。沿运动方向的磁场推力较小,因此机械弹簧是驱动动子并在反方向使动子加速的主要作用力。当动子通过中间位置时,它可能会获得较大的电磁加速度,但如果要避免任何机械冲击,就应在动子处于该行程位置时使其停止运动。遗憾的是,在这一行程位置,制动推力较小,弹簧不得不再次承担主要的制动任务。综上所述,该设备的电机性能较差,但是它非常适合用作机电阀门。

图 6.14 展示了不同动子位移情况下,线圈所受轴向力随电流的变化情况。该力可用于线圈的机械设计。

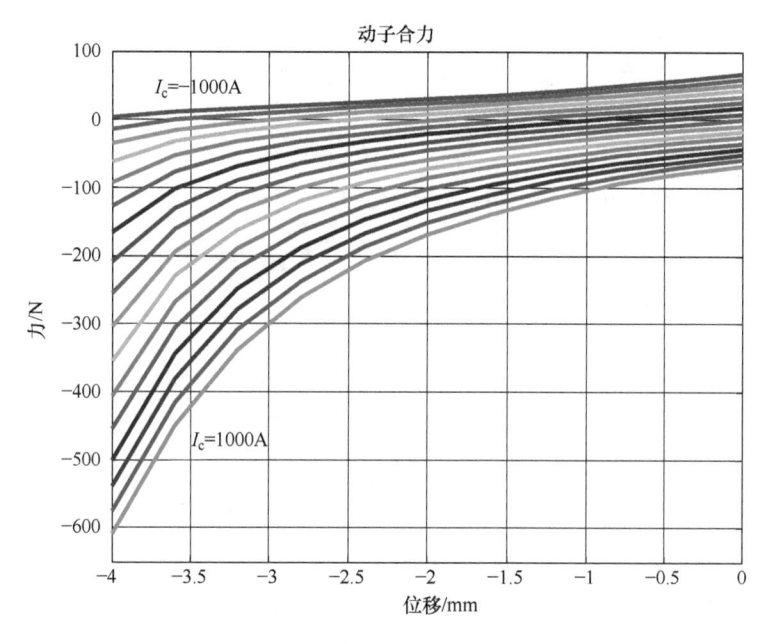

图 6.12 动子推力与位移的关系

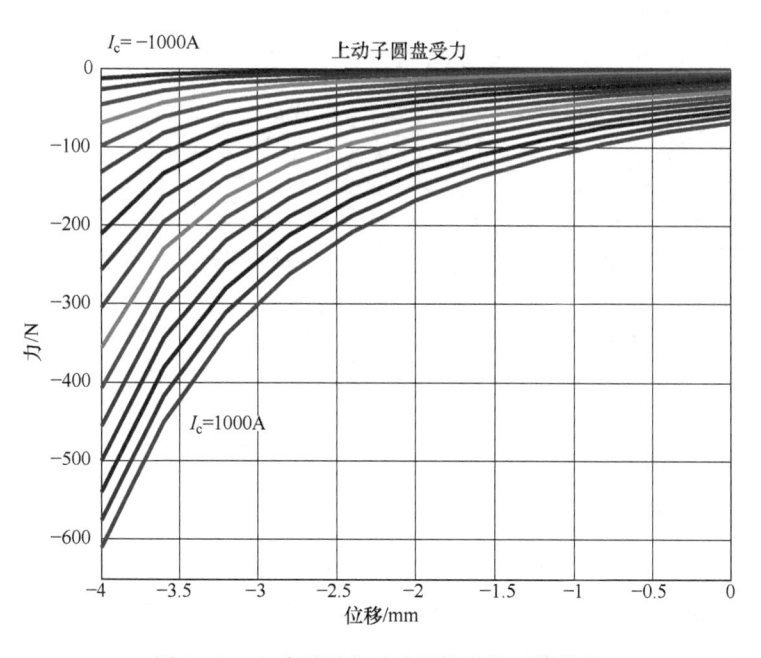

图 6.13 上动子圆盘对动子推力的贡献情况

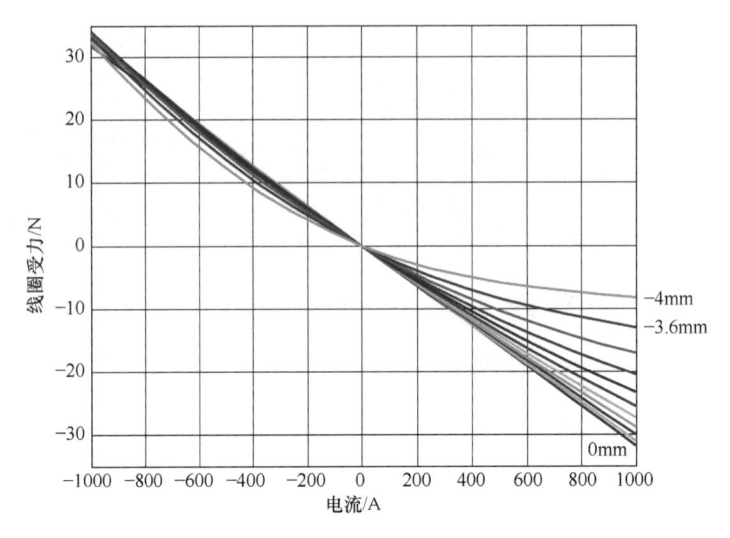

图 6.14 线圈所受的轴向力随电流的变化情况

电磁阀的全局特性由其磁场能量给出,如图 6.15 所示。其中,总磁场能量(包括永磁体和电流源产生的能量)依据方程(5.128)计算得出;而在永磁体存在的情况下,仅由电流源产生的磁场储能则根据方程(5.129)[一]计算得出。

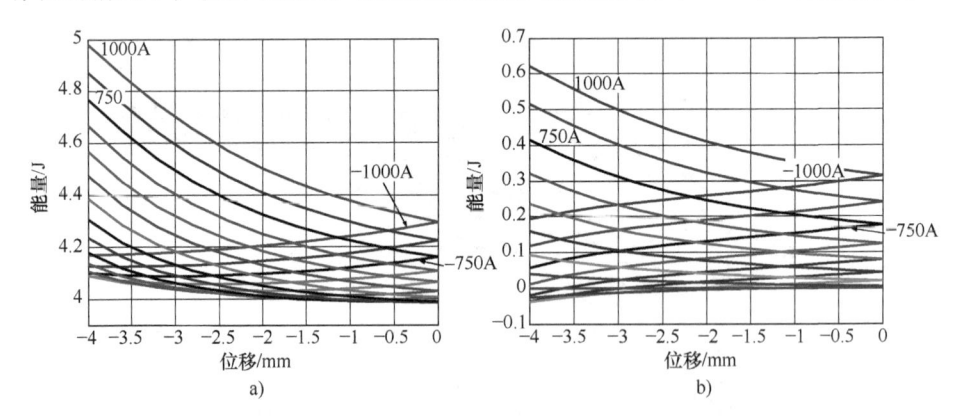

图 6.15 磁场能量与动子位移和定子电流的关系
a) 总磁场能量　b) 电路电流产生的磁场能量

6.1.3 小结

本节介绍了有限元求解管状永磁直线电机的静磁场方法,着重体现了有限元法在电机领域应用的基本原理,给出了推力和电感计算方法,为动态和控制研究所需的高精度电路模型奠定了基础。

[一] 原书此处有误。——译者注

6.2 旋转永磁同步电机（6槽4极）

图 6.16 所示的旋转永磁同步电机（PMSM），采用表贴式永磁体 4 极转子，定子中有 6 个线圈。该电机用于阐释有限元法在无转子电流的旋转电机中的应用。这种电机旨在以合理的制造成本提高电机效率，在家用电器和汽车行业得到应用。每 2 个转子磁极对应 3 个定子线圈的配置可能成本较低，但有限元分析表明，这种配置会产生较大的径向力，尤其是在电机负载运行时。

以一台功率为 200W、转速为 1500r/min 且直流母线电压为 300V 的电机为例，举例说明其有限元分析。图 6.17 展示了定子叠片，其主要几何尺寸如下：

- D_{si}：定子内直径
- D_{so}：定子外直径
- w_{sp}：定子主极宽度
- h_{sc}：定子轭高度
- α_{sp}：定子极弧角度
- h_{s3} 和 h_{s4}：定子槽高度和定子槽口高
- R_1：定子极靴半径
- h_{s1}：定子齿高

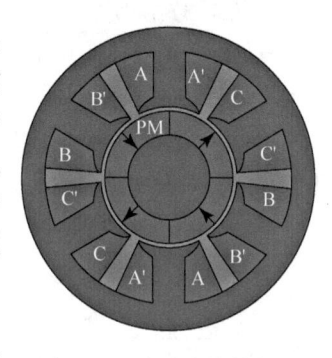

图 6.16 表贴式旋转永磁同步电机（6槽4极）

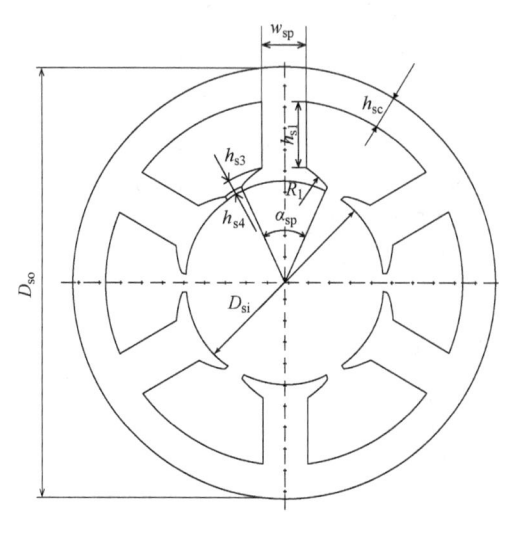

图 6.17 定子叠片主要几何尺寸

图 6.18 所示为转子的几何尺寸，具体如下：

- D_{ro}：转子外径
- D_{ri}：转子内径
- h_{PM}：永磁体高度

定子铁心叠长 l_{stack} 和气隙长度 g 也是重要的几何尺寸。表 6.2 给出了以下模型中使用的主要几何尺寸。

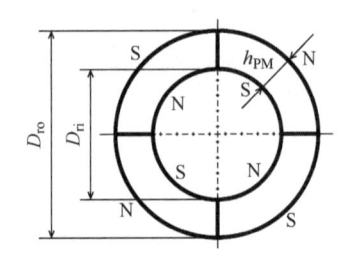

图 6.18 转子主要几何尺寸

表 6.2 永磁同步电机主要几何尺寸

参数	初始值	单位	参数	初始值	单位
D_{so}	68	mm	w_{sp}	7	mm
D_{si}	30	mm	l_{stack}	50	mm
h_{s4}	0.6	mm	a_{sp}	51	mm
h_{s3}	1.4	mm	h_{PM}	3	mm
h_{sc}	4.5	mm	g	0.5	mm

6.2.1 永磁无刷直流电机的前处理

当永磁同步电机采用梯形电流（而非正弦电流）进行控制，并且同时有两相（三相中的两相）处于导通状态时，这种电机被称为无刷直流（BLDC）电机。

如果忽略线圈端部连接，无刷直流电机具有平面对称性。因此，无刷直流电机的磁场问题可作为"xy 对称问题"来求解。这里选用了合适的长度单位（mm）和电流密度单位（A/mm^2）。为了使电机绘图和问题描述流程化，主要几何尺寸被声明并初始化为用户自定义变量。电机图样被分割成多个基本部分，然后使用复制和旋转技术来构建整个横截面。理想的 6/4 极电机具有 180° 的对称性。如果我们不打算研究转子/定子的偏心问题，那么如图 6.19 所示，仅对电机横截面的一半进行磁场问题求解就足够了。借助 Vector Field 公司的旋转电机模块，可以自动实现电机转子的旋转。

如图 6.20 所示，定子铁心的复杂形状可以用简单的方式绘制出来。绘制定子铁心单元需要用到 9 个点，而绘制线圈侧边仅需 4 个点。这些点的坐标根据输入的几何尺寸计算得出。用户可以为每个点选择笛卡儿坐标或极坐标。对于第一个点 P_1，使用极坐标会更简便

$$P_1(R_p, P_p) = P_1\left(\frac{D_{si}}{2}, 90°\right) \tag{6.7}$$

第二类点的坐标同样以极坐标形式给出

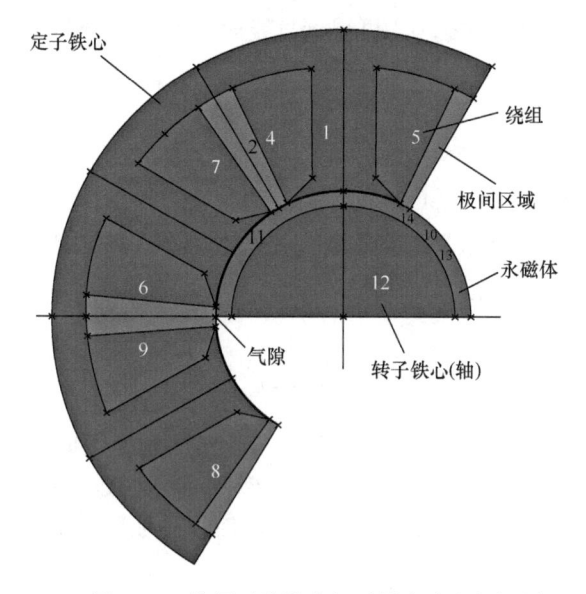

图 6.19 使用对称性求解无刷直流电机问题

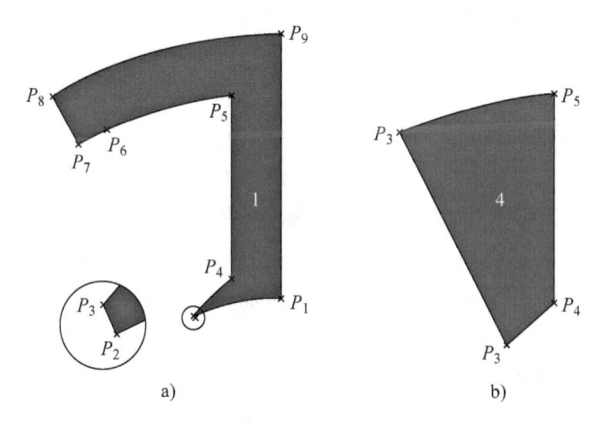

图 6.20 定子铁心和线圈单元形状
a) 定子铁心单元元件 b) 线圈单元元件

$$P_2(R_p, P_p) = P_1\left(\frac{D_{si}}{2} + \Delta\delta, 90° + \alpha_{sp}\right) \tag{6.8}$$

式中，$\Delta\delta$ 表示气隙变化量，用于考虑气隙不均匀的几何结构。不过，本例中，气隙是均匀的，因此 $\Delta\delta = 0$。如果气隙长度均匀，点 P_1 和 P_2 之间的线段曲率设定值等于定子内半径的倒数。在（Vector Field 软件中）设定点 P_2 坐标的同时，也会设定连接点 P_1 和 P_2 的线段曲率。没有必要计算用于描述几何单元的所有点的坐标。本例中，无须计算点 P_3 的坐标，因为它可以通过长度为"sh4"的半径

变化来确定。当曲率设定为零时，可得到直线段。点 P_4 通过笛卡儿坐标来确定

$$P_4(X_P, Y_P) = P_4\left(-\frac{w_{sp}}{2}, y_4\right) \tag{6.9}$$

$$y_4 = \sqrt{\left(\frac{D_{si}}{2} + sh4 + sh3\right)^2 - \left(\frac{w_{sp}}{2}\right)^2} \tag{6.10}$$

点 P_5 通过横坐标变化量 $sh1$ 来确定。点 P_6 和点 P_7 以极坐标形式给出

$$P_6(R_P, P_P) = P_6\left(\frac{D_{s0}}{2} - h_{sc}, 90° + \alpha_{sp}\right) \tag{6.11}$$

$$P_7(R_P, P_P) = P_7\left(\frac{D_{s0}}{2} - h_{sc}, 90° + \frac{180°}{N_{sp}}\right) \tag{6.12}$$

点 P_8 通过半径变化量 h_{sc} 来确定，而点 P_9 通过极角变化量来确定，极角沿负方向（顺时针）变化 $180°/N_{sc}$。在构建好图 6.20 所示的定子铁心基本几何图形后，可以对其进行复制、镜像和旋转操作，从而得到如图 6.19 所示的定子铁心图样。

极间区域以及靠近定子的气隙层的构建方式与定子单元相同。极间区域和靠近定子的气隙层可通过"replicate"命令在构建定子的同时一并得到。第一个线圈侧边的构建方式与定子铁心单元相同，但其他线圈侧边需通过"copy"命令而非"replicate"命令来获得，因为需要为每个线圈侧边设置不同的电流密度值，而这只有在它们代表不同区域时才可行[2,3]。

转子的构建方式与定子相同。首先，构建永磁体区域。为避免设置相反的极化方向，第二个永磁体区域是第一个永磁体区域的复制。永磁体的极化方向可以在所有几何图形构建完成后再进行设置。直接绘制第一个磁极下方的转子铁心，然后通过对第一部分进行复制操作来得到所需的整个转子铁心。接着构建靠近转子的气隙层。

如果积分路径仅通过所有节点都处于同一介质中的线性单元，那么通过麦克斯韦张量计算力的结果会精确得多。为了在力的计算中获得更高的精度，需要定义一个与定子气隙层相邻的第三气隙层。

Vector Field 软件的旋转电机模块允许模拟电机部分部件旋转的暂态工况。在问题描述中，需要引入一个特殊区域，即旋转电机气隙。该区域的参数包括平均半径和对称性。给定半径的圆不能穿过任何其他区域，因此它必须位于转子上所有点的外侧，且位于定子上所有点的内侧。按照惯例，这个特殊区域的内部部分会旋转。尽管默认是内部区域旋转，但外转子电机同样可以进行研究，因为机电现象是由相对位置和相对速度决定的。"symmetry"参数是一个整数值，其绝对值表示模型的旋转对称数量。在我们的案例中，对称性为 2，因为模拟的是电机的一半，且符号为"plus"，因为采用的是正周期性条件（研究的是一对磁

极)。如果对整个电机进行建模,对称性值必须为1。这个参数的值必须与模型的对称性正确匹配,这一点至关重要。建议转子的外边缘和定子的内边缘具有恒定的半径,并且气隙单元在转子和定子两侧的细分尺寸应相近。通过在定子和转子附近设置额外的气隙层(在模型中这些气隙层是定子和转子的一部分),即使实际气隙是变化的,我们也可以调整转子外径和定子内径,使其保持恒定,同时还可以将定子内侧的细分数量设置为与转子外侧相同。最后,如图6.21所示,气隙包含四层。

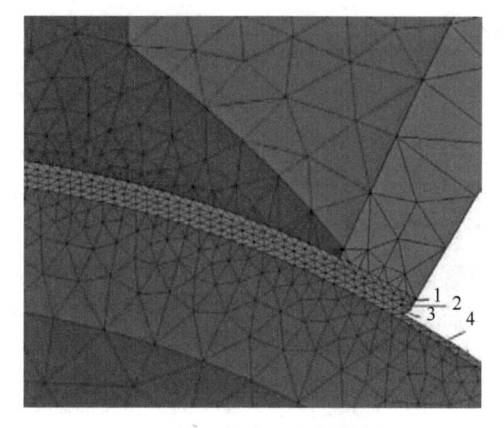

图6.21 气隙网格层
1—靠近定子的层 2—包含麦克斯韦张量积分路径的层;
3—旋转气隙层 4—靠近转子的层

永磁体的径向磁化意味着磁化是位置的函数,并且只有在完成网格划分、能够获取坐标 X 和 Y 变量之后才能进行设置。永磁体的极化作为一个额外条件引入,如以下示例所示:

EXTRA
REG 10 C = PHASE, F = atan2d (Y; X)
REG 11 C = PHASE, F = 180 + atan2d (Y; X)
Quit

每个导体区域的电流密度也是在对区域进行网格划分之后设定的。在这个阶段,可以根据每个线圈的总电流和线圈横截面积来计算电流密度,而在线圈区域完成网格划分后,横截面积就成了该区域的一个固有参数。在这一阶段,还会为每个导体设置一个电路标号。当通过外部电路计算流经线圈的电流,或者由外部驱动函数给定电流时,就会用到这个标号。通过使用外部驱动函数,可以根据转子位置改变相电流,从而模拟电机的同步运行。下面的示例展示了电流密度和电路标号的设定,其中区域编号参考图6.19。

MODI REG1 = 4 DENS = − #It/area, N = 1
MODI REG1 = 5 DENS = #It/area, N = 1
MODI REG1 = 6 DENS = − #It/area, N = 2
MODI REG1 = 7 DENS = #It/area, N = 2
MODI REG1 = 8 DENS = − #It/area, N = 3
MODI REG1 = 9 DENS = #It/area, N = 3

转子转速可以设置为恒定值,也可以设置为可变值(当转速以表格形式存

储在文件中时）。此外，还可以使用有限元软件通过机械方程直接计算转子转速

$$\frac{1}{J}\frac{d\Omega}{dt} = T_{em} - \text{sign}(\Omega) \cdot T_f - T_l - k_t\Omega$$

转动惯量 J、摩擦转矩 T_f、负载转矩 T_l 以及变速转矩系数 k_t 由用户设定，而电磁转矩 T_{em} 则由有限元软件计算得出。用户需要在设定上述参数的同时设置电机铁心的长度。通过命令文件，还可以使用更复杂的机械方程（负载转矩是转子位置的函数或时间的显式函数）。当求解器对旋转电机进行运算时，会生成一个"日志文件"，可以存储每个转子位置下所需的求解参数。可以采用自适应时间步长或固定时间步长。会在给定时刻存储整个场的解。当采用恒定转速时，有一种简单的方法可以将所需的转子位置转换为时间点。在后处理器中提取转矩和磁链随内功率因数角变化的关系时，可以将定子电流保持恒定；或者在以恒定内功率因数角研究转矩脉动和磁链随时间变化的关系时，可使用驱动函数使电流值与转子位置相关联。驱动函数可以是诸如正弦、余弦、阶跃或指数函数之类的基本函数，也可以从表格中读取。在本例中，相电流呈梯形波形状，如图 6.22 所示，电流波形以随时间变化的表格形式给出。

电流密度随时间的变化情况，是通过将每个区域的电流密度与当前时刻的驱动函数值相乘来计算的。在本例中，驱动函数采用标幺值表示，其最大值为 1。通过这种方式，用户自定义的驱动函数就能够与内置驱动函数（直流、正弦、余弦、斜坡、指数函数）兼容。

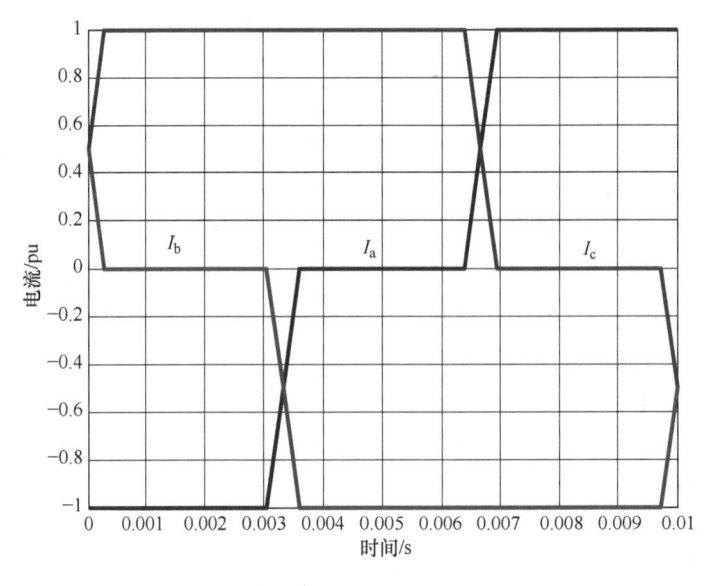

图 6.22 梯形波电流密度驱动函数

6.2.2 永磁无刷直流电机的后处理

电机分析是在后处理求解器中执行的，利用有限元法得到的场解来计算电机的电路参数、转矩能力和磁饱和水平。首先，有必要通过观察磁力线来检查有限元解的正确性。在无刷直流电机的首次仿真中，电机转子以恒定速度旋转（1500r/min），同时电流保持恒定：如图 6.23d 所示，第一个线圈中的电流为负，第二个线圈中的电流为正，第三个线圈中的电流为零。在转子旋转四分之一圈时，磁场求解存储了 37 个转子位置（时刻）。图 6.23 展示了 3 个转子位置（起始、中间和末尾位置）的磁力线。利用问题的周期性，仅对电机的一半进行了仿真。通过这种方式，计算工作量大幅减少。解的存储内存减少了一半，计算时间减少了一半多。在所有三种情况下，磁力线都通过预期的路径闭合，由此我们可以得出周期性条件设置恰当的结论。

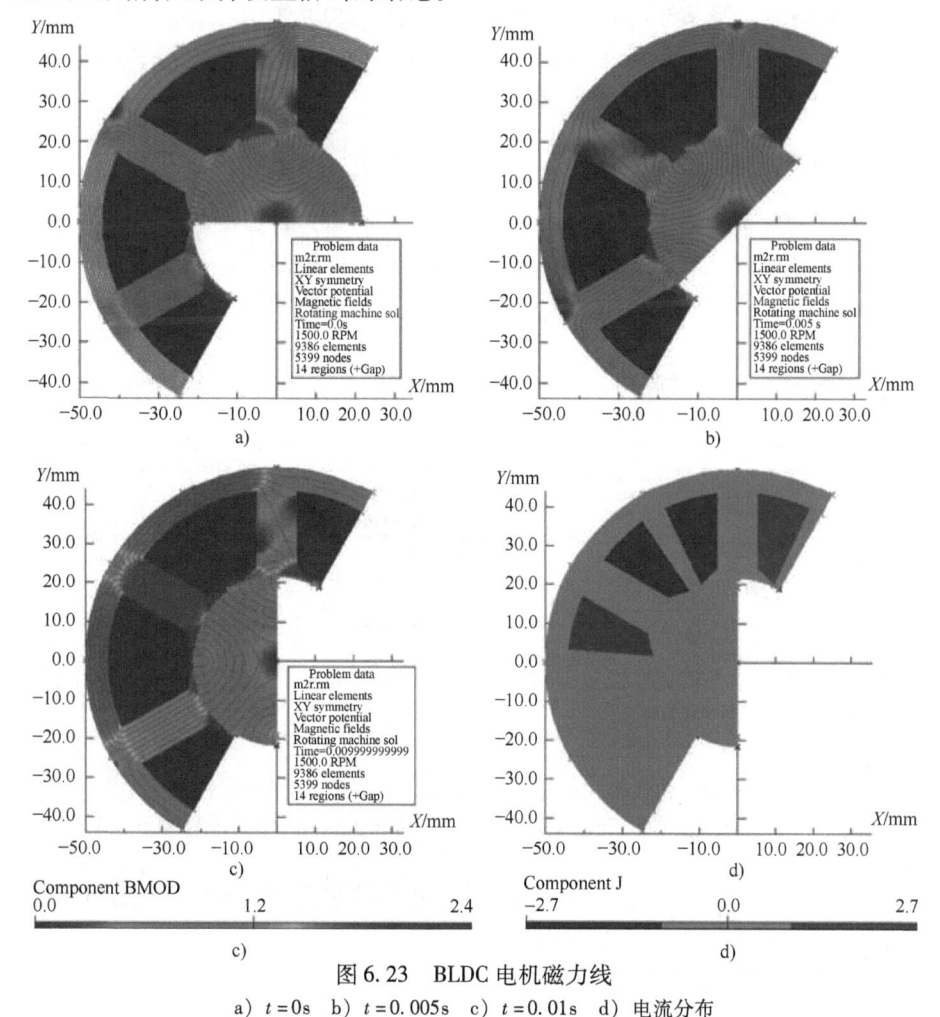

图 6.23 BLDC 电机磁力线

a) $t=0$s b) $t=0.005$s c) $t=0.01$s d) 电流分布

线圈产生的磁场与永磁体磁场相互叠加，会使总磁场增强或减弱。对于某些转子位置，如图 6.23c 所示，磁场叠加效应占主导，导致定子铁心的大片区域内合成磁场增强。图 6.23d 中给出的电流密度是所有导体区域的平均值。实际的电流密度计算时要考虑槽满率。假设通常的槽满率 $k_{fill} = 0.4$，实际电流密度计算如下

$$J_{cu} = \frac{J_{reg}}{k_{fill}} = \frac{2.7}{0.4} A/mm^2 = 6.75 A/mm^2 \qquad (6.13)$$

这是在峰值转矩（约为额定转矩的两倍）工况下一个可以接受的电流密度值。

电磁转矩由求解器在"日志文件"（针对"Vector Fields"软件而言）中输出，但也可以在后置处理阶段通过对麦克斯韦张量进行积分来计算。对于从"日志文件"中获取的转矩，软件会自动考虑对称性参数；然而，当通过对麦克斯韦张量积分来计算转矩时，仅考虑积分路径上的相互作用。因此，为了得到电机的总转矩，需要将积分结果乘以对称性参数。在本例中，积分路径是一段圆弧，其半径为 R_{torq}，角度范围在 60°~240° 之间，其中 R_{torq} 半径为

$$R_{torq} = \frac{D_{si}}{2} - 0.375g \qquad (6.14)$$

在二维有限元分析中不考虑电机铁心的长度，实际上，计算得到的转矩是铁心长度为 1m 时电机的比转矩，如图 6.24 所示。转矩可以表示为转子位置的函数，也可以表示为时间的函数。不过，在转速恒定时，这两种表示方式是等价的。

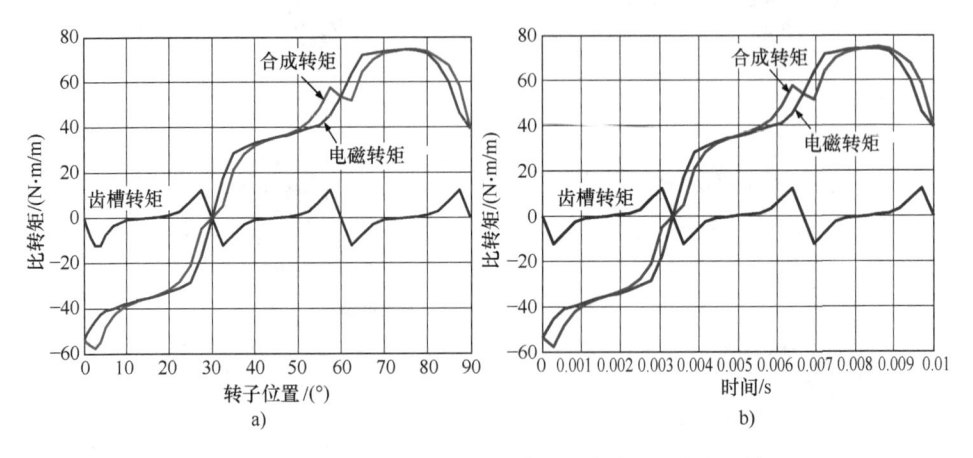

图 6.24 每线圈 529 安匝、电机铁心长度为 1m 时的比转矩
a) 由磁能计算得出的比转矩 b) 由麦克斯韦张量计算得出的比转矩

可以看出，通过磁能变化计算得到的转矩与通过麦克斯韦张量积分计算得到的转矩之间没有显著差异（见图 6.24）。

电机转矩可通过将有限元分析得到的比转矩乘以电机铁心长度来计算。

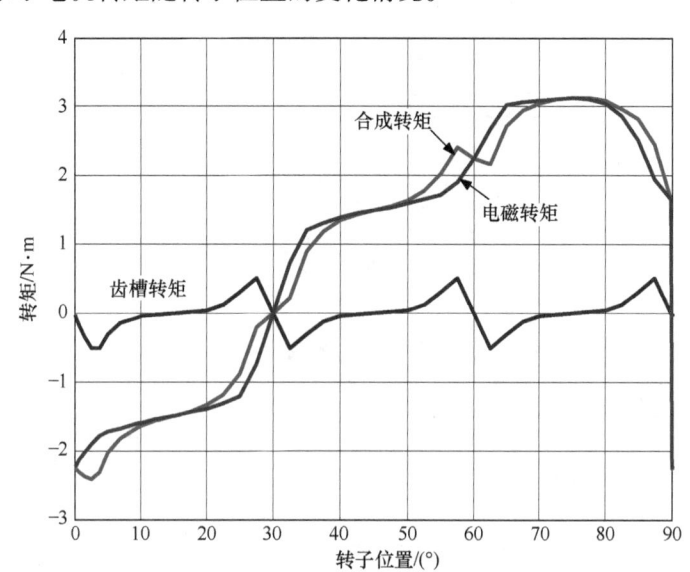

图 6.25 展示了电机转矩随转子位置的变化情况。

图 6.25 每线圈 529 安匝时,电机转矩与转子位置的关系曲线

电磁转矩在转子机械位置处于 60°~90°之间时达到最大值。因此,将利用这些角度来切换相电流,从而使所有转子位置都能重复 60°~90°范围内的磁场分布(图 6.22 中的驱动函数就是据此选取的)。

每相磁链是通过计算线圈两侧矢量磁位差的平均值来得到的[方程 (5.119)]。计算得到的磁链是针对单匝线圈且铁心长度为 1m 的情况。线圈磁链可通过将有限元计算值乘以铁心长度和线圈匝数来获得。如图 6.26 所示,在所有转子位置下,电流为零的相(c 相)的磁链等于永磁体磁链,这一结论不受磁路相间耦合和铁心饱和的影响。当检测到相电压为零时可进行换相,这一特性可应用于电机控制中。

观察图 6.23 中的磁通密度分布(绝对值),很难选择一个磁通密度值来计算铁耗值。定子铁心上空间磁通密度方波的平均值可以作为铁耗计算的合适值

$$B_{\text{sav}} = \sqrt{\frac{1}{S}\int_S B^2 \mathrm{d}S}^{\ominus} \qquad (6.15)$$

空间磁通密度的平均值随时间变化,如图 6.27 所示。对于一些转子位置,总空间平均磁通密度大于永磁体平均磁通密度,而在其他转子位置则小于永磁体平均磁通密度。

单相交流电流励磁装置的空间平均磁通密度单调地依赖于电流,并且当电流

⊖ 原书此处有误。——译者注

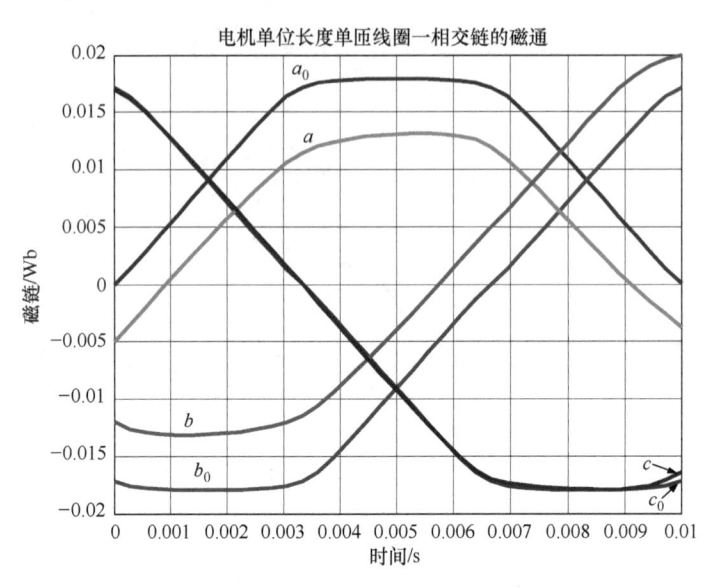

图 6.26 单匝线圈且铁心长度为 1m 时的每相绕组磁链

达到最大值时其空间平均磁通密度值达到最大。该值应该是铁耗计算的合适值，但这仅适用于单相变压器。如果磁通密度的有效值与正弦波时的峰值因子$\sqrt{2}$相乘，则得到相同的值

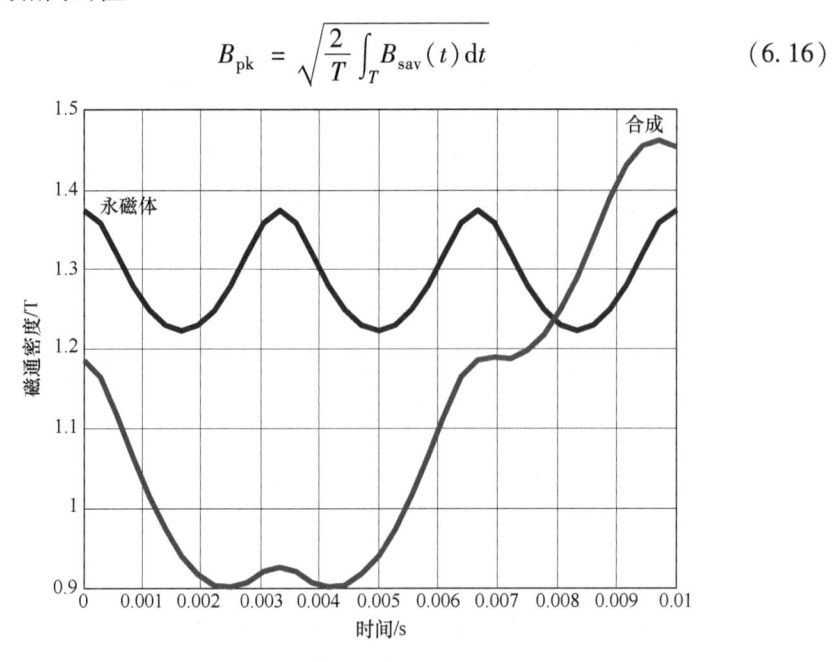

$$B_{\text{pk}} = \sqrt{\frac{2}{T}\int_T B_{\text{sav}}(t)\,\mathrm{d}t} \tag{6.16}$$

图 6.27 定子铁心磁通密度分布

假设存在具有纯旋转磁场的区域,其磁通密度幅值大小等于B_{sav},则旋转磁场的铁耗是相同幅值脉振磁场铁耗的两倍。这意味着方程(6.16)的等效磁通密度也可用于计算纯旋转磁场的铁耗。总之,假定方程(6.16)的峰值磁通密度可用于计算复杂场变化的铁耗,因为它适用于极端情况,即脉振磁场和旋转磁场。

定子电流根据如图 6.22 所示的驱动函数进行换向。选择 6 槽 4 极无刷直流电机是因为当转子偏心率为零时可假设径向力为零,而 3 槽 2 极电机有较大的径向力。为了计算径向力,需对整个电机模型进行研究。下面给出了偏心率为零时的结果,但也可以考虑偏心对径向力、转矩波动和磁链的影响。在旋转气隙内的所有区域都围绕坐标轴的原点旋转。可以通过沿半径移动转子区域或定子区域来产生偏心,根据新的几何结构调整气隙层的大小。需要进行转子转动一周来研究偏心的影响。

在下面的例子中,径向力是在偏心率为零下计算出来的,因此,同样地,只分析转子转动四分之一圆周就足够了,但需要考虑整个电机的几何结构。图 6.28 为零电流下的磁通密度云图(绝对值)和磁力线分布图,图 6.29 为额定电流下的磁通密度云图(绝对值)和磁力线分布图。选择两个重要时刻来显示磁通密度和磁力线:一是在转子初始位置发生电流换向的时刻(见图 6.29a);二是在经过 30°电角度(即 15°机械旋转角度)后出现最大转矩的时刻。

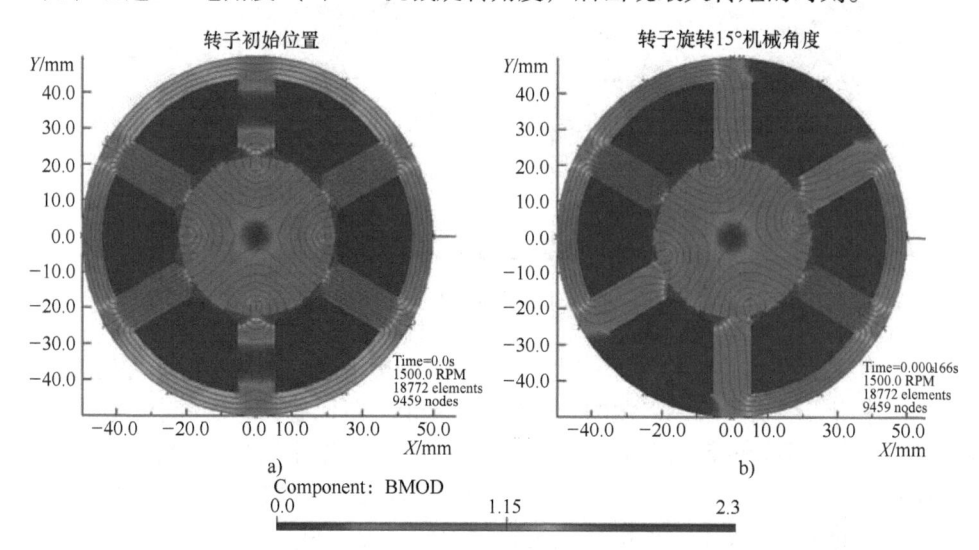

图 6.28 仅由永磁体产生的磁通密度云图和磁力线分布图

图 6.29a 所示的电流密度分布表明,在转子初始位置,b 相电流与 c 相电流相等,这是由驱动函数设定的(见图 6.22),随后 b 相电流变为零。磁通密度云

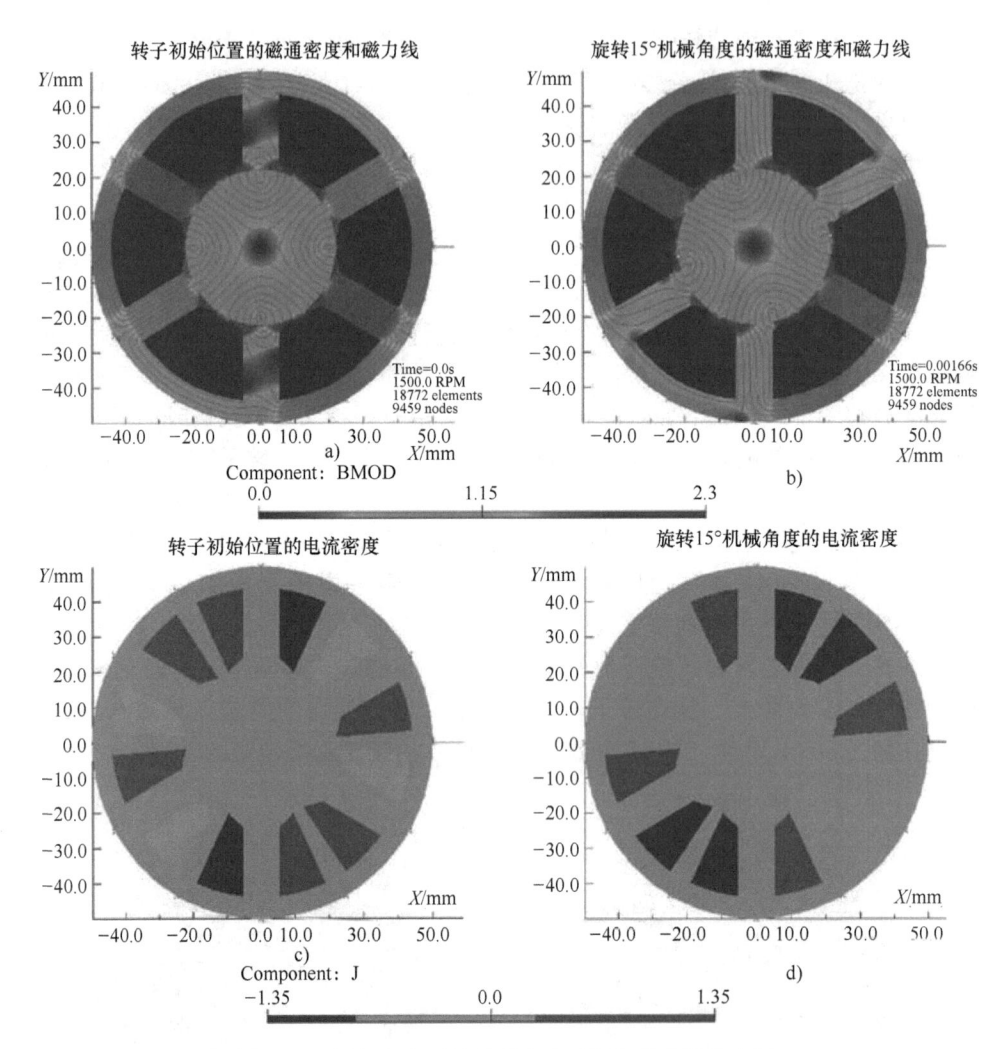

204 电机的暂态与 MATLAB 优化设计

图 6.29 额定电流时的磁通密度云图和磁力线分布图

图和磁力线图给出了不同转子位置下，有无线圈电流时磁场分布的基本信息，但仅从图中很难确切了解感兴趣的点的准确磁场值。可以看到，仅由永磁体产生磁场时，定子齿角处的最大磁通密度值接近 2.3T，当线圈中通入额定电流时，它增加到 2.35T，但很难从图中判断气隙以及磁心路径上的磁通密度。虽然可以选取几个点的磁通密度值，但沿感兴趣路径绘制磁通密度图能提供更有条理的信息。所有传统电机的设计都基于气隙磁通密度及其分布。图 6.30 给出了转子初始位置无电流（曲线 $p0$）、有电流时（曲线 $ip0$），以及转子转动 15°机械角度无电流时（曲线 $p15$）和有电流时（曲线 $ip15$）沿气隙磁通密度的径向分量。在不同的商用软件中，有类似的方法来获取沿某一路径的磁通密度图，只需选择要显示的分量并定义路径即可。有时，将所需的图形值保存在表格中然后对这些数据进行更复杂的分析是非常有用的，例如谐波提取和结果比较。基波磁通密度分布随转子转动而移动，定子槽开口引起的齿槽效应保持固定在定子坐标上静止，如图 6.30 所示。

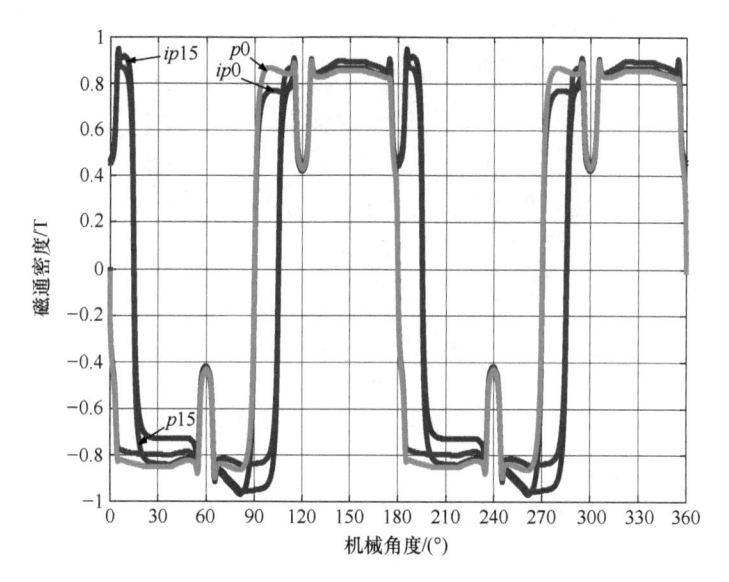

图 6.30　气隙中心处磁通密度的径向分量（$R = 21.75$mm）

在传统设计中，定子齿上的磁通密度也是一个重要参数。利用磁场分布图，可以选择一条或多条路径来显示磁通密度。在这个例子中，b 相齿部似乎处于严重饱和状态，沿着 b 相齿轴线画一条线来显示磁通密度，如图 6.31 所示，沿 b 相齿轴线路径 1 的磁通密度的径向分量如图 6.32 所示。磁通密度垂直分量也可以显示，但它的值较小，因为所选择的转子位置处磁场沿 b 相轴线对称。在这种情况下，磁通密度的绝对值实际上等于径向值。在图 6.32 中，定子齿中的等效径向磁通密度是定子轭内径与定子内径处磁通密度的平均值。曲线 $p0$ 表示初始转子位置处仅由永磁体产生的沿路径 1 的磁通密度，曲线 $ip0$ 表示由永磁体和电流共同作用产生的磁通密度。当存在电流作用时，可以看到磁通密度略微增加。当转子位置为 15°机械角度时，有无电流情况下的径向磁通密度没有显著差异，这些曲线与 $ip0$ 曲线类似，因此在图 6.32 中没有给出。

在电机经典设计中，定子铁轭上的切向磁通密度也是一个重要参数，每个电机部件的磁压降都是通过磁通密度计算得到的。铁轭中的径向磁通密度分量不会直接导致铁轭上的磁压降，但它会增加磁通密度绝对值，从而增加磁路饱和程度。沿着铁轭路径（图 6.31 中的路径 2）的切向磁通密度和磁通密度绝对值与

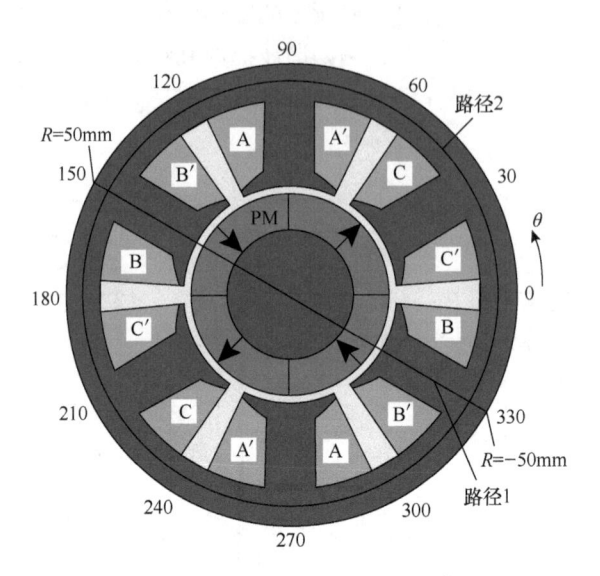

图 6.31 定子齿上的磁通密度路径

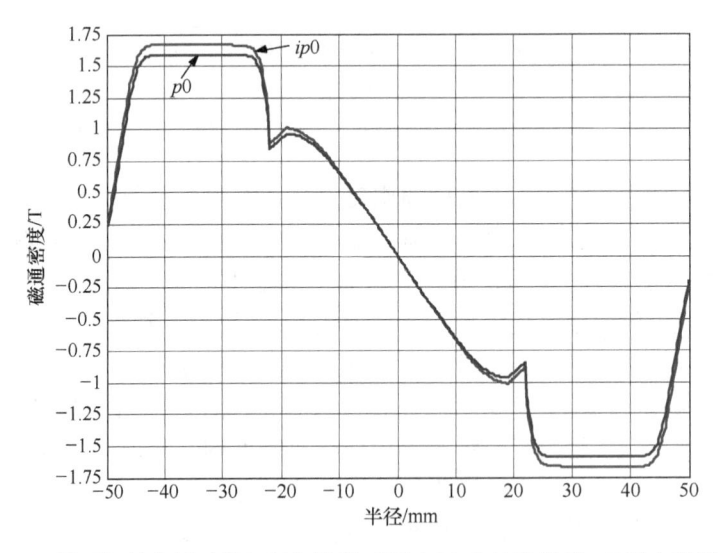

图 6.32 转子初始位置时沿 b 相齿轴线（图 6.31 中的路径 1）的径向磁通密度

位置角的关系由图 6.33 给出。路径 2 是放置在定子轭中间的一个圆。图中表示在转子初始位置，无电流（曲线 $p0$）和有电流（曲线 $ip0$）时的磁通密度曲线，以及 15°转子位置无电流（曲线 $p15$）和有电流（曲线 $ip15$）时的磁通密度曲线。在一些定子轭区域可以看到线圈电流的存在对其产生巨大影响。磁通密度的径向分量对磁通密度幅值产生明显的影响，这与某些区域的切向分量不同。在电机经典设计中，定子轭磁通密度的径向分量对磁通密度幅值的影响很小。定子轭路径上的磁通密度随着永磁转子的转动而变化，但定子上的 6 个齿槽结构对定子轭上的磁通密度分布有重要影响。

通过能量变化计算得到的单位铁心长度比转矩，与通过麦克斯韦张量积分计算得到的比转矩吻合良好，如图 6.34 所示。可以看到，电机每转一圈有 12 个周期的转矩脉动波。在每个线圈 265 安匝时，永磁体与定子电流相互作用产生的转矩（电磁转矩）大约是图 6.25 中两倍电流时峰值转矩的一半。这意味着由于磁路交叉饱和导致的峰值转矩降低可忽略不计。

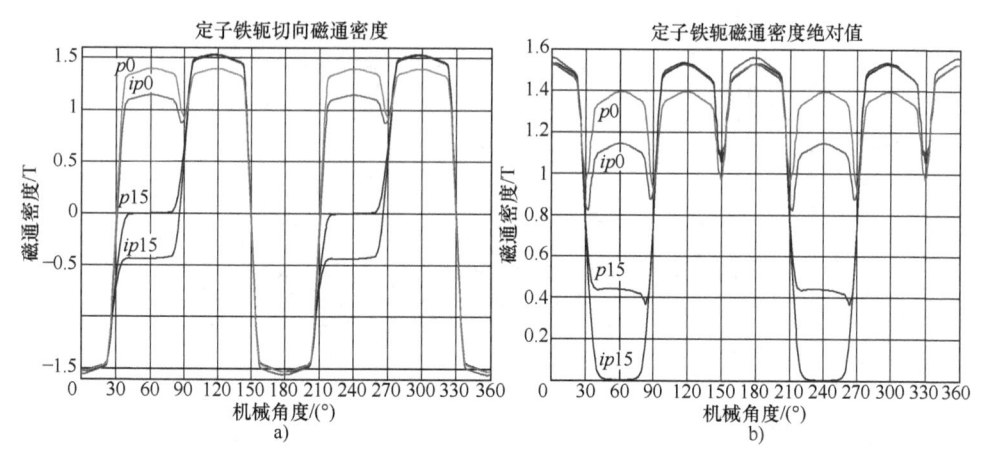

图 6.33　定子铁轭磁通密度
a) 切向磁通密度　b) 磁通密度绝对值

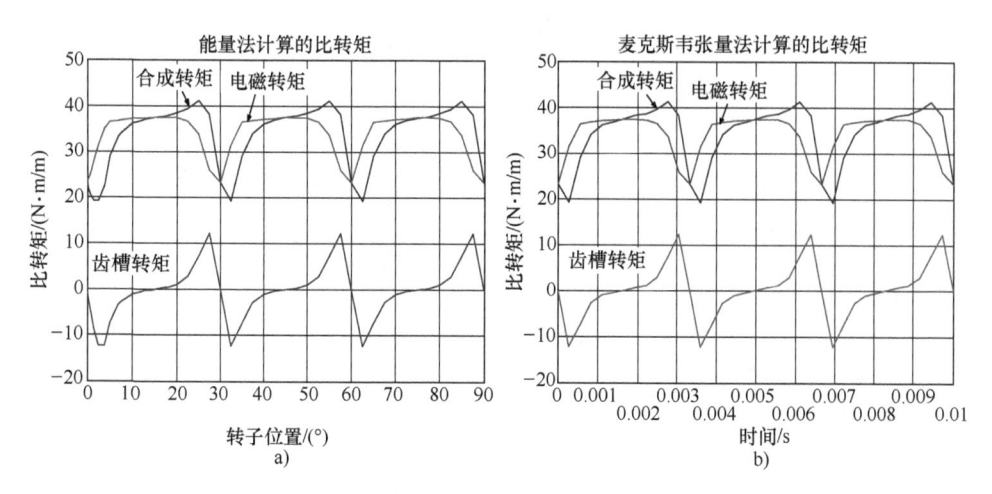

图 6.34　每个线圈 265 安匝时同步运行状态下电机比转矩与转子位置时间的关系

如图 6.35 所示，无论是在空载还是负载情况下，转子上的特定径向力分量都可忽略不计。图中曲线 F_{x0} 和 F_{y0} 是空载径向力分量，而 F_x 和 F_y 是电机负载时的径向力分量。图中给出了径向力与时间的关系，0.01s 时对应转子转动 90°机械角。图 6.35 中给出的比径向力表示数值计算误差，因为半个转子上的电磁力约为 5000N/m。图 6.35 中未补偿径向力的峰值为 0.06N/m，表明径向力计算的精度较好。作为对比，图 6.36 显示了内径较小（15mm，而在本例子中定子内径

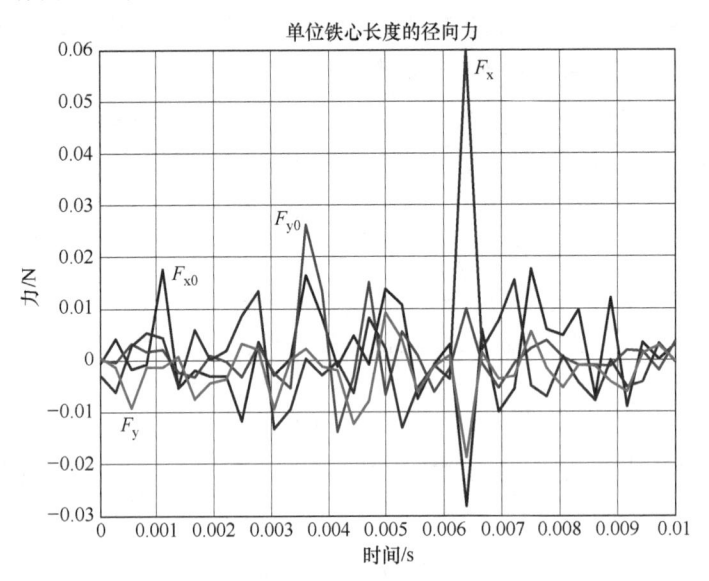

图 6.35　6 槽 4 极无刷直流电机径向力

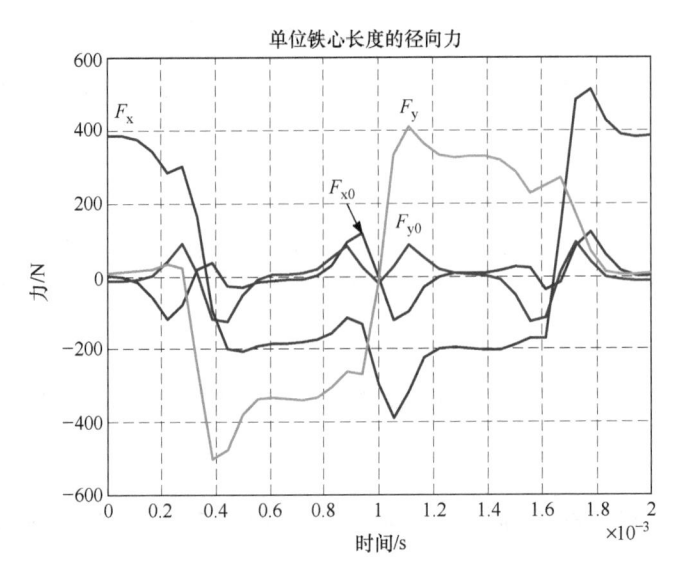

图 6.36　3 槽 2 极无刷直流电机径向力（定子内径 15mm）

为 44mm）的 3 槽 2 极无刷直流电机比径向力。比径向力约为 400N/m，比 6 槽 4 极结构大 10000 倍。这种大的径向力会使电机产生振动、噪声和过快的轴承磨损。

空载和负载情况下的平均磁通密度随时间的变化如图 6.37 所示。计算铁耗的等效磁通密度大小用方程（6.16），空载时 $B_{pk0} = 1.8286T$，额定负载时 $B_{pk} = 1.8374T$。从空载到额定负载时铁耗增加很小（如果认为铁耗与磁通密度大小成正比，铁耗增加量约为额定功率的 1%）。高次谐波磁通密度会使铁耗增加更多。

图 6.32 中齿部的最大磁通密度为 1.67T，图 6.33 中的定子轭部的最大磁通密度为 1.53T。如果为了快速比较，采用齿部和轭部磁通密度的平方平均值，那么有限元法（FEM）得到的磁通密度峰值比传统设计中使用的平均值大 14.73%。这种磁通密度的增加是由磁通密度分布不均匀和局部饱和导致的，如果仅考虑磁通密度基波，它会使铁耗增加 31.63%。平均磁通变化给出了半个基波周期，这意味着图 6.37 的磁通脉动以 6 次谐波为主，其大小为 0.103T，频率是基波的 6 倍，铁耗比基波磁场产生的铁耗高 11.39%。与传统的计算方法相比，这些额外的损耗占 15%。最后，与传统的计算方法相比，即使传统方法的磁通密度基于有限元法，铁耗仍高出 46%。传统的设计误差通常采用较大的制造系数来校正，该系数会使计算的铁耗增加 1.5~2.5 倍，以使计算结果与实验结果相符。

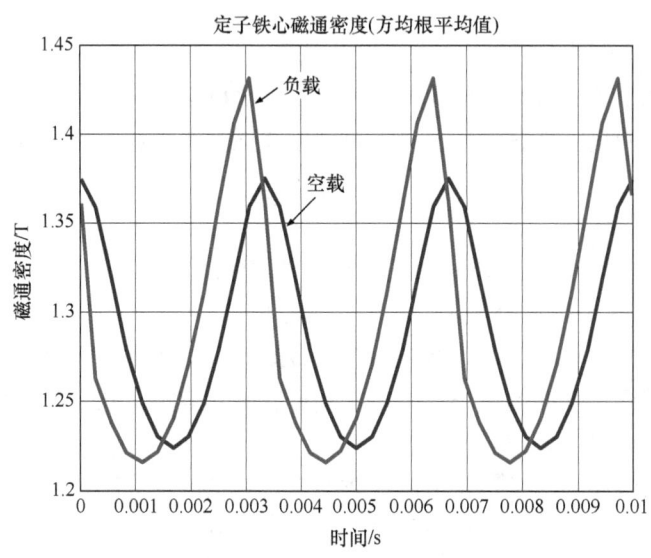

图 6.37 同步运行时的空间平均磁通密度

利用有限元结果计算电路参数和机械特性。电机电磁转矩的计算方法是将图 6.34 所示的比转矩与铁心轴向长度相乘。借助周期性特性,可以计算出一个完整电周期内的转矩。如图 6.38 所示,每个电周期有六个转矩波动。减小转矩波动的有多种方法,但只有永磁体分段斜极在总转矩大小和减少转矩波动方面效果良好[8]。计算出给定电流大小下电磁转矩的平均值,然后将其用于调整最终电流大小以产生额定转矩。

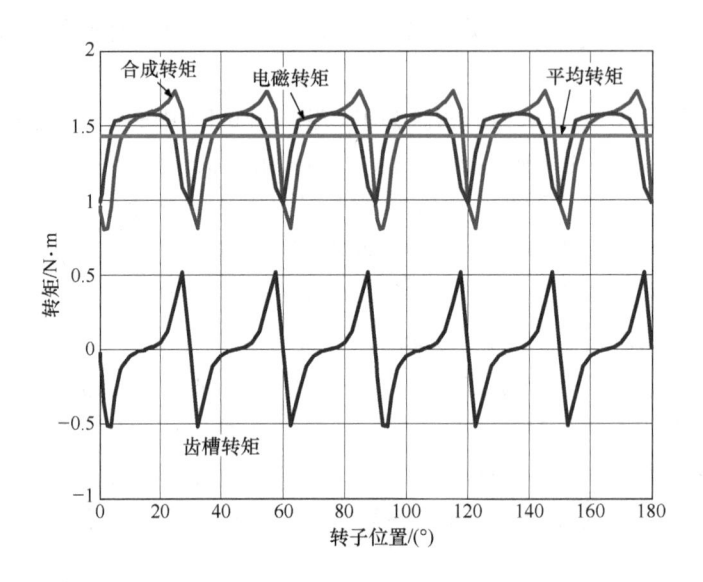

图 6.38 每个线圈 265 安匝时的转矩波动

在这个例子中,转矩随电流大小的线性变化已达到峰值转矩,峰值转矩大约是额定转矩的两倍。在这种情况下,可利用线性关系来调整额定电流幅值

$$I_{tn} = I_{t1}\frac{T_n}{T_{n1}} \tag{6.17}$$

式中,I_{tn} 是绕组总电流的额定值;I_{t1} 是模型中的绕组总电流;T_n 是额定转矩;T_{n1} 是仿真得到的平均转矩。

如果由于交叉饱和或电感变化,电机转矩与定子线圈电流幅值并非成正比关系,那么就需要在不同电流条件下多次进行有限元分析,然后通过线性或二次插值法来调整额定电流。

在计算每匝线圈的平均长度时,要考虑铁心长度和线圈端部连接长度。除换相时刻外,任何时刻都有两相处于导通状态,且电流达到其幅值。铜损耗的计算方法如下

$$P_{co} = 2\rho_{tc}\frac{l_c}{k_{fill}A_c}I_{tn}^2 \tag{6.18}$$

式中，ρ_{tc}是线圈在工作温度T_c下铜的电阻率；l_c是线圈每匝的平均长度；A_c是线圈区域面积，可以通过有限元法进行面积积分计算得出；k_{fill}是线圈区域的填充系数。

在计算铜损耗后，可按如下方式计算单匝等效绕组电阻

$$R_{1turn} = \frac{P_{co}}{2I_{tn}^2} \tag{6.19}$$

可以用斯坦梅茨法或更复杂的方法[10]，基于磁通密度峰值来计算铁耗。在这个例子中，采用了一种基于单一损耗系数的简单方法

$$P_{Fe} = p_{50Hz1T}\left[B_{pk}^2\left(\frac{f_{1n}}{50}\right)^2 + B_{1h}^2\left(\frac{6f_{1n}}{50}\right)^2\right]m_{core} \tag{6.20}$$

然后计算电机效率。

等效单匝绕组的同步电感等于一个线圈绕组磁通的变化与总电流之间的比率。

磁链可在"Vector Fields"中的旋转电机模块得到，将铁心长度与磁链导数相乘，直接计算出一匝等效绕组的感应电压。电机控制使相电流与永磁感应电压保持同相。除了换向时刻，相电流被视为恒定值。这意味着当电机两相导通时，磁链的时间导数与电流无关。每相绕组的串联匝数计算如下

$$N_1 = \text{round}\left(\frac{V_{dc}}{2(V_{pk1turn} + R_{1turn}I_{tn})}\right) \tag{6.21}$$

因为每相绕组的匝数是已知的，因此很容易计算出实际的相电流和磁链

$$I_n = \frac{I_{tn}}{N_1}$$
$$I_a = \frac{I_{ta}}{N_1} \tag{6.22}$$

$$\psi_a = N_1 l_{stack}\psi_{as1turn}$$

式中，$\psi_{as1turn}$是每相的比磁链（单匝且铁心长度为1m）。类似地可计算所有相的电流和磁链。相电流波形随转子位置的变化情况如图 6.39 所示，磁链变化如图 6.40 所示。曲线f_a、f_b和f_c是额定负载下的每相磁链，f_{a0}、f_{b0}和f_{c0}分别是每相空载磁链（仅由永磁体产生）。

最后，按如下方式计算电阻和电感的实际值

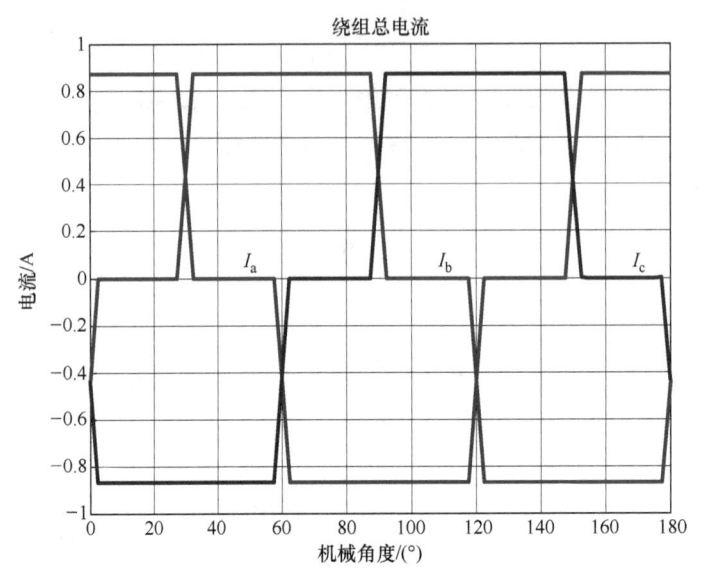

图 6.39 相电流波形随转子位置的变化情况（每线圈 304 匝）

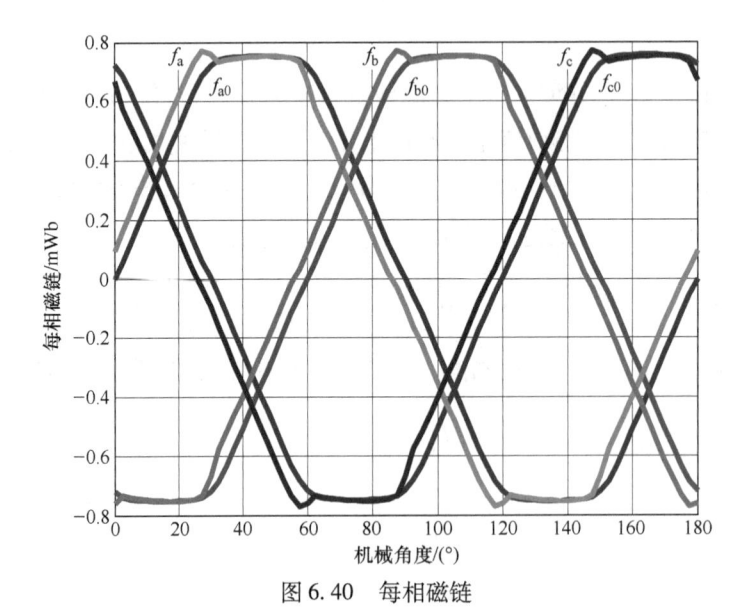

图 6.40 每相磁链

$$R_s = N^2 R_{1\text{turn}}$$
$$L_s = N^2 L_{1\text{turn}} \qquad (6.23)$$

计算出的电感不包括绕组端部电感。端部电感可由解析法计算或用有限元法单独计算得到。

线圈导体的横截面积为

$$q_{cu} = \frac{k_{fill}A_c}{a_1 N_1} \quad (6.24)$$

式中，a_1 为并联支路数；A_c 为每个线圈对应的槽面积。

6.2.3 小结

本节介绍了如何应用有限元静磁场分析方法对无刷直流电机（梯形波永磁同步电机）进行比较全面的分析和设计，同时也说明了铁耗计算方法。

此外，采用场路耦合求解的有限元法已经可以对受控的永磁同步电机（正弦或梯形电流控制）进行较为完整的动态分析，但这超出了我们的讨论范围。

内置式永磁转子和定子分布绕组的有限元法分析见参考文献 [10]。

6.3 三相感应电机

用有限元法对感应电机建模的第一步是找到周期性对称以减少计算工作量。周期对称性的最大值等于极数、定子槽数和转子槽数的最大公约数。将整个感应电机划分为数量等于周期性对称数的扇区，仅对其中一个扇区使用有限元法进行建模。如果所研究的周期区域含有奇数个磁极，则周期对称性认为是负（奇）对称，因为沿边界对称点上的磁矢位值大小相等，但符号相反。如果所研究的周期区域含有偶数个磁极，则周期对称性认为是正（偶）对称，沿边界对称点上的磁矢位值大小相等，符号相同。建模所需的几何尺寸可分为感应电机主要尺寸和槽型几何尺寸。感应电机主要尺寸有定子内径 D_{si}、定子外径 D_{so}、转子内径 D_{ri}、气隙长度 g 和铁心长度。铁心长度在二维有限元模型中并不体现，但在根据有限元分析结果计算感应电机的主要参数和性能时会用到。极数 p、定子槽数 N_{ss} 和转子槽数 N_{rs} 也是建立感应电机几何结构的主要参数。定子槽和转子槽的尺寸取决于槽的类型，这里将给出几个特殊情况下槽的几何尺寸。感应电机的主要几何尺寸截面如图 6.41 所示，主要尺寸数值见表 6.3。

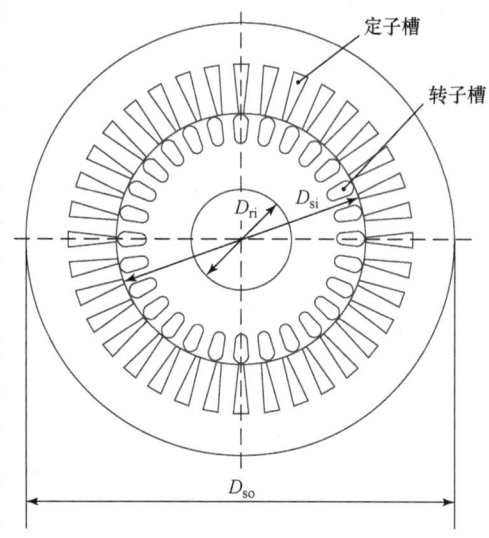

图 6.41 感应电机的几何尺寸截面图

表 6.3 感应电机主要尺寸 (22kW)

编号	参数	数值	单位	描述
1	D_{si}	155	mm	定子内径
2	D_{so}	250	mm	定子外径
3	D_{ri}	50	mm	转子内径
4	l_c	210	mm	铁心长度
5	g	0.6	mm	气隙长度
6	p	2		极数
7	N_{ss}	36		定子槽数
8	N_{rs}	28		转子槽数

在这个例子中，极数、定子槽数和转子槽数的最大公约数是 2，因此，使用有限元法建模只需建立电机一半的模型。该模型包含一个极，且对称类型为负（奇）对称。

《电机的稳态模型、测试及设计》第 5 章介绍了大量的定子和转子槽结构形状。在这里选择图 6.42 所示的定子槽结构和图 6.43 所示的转子槽结构。它们的几何尺寸分别见表 6.4 和表 6.5。

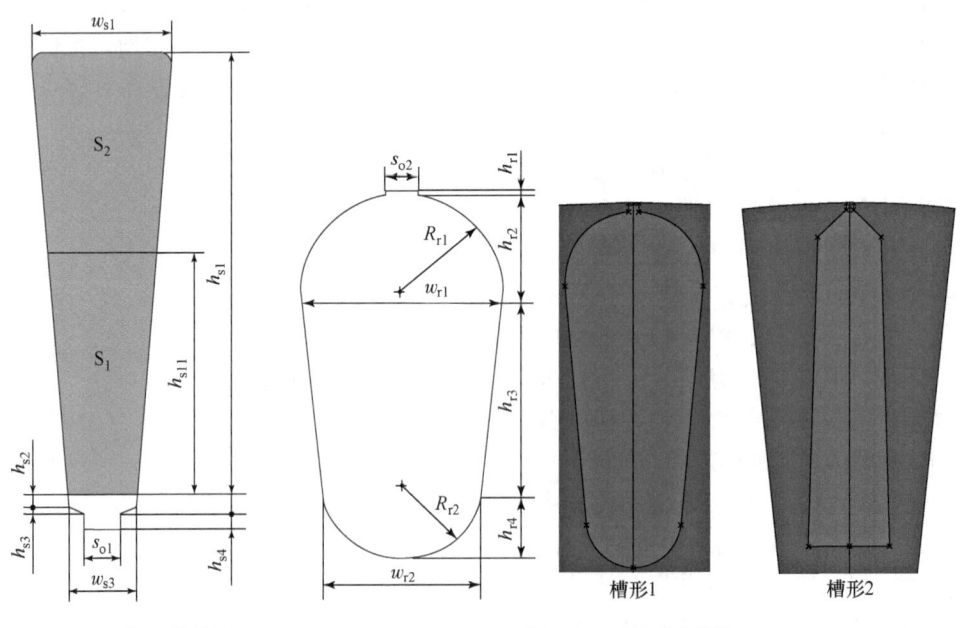

图 6.42 定子槽结构

图 6.43 转子槽结构

小型电机定子槽结构采用梯形槽，定子齿身为矩形。如果知道了定子齿宽，则使用几何约束可计算槽宽。当定子绕组为双层绕组时,需要将槽的高度分成两个部分 S_1 和 S_2,这两个部分面积相同。

表 6.4 定子槽尺寸

编号	参数	数值	单位	描述
1	h_{s1}	20.35	mm	绕组高度
2	h_{s11}	11.2	mm	上层绕组高度
3	h_{s2}	0.65	mm	图 6.42⊖
4	h_{s3}	1.2	mm	图 6.42⊜
5	h_{s4}	0.8	mm	图 6.42⊜
6	s_{o1}	3.9	mm	槽口宽
7	s_{bt}	6.5	mm	定子齿宽
8	k_{fill}	0.4		槽满率

表 6.5 转子槽尺寸

编号	参数	槽形 1	槽形 2	单位
1	h_{r1}	0.5 I	0.5	mm
2	h_{r2}	4.31 C	2	mm
3	h_{r3}	16 I	23	mm
4	h_{r4}	2.54 C	0	mm
5	s_{o2}	0.6 I	0.6	mm
6	w_{r1}	8 I	5.2	mm
7	w_{r2}	5.5 I	6.7	mm
8	$1/R_{r1}$	0.2492 C	0	1/mm
9	$1/R_{r2}$	0.3625 C	0	1/mm

对于转子槽,如图 6.43 所示,一般情况下所有几何尺寸是独立的。如果转子槽槽肩和槽底的上下曲率与转子齿侧壁相切,则曲率半径 R_{r1} 和 R_{r2} 以及高度 h_{r2} 和 h_{r4}(曲率部分高度)可由槽宽 w_{r1} 和 w_{r2} 及主要尺寸高度 h_{r3} 计算得出

$$\alpha_{rs} = \arctan\left(\frac{w_{r1} - w_{r2}}{2h_{r3}}\right) \tag{6.25}$$

$$R_{r1} = \frac{w_{r1}}{2\cos\alpha_{rs}} \tag{6.26}$$

$$R_{r2} = \frac{w_{r2}}{2\cos\alpha_{rs}} \tag{6.27}$$

⊖、⊜、⊜原书此处有误。——译者注

$$h_{r2} = \sqrt{R_{r1}^2 + \frac{s_{o2}^2}{4}} + R_{r1}\sin\alpha_{rs} \tag{6.28}$$

$$h_{r4} = R_{r2}(1 - \sin\alpha_{rs}) \tag{6.29}$$

如果转子齿为平行齿（齿身宽度恒定），那么槽壁角度等于两个相邻齿间夹角的一半。在这种情况下，槽宽和槽高不是独立的。当给出另外两个尺寸时，可以用方程（6.25）来计算另一个尺寸。

表 6.5 中的字母 "I" 表示输入数据，而字母 "C" 表示为满足几何约束条件而计算得出的数据。

在转子槽结构中，使用了槽壁的曲率（半径 R_{r1} 和 R_{r2} 的倒数）。将曲率设置为零并且 $h_{r2} = 0$、$h_{r4} = 0$，得到作为特例的梯形槽。感应电机的几何结构描述类似于永磁同步电机，这里不做详细介绍。在具有一般槽形结构的转子中，设置槽轴线与笛卡儿坐标系的 x 轴重合，这样画齿槽结构图比较简单。然后，槽和齿结构图以顺时针方向旋转角度 α_{rs}，以达到所需位置。当仅研究感应电机的一部分时，最好是将研究的部分沿齿轴线切割，而不是沿槽轴线切割。由于感应电机的转子电流是由感应电压产生的，并非由用户直接控制，因此使用有限元法研究感应电机比研究永磁同步电机更为复杂。恰巧的是，感应电机的特性可以通过电路模型进行较为精确的描述，并且有一种简单的方法可以从有限元分析中提取电路参数。对电机进行有限元建模时考虑两种简单情况：理想空载情况，以及单独考虑转子导条趋肤效应的情况。

6.3.1　感应电机的理想空载

对于感应电机的理想空载状态，转子电流可以认为等于零。假设定子电流按正弦变化，已知定子电流幅值和初始相位值，可以计算每相电流。即使在这种理想条件下（定子电流呈正弦变化且转子以同步转速运行），由于存在空间谐波磁场，转子导条电流不等于零。不过，因通过有限元模拟空载感应电机的主要目的是计算励磁电感和定子漏电感，并观察不同区域的磁饱和程度，所以由空间谐波产生的转子电流可以忽略不计。

图 6.44 展示了采用双层绕组、线圈节距比极距短一个槽距时，定子槽内的相电流分布情况。相名称前的负号表示该线圈边中的电流为负。而且，从图 6.44 可以看出，定子和转子由基本部件组合绘制而成，其方式与永磁同步电机的情况描述一致。

图 6.45 展示了定子电流等于额定励磁电流值时的磁通密度分布和磁力线图。气隙中磁通密度径向分量随位置变化如图 6.46 所示。在图 6.46 中，可以明显看到定子和转子开槽对磁通密度波形的影响以及磁路饱和效应。

当励磁电流为 10.67A（峰值）时，气隙磁通密度谐波频谱如图 6.47 所示。

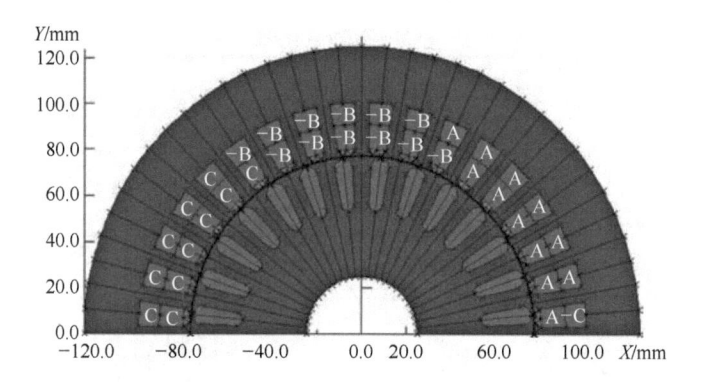

图 6.44 感应电机各相绕组在槽中的分布情况

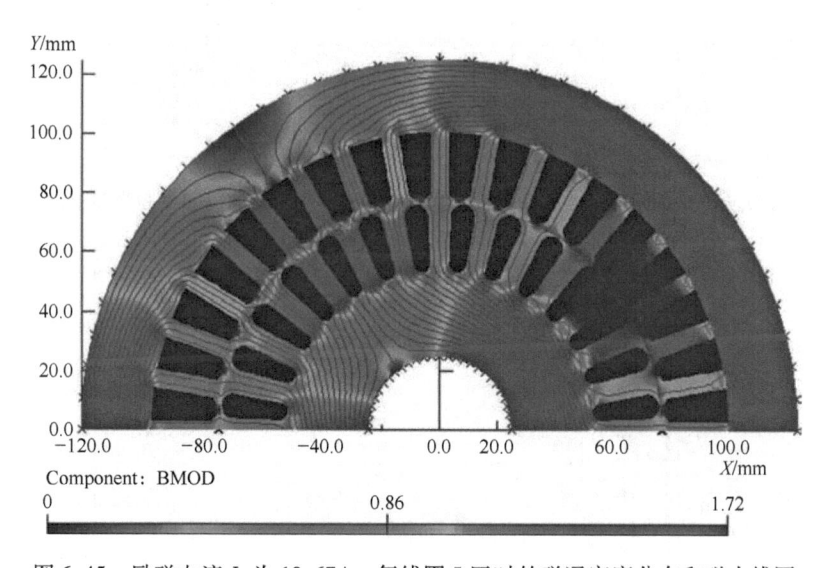

图 6.45 励磁电流 I_m 为 10.67A、每线圈 5 匝时的磁通密度分布和磁力线图

气隙磁通密度的谐波频谱与磁饱和程度有关。图 6.48 所示为基波和主要谐波幅值与相电流的关系。磁饱和发生在 9A 左右，超过该值后，基波磁通密度幅值增加缓慢，而在未饱和电流下幅值较小的 3 次谐波则迅速增大。当磁饱和程度很深时，3 次谐波的增加趋势减缓，但此时其幅值仍超过基波幅值的 25%。定子一阶齿谐波（35 次谐波）是最重要的谐波之一，它随励磁电流的变化方式与基波分量类似。在气隙磁通密度中也存在转子齿谐波，但由于转子槽开口较小，在本例中谐波的幅值较小。当转子中有大电流（起动电流）时，预计会出现转子齿角饱和现象，此时等效转子槽口会增大。大电流情况下，转子槽谐波幅值会增大，但仍小于定子槽谐波的幅值。

图 6.49 中的基波磁链代表励磁磁通或主相磁通，它可通过解析方程

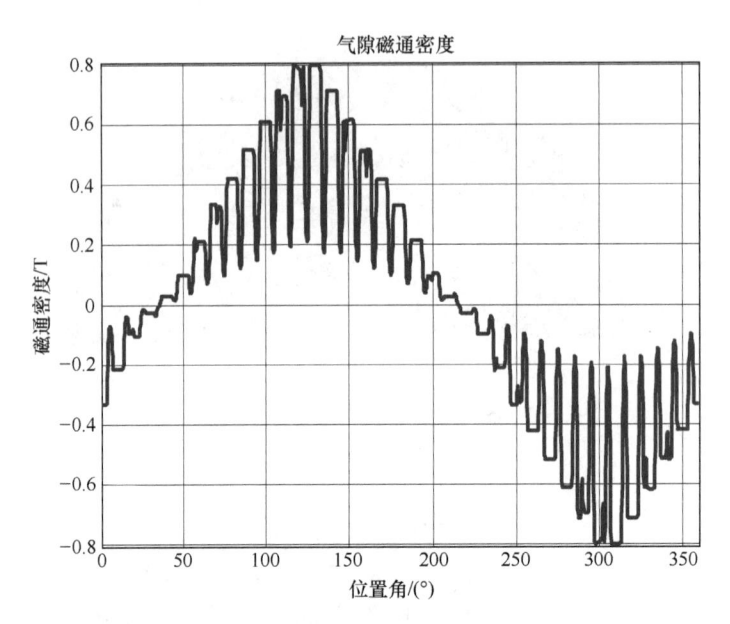

图 6.46 励磁电流 I_m 为 10.67A 时的气隙磁通密度径向分量随位置变化图

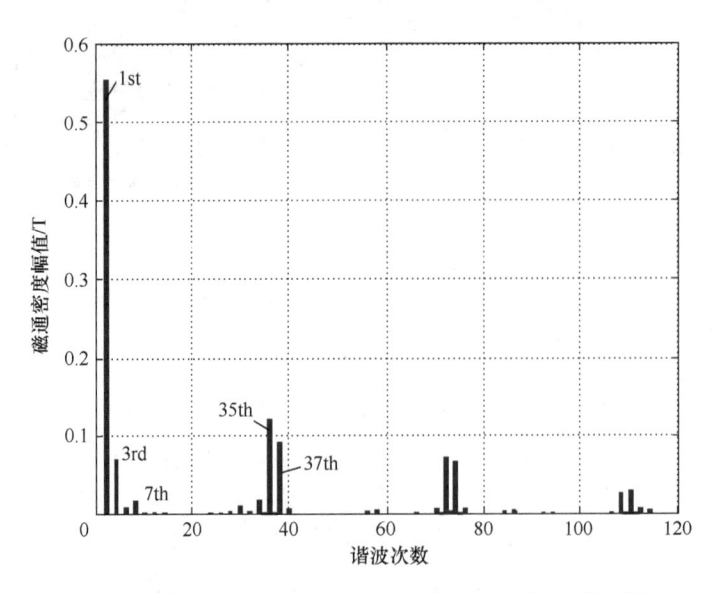

图 6.47 励磁电流 I_m 为 10.67A 时的气隙磁通密度谐波频谱

(6.30) 计算得出，其中基波气隙磁通密度由有限元计算得到。图 6.50 中的主相（励磁）电感是用基波磁通幅值除以励磁电流幅值计算得到的 [方程 (6.31)]

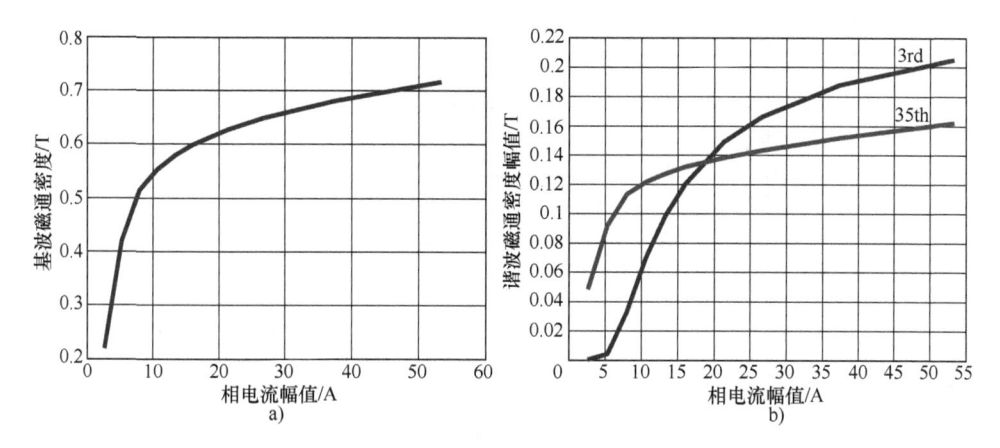

图6.48 基波和主要谐波幅值与相电流的关系

$$\psi_{m1} = \frac{2}{\pi} k_{w1} N_1 \tau l_c B_{ag1} \tag{6.30}$$

$$L_m = \frac{\psi_{m1}}{I_m} \tag{6.31}$$

式中，k_{w1} 是基波绕组系数；N_1 是每相绕组串联匝数；τ 是极距；l_c 是铁心长度；B_{ag1} 是基波气隙磁通密度幅值。

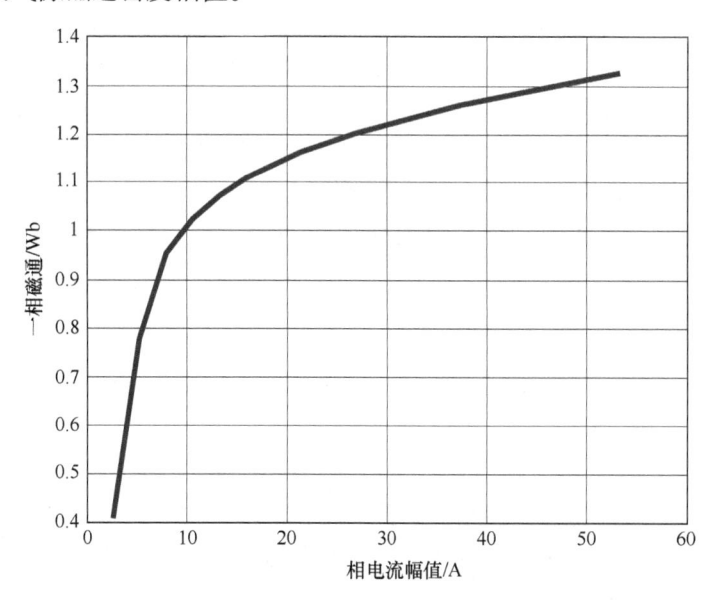

图6.49 主相磁通与相电流的关系（每线圈5匝）

气隙磁通密度是在各相电流对称的情况下计算得出的。

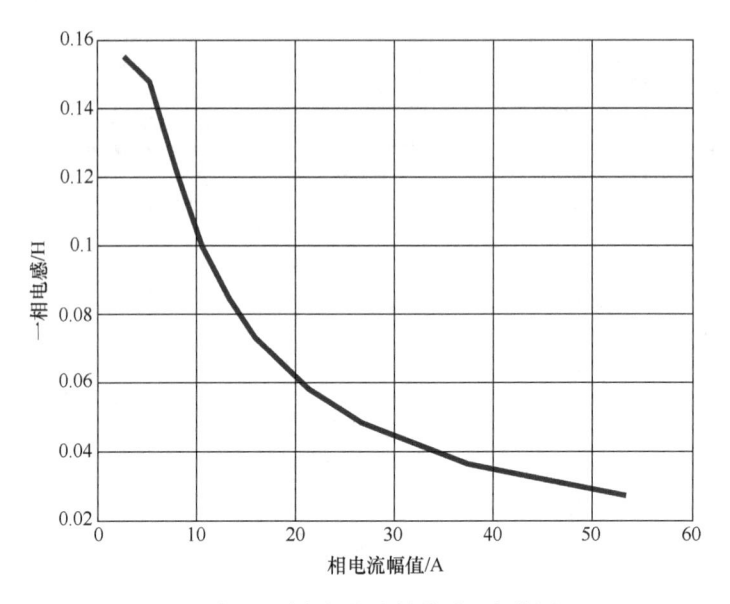

图 6.50 励磁电感与相电流的关系（每线圈 5 匝）

每相总磁通可由磁矢势积分得到[方程（5.119）]。在这个例子中，a 相电流等于电流幅值，则该相的总磁通也达到其幅值。可以发现，这个值小于主磁通的幅值。总磁通等于主磁通加上漏磁通。当主磁通中的 3 次谐波单独超过基波幅值的 25% 时，总磁通的最大值有可能小于基波励磁磁通的幅值。在如此高的饱和水平下，无法通过总磁通最大值与主磁通（基波）幅值之差来计算漏磁通。漏磁通需通过将电机不同部分的漏磁通相加来计算。根据二维有限元模型，可以计算气隙漏磁通和槽漏磁通。气隙漏磁通与空间高次谐波磁场有关[方程（6.33）]，而槽漏磁通与定子槽内储存的磁场能量有关。端部电感则使用解析模型进行计算[11]

$$L_{\sigma 1} = L_{\sigma h} + L_{\sigma s1} + L_{\sigma el} \tag{6.32}$$

$$\Phi_{agh} = \frac{2}{\pi} N_1 \tau l_c \sqrt{\sum_{v=3}^{v_{max}} \left(\frac{k_{wv}}{v} B_{agv}\right)^2} \tag{6.33}$$

$$L_{\sigma h} = \frac{\psi_{agh}}{I_m} = \sqrt{\sum_{v=3}^{v_{max}} \left(\frac{k_{wv} B_{agv}}{v k_{w1} B_{ag1}}\right)^2} L_m \tag{6.34}$$

式中，k_{wv} 是 v 次谐波的绕组系数；B_{agv} 是 v 次谐波气隙磁通密度的幅值；v_{max} 是所考虑的最大谐波次数。

这个数值应小于每个周期内磁通密度采样值的一半。

当使用短距绕组时，很难将每相电流在每个槽中产生的磁能分离出来。不过，在有限元模型中很容易计算，可以通过计算储存在所有槽、线圈部分以及空

闲（槽楔）部分的磁能来得到

$$E_{\text{ms}} = \frac{1}{2}L_{\sigma\text{s}1}(i_a^2 + i_b^2 + i_c^2) = \frac{3}{4}L_{\sigma\text{s}1}I_m^2 \tag{6.35}$$

仅针对电机仿真的那部分计算槽中的磁能，记为 E_{mss}。为了计算所有槽中的储存能量，需要将有限元计算值乘以对称数 n_s，在这个例子中，由于只对电机的一半进行建模，所以对称数等于2。槽漏电感为

$$L_{\sigma\text{s}1} = \frac{4}{3}n_s\frac{E_{\text{mss}}}{I_m^2} \tag{6.36}$$

主磁场的一部分从槽口进入，增加了槽的磁能，从而使漏电感计算产生较大误差。如果在大电流（额定电流）情况下计算漏电感，这种误差可以减小。

每相的总磁通等于励磁磁通（主磁通）加上漏磁通

$$\Phi_1 = \Phi_{\text{m}1}(I_\text{m}) + L_{\sigma 1}I_\text{m} \tag{6.37}$$

定子电阻为

$$R_s = \rho_{\text{tc}}\frac{N_1 l_{\text{turn}}}{q_{\text{co}}} \tag{6.38}$$

所需电压与电流的关系为

$$V_1 = \sqrt{(\omega_1\Phi_1)^2 + (R_sI_\text{m})^2}$$

额定电压下的空载理想电流通过插值法计算得出，在本例中为 $I_{\text{m}0} = 9.82\text{A}$。

6.3.2 转子导条趋肤效应

在单个转子导条上研究趋肤效应。事实上，由于对称性，该问题可简化为对半根导条进行研究，如图6.51所示。在"Vector Fields"使用"稳态时谐场（交流）"模块，以研究转子导条中的涡流。在磁场或涡流电流密度变化较大的区域，离散单元格剖分应足够小。选择自动网格细化，在此示例中，单元格剖分数量增加了两倍（从938个单元增加到2658个单元，节点数量从522个增加到1424个）。对于有限元问题而言，这是一个合理（相当少）的节点数，但如果对整个电机进行仿真，而不是仅对半根转子导条和半个转子齿进行仿真，那么节点数量将大幅增加（约50倍）。通过对不同频率的交流磁场问题进行求解，得到不同转差频率下的转子参数（电阻和漏电感）。

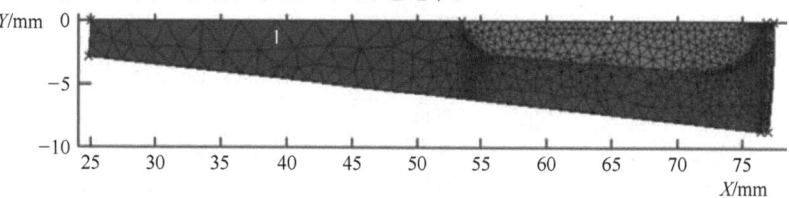

图6.51 用于趋肤效应研究的转子导条几何结构

在电流密度或磁通密度变化较大的区域，单元格剖分很小，而在其他区域则较大。这意味着节点分布合理，能有效利用计算资源。

图 6.52 分别展示了频率为 50Hz 和 10Hz 时的磁场和电流分布情况。可以在不同时间（相位）显示电流密度分布图和磁力线，如图 6.52 所示，也可以通过图 6.52 中的幅值或每个点的时间平均值来表示。幅值模式的表示方法给出了每个点电流密度或磁势的最大值。通常情况下，电流密度幅值或矢量磁势幅值并非在同一时刻出现在所有点上，因此在幅值或平均值表示模式下，电流分布和磁势线可能不满足麦克斯韦方程。

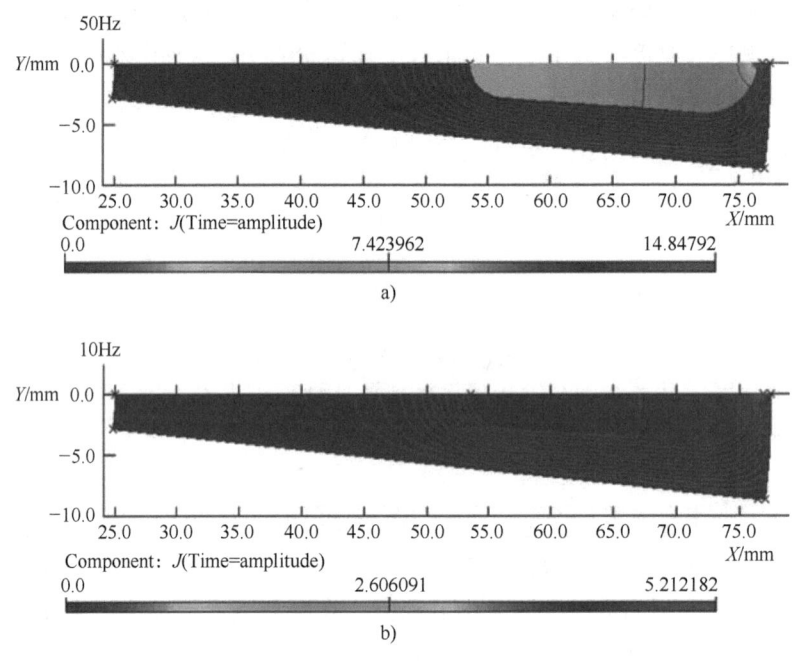

图 6.52　电流分布对比

a) 50Hz　b) 10Hz

从图 6.53 可以看出，电流密度并非始终处于同相状态。图 6.54 为在不同时刻（总电流相位）沿转子槽轴线处的电流密度分布。很明显，槽内的电流分布与时间有关。不同电流频率下转子槽轴线处的电流密度相位角如图 6.55 所示。电流密度相位角与槽内总电流相位角有关。

在 50Hz 电流频率下观察到转子槽顶部与底部的电流密度相位角相差较大。即使在频率很小（1Hz 和 0.5Hz）的情况下，也能观察到由于趋肤效应引起的电流密度相位角的微小差异，而在这些低频下，趋肤效应对电流密度幅值的影响实际上可以忽略不计。图 6.56 给出了沿转子槽轴线的电流密度分布的对比。在低频时，电流密度在槽表面均匀分布且数值较小；而在工频时，不均匀的电流密度分布会在槽口处产生一个较大的电流密度峰值。

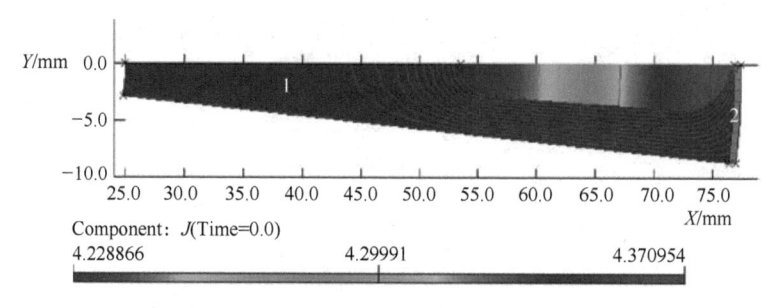

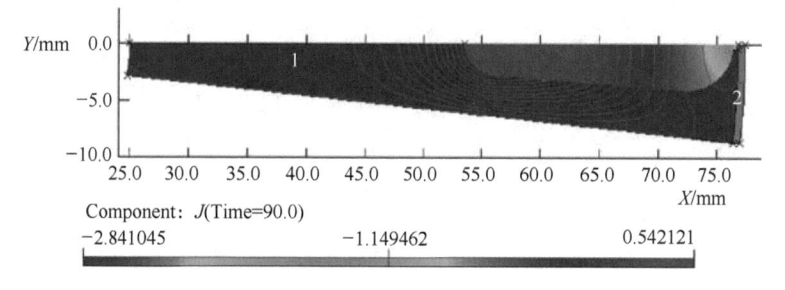

图 6.53　两个时刻下的电流密度和磁力线

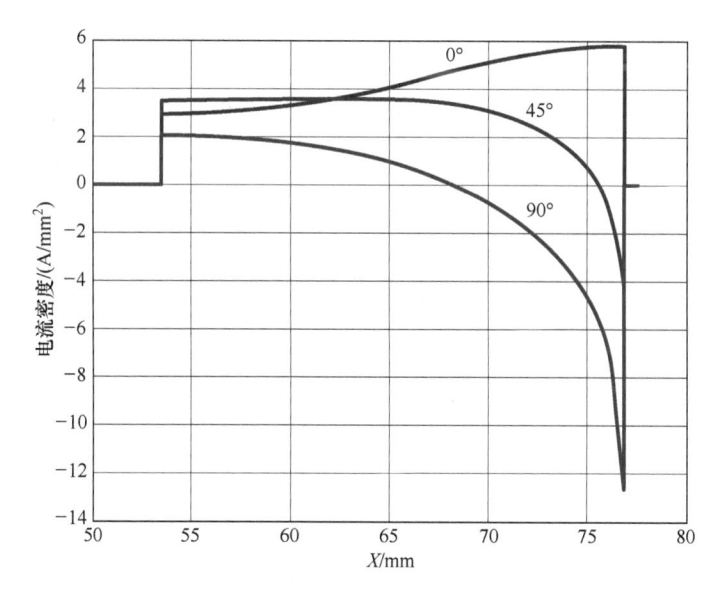

图 6.54　不同时刻的电流密度分布

较大的电流密度会增加焦耳-楞次损耗,这些损耗可通过对槽体积内的比损耗进行积分来计算。

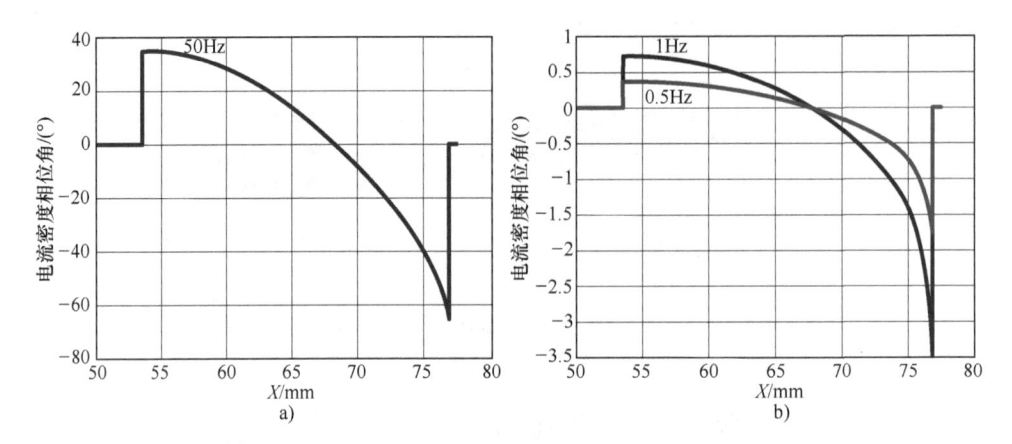

图 6.55 不同电流频率下转子槽轴线处的电流密度相位角

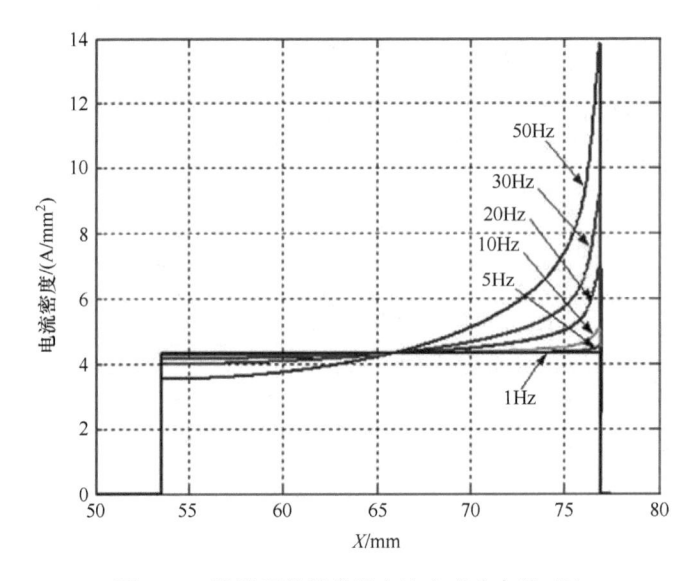

图 6.56 沿转子槽轴线的电流密度分布的对比

$$p_{co}(t) = \int_V \rho(J(t))^2 dV \qquad (6.39)$$

$$p_{co} = \frac{1}{T}\int_{t_1}^{t_1+T} p_{co}(t)dt = \frac{1}{2}\rho l_c \int_S J_m^2 dS \qquad (6.40)$$

一些商用有限元软件可以直接计算每单位长度或特定铁心长度下的线圈损耗。等效的转子绕组电阻会在电路参数中考虑趋肤效应。转子导条电阻可根据导条的平均损耗来计算。

$$R_{\mathrm{b}}=\frac{p_{\mathrm{coh}}}{2I_{\mathrm{bh}}^{2}}l_{\mathrm{c}} \qquad (6.41)$$

式中，p_{coh} 是半个槽内的平均铜耗；I_{bh} 是半根导条上的总电流。

图 6.57 给出了两种槽形的等效电阻随频率变化的情况。槽形如图 6.43 所示，其尺寸信息见表 6.5。

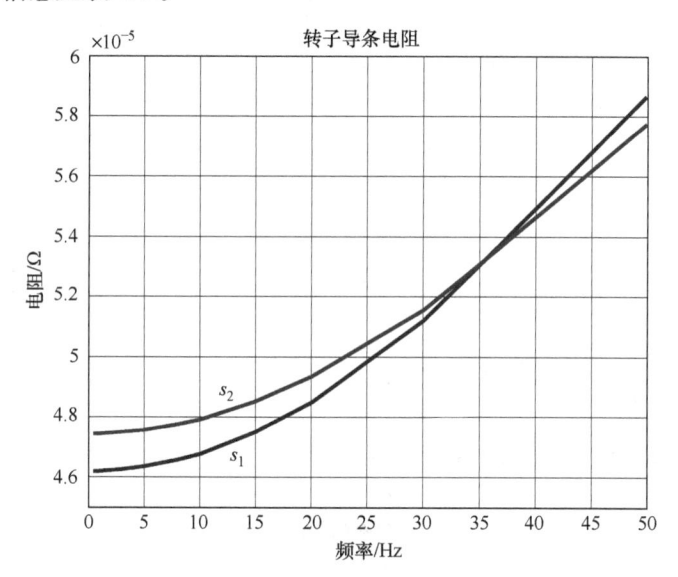

图 6.57 转子导条电阻随频率的变化情况：s_1—槽形 1；s_2—槽形 2（见图 6.43）

与直流漏电感相比，不均匀的电流密度分布也降低了槽漏电感，因为槽下部的小电流会在槽区域产生一个小磁场。槽漏电感的计算方法与稳态情况一样，是根据槽内储存的磁能来计算的。图 6.58 展示了同样的两种槽形的定子槽电感随频率变化的情况。在低频时，转子槽电感随频率出现小幅度的波动，这反映了数值解的精度局限性。对于第二种槽形，当频率升高时，槽漏电感略有增加（见图 6.58 曲线 s_2），这也是由数值解的精度限制造成的。不过，这些误差很小，在实际应用中并无太大影响。

趋肤效应系数是电阻或电感的实际值与其直流值之比，较好地反映了趋肤效应对电路参数的影响。图 6.59 中，电阻趋肤效应系数总是大于或等于 1，而电感趋肤效应系数（见图 6.60）总是小于或等于 1。在图 6.60 中，出现违反这一规律的唯一原因是计算误差。但是，这些误差很小，小于 0.1%，可以忽略不计。

有限元分析表明，在 50Hz 时，槽形 s_1 的趋肤效应较大，即直接起动时产生较大的转矩。对于槽形 s_1，转子齿根的饱和程度更低，且由于槽底半径较大，转子齿根更宽，应力较小，因此转子齿根的机械强度更好。综上所述，槽形 s_1 优于

槽形 s_2。

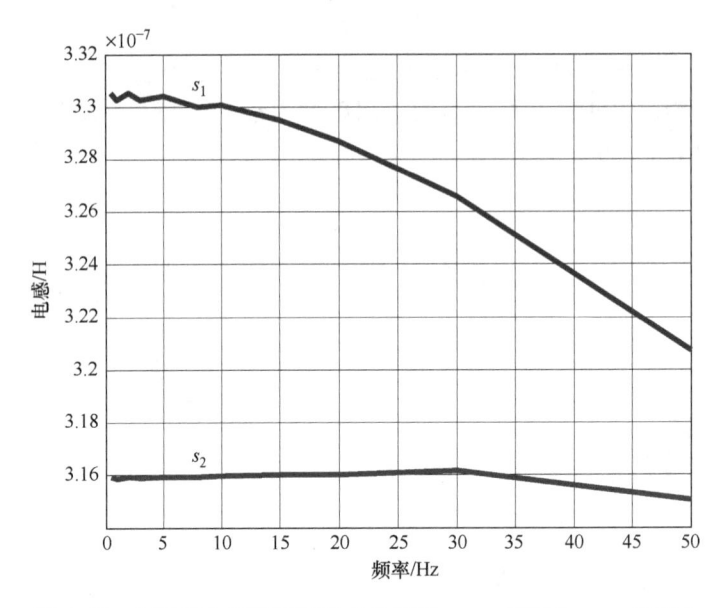

图 6.58　定子槽电感随频率的变化情况：s_1—槽形 1；s_2—槽形 2

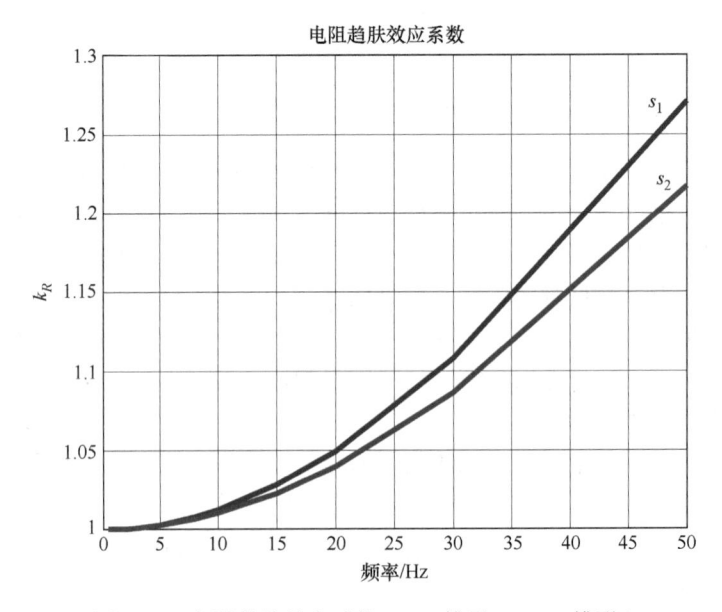

图 6.59　电阻趋肤效应系数：s_1—槽形 1；s_2—槽形 2

转子总电阻和漏电感还包括短路环电阻及其电感。短路环的参数以及定子绕组端部连接的电感无法直接用二维有限元法计算。用解析法[11]可以计算端环参

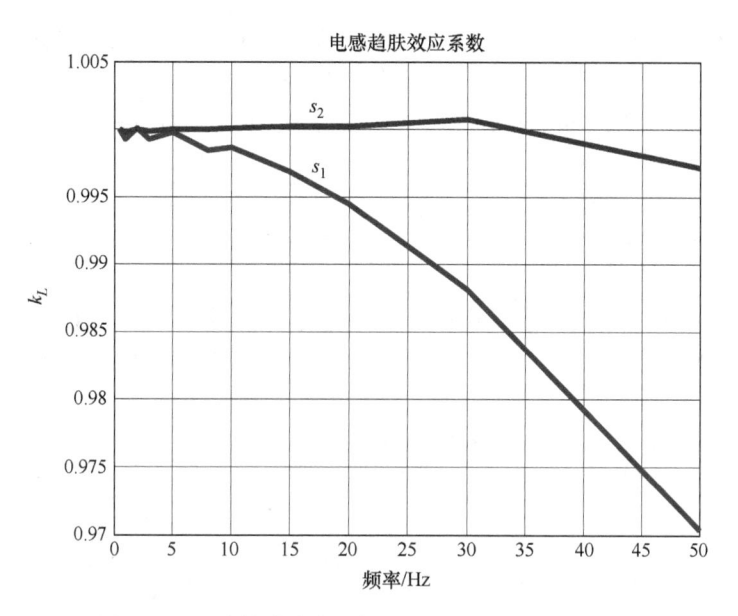

图 6.60　电感趋肤效应系数：s_1—槽形 1；s_2—槽形 2

数。短路端环的趋肤效应较小，并且转子绕组的等效趋肤效应比为转子导条计算出的趋肤效应更小。

6.3.3　小结

本节介绍了如何使用有限元法计算感应电机的电路参数。静磁模型用于确定励磁电感和定子槽漏电感。交流模型用于确定转子槽漏电感，类似交流模型的趋肤效应系数可用于分析定子绕组的趋肤效应。电路参数并非恒定不变：励磁电感取决于励磁电流，而导条电阻和转子漏电感取决于频率。一个详尽的感应电机有限元模型应考虑将定子绕组和转子导条与外部电路相连，还可以计算稳态状态下的转矩随位置的变化情况。在稳态情况下也可以计算转矩脉动和径向力，但计算量要大得多。许多应用只要求电路参数，这也可以从静磁场和稳态交流场仿真中轻松地计算出来。

参 考 文 献

1. I. Boldea, S. Agarlita, L. Tutelea, and F. Marignetti, Novel linear PM valve actuator: FE design and dynamic model, Record of LDIA, 2007.
2. Opera 2D-Reference manual, VF-07-02-A2, Vector Field Limited, Oxford, U.K.
3. Opera 2D-User manual, Vector Field Limited, Oxford, U.K.

4. R. Ierusalimschy, L.H. de Figueiredo, and W. Celes, *Lua 5.1 Reference Manual*, Lua.org, ISBN 85-903798-3-3, 2006.

5. R. Ierusalimschy, *Programming in Lua*, 2nd edn., Lua.org, ISBN 85-903798-2-5, 2006.

6. I. Boldea and L. Tutelea, Optimal design of residential brushless d.c. permanent magnet motors with FEM validation, Record of ACEMP, Bodkum, Turkey, 2007.

7. N. Bianchi, S. Bolognani, and F. Luise, Analysis and design of a brushless motor for high speed operation, *Energ. Convers. IEEE Trans.*, 20(3), 2005, 629–637.

8. V. Grădinaru, L. Tutelea, and I. Boldea, 25 kW, 15 krpm, 6/4 PMSM: Optimal design and torque pulsation reduction via FEM, Record of OPTIM 2008.

9. C.B. Rasmusen, Modeling and simulation of surface mounted PM motors, PhD thesis, Institute of Energy Technology, Aalborg University, Denmark, 1997.

10. V. Zivotic, W.L. Soong, and N. Ertugrul, *Iron Loss Reduction in an Interior PM Automotive Alternator*, IEEE IAS Annual Meeting, pp. 1736–1743, 2005.

11. I. Boldea and S.A. Nasar, *Induction Machine Handbook*, CRC Press, New York, 2001.

第 7 章

电机优化设计：基础篇

7.1 电机设计问题

电机设计包括两个不同的阶段：尺寸计算和验证计算。

尺寸计算包括根据电机设计规格选择材料、确定拓扑结构，以及计算所有的几何参数。由于电机性能指标与几何尺寸之间的关系相当复杂（且为非线性关系），因此不可能得出一组反函数来从性能指标中推导出几何尺寸

$$p_i = f_i(X) \quad i = 1, \cdots\cdots, n \tag{7.1}$$

式中，p_i 是设计规格中的性能指标；X 是几何变量和材料属性向量；f_i 是涉及的（非线性）函数。

一般来说，存在不止一个变量向量 X 满足性能指标 p_i。此外，对于某些设计规格，使用特定类型的电机可能不存在设计解决方案（例如，感应电机实现功率因数为 1）。通过传统的非优化设计，会找到一个可能的解决方案 X，该方案即便不能满足所有设计规格，也能满足其中的大部分。而优化设计则是在掌握了所有可行变量值的很大一部分之后，挑选出满足给定优化准则（例如，最低初始成本、最轻质量或最高效率）的解决方案。

由于无法通过函数的反函数来确定几何变量向量，因此基于过往经验来选择电应力和磁应力（电流密度，单位：A/m^2；线负荷，单位：安匝/米；磁通密度，单位：T；转子剪切应力，单位：N/m^2 等）。此外，还会给定一些详细的槽几何参数，例如气隙处的槽开口尺寸或槽楔厚度。然后，利用电学定律（麦克斯韦方程组）和几何关系，计算出所有的几何参数。由于电应力和磁应力是任意选取的，所以无法保证几何变量向量 X 能满足设计规格 p_i。因此，作为设计过程的一部分，对性能进行验证是必不可少的。

验证计算包括：
- 电磁验证
- 热验证
- 机械验证

一般而言，为了满足性能指标 p_i，尺寸计算往往需要重复进行数次。因此，即便在传统设计中，几何尺寸也是通过迭代的方式确定的。迭代次数取决于每次验证计算程序后选择改变电/磁应力的策略。为了减少迭代次数，需要建立电/磁

应力变化与几何参数变化之间的关联。然而，迭代次数仍然较多，除非是经验极其丰富、"能把握设计走向"的设计师。

经典设计方法的各个阶段如图 7.1 所示。尺寸计算和验证计算已实现计算机化，但电/磁应力以及初始几何参数的选择仍由设计师完成。如果设计规格要求过于苛刻，要找到一个解决方案可能会非常烦琐，甚至根本无法实现。相反，对于设计规格要求较低的电机，在相同费用下有可能获得成本更低或性能良好的设计方案。

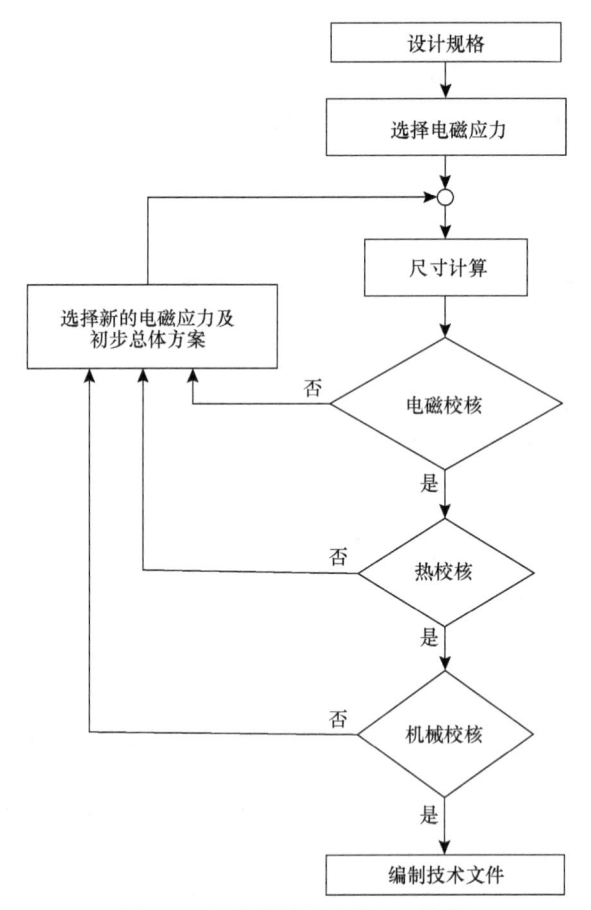

图 7.1 经典设计方法的各个阶段

优化设计的各个阶段如图 7.2 所示。一般来说，优化设计规格包含最低性能要求和一个目标函数。初始电磁应力和几何参数既可以由设计师指定，也可以通过特定程序在指定范围内随机生成。尺寸计算和参数计算的方式与经典设计相同，但除此之外，还会评估目标函数。接着进行电磁、热和机械验证计算，对于每一项不符合要求的性能指标，都会在目标函数中加入一个惩罚项。如果惩罚系

第 7 章 电机优化设计：基础篇

数足够大，那么在最终的设计方案中这些性能要求就会得到满足。在本书中，热模型得到了大幅简化，而在机械方面，仅对最小轴径进行验证。

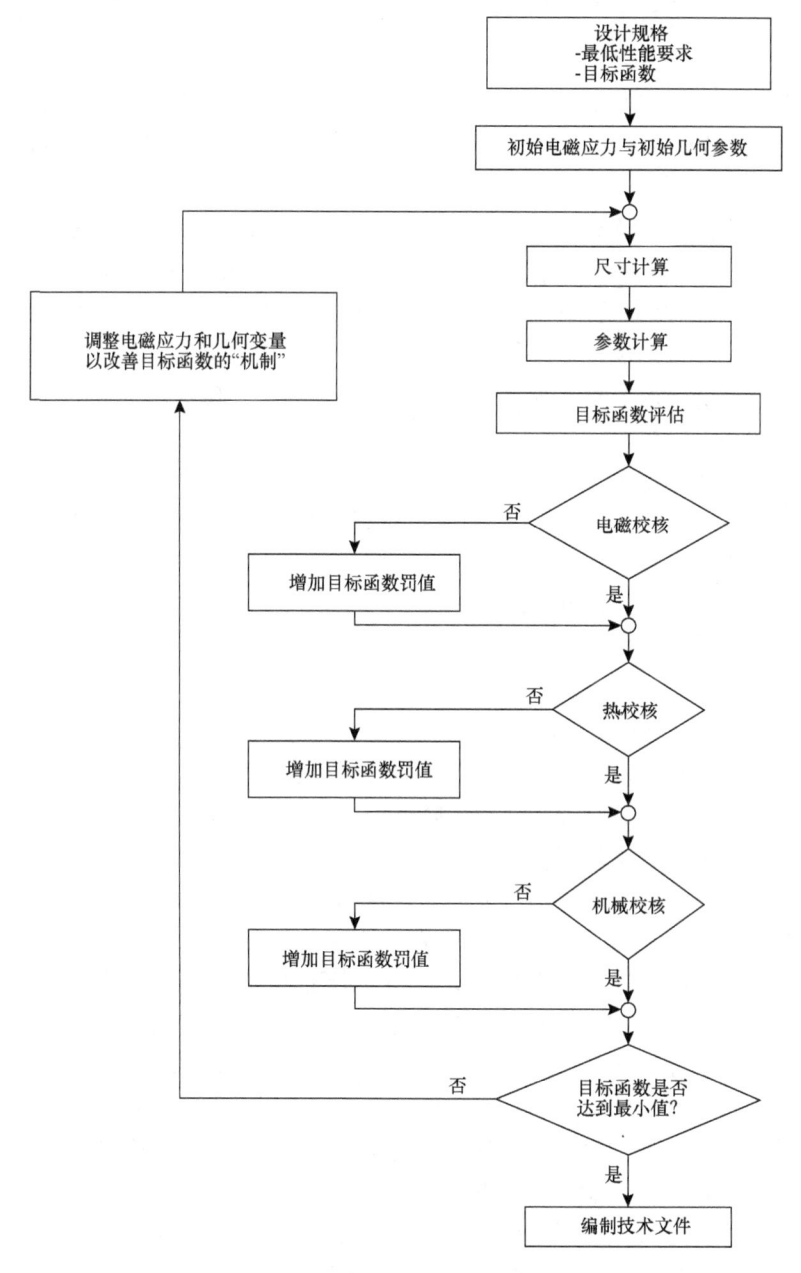

图 7.2 优化设计的各个阶段

如后文所述，每次迭代循环前对目标函数最小值的探寻，以及电磁应力和初始几何变量新值的选取，在很大程度上依赖于目标函数的最优搜索方法。

7.2 优化方法

从数学、科学和经济学的角度来看，对于"优化"有许多不同的定义。参考文献 [1] 给出了一个简洁的定义："优化是指在给定条件下获取最佳结果的行为"。

对于电机而言，优化可以应用于电机（驱动系统）的设计过程，以便根据给定的标准，以最低的生产成本获得最佳的电机（驱动系统）性能；它也可以应用于驱动系统/发电机的控制中。第一个问题，即电机的设计和制造，是一个大规模的优化过程。优化过程只有与优化准则相结合才有意义。电机设计的优化准则可以是降低生产成本、提高电机性能，或者同时实现这两个目标。生产成本具有复杂的构成，包括：

- 制造电机所用的材料，这些材料可分为有源材料（例如，定子和转子线圈、软磁材料铁心以及永磁体）和无源材料（例如，轴承、轴、机座、通风冷却系统、绕组端子和接线盒）。
- 电机制造中使用的材料和能源。
- 生产设备成本。
- 设计成本，包括优化成本。
- 推广成本、营销成本等。

生产成本优化是一个复杂的问题，需要管理和工程方面的决策。本书仅涉及有源材料成本的优化，这在整体成本降低中虽只是一小部分，但却十分关键。生产设备对有源材料成本的影响，是通过技术限制和技术因素来体现的，这些在有源材料优化算法中作为固定输入。例如，槽满率在电机性能（如单位体积转矩、单位质量转矩）方面起着重要作用，它取决于绕组工艺。对于批量生产使用的自动绕线机，槽满率通常小于 0.35，但对于技艺高超的手工工人，槽满率可高达 0.7。提高绕组槽满率能降低有源材料成本，但需要更好的生产设备。优化过程会得出磁心叠片新的几何尺寸。在生产中引入新的叠片几何形状成本较高，因为这需要一台新的冲床。有必要研究新设备的成本以及投资回报所需的时间。在相同标准下（为简便起见，这里仅考虑有源材料成本），最优的叠片尺寸取决于有源材料（即铜、铁、铝和永磁体）的价格。由于材料价格变化频繁，磁叠片的几何尺寸也会随时间改变。只有当有源材料成本的降低幅度足够大，能在持续的投资回报期内弥补新设备成本时，新的优化电机才会投入生产。为此，进行市场价格预测也很有帮助。

通常，电机成本最低并不意味着它就是用户眼中的最优选择。用户还有其他评判标准，比如高效率和低初始价格，以此来评估电机的优化设计。这两项要求看似相互矛盾，但在最高效率和较低电机成本之间存在一个最优平衡点。在许多应用场景中，电机的可靠性比其成本更为重要。

优化设计在数学表达上，就是要使目标函数 f_{ob} 最小化。该目标函数依赖于优化变量向量 X 以及一组约束条件 [$g_i(X)$ 为不等式约束，$h_i(X)$ 为等式约束]。通常，优化变量的取值范围存在上下界。

求解变量向量 $\overline{X}$ 使目标函数 $f_{ob}(\overline{X})$ 取得最小值

$$g_i(\overline{X}) \leq 0, 1 \leq i \leq m$$
$$h_i(\overline{X}) = 0, 1 \leq i \leq k \tag{7.2}$$
$$x_{i\min} \leq x_i \leq x_{i\max}, 1 \leq i \leq n$$

在电机设计中，目标函数可以是有源材料的成本、有源材料的质量、电机的能量效率，或者是这些因素的组合。常见的约束条件包括：电机的过热温度低于可接受的温度值；转矩或功率大于所需值；起动电流小于最大可接受值；转矩脉动小于可接受值，以及技术限制。目标函数 f_{ob} 以及约束函数 g_i 和 h_i 都是复函数，通常没有可用于求导的解析表达式。因此，像增广拉格朗日乘数法这样的解析方法无法应用。可以通过选择合适的优化变量来消除等式约束。不过，有时采用新的优化变量会使目标函数变得更加复杂。有几种数值方法[1]可以解决方程（7.2）中描述的优化问题。数值方法的主要缺点是算法可能收敛于局部最优解，而这个局部最优解可能与全局最优解相差甚远。由于存在约束条件，即使目标函数是单峰函数（即只有一个最小值的函数），优化算法也可能陷入局部最小值。从多个初始点开始运行优化算法可以增加找到全局最小值的概率。另一种方法是使用进化算法，例如遗传算法，该算法从一组设计向量开始进行运算。模拟退火算法也有更大的概率达到全局最优，因为它有时允许根据虚拟温度逆着目标函数的梯度方向进行搜索。

一大类优化算法都涉及搜索方法。为解决无约束优化问题，已经开发出了许多搜索算法。同样的方法也可应用于有约束问题，但有必要检查优化向量是否属于可行域（即是否满足所有约束条件）。惩罚函数法是另一类方法，它将有约束问题转化为一个等价的无约束问题。等价的目标函数变为

$$F(\overline{X}) = f(\overline{X}) + r_k \sum_{i=1}^{m} G_i[g_i(\overline{X})] \tag{7.3}$$

惩罚函数 G_i 分为两类：内惩罚函数和外惩罚函数[1]。如果使用内惩罚函数，最优解的轨迹会发生变化，但仍处于可行域内。当常数 r_k 减小时，使等价函数 $f(X)$ 最小化的向量会越来越接近使初始目标函数 $f_{ob}(X)$ 最小化的向量。通过将向量序列 $X(r_k)$ 外推至 $r_k = 0$，就有可能得到使初始目标函数最小化的向量。常

见的内惩罚函数是

$$G_i = -\frac{1}{g_i(\overline{X})} \tag{7.4}$$

$$G_i = \log[-g_i(\overline{X})]$$

如果使用外惩罚函数,那么当使等价目标函数最小化的向量位于可行域内时,该向量与使目标函数 $f(X)$ 最小化的向量重合;而当目标函数 $f(X)$ 的最小值在可行域之外时,使等价目标函数最小化的向量位于可行域之外。当惩罚因子 r_k 增大时,位于可行域之外的向量轨迹会向可行域靠近。当惩罚因子趋于无穷大时,解的轨迹会趋近于可行域边界。常见的外惩罚函数是

$$G_i = \max(0, g_i(\overline{x})) \tag{7.5}$$

$$G_i = \{\max(0, g_i(\overline{X}))\}^2$$

在本书中,采用改进的 Hooke-Jeeves 算法来阐述感应电机和永磁同步电机的优化设计。基于物理解释的外惩罚函数被用于将约束系统转化为等价的无约束系统。众所周知,绕组温度超过允许温度会缩短电机的使用寿命,从优化的角度来看,这意味着成本会随着使用寿命的缩短而成正比增加。

考虑如方程(7.6)所示的过热约束条件,其中 θ 是取决于优化变量的电机温度,θ_{ad} 是最大允许温度。在计算惩罚函数时,要考虑电机的初始成本 $f_i(X)$ 以及增益因子 k_t。例如,增益因子 k_t 考虑了当温度超过允许温度一定百分比时,电机使用寿命缩短的倍数。

$$g_\theta(\overline{X}) = \frac{\theta(\overline{X}) - \theta_{ad}}{\theta_{ad}} \tag{7.6}$$

$$G_\theta = k_t \cdot \max[0, g_\theta(\overline{X})] \cdot f_i(\overline{X}) \tag{7.7}$$

对于永磁电机的退磁约束,也可以采用相同的评判思路。在永磁电机中,会考虑一个安全系数,以避免因不确定的过电流以及材料特性的不确定性导致永磁体退磁。当安全系数降低时,退磁的概率增大,电机的使用寿命也会缩短。同样地,可以结合电机的初始成本构建一个惩罚函数。使用基于现象学的惩罚函数时,就无须像经典外惩罚函数那样,为了逼近可行域边界而针对不断增大的惩罚因子 r_k 构建最优解序列。实际上,可行域的边界并非固定不变。电机的设计优化通常是基于额定负载进行的,但实际上电机往往在不同负载下运行。对于某些应用场景,负载密度的概率分布是已知的,这些信息可用于优化设计。此外,材料特性及其价格变化的均值和方差也是已知的,因此实际上它们属于随机变量。随机优化方法能够利用这些随机变量对电机设计进行优化。

如今,许多电机是为变速运行而设计的,一个常见的约束条件是,在不同转速下所产生的功率或转矩要大于给定的最小功率或最小转矩,如图7.3所示。这

是一个参数化约束，其数学表达式如方程（7.8）所示，其中 $T_{\max}(X,n)$ 是在速度为 n 时，针对优化变量向量 X 可获得的最大转矩，而 $T_d(n)$ 是速度为 n 时所需的最小转矩

$$-T_{\max}(\overline{X},n)+T_d(n)\leq 0, n_{\min}\leq n\leq n_{\max} \tag{7.8}$$

解决参数化约束的一种简单方法是用多个约束条件来替代它。一般而言，这种方法效率不高，往往需要大量的具体情况才能完全替代参数化约束。幸运的是，对于图 7.3 所示的这种特定情况，只需两到三个特定约束条件就足以替代参数化约束。具体做法是，首先引入额定转速和最大转速下的转矩约束。完成优化设计后，需要检查参数化约束条件。如果在额定转速和最大转速下满足约束要求，但在这两个转速之间的某个区域不满足要求，那么就需要在该区域添加额外的点，并重新进行设计优化。如果存在过于严格的约束条件，例如电机最大外径、电机长度、最大允许电流，以及永磁体最大电动势等，那么设计出的电机即使在基速（额定转速）下也可能无法满足所需转矩。此时，就需要放宽一些约束条件。

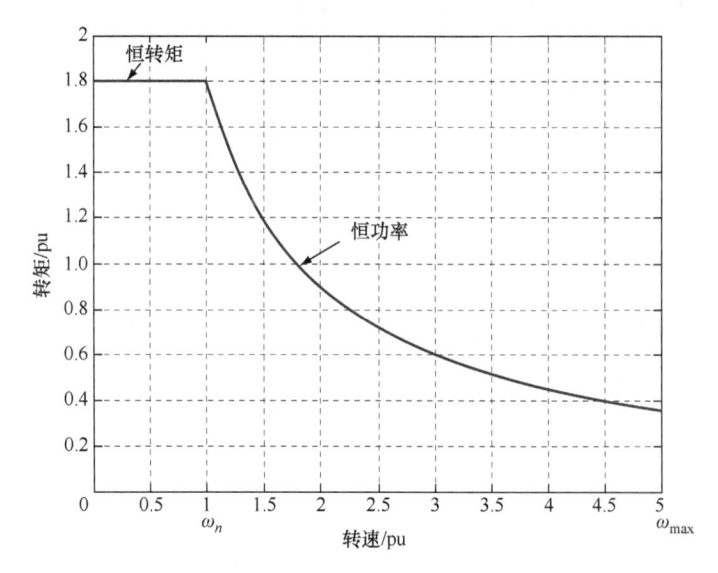

图 7.3 参数约束——5/1 恒转速以及 1.8 倍过载转矩能力下的最小转矩与转速

7.3 最优电流控制

电机的转矩由一对励磁电流和转矩电流产生。最优控制问题之一是使电机损耗或电流最小化。下文将介绍一个针对感应电机稳态转子磁场控制的案例来进行研究。优化矢量包含两个变量——励磁电流和转矩电流，它们被视为相电流的分

量。同时存在两个约束条件：一个是通过转矩方程给出的等式约束；另一个是不等式约束，即要求定子电压应小于或等于可用电压。由于定子电压取决于电机转速，所以第二个约束是参数化约束。对于足够低的转速，电压约束不会影响最优电流解，在这种情况下，优化问题变为

$$i_1 = \sqrt{i_M^2 + i_T^2} \tag{7.9}$$

$$T = 3p_1 \frac{L_m}{L_r} L_m i_M i_T = 3p_1 L_{mr} i_M i_T \tag{7.10}$$

这里遇到了一个包含两个变量和一个等式约束的优化问题。可以利用等式约束消去其中一个变量。通常，励磁电感取决于励磁电流，但可以认为它与转矩电流无关。因此，通过方程（7.10）计算转矩电流并将其值代入方程（7.9）是比较简便的。

$$i_1 = \sqrt{i_M^2 + \left(\frac{T}{3p_1 L_{mr}}\right)^2 \frac{1}{i_M^2}} \tag{7.11}$$

这样就得到了一个无约束的单变量优化问题。我们将使用微积分方法来求解该问题，但在此之前，我们可以把方程（7.11）中的目标函数替换为一个具有相同极值点的简单函数

$$f_{obj} = i_M^2 + \left(\frac{T}{3p_1 L_{mr}}\right)^2 \frac{1}{i_M^2} \tag{7.12}$$

最小电流是以下方程的解

$$\frac{\partial f_{obj}}{\partial i_M} = 0 \tag{7.13}$$

如果励磁电感为常数，那么方程（7.13）就变为方程（7.14），并且该方程有解析解，如方程（7.15）所示：

$$2i_M - 2\left(\frac{T}{3p_1 L_{mr}}\right)^2 \frac{1}{i_M^3} = 0 \tag{7.14}$$

$$i_M = \sqrt{\frac{T}{3p_1 L_{mr}}} \tag{7.15}$$

通过将约束方程中的励磁电流替换为其最优值，便可计算出转矩电流。最后，有一个重要的结果值得注意：当励磁电感为常数时，励磁电流等于转矩电流的情况下可获得最小电流。

$$i_T = \frac{T}{3p_1 L_{mr} i_M} = \sqrt{\frac{T}{3p_1 L_{mr}}} = i_M \tag{7.16}$$

在实际电机中，励磁电感并非恒定值，因此研究电机在按照恒定电感优化原则采用励磁电流和转矩电流控制时的运行特性至关重要。以下将给出一台感应电机的数值计算结果，该电机的参数如下：额定功率 $P_n = 1.1\mathrm{kW}$，相额定电压

$V_n = 220$V，相额定电流 $I_n = 2.77$A，额定频率 $f_n = 50$Hz，额定转速 $n_n = 1410$r/min，定子相电阻 $R_1 = 5.31\Omega$，等效转子电阻 $R_2 = 5.64\Omega$，额定电流下的短路电感 L_{sc}，以及如图 7.4 所示的励磁电感与励磁磁链（峰值）的关系曲线。图 7.5 展示了相电流与转矩的关系，图中分别给出了电机在恒定额定励磁电流控制下以及按照励磁电流等于转矩电流（$i_M = i_T$，L_{mr} = 常数）的最优准则控制下的情况。此外，对于励磁电感与励磁电流相关的实际电机而言，采用 $i_M = i_T$ 控制策略时产生的电流差异较大（更大）。需要注意的是，对于小转矩情况，即使模型并不精确，电流也会有所减小；但对于大转矩情况，采用优化准则时的相电流要比采用 i_M 为常数策略时的相电流大。最优控制电流（曲线 "nlo"）处于两者之间，并且如预期的那样，在低负载时能较好地预测电流。有一个重要结论值得注意：当过程模型不够精确时，最优解有时可能比非最优解更差。利用现有模型验证目标函数中的每个变量是否得到正确反映十分重要。对于小于额定转矩的情况，优化控制原则所表现出的性能优于恒定励磁电流控制策略，但我们不应匆忙得出这样的结论，因为如果所研究的电机是小型电机，其励磁电流约为额定电流的 69%。大励磁电流的一个积极效果是，电机能够以仅为额定电流 2 倍的电流产生 2.5 倍额定转矩的输出。在额定负载下，励磁电流几乎等于转矩电流。

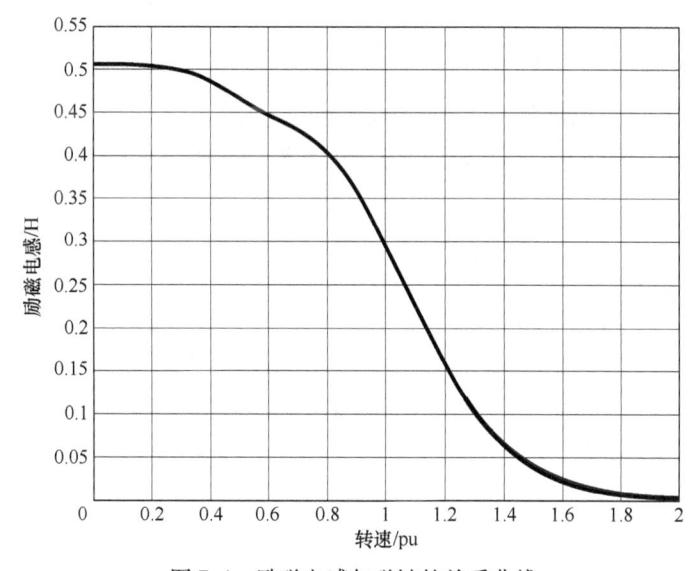

图 7.4 励磁电感与磁链的关系曲线

如果考虑励磁电感与励磁电流之间的关系，目标函数解 [方程 (7.12)] 的导数同样是优化的关键。但在这种情况下，我们会得到如下非线性方程：

$$i_M^4 = \left(1 + \frac{i_M}{L_{mr}} \cdot \frac{\partial L_{mr}}{\partial i_M}\right)\left(\frac{T}{3p_1 L_{mr}}\right)^2 \quad (7.17)$$

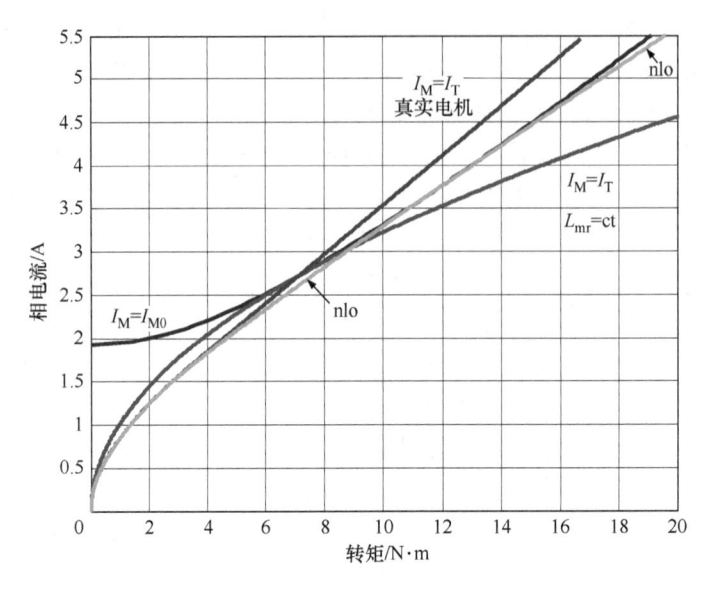

图 7.5 相电流（均方根值）与转矩的关系（$T_n = 7.45$，$I_{m0} = 1.93A$，$L_{rmn} = 0.32H$）

励磁电感 L_{mr} 与励磁电流呈非线性关系，在很多情况下，只能通过测量或数值模型得到若干电流值对应的电感值表格。由于受到测量误差或数值误差的影响，这些已知值并不十分精确。一些用于滤除这些误差的方法会基于最小二乘误差最小化，对电感-电流关系进行解析近似。例如，图 7.4 所示的励磁电感曲线就是根据多次测量得到的空载电流-磁链关系绘制，然后再得到解析近似结果。

$$L_m = c_0 + \sum_{i=1}^{5} c_i e^{-2i\psi_m^2} \tag{7.18}$$

其中，级数系数分别为 $c_0 = 0.002093H$，$c_1 = 3.3311H$，$c_2 = -10.6093H$，$c_3 = 17.1183H$，$c_4 = -13.2716H$，$c_5 = 3.93556H$。可以在级数中使用更多或更少的项，但由于指数级数的基函数并非正交函数，所以需要重新计算系数。方程（7.17）变成了超越方程，只能采用数值解法。如果计算出转矩与励磁电流的关系，就可以避免使用迭代算法。

$$T = 3p_1 L_{mr} i_M^2 \frac{1}{\sqrt{1 + \dfrac{i_M}{L_{mr}} \cdot \dfrac{\partial L_{mr}}{\partial i_M}}} \tag{7.19}$$

转矩电流可通过转矩方程计算得出。最优转矩电流与励磁电流之比 k_{iopt} 只取决于励磁电流和电机结构。这个非线性函数可以存储在表格中，随后用于最优控制。

$$i_T = \frac{1}{\sqrt{1 + \dfrac{i_M}{L_{mr}} \cdot \dfrac{\partial L_{mr}}{\partial i_M}}} i_M = k_{iopt} i_M \tag{7.20}$$

图 7.6 给出了一个示例，该图基于图 7.4 给出了励磁电感 $L_m(i_m)$ 和 k_{iopt} 的值。回到图 7.5，可以注意到，非线性优化（nlo）情况下的定子电流与恒定电感异步电机控制时的定子电流相近，这表明所研究的电机已经处于饱和状态。

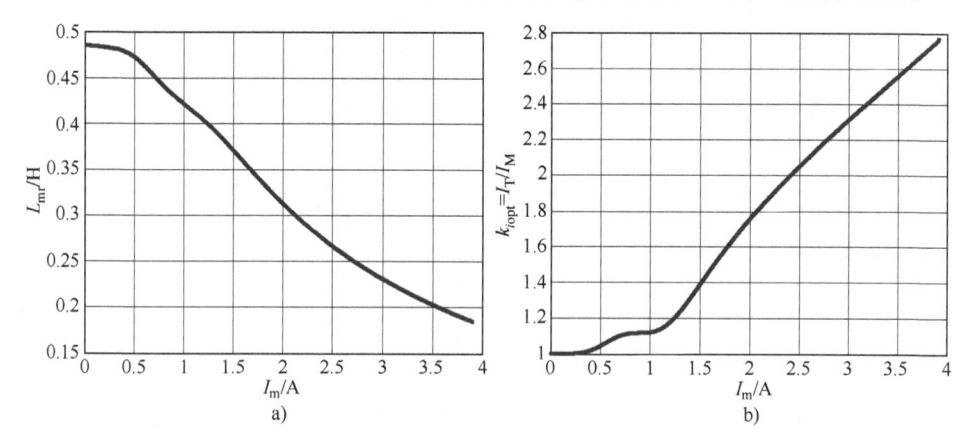

图 7.6　励磁电感以及转矩与励磁电流之间的最佳比值 k_{iopt}

采用最优电流控制时，电机在低转矩情况下的能量性能有所提升（见图 7.5），但在弱磁运行时动态性能较差。电机中建立磁场的时间常数大约是建立转矩的时间常数的 10 倍。最小电流优化方法仅适用于负载转矩没有突然变化且不需要快速转矩响应的情况。使定子电流最小化可以降低损耗，但这并不等同于使总损耗达到最小的优化，后者的目标函数如下：

$$p_{\text{loss}} = R_1(I_T^2 + I_M^2) + R_2 I_T^2 + \frac{(\omega_1 L_m)^2}{R_{\text{Fe}}} I_M^2$$

$$= \left[R_1 + \frac{(\omega_1 L_m)^2}{R_{\text{Fe}}}\right] I_M^2 + (R_1 + R_2) I_T^2 \tag{7.21}$$

在低负载转矩时降低励磁电流以减小定子电流，可降低定子铜损耗，但转矩分量会增大，转子笼损耗也会增加。铁耗会随励磁电流的减小而降低，但这也与转速有关。如果转速较低，铁耗可忽略不计。通常，最小损耗优化准则所对应的励磁电流会比最小电流优化准则下的励磁电流略大。本节内容仅为后续讨论的先进优化设计方法提供基础。

7.4　改进的 Hooke-Jeeves 优化算法

Hooke-Jeeves 优化算法[2]是一种模式搜索算法，它采用两种移动方式：探索性移动和模式移动。下文将介绍 Hooke-Jeeves 算法的一种改进版本，该版本可借助外惩罚函数实现约束系统的优化。

该优化算法包括以下步骤：

1）选择待优化变量和固定的几何尺寸。待优化变量被组合成一个向量。以一台永磁无刷电机为例

$$\overline{X} = (\text{poles } D_{\text{ext}} w_{\text{st}} w_c h_c h_{\text{sy}} l_{\text{pm}})^{\text{T}}$$

式中，poles 是每台单元电机的极数；D_{ext} 为定子铁心外径；w_{st} 是定子齿宽；w_c 是线圈的宽度；h_c 是定子槽内线圈的高度；h_{sy} 是轴向磁轭长度；l_{pm} 是永磁体径向长度。

2）找出工艺限制和几何约束条件，并选择优化变量的取值范围 $\overline{X}_{\min}$ 和 $\overline{X}_{\max}$。用数学方程表示如下：

$$\overline{X}_{\min} \leq \overline{X} \leq \overline{X}_{\max} \tag{7.22}$$

$$\overline{g}_1(\overline{X}) = \overline{0} \tag{7.23}$$

$$\overline{g}_2(\overline{X}) \leq \overline{0} \tag{7.24}$$

式中，$\overline{g}_1: \Re^n \to \Re^p$ 和 $\overline{g}_2: \Re^n \to \Re^q$ 是定义在变量空间上的向量函数，这里考虑了"p"个等式约束和"q"个不等式约束。

3）选择目标标量函数 $f_1(\overline{X})$，其中 $f_1: \Re^n \to \Re$。可以通过考虑惩罚函数 $f_p(\overline{X})$ 和 $f_p: \Re^{p+q} \to \Re_+$，将约束条件包含在目标函数中

$$f_p = \sum_{i=1}^{p+q} f_{pi}[g_i(\overline{X})]$$

$$\text{其中, } f_{pi} = \begin{cases} 0, \text{如果 } 1 \leq i \leq p \text{ 且 } g_i(\overline{X}) = 0 \\ 0, \text{如果 } p+1 \leq i \text{ 且 } g_i(\overline{X}) \leq 0 \\ \text{在其他所有情况下单调为正} \end{cases} \tag{7.25}$$

最后，目标函数为

$$f(\overline{X}) = f_1(\overline{X}) + f_p(\overline{X}) \tag{7.26}$$

4）选择优化变量向量的初始值 $\overline{X}_0$，初始步长向量 $d\overline{X}_0$，最小步长向量 $d\overline{X}_{\min}$ 以及步长更新比率 r，$0 < r < 1$。

5）计算所有必要的几何尺寸，根据解析模型计算电机的性能，然后评估目标函数 f_0。

6）如二维向量在图 7.7 中所示，以初始步长沿着每个优化变量的正方向和负方向进行搜索移动（局部网格搜索）。计算目标函数，然后计算目标函数的梯度：

$$\overline{h} = (h_1, h_2, \cdots, h_n) = \left(\frac{\partial f}{\partial x_1}, \frac{\partial f}{\partial x_2}, \cdots, \frac{\partial f}{\partial x_n} \right) \tag{7.27}$$

偏导数是通过沿着第 k 个方向在三个点上对函数进行求值，以数值计算的方式得到的。

$$\frac{\partial f}{\partial x_k} = \begin{cases} \dfrac{f_k - f_0}{\mathrm{d}x_k}, & \text{如果 } f_{-k} \geq f_0 > f_k \\ \dfrac{f_0 - f_{-k}}{\mathrm{d}x_k}, & \text{如果 } f_{-k} < f_0 \leq f_k \\ \dfrac{f_k - f_{-k}}{2\mathrm{d}x_k}, & \text{如果 } f_{-k} < f_0 > f_k \\ 0, & \text{如果 } f_{-k} > f_0 < f_k \end{cases} \quad (7.28)$$

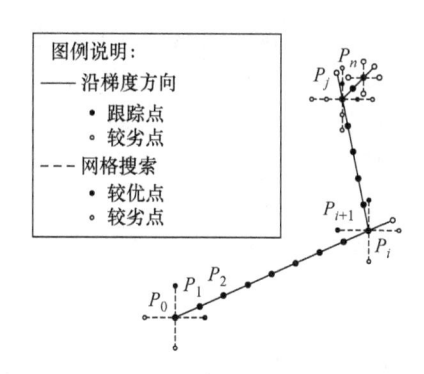

图 7.7 考虑二维优化问题时的搜索与梯度移动

式中，f_k 是目标函数在点 $\overline{X}_k$ 处的计算值；$\overline{X}_k$ 是由 $\overline{X}_0$ 沿第 k 个方向移动 $\mathrm{d}x_k$ 得到的；f_{-k} 则是沿相反方向（移动 $-\mathrm{d}x_k$）得到的点处目标函数的计算值。在方程（7.28）中的第1种和第2种情况里，点 $\overline{X}_0$ 位于斜率上。在情况3中，$\overline{X}_0$ 是较劣点；而在情况4中，$\overline{X}_0$ 是较优点。在后两种情况中，偏导数在数学上并不准确，但它能提供信息，帮助我们远离较劣点或停留在较优点附近。沿梯度方向的步长计算如下：

$$\overline{\Delta} = (\Delta_1, \Delta_2, \cdots, \Delta_n) = \left(\frac{h_1 \cdot \mathrm{d}x_1}{\|\overline{h}\|}, \frac{h_2 \cdot \mathrm{d}x_2}{\|\overline{h}\|}, \cdots, \frac{h_n \cdot \mathrm{d}x_n}{\|\overline{h}\|} \right) \quad (7.29)$$

7）让优化变量向量以步长 $\overline{\Delta}$ 移动，直至目标函数值减小。在图 7.7 所示的二维示例中，会到达点 P_i。

8）重复搜索移动（步骤"5"）以找到新的梯度方向，然后重复梯度移动（步骤"6"），直到搜索移动无法在当前点周围找到更优的点。这一条件等同于 $\|\overline{h}\| = 0$，对应图 7.7 中的点 P_j。

9）按比率 r 减小变化步长，然后重复上述步骤，直到达到变量变化的最小值且梯度范数变为零。当搜索移动即便采用最小的变量变化量也无法找到更优的点时，就以给定的分辨率达到了目标函数的一个极小值。这可能并非全局最小值。为提高找到全局最小值的概率，该算法应使用不同的优化变量初始值多次运行。优化算法可以从所有变量均采用 1.6mm 的变化步长开始，然后按比率 2 逐步减小，直至达到最小值 0.1mm。最小步长值通常选择在工艺允许的变化范围附近。没有必要将最小步长减小到小于允许的变化范围。对于大型电机，变化步长应该是一个向量，因为变量的最大尺寸与最小尺寸之比可能达到数百甚至数千倍。

目标函数可以认为是电机的初始成本加上损耗惩罚成本，再加上约束函数的惩罚项，具体如下：

$$f = c_i(\overline{X}) + c_e(\overline{X}) + c_p(\overline{X}) \quad (7.30)$$

式中，c_i 是初始成本相关量；c_e 是能量损耗成本；c_p 是惩罚成本。

所有这些成本必须采用相同的单位。因此，例如，当电机的过热温度比可接受的最高温度每高出 10°C 时，可将初始成本翻倍；或者当过热温度高于可接受的最高温度时，使成本与温升幅度成正比增加。

通常，初始成本是电机的活性材料成本，并且对于某些应用场景，还可以加上所需的电力电子设备成本

$$C_i = c_{\mathrm{Cu}} m_{\mathrm{Co}} + c_{\mathrm{lam}} m_{\mathrm{sFe}} + c_{\mathrm{Fe}} m_{\mathrm{rFe}} + c_{\mathrm{PM}} m_{\mathrm{PM}} + c_{\mathrm{a}} m_{\mathrm{t}} + c_{\mathrm{pe}} \frac{P_n}{pf} \tag{7.31}$$

式中，c_{Cu} 是铜的价格，比如每公斤 10 美元；c_{lam} 是叠片的价格，比如每公斤 5 美元；c_{Fe} 是转子铁心的价格，比如说，每公斤 5 美元；c_{PM} 是永磁体的价格，比如 50 美元/千克；c_{a} 是每单位总质量的额外价格；m_{t}、m_{Co} 是绕组的质量；m_{sFe} 是定子叠片的质量；m_{rFe} 是转子铁心的质量；m_{PM} 是永磁体的质量。

电力电子设备成本取决于峰值视在功率（与有功功率 P_n 成正比，与功率因数 pf 成反比）以及每伏安的电力电子设备价格 c_{pe}，例如，对于中等功率变流器而言，该价格为每伏安 0.025 美元。当把电力电子设备成本纳入目标函数时，电机设计会趋向于达到一个最优功率因数，这是因为电力电子设备成本与视在功率相关，而当功率因数趋近于 1 时，视在功率会达到最小。为了优化并网电机的功率因数，可以用并网连接设备成本和无功电能惩罚成本来替代电力电子设备成本。

通过考虑电机预期运行期间的能量损耗，引入了能效优化。

能量损耗成本的表达式为

$$c_e = P_n \left(\frac{1}{\eta(\bar{X})} - 1 \right) \cdot t_1 \cdot p_e \tag{7.32}$$

式中，P_n 是电机的额定功率；η 是额定效率；t_1 是运行时间；p_e 是能源价格，例如，每千瓦时 0.1 美元。

考虑到负载系数 k_j 随时间的变化以及在该负载系数下的效率 η_j，可以采用更精细的能量损耗成本计算方式

$$c_e = P_n \cdot t_1 \cdot p_e \cdot \sum_j \left(\frac{1}{\eta_j(\bar{X})} - 1 \right) p_{kj} k_j$$

$$\sum_j p_{kj} = 1 \tag{7.33}$$

在不同负载下运行的概率 p_{kj} 之和应等于 1。

从众多数值算例可以看出，能耗成本远高于初始成本。在这些情况下，优化过程主要侧重于提高效率，而非降低初始成本。制造商以及许多客户都希望在满足政府法规或自由市场规定的最低可接受效率的前提下，降低初始成本。因此，

根据这一需求对方程（7.32）中的目标函数进行修改是可行的。

$$c_e = \begin{cases} P_n\left(\dfrac{1}{\eta(\bar{X})} - \dfrac{1}{\eta_{\min}}\right) \cdot t_1 \cdot p_e, \eta(\bar{X}) < \eta_{\min} \\ 0, \eta(\bar{X}) \geqslant \eta_{\min} \end{cases} \quad (7.34)$$

约束惩罚成本由过热惩罚成本和因峰值电流或直接起动电流导致永磁体退磁的惩罚成本组成。

$$c_p = c_{pt} + c_{pdm} \quad (7.35)$$

当温度超过可接受的最高温度时，会产生相应的惩罚成本，其具体情况如下：

$$c_{pt} = c_{pts} + c_{ptr} \quad (7.36)$$

$$c_{pts} = \max(0, T_w - T_{wad}) \cdot k_{ts} \cdot c_i \quad (7.37)$$

$$c_{ptr} = \max(0, T_r - T_{rad}) \cdot k_{tr} \cdot c_i \quad (7.38)$$

式中，c_{pts} 是定子（绕组）过热的惩罚成本；c_{ptr} 是转子（永磁体）过热的惩罚成本；T_w 是绕组温度；T_{wad} 是绕组的最大允许温度；k_t 是一个比例常数；c_i 是根据方程（7.31）计算出的初始成本；T_r 是转子温度；T_{rad} 是转子的最大允许温度。

永磁体退磁惩罚成本的计算是基于以下情况：当定子退磁电流分量导致通过永磁体的总磁通变为负值时，就认为永磁体发生了退磁。

$$c_{pdm} = \max\left(0, -\dfrac{\min(\Phi_{PMdm})}{\Phi_{PM0}}\right) \cdot k_{dm} \cdot c_i \quad (7.39)$$

式中，Φ_{PMdm} 是在最大退磁电流下通过永磁体的总磁通，该最大退磁电流等于额定峰值电流乘以一个退磁安全系数；Φ_{PM0} 是永磁体在空载时的总磁通；k_{dm} 是比例常数。

7.5 基于遗传算法的电机设计

在介绍了诸如 Hooke-Jeeves 算法这类模式搜索优化算法之后，接下来将介绍一种进化算法。

遗传算法会考虑一组候选解在特定选择规则下进行优化，直至达到使成本函数最小化的状态[3-5]。遗传算法需要一种方法来对优化变量、目标函数进行编码，还需要一套用于种群成员优化的选择规则。为电机的优化设计开发遗传算法涉及以下步骤：

• 选择优化变量，确定它们的最小值和最大值以及分辨率。部分优化变量应为整数，这种情况下，分辨率为1。无须为优化向量提供初始值。

• 选择优化向量的遗传编码方式。将优化变量编码为遗传代码有两种方法：二进制编码和连续（实数）编码。

• 选择目标函数，并建立一个分析模型，以便从优化变量向量出发对目标函数进行评估。也可以使用有限元法来计算电机的性能，但在这种情况下，必须有一个完整的参数化模型，才能使有限元法完全自动化（包括问题生成、求解问题以及解读结果）。当开发出这样的模型后，需要对数千个候选解进行评估。利用并行计算，这种方法才具有可行性。不过，该模型在整个定义域内都应足够精确。

- 选择一种选择算法，用于生成下一代的成员。此外，还需要选择某种准则来终止该算法。

对于二进制编码，每个变量的遗传编码所需的位数 n_{bit} 的计算需要考虑每个变量的不同取值 n_{vx}，而这又取决于变量的取值范围及其分辨率

$$n_{vx}(i) = \text{ceil}\left(\frac{X_{\max}(i) - X_{\min}(i)}{r_x(i)}\right) \tag{7.40}$$

$$n_{bit}(i) = 1 + \text{floor}(\log_2(n_{vx}(i))) \tag{7.41}$$

式中，"ceil"是向正无穷方向取整的函数（向上取整）；"floor"是向负无穷方向取整的函数（向下取整）。

对于一台有 16 个优化变量的感应电机，编码所需的位数介于 2 位（对于四对极的小型电机，每极每相槽数为 2~4 的整数）到 7 位（针对需要高分辨率的变量）之间。在这个具体例子中，存储整个向量信息总共需要 86 位，这意味着有 2^{86} 种情况（约 7.73×10^{25} 种）。显然，要穷举搜索最优解是不可能的。

优化向量通过方程（7.42）从遗传二进制编码中得到，而对于连续编码则通过方程（7.43）得到。其中，g_{xb} 是一个介于 0 到 n_{vx} 之间的整数，g_{xc} 是一个介于 0 到 1 之间的实数

$$\overline{X} = \overline{X}_{\min} + \overline{g}_{xb} \cdot \overline{r}_x \tag{7.42}$$

$$\overline{X} = \overline{X}_{\min} + \overline{g}_{xc} \cdot (\overline{X}_{\max} - \overline{X}_{\min}) \tag{7.43}$$

许多编码并不满足最低要求条件，比如几何约束条件，这些编码是不可行的。关键的几何尺寸会被立即计算出来，如果某个个体不满足最低要求，就会被舍弃。接着会生成另一个随机编码，直到初始种群完整。通常，每个变量会用最大位数单独表示。也可以将所有信息存储在一个"长整数"中，并通过"全变量编码"同时执行遗传操作，但这样做的收益并不大，因为目标函数的评估是一项非常复杂的操作。

优化设计的目标是使目标函数最小化，而遗传算法是使适应度函数最大化。遗传编码类似于一个升序排列的目标函数，所以，最优的编码是排在首位的编码。蒙特卡罗轮盘赌选择法按照与适应度函数成正比的概率来选择成员，为下一代提供遗传编码。可以通过用 1 除以目标函数来计算出合适的适应度函数。然后

计算出标幺化的适应度函数 f_g、f_r[⊖]。

$$f_g(\overline{X}_i) = \frac{1}{f(\overline{X}_i)} \tag{7.44}$$

$$f_r(\overline{X}_i) = \frac{f_g(\overline{X}_i)}{\sum_i^{ps} f_g(\overline{X}_i)} \tag{7.45}$$

$$r_k = \sum_{i=1}^{k} f_r(\overline{X}_i) \tag{7.46}$$

首先生成一个介于 0 到 1 之间的随机数 p，选择排名 r_k 大于该随机数 p 且排名值最小的成员索引 k 作为第一个父代。对于第二个父代，再生成一个新的随机数，并用同样的方法进行选择。通过这种方式，适应度更高的成员更有可能成为父代，并将其遗传信息传递给下一代。初始种群的差异非常大，如果仅采用这种方法将遗传编码传递给下一代，会导致算法快速收敛，但同时会丧失解的广泛性。为了避免算法快速收敛到局部最优解，对于已经成为父代的成员，其适应度函数值会乘以一个排除因子，以此降低它们再次成为父代的概率。在进入下一代之前，通过交叉操作产生两个子代。部分子代在进入下一代之前会随机发生基因突变。对旧一代的成员重新进行排名，然后继续生成新成员的过程，直到产生一个完整的新一代种群。新一代种群将取代旧一代种群，重复该算法，直到达到指定的代数。如果在达到最大代数之前，最优成员和最差成员的适应度函数差值变得过小，算法可以提前终止。这意味着种群中的所有成员"亲缘关系很近"，很可能其中许多成员完全相同。可以通过淘汰下一代中与已存在成员完全相同的新子带来避免种群中出现相同个体。上述原理既适用于二进制编码，也适用于连续编码。

交叉操作是一种利用重组遗传编码，通过两个父代获得两个子代的技术，如图 7.8 所示，该图展示了感应电机优化向量中几个分量进行二进制编码时的情况，这些分量包括特定线电流密度（elsp—特定线负荷）、气隙磁通密度（B_{agsp}）、电机长度与极距之比（$l_{cpertau}$）以及定子电流密度（J_s）。

在这个例子中，使用 8bits 对特定电负载进行编码，6bits 对气隙中的特定磁通密度进行编码，5bits 对铁心长度与极距之比进行编码，7bits 对定子磁通密度进行编码。所有信息存储在 86bits 中。对于遗传编码的切割和重组有很多种可能方式，可以进行单次切割，也可以进行多次切割，切割位置可以相同，也可以不同。在本例中，针对每个编码信息片段都选择了多次切割，并且采用可变位置切割。在切割每个变量区域后，将得到的编码部分进行随机组合，这样做是为了避

⊖ 此处原书不准确。——译者注

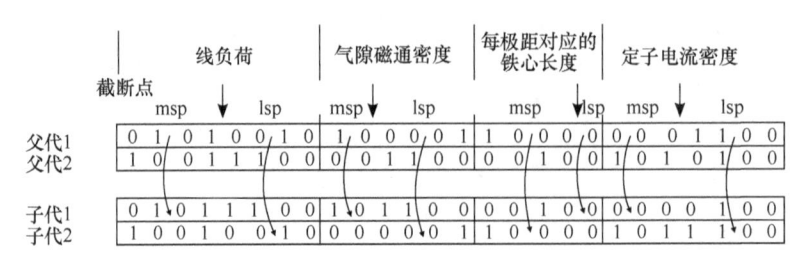

图 7.8 利用杂交产生子代种群

免将"父代1"的最高有效编码部分（msp）传递给"子代1"，同时避免将"父代2"的最低有效部分（lsp）传递给"子代1"。

变异是另一种从单个父代产生子代的技术。父代的编码会原样复制给子代，但有一两个变量除外，在这些变量上，父代的编码会被随机编码所取代。如图 7.9 所示，"每极距对应的铁心长度"这个变量就发生了变异。

图 7.9 利用变异产生子代种群

对于连续编码，通过交叉操作产生的子代编码，一部分根据方程（7.46）计算，另一部分根据方程（7.47）计算，其中 i 和 j 为优化变量的索引。选择应用方程（7.47）还是方程（7.48）是随机的，这样做是为了避免交叉过程出现特定模式。

$$g_{o1}(i) = g_{p1}(i) + \alpha(g_{p2}(i) - g_{p1}(i)) \\ g_{o2}(i) = g_{p2}(i) + \alpha(g_{p1}(i) - g_{p2}(i)) \quad (7.47)$$

$$g_{o1}(j) = g_{p2}(j) + \alpha(g_{p1}(j) - g_{p2}(j)) \\ g_{o2}(j) = g_{p1}(j) + \alpha(g_{p2}(j) - g_{p1}(j)) \quad (7.48)$$

在连续编码中，子代的优化变量值始终介于父代变量值之间；而对于二进制编码，只有在使用格雷码时才会出现这种情况。

接下来的章节将给出使用遗传算法对感应电机和永磁同步电机进行优化设计的实例。在这些实例中，使用以下参数来控制遗传算法：种群规模；种群进化代数；精英策略，即直接进入下一代的最优成员数量；变异率，即每个变量的遗传编码发生变异的概率；以及排除因子，即交配后父代适应度函数的降低比例。

参 考 文 献

1. S.S. Rao, *Engineering Optimization: Theory and Practice*, 3rd edn., John Wiley & Sons, New York, 1996.

2. R. Hooke and T.A. Jeeves, Direct search solution of numerical and statistical problems. *J. ACM*, 8(2), 1961, 212–229.

3. R.L. Haupt, and S. Haupt, *Practical Genetic Algorithms*, 2nd edn., John Wiley & Sons, Hoboken, NJ , 2004.

4. D.E. Goldberg, *Genetic Algorithms*, Addison-Wesley, Reading, MA, 1989.

5. J.H. Holland, *Adaption in Natural and Artificial Systems*, The University of Michigan Press, Ann Arbor, MI, 1975.

第8章 表贴式永磁同步电机的优化设计

8.1 设计主体

通常，以下规范构成了变速永磁同步电机的设计主体：
- 基本连准功率 P_b。
- 基准转速 n_b。
- 最大电压 V_n。
- 过载系数 k_1。
- 最高转速 n_{max}。
- 最高转速下的功率 P_{max}。
- 相数 m。

此外，还增加了一些约束条件：
- 在基准功率 P_b 和基准转速 n_b 下的效率。
- 材料绝缘等级（允许温度）。
- 对外来物体的防护等级。
- 活性材料的总初始成本。

对于表贴式永磁同步电机（SPMSM）而言，弱磁控制（$n_{max}/n_b > 1.5$）是不太可行的（除非它们的同步电感 L_s 以标幺值表示时较大，例如单齿定子绕组），因此，$n_{max} = n_b$。

8.2 电负荷和磁负荷

选择电负荷和磁负荷的第一阶段包括电机的常规设计或优化设计。对于表贴式永磁同步电机，对这些负荷情况的描述如下[1-6]：

• 线负荷 $J_1(A/m)$ 表示每单位定子圆周长度上定子槽内安匝数的总有效值。线负荷 J_1 与热负荷和转矩密度相关。J_1 值较大时会带来较高的转矩密度，进而减小电机尺寸，但这可能会导致电机过热并降低效率。当设计目标是获得高转矩密度时，或许更宜采用比切向力 f_{tsp} 这一概念。比切向力的单位是 N/cm^2，在微电机中该值为 $0.1\ N/cm^2$，而在较高转矩密度的设计中可达到 $10N/cm^2$。线负荷 J_1 和比切向力 f_{tsp} 是相互补充的概念。

- 永磁气隙磁通密度 B_{ag}（单位：T）的取值范围从微型电机中的 0.2T 到在大转矩密度设计中的 1T。B_{ag}、电流密度 J_1 和比转矩 f_{tp} 共同决定了给定额定转矩 T_{eb} 下电机的体积。

- 定子齿磁通密度 B_{st}（单位：T）决定了电机的磁饱和程度；对于硅钢片叠压的定子铁心而言，其值一般在 1.2T 到 1.8T 之间变化。由于电机的磁气隙（包括表面永磁体的厚度）较大，定子齿磁饱和的影响相对较小，因此可以选择较大的 B_{st} 值。相反，如果 B_{st} 值较大（并且基波频率 f_{1b} 也较大），则铁心损耗也会较大。较小的 B_{st} 值会使定子齿变宽，从而使槽变窄，这意味着设计电流密度会增大，进而导致铜损耗增大。为避免这种情况，可采用更深的槽，但这样会增大电机的外径（和体积）。此外，加深槽并不能显著降低铜损耗，因为线圈端部连接的平均直径（和长度）会增加。因此，在设计时应先采用适中偏大的 B_{st} 值，然后根据基于这些值设计出的电机性能与基于设计主题的预期性能进行对比，再对 B_{st} 值进行调整（增大或减小）。

- 定子轭部磁通密度 B_{sy}（单位：T）的选取需要在磁饱和程度和铁心损耗限制之间进行权衡。B_{sy} 取值较小可能会导致电机尺寸和质量增大，尤其是在极数较少（$2p=2$、4）的情况下。

- 电流密度 J_s（单位：A/mm^2）决定了铜损耗和铜材体积。与细而深的槽相配合时，较低的 J_s（2~3.5A/mm^2）可能会导致较大的漏感以及较大的电机体积（和质量）；另一方面，较高的 J_s 值（通常大于 8A/mm^2），一般来说，不仅意味着需要采用强制冷却方式，而且在减小电机体积的同时会导致效率降低。

- 当永磁体不再直接安装在轴上时，对于极数较多（且直径较大）的电机而言，转子轭部磁通密度 B_{ry}（单位：T）十分重要。

8.3 选择几个尺寸因子

- 机器形状系数 γ_c：电机轴向（叠片）长度 l_{stack} 与极距 τ（$\gamma_c = l_{stack}/\tau$，通常为 0.15~3）。

- 永磁体极弧系数 γ_{PM}：永磁体宽度与极距之比。该系数会影响永磁体的总质量、电动势的空间谐波含量，并且在一定程度上影响齿槽转矩。

- 每极每相槽数 q_1。

- 绕组层数 n_L（单层绕组 $n_L=1$，双层绕组 $n_L=2$）。

- 定子绕组电流路径数 a_1：对于双层绕组，a_1 始终是极数；对于单层绕组，a_1 则是极对数。由于电机本身存在对称性缺陷，为避免电流路径之间出现环流，在条件允许的情况下，应尽可能将 a_1 设为 1，但在低压大电流（如汽车应用）场景中除外。

- 并联的基本导体：对于大电流（或高基波频率）的情况，线圈匝数由多个基本导体并联构成，且这些导体具有相同的换位程度，以减小趋肤效应。
- 线圈节距 x_s 指的是线圈的进线边与出线边之间的距离；其度量方式不仅可以用毫米表示，还能用槽距数来衡量。对于三相分布绕组，线圈节距为 $2q_1 \sim 3q_1$，而对于集中绕组（单齿绕组），线圈节距小于 0.5。
- 槽口宽度 s_0（见图8.4）：s_0 的最小值受两个因素限制，一是能否将线圈逐匝放入槽中；二是槽漏感和永磁体磁通边缘效应的增加。其最大值则受到永磁体磁通减小、齿槽转矩增大以及转矩脉动等因素的限制。
- 齿顶高度 h_{s4}：齿顶高度的最小值受工艺（和磁饱和）限制条件的约束，其最大值受槽漏感增加的限制。（在基波频率 $f_{1b}>1\text{kHz}$ 的高速永磁同步电机中，可以增大 h_{s4}，以增加电机电感 L_s，从而减小电流纹波）。

8.4 一些工艺限制

- 叠片铁心叠压系数 k_{stk}（取值范围为 0.8~0.95），是指叠片的高度与叠片铁心总长度的比值（由于叠片有绝缘涂层，所以 $k_{\text{stk}}<1$）。
- 槽满率 k_{sf}（取值范围为 0.33~0.7），当采用半闭口槽且线圈需逐匝放入槽内时，槽满率取值较低；而当采用开口槽且使用由矩形截面导体制成的预制线圈时，槽满率取值较大。
- 从机械设计角度考虑，超高速电机的最小气隙 $g_{\min}$ 需要增大，以减少因定子磁动势空间谐波导致的永磁体涡流损耗；同时，为增强机械刚度，还会在永磁体上涂覆一层树脂。
- 过载退磁安全系数 k_{sPM}：在最恶劣的负载情况下，该系数限制了避免永磁体退磁的最大过载定子磁动势。
- 槽几何形状类型：如果使用了不止一种槽形，就应该为所选槽形提供一个设计表达式，并且计算机代码会基于菜单调用特定的几何形状和特定的磁导表达式。
- 槽楔角度，α_w。
- 槽绝缘厚度。
- 伸出槽外的直线型线圈端部连接段长度 l_{fl}。
- 永磁体长度 l_{PM} 与定子铁心叠片长度 l_{stack} 的差值：为避免轴承承受轴向力，$l_{\text{PM}} - l_{\text{stack}} = (1-2)(g + h_{\text{PM}})$，其中 h_{PM} 是永磁体厚度（沿磁化方向）。
- 基于预期最大转矩确定的最小轴径。

8.5 磁性材料的选择

这里提及永磁体和磁心。对于永磁体，选择剩余磁通密度 B_r、矫顽力 H_c 和转子（永磁体）允许的最高温度 T_r。B_r 的选择取决于气隙磁通密度：对于表贴式永磁同步电机（SPMSM），$B_{ag} < B_r$。矫顽力 H_c 取决于 B_r 以及相对回复磁导率 μ_{rec}：对于钕铁硼（NeFeB）、钐钴（SmCo$_5$）和铁氧体永磁体（$B_r = 0.3 \sim 0.4T$），$\mu_{rec} \approx 1.05 \sim 1.3$；对于粘结永磁体，$\mu_{rec} \approx 1.05$ 且 $B_r = 0.6 \sim 0.8T$；在 20℃时，对于烧结永磁体，$B_r = 1.1 \sim 1.37T$。

$$H_c \approx \frac{B_r}{\mu_{rec(pu)}\mu_0} (A/m) \tag{8.1}$$

永磁体特性可从制造商产品目录中获取，其中包括：
- 20℃时的剩余磁通密度（B_r）。
- 20℃时的矫顽力（H_c）。
- B_r 和 H_c 的温度系数。
- 能量密度。
- 内部矫顽力。
- 永磁体磁化场 $H_c \times (1.8 - 3)$，以及 $B_r \times (1.8 - 2.5)$。
- 最高工作温度。
- 永磁材料的电阻率，用于计算因定子空间磁动势和时间谐波产生的永磁体涡流损耗：粘结钕铁硼的电阻率远高于烧结钕铁硼。
- 质量密度（kg/m^3）。

对于最高达 150Hz 的基频，一般采用 0.5mm（为提高生产效率，也会用 0.65mm）无取向颗粒叠片制成的普通硅钢叠片铁心。当基频高于 150Hz 时，则需使用更薄的叠片（0.2mm 或更薄，但叠压系数 $k_{sk} > 0.8$），以降低涡流损耗。磁化曲线描绘了硅钢叠片的特性（见图 8.1）。

使用具有更高饱和磁通密度的软磁材料（在 50Hz 频率下，$B_{sat} = 2.35T$，$H_{sat} = 10^4 A/m$），虽初始成本略高，但能制造出更为紧凑的永磁同步电机（Hyperco50 比 M19 硅钢更昂贵）。软磁材料的其他重要特性是铁心损耗，其取决于磁通密度幅值和频率。铁心损耗可分为涡流损耗和磁滞损耗。一些制造商提供了几个频率下的铁心损耗数据（见图 8.2）。M19 和 Sura 是两种广泛使用的硅钢叠片商品名。Hyperco50 是一种高饱和磁通密度叠片材料的商品名，其钴含量高达 50%，在低于 500Hz 的频率下具有适中的损耗。Somaloy 是一种软磁复合材料的商品名，通常用于 $f_B > 500Hz$ 的情况，或需要容纳三维交流磁力线的场合。像 Sura007[6]（0.18mm）这样的薄叠片在 2500Hz 时已显示出可接受的损耗（见

图 8.2)。Magnoval 是一种烧结材料，相对磁导率较低（$\mu_{rec} = 3 \sim 5\mu_0$），用于槽楔，以降低永磁体磁通密度脉动、齿槽转矩和总转矩脉动，代价是更大的漏感和同步电感。Magnoval 在高频（$f_{1b} > 1\text{kHz}$）电机中也有助于增大电机电感，以减小电流纹波。

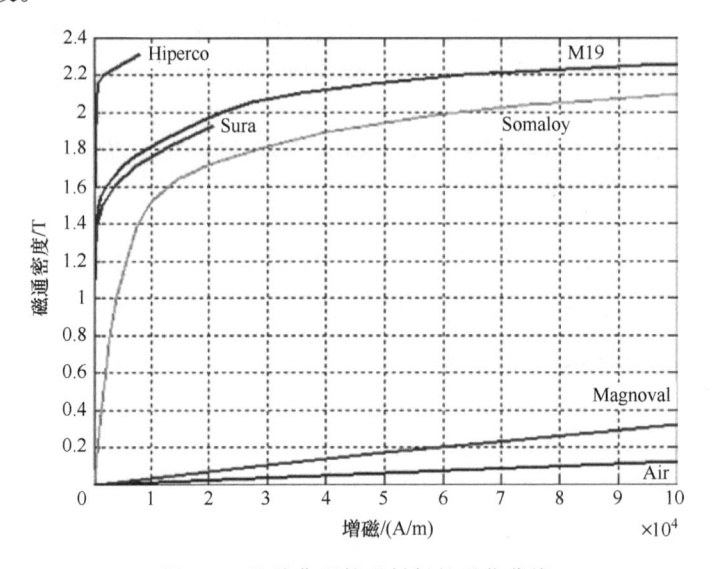

图 8.1 几种典型软磁材料的磁化曲线

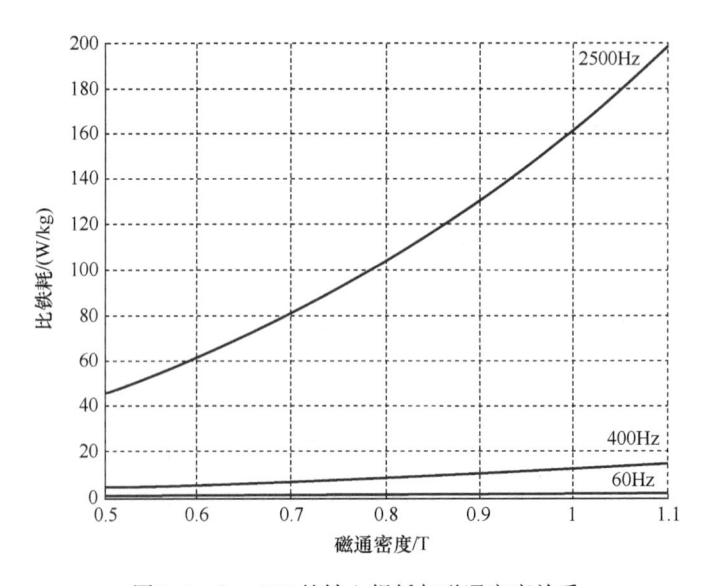

图 8.2 Sura007 的铁心损耗与磁通密度关系

对于实际频率和磁通密度，铁心损耗（单位：W/kg）的一个很好的近似计

算方程仍然是斯坦梅茨（Steinmetz）方程

$$dP_{tot} = k_h B_m^2 f + \pi^2 \frac{\sigma d^2}{6}(B_m f)^2 + 8.67 k_e (B_m f)^{2/3} \qquad (8.2)$$

8.6 尺寸设计方法

首先，根据一些已选定的参数来计算电机尺寸常数 C_0 和定子内径 D_{si}

$$C_0 = \frac{\pi^2}{\sqrt{2}} B_{ag} J_1 k_w \qquad (8.3)$$

式中，B_{ag} 是永磁体气隙磁通密度，单位为 T；J_1 是线负荷，单位为安匝/米；k_w 是绕组系数，包括分布系数 k_{ws} 和短距系数 k_{chs}；y_s 是槽距表示的线圈节距。

$$k_w = k_{ws} \cdot k_{chs}; \ k_{ws} = \frac{\sin\left(\dfrac{\pi}{6}\right)}{q_1 \sin\left(\dfrac{\pi}{6q_1}\right)}; \ k_{chs} = \sin\left(\frac{y_1}{q_1 m} \cdot \frac{\pi}{2}\right) \qquad (8.4)$$

方程（8.4）严格适用于整数 q_1。定子内径 D_{si} 的单位为 mm，其值为

$$D_{si} = 1000 \cdot \sqrt[3]{\frac{60 p_s}{\pi n_n} \cdot \frac{P_n}{\lambda_c C_0}} \qquad (8.5)$$

式中，p_s 是转子磁极数（$p_s = 2p_1$），该数值要么是给定的，要么是根据基速和选定频率计算得出的；P_n 是基值/额定电磁功率。

当定子磁动势的反应气隙磁通密度相对于永磁体气隙磁通密度 B_{ag} 较小（小于25%）的情况下，采用方程（8.5）是可靠的。另一个替代方程使用电磁转矩 T_{eb} 和切向比力 f_{tsp}（单位：N/cm²）

$$D_{si}(\text{mm}) = 100 \cdot \sqrt[3]{\frac{2 p_s}{10 \pi^2} \cdot \frac{T_{eb}}{\lambda_c f_{tsp}}} \qquad (8.6)$$

图 8.3 展示了永磁同步电机的主要几何参数。

一旦确定了定子内径 D_{si}，就可以计算极距 τ_p 和铁心叠片长度 l_c 为

$$\tau_p = \pi \frac{D_{si}}{p_s} \qquad (8.7)$$

$$l_c = \lambda_c \tau_p \qquad (8.8)$$

基于给定的永磁体气隙磁通密度 B_{ag}（取值范围为 0.2~1T）和永磁体漏磁系数 λ_{PM}（取值范围为 0.6~0.9），每极永磁磁通 Φ_{PM} 为

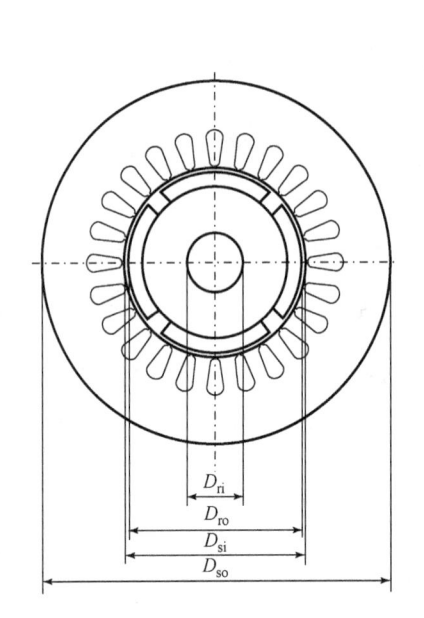

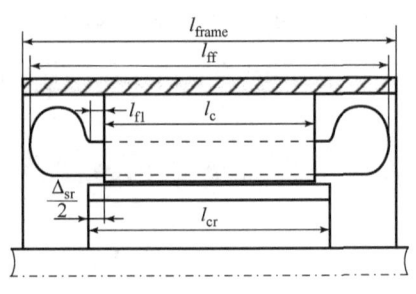

图 8.3 永磁同步电机的主要几何尺寸

$$\Phi_{PM} = \frac{2}{\pi} B_{ag} \tau_p l_c \sin\left(\lambda_{PM} \frac{\pi}{2}\right) \tag{8.9}$$

现在可以计算定子轭厚度 h_{sy} 和转子轭厚度 h_{ry} 了

$$h_{sy} = \frac{B_{ag}}{B_{sy}} \cdot \frac{\tau_p}{\pi} \tag{8.10}$$

$$h_{ry} = \frac{B_{ag}}{B_{ry}} \cdot \frac{\tau_p}{\pi} \tag{8.11}$$

定子槽数 N_{ss}、定子槽间距 τ_{ss} 和齿宽 w_{st} 分别为

$$N_{ss} = q_q \cdot m \cdot p_s \tag{8.12}$$

$$\tau_{ss} = \pi \frac{D_{si}}{N_{ss}} \tag{8.13}$$

$$w_{st} = \tau_{ss} \frac{B_{ag}}{B_{st}} \tag{8.14}$$

图 8.4 中所示的定子几何参数均可进行计算。但在此之前，需要先确定槽距角 α_s 和齿面角 α_{st}

$$\alpha_s = \frac{2\pi}{N_{ss}}; \quad \alpha'_s = \frac{\pi}{N_{ss}} \tag{8.15}$$

第8章 表贴式永磁同步电机的优化设计

$$\alpha_{s0} = 2a\sin\frac{s_0}{D_{si}} \tag{8.16}$$

$$\alpha_{st} = \alpha_s - \alpha_{s0} \tag{8.17}$$

现在验证如果齿顶（齿面）是否大于齿宽 w_{st} [方程（8.12）]；如果不是，则相应减小槽口宽度 s_0。在极限情况下，当齿的中心角如方程（8.18）时，槽可能保持开口状态

$$\alpha_{stmin} = 2a\sin\frac{w_{st}}{D_{si}} \tag{8.18}$$

对于开口槽

$$s_{0max} = D_{si}\sin\alpha'_s - \alpha_{stmin}/2 \tag{8.19}$$

主要的槽几何参数（见图8.4）如下：

$$h_{s3} = \frac{\dfrac{s_{0max} - s_0}{2} + h_{s4} \cdot \mathrm{tg}(\alpha'_s)}{\dfrac{1}{\mathrm{tg}(\alpha_w)} - \mathrm{tg}(\alpha'_s)} \tag{8.20}$$

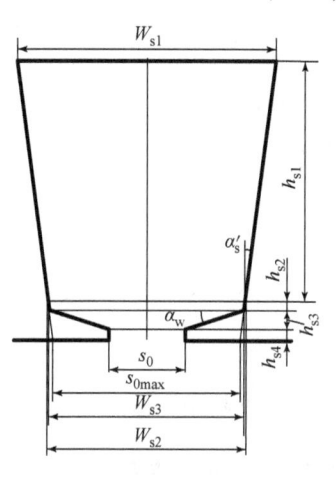

图8.4 槽几何参数

$$w_{s3} = s_{0max} + 2(h_{s4} + h_{s3})\mathrm{tg}(\alpha'_s) \tag{8.21}$$

$$w_{s2} = w_{s3} + 2h_{s2}\mathrm{tg}(\alpha'_s) \tag{8.22}$$

式中，h_{s2} 是槽的常规绝缘厚度。

槽内的铜导体面积 S_{Cu} 和所需的槽面积 S_{slot} 分别为

$$S_{Cu} = \frac{I_{ts}}{J_s} \tag{8.23}$$

$$S_{slot} = \frac{S_{Cu}}{K_{sf}} \tag{8.24}$$

其中 I_{ts} 是每槽安匝数的总方均根，可通过方程（8.23）或方程（8.24）计算得出

$$I_{ts} = \frac{\pi D_{si}}{J_1 N_{ss}} \tag{8.25}$$

$$I_{ts} = \frac{T_{em}}{\sqrt{2}p_1\Phi_p N_{ss}} \tag{8.26}$$

在已知有效槽面积 S_{slot} 的情况下，其主要尺寸为

$$h_{s1} = \frac{-w_{s2} + \sqrt{w_{s2}^2 + 4S_{slot}\tan(\alpha'_s)}}{2\tan(\alpha'_s)} \tag{8.27}$$

$$w_{s1} = w_{s2} + 2h_{s1}\tan(\alpha'_s) \tag{8.28}$$

$$h_s = h_{s4} + h_{s3} + h_{s2} + h_{s1} \tag{8.29}$$

然后，将定子外径 D_{s0} 近似为一个以毫米为单位的整数

$$D_{s0} = \text{round}(D_{si} + 2h_s + 2h_{sy}) \tag{8.30}$$

现在定子轭厚度 h_{sy} 为

$$h_{sy} = \frac{D_{s0} - D_{si}}{2} - h_s \tag{8.31}$$

线圈端部连接长度 l_f、半匝总长度 l_{mc} 以及端部连接之间的轴向长度 l_{ff} 分别为

$$l_f = \frac{\pi}{2}\tau_p \frac{y_1}{q_1 m}\left(1 + \frac{h_s}{D_{si}}\right) + 2l_{f1} \tag{8.32}$$

$$l_{mc} = l_c + l_f \tag{8.33}$$

$$l_{ff} = l_c + 2l_{f1} + \tau_p \frac{y_1}{q_1 m}\left(1 + \frac{h_s}{D_{si}}\right) \tag{8.34}$$

可以利用半匝总长度 l_{mc} 来计算电机机座长度。

8.6.1 转子大小

永磁体厚度 h_{PM1} 的设计需要满足两个条件：一是在气隙中产生特定的永磁体气隙磁通密度 B_{ag0}；二是在小过载情况下避免永磁体退磁。

$$h_{PM1} = \frac{B_{ag0}\delta_{\min}k_s}{\mu_0 H_c \left(1 - \dfrac{B_{ag0}}{B_r}k_s\right)} \tag{8.35}$$

$$h_{PM2} = 1000\frac{I_{ts}N_{ss}}{\sqrt{2}p_1}k_1 k_{\sigma PM}H_c \tag{8.36}$$

式中，k_s 是饱和系数。

在这两种情况下，永磁体厚度 h_{PM} 的单位为毫米，需选取 h_{PM1} 和 h_{PM2} 中的较大值，并将其四舍五入到 10mm。如果 h_{PM2} 大于 h_{PM1}，则必须重新计算气隙 g。

$$g = \mu_0 H_c h_{PM}\frac{1 - \dfrac{B_{ag0}}{B_r}k_s}{B_{ag0}k_s} \tag{8.37}$$

气隙 g 要取为 0.05mm 的倍数进行近似取值

$$g = 0.05 \cdot \text{round}(20g) \tag{8.38}$$

转子的外径 D_{r0}、内径 D_{ri} 以及铁心长度 l_{cr} 分别为

$$D_{r0} = D_{si} - 2\delta \tag{8.39}$$

$$D_{ri} = D_{r0} - 2(h_{PM} + h_{ry}) \tag{8.40}$$

$$l_{cr} = l_c + \Delta_{sr} \tag{8.41}$$

转子内径 D_{ri} 需取整为以毫米为单位的整数，因此，转子轭厚度要进行轻微

调整。如果 D_{ri} 小于轴径，要么重新采用尺寸设计方法来增大轴径 D_{si}（通过减小气隙磁通密度 B_{ag}、电流密度 J_1 和齿饱和系数 f_{tsp}），要么调整形状系数 λ_c，要么将永磁体安装在轴上（针对实心转子轭的情况）。

8.6.2 永磁体磁通计算

若无法实现所需的永磁体磁通，那么在基速（功率）转矩情况下会导致较大的电流（和铜）损耗。对于初步设计，我们引入了一个饱和系数 k_s，并假定这是可行的。由于永磁体具有线性退磁曲线，其相对回复磁导率 $\mu_{rec} = (1.05 \sim 1.1)\mu_0$，因此需要用更高的精度重新计算永磁体磁通。相应地，必须针对等效气隙 g_e 来计算卡特系数。

$$g_e = g + \frac{B_r}{\mu_0 H_c} h_{PM} \tag{8.42}$$

$$k_c = \frac{\tau_s}{\tau_s - \gamma_s s_0} \tag{8.43}$$

其中

$$\gamma_s = \frac{\left(\dfrac{s_0}{g_e}\right)^2}{5 + \dfrac{s_0}{g_e}} \tag{8.44}$$

由于磁心材料具有非线性特性，在初步设计中使用饱和系数 k_s 之后，必须通过迭代的方式来计算永磁体气隙磁通密度。

$$B_{ag0} = \mu_0 H_c \frac{h_{PM}}{g_e k_c k_s} \tag{8.45}$$

每极永磁体磁通可根据方程（8.9）计算得出，然后可以依据方程（8.46）~方程（8.48）重新计算 B_{st}、B_{sy} 和 B_{ry}。

$$B_{st} = B_{ag} \frac{\tau_s}{w_{st}} \tag{8.46}$$

$$B_{sy} = \frac{\Phi_p}{2l_c h_{sy}} 10^6 \tag{8.47}$$

$$B_{ry} = \frac{\Phi_p}{2l_c h_{ry}} 10^6 \tag{8.48}$$

通过插值法利用铁心磁化曲线，计算出定子齿中的磁场强度 H_{st}、定子轭中的磁场强度 H_{sy}，以及转子轭中的磁场强度 H_{ry}。在此基础上，计算出定子齿、定子轭和转子轭中的磁化电压 V_{mst}、V_{msy} 和 V_{mry}。

$$V_{mst} = 0.001 H_{st} h_s \tag{8.49}$$

$$V_{msy} = 0.001 H_{sy} \frac{x}{p_s C_x} \tag{8.50}$$

$$V_{mry} = 0.001 H_{ry} \frac{y}{p_s C_y} \tag{8.51}$$

式中，D_x 和 D_y 分别是两个磁轭中平均磁通路径闭合所围绕的平均直径；C_x 和 C_y 分别是两个路径长度缩减系数，它们大致考虑了定子和转子磁轭中会发生局部非均匀饱和这一情况。

$$D_x = D_{s0} - \frac{4}{3} h_{sy} \tag{8.52}$$

$$D_y = D_{r0} - 2h_{PM} - \frac{2}{3} h_{ry} \tag{8.53}$$

C_x 和 C_y 取决于磁通密度分布以及转子的极数。这些系数可以通过对图 8.5 中的 C 曲线进行插值计算得出，这些曲线是通过经验方法获得的，或者更理想的是通过有限元法获得。

沿气隙的磁压降 V_{mg} 为

$$V_{mg} = 0.001 g_e k_c \frac{B_{ag}}{\mu_0} \tag{8.54}$$

因此，要在气隙中产生气隙磁通密度 B_{ag0} 所需的总磁动势 V_m 为

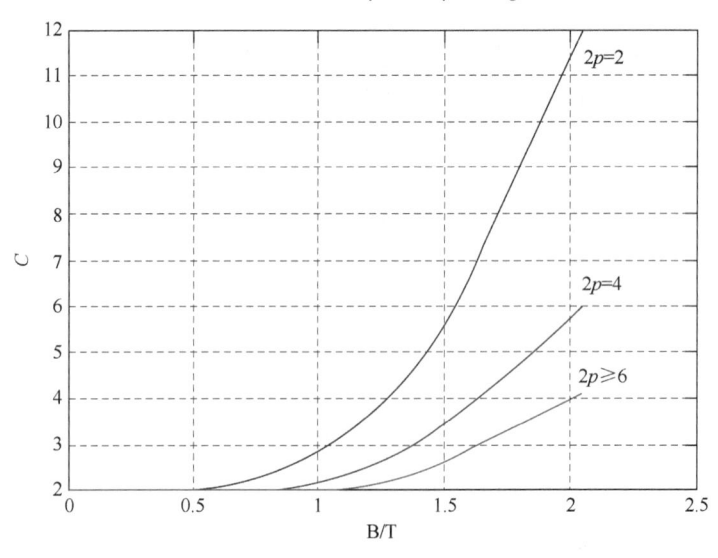

$$V_m = V_{mst} + V_{msy} + V_{mry} + V_{mg} \tag{8.55}$$

图 8.5 磁通路径长度缩减系数 C

饱和系数 k_s 的更新值通过下式计算

$$k_s = \frac{V_m}{V_{mg}} \tag{8.56}$$

基于饱和系数 k_s 的这个新值，重新进行气隙磁通密度 B_{ag0} 的计算循环，直至 k_s 的两个连续取值之间的误差小于 1%。优化设计需要高精度，但此时必须使解析计算和有限元法计算结果达成一致。为加快 k_s（或 B_{ag}）的收敛速度，可以使用松弛系数。

$$B_{ag,k} = (1-r)B_{ag,k-1} + r \cdot B_{ag,new} \tag{8.57}$$

式中，$B_{ag,k-1}$ 是气隙磁通密度的旧值；$B_{ag,new}$ 是使用根据方程（8.56）计算得出的饱和系数 k_s 所计算得到的气隙磁通密度值；$B_{ag,k}$ 是在下一个迭代循环中所使用的气隙磁通密度值。

对于饱和电机，取松弛系数 $r = 0.2 \sim 0.3$ 应能实现良好的收敛效果；但对于饱和度较低的电机，收敛速度会较慢。在饱和度极低的情况下可能会出现收敛问题，不过可以通过一开始就给饱和系数 k_s 赋予一个合理（安全）的值（$k_s = 1.05 \sim 1.1$）来避免这一问题。在用所需的精度计算出气隙磁通密度 B_{ag} 之后，重新计算每极永磁体磁通 Φ_p，并在此基础上计算单匝线圈的永磁体磁链 Ψ_{PM1}。

$$\Psi_{PM1} = q_1 \frac{n_L p_1}{2a_1} \Phi_p k_w \tag{8.58}$$

现在，流经单匝线圈绕组的等效电流为

$$i_{q1} = \frac{2T_n}{3p_1 \Psi_{PM1}} \tag{8.59}$$

单匝线圈绕组的定子相电阻 R_{s1} 为

$$R_{s1} = 1000\rho \frac{n_{cs} l_{mc}}{a_1 S_{Cu}} \tag{8.60}$$

式中，ρ 是在工作温度 T_{w1} 下铜的电阻率［方程（8.61）］；n_{cs} 是串联的线圈数目。

$$\rho = \rho_{20}(1 + (T_{w1} - 20)\alpha_{Cu}) \tag{8.61}$$

式中，ρ_{20} 是铜在 20℃ 时的电阻率；α_{Cu} 是电阻率的温度系数。

对于单匝线圈，每相串联的导体数量为

$$n_{cs} = \frac{2q_1 p_1}{n_L a_1} \tag{8.62}$$

式中，a_1 是电流路径数；n_L 是绕组层数（$n_L = 1, 2$）。

单匝线圈绕组的循环磁化电感为

$$L_{m1} = 2m\mu_0 \frac{\left(\frac{n_{cs}}{2}f_w\right)l_c\tau}{\pi p_1 k_c k_s g_e} \qquad (8.63)$$

饱和系数是在空载情况下计算得出的。对于深度饱和的电机，必须在考虑定子磁动势影响的情况下计算 k_s。方程（8.63）适用于每极每相槽数 $q_1 > 1$ 的情况。漏电感是利用槽和端部连接的几何磁导 λ_{ss} 和 λ_{s0} 来计算的。

$$k_2 = \begin{cases} 3\left(2 - \dfrac{y_1}{mq_1}\right) + 1, & \dfrac{y_1}{mq_1} > 1 \\[2ex] \dfrac{1 + 3\dfrac{y_1}{mq_1}}{4}, & \dfrac{2}{3} < \dfrac{y_1}{mq_1} < 1 \\[2ex] \dfrac{6\dfrac{y_1}{mq_1} - 1}{4}, & \dfrac{y_1}{mq_1} < \dfrac{2}{3} \end{cases} \qquad (8.64)$$

$$k_1 = \frac{1 + 3k_2}{4} \qquad (8.65)$$

$$\lambda_{ss} = k_1 \frac{h_{s1}}{b_1} + k_2 \left(\frac{h_{s2}}{b_2} + \frac{h_{s3}}{b_3} + \frac{h_{s4}}{s_0}\right) \qquad (8.66)$$

式中，b_1 是有效槽的平均宽度；b_2 和 b_3 分别是梯形区域中无导体部分对应的宽度。

$$b_1 = \frac{(w_{s1} + w_{s2})^2}{0.25(3w_{s1} + w_{s2}) + 0.5w_{s1}^2 \dfrac{w_{s2} - 3w_{s1}}{(w_{s1} - w_{s2})^2} + \dfrac{w_{s1}^4}{(w_{s1} - w_{s2})^3}\log\left(\dfrac{w_{s1}}{w_{s2}}\right)} \qquad (8.67)$$

$$b_2 = \frac{w_{s2} - w_{s3}}{\log\left(\dfrac{w_{s2}}{w_{s3}}\right)} \qquad (8.68)$$

$$b_3 = \frac{w_{s2} - s_0}{\log\left(\dfrac{w_{s3}}{s_0}\right)} \qquad (8.69)$$

端部连接几何磁导 λ_{s0} 的解析计算很困难，但有不少经验近似表达式被广泛使用。

$$\lambda_{s0} = 0.34 q_1 \frac{l_f - 0.64(D_{si} + h_s)\frac{y_1}{2p_1 m q_1}}{l_c} \quad (8.70)$$

这个表达式主要适用于分布绕组（每极每相槽数 $q_1 > 1$），因为对于集中绕组而言，虽然导体离铁心更近，但端部连接更短，所以端部连接磁导 λ_{s0} 更大。

最后，单匝线圈每相的漏电感 $L_{\sigma 1}$ 为

$$L_{\sigma 1} = 2\mu_0 \left(\frac{n_{cs}}{2}\right)^2 \frac{\lambda_{ss} + \lambda_{s0}}{p_1 q_1} \cdot \frac{l_c}{1000} \quad (8.71)$$

总循环电感 L_{s1}（当三相电流都存在时）为

$$L_{s1} = L_{m1} + L_{\sigma 1} \quad (8.72)$$

考虑到 q 轴的总电流以及单匝线圈的参数，可以计算出在给定电压和转速（频率）下运行时，每个线圈的匝数 s_{b1} 为

$$s_{b1} = \frac{V_n}{\sqrt{(\omega_1 P_{PM1} + R_{s1} I_{q1})^2 + (\omega_1 L_{s1} I_{q1})^2}} \quad (8.73)$$

每个线圈的匝数 s_{b1} 必须为整数，所以需要将其取整为 s_b。因此，电机的长度必须重新计算

$$l_c = \frac{s_{b1}}{s_b} l'_c \quad (8.74)$$

式中，l'_c 是电机原来的长度 [方程 (8.8)]。l_c 的值也要取整为毫米的整数。依赖于电机长度的电机参数，如定子相电阻 R_s、单匝线圈的永磁体磁链 Ψ_{PM1} 以及总循环电感 L_{s1} 等，都需要重新计算。不过，至少对于每相串联匝数 $n_{s1} > 20$ 的情况，仅使用方程 (8.74) 是可行的。

现在来计算导体的横截面积

$$q_{Cu} = \frac{S_{Cu}}{s_b} \quad (8.75)$$

为了减小趋肤效应，应采用多根直径为 d_{ce} 的小截面导体（数量为 n_{ce}）并联的方式。

$$d_{ce} = 2\sqrt{\frac{q_{Cu}}{\pi n_{ce}}} \quad (8.76)$$

在将小导体直径 d_{ce} 按照标准进行规格化取值后，需要重新计算最终的导体总面积。根据上述计算得到的每线圈匝数 s_b 和电机长度 l_c 的最终值，重新计算所有电机参数，包括每相串联匝数 N_1、永磁体磁链 Ψ_{PM}、定子相电阻 R_s、磁化电感 L_m 以及漏电感 $L_{\sigma i}$。

$$N_1 = s_b q_1 \frac{n_L p_1}{a_1} \tag{8.77}$$

$$\Psi_{PM} = N_1 \Phi_p k_w \tag{8.78}$$

$$I_n = \frac{2\sqrt{2}}{m} \cdot \frac{T_{nem}}{p_1 \Psi_{PM}} \tag{8.79}$$

$$R_s = 1000\rho \frac{2N_1 l_{mc}}{a_1 q_{Cu}} \tag{8.80}$$

$$L_m = 2m\mu_0 \frac{(N_1 k_w)^2 l_c \tau_p}{\pi^2 p_1 a_1 k_C k_s g_e} \tag{8.81}$$

$$L_{\sigma i} = 2\mu_0 \frac{N_1^2}{p_1 a_1 q_1}(\lambda_{ss} + \lambda_{s0}) \cdot \frac{l_c}{1000} \tag{8.82}$$

8.6.3 有源材料的质量

绕组质量

$$m_{Cu} = 2ma_1 N_1 l_{mc} q_{Cu} \gamma_{Cu} \times 10^{-9} \tag{8.83}$$

永磁体质量

$$m_{PM} = \pi \lambda_{PM}(D_{r0} - h_{PM}) h_{PM} l_{cr} \gamma_{Fe} \times 10^{-9} \tag{8.84}$$

转子轭

$$m_{rFe} = \pi(D_{ri} + h_{ry}) h_{ry} l_{cr} \gamma_{Fe} \times 10^{-9} \tag{8.85}$$

定子轭

$$m_{sy} = \pi(D_{so} - h_{sy}) h_{sy} l_c k_{stk} \gamma_{Fe} \tag{8.86}$$

定子齿

$$m_{sth} = N_{ss} w_{st} h_s l_c k_{stk} \gamma_{Fe} \times 10^{-9} \tag{8.87}$$

定子铁心

$$m_{sFe} = m_{sy} + m_{sth} \tag{8.88}$$

有源材料的质量

$$m_{tot} = m_{Fe} + m_{PM} + m_{sFe} + m_{Cu} \tag{8.89}$$

由于硅钢片是从方形板材上冲裁下来的，所以它们的质量 m_{Fe} 实际上为

$$m_{Fe} = D_{s0}^2 l_c k_{stk} \gamma_{Fe} \times 10^{-9} \tag{8.90}$$

在计算电机材料的临界成本时，必须用到这个质量。

转子的转动惯量 J_s 为

$$J_s = m_{PM} \frac{D_{r0}^2 + D_{r1}^2}{8} \times 10^{-6} + m_{ry} \frac{D_{r1}^2 + D_{ri}^2}{8} \times 10^{-6} \tag{8.91}$$

需将轴的转动惯量与根据方程（8.91）计算得到的值相加。

8.6.4 损耗

绕组损耗：
$$P_{\mathrm{Cu}} = mR_{\mathrm{s}}I_{\mathrm{n}}^2 \tag{8.92}$$

铁耗：

定子齿部和定子轭部的铁耗需分别进行计算。根据现有的铁心损耗数据，既可以分别计算磁滞损耗和涡流损耗，也可以将二者合并计算[4]。

$$p_{\mathrm{ht}} = \frac{1}{\gamma_{\mathrm{Fe}}} k_{\mathrm{h}} f_{\mathrm{n}}^{\mathrm{efh}} B_{\mathrm{st}}^{\mathrm{eBh}} \tag{8.93}$$

$$p_{\mathrm{hy}} = \frac{1}{\gamma_{\mathrm{Fe}}} k_{\mathrm{h}} f_{\mathrm{n}}^{\mathrm{efh}} B_{\mathrm{sy}}^{\mathrm{eBh}} \tag{8.94}$$

$$p_{\mathrm{et}} = \frac{\pi^2}{6\rho_{\mathrm{Fe}}\gamma_{\mathrm{Fe}}} f_{\mathrm{n}}^{\mathrm{efe}} B_{\mathrm{st}}^{\mathrm{eBe}} g_{\mathrm{t}}^{\mathrm{egt}} \tag{8.95}$$

$$p_{\mathrm{ey}} = \frac{\pi^2}{6\rho_{\mathrm{Fe}}\gamma_{\mathrm{Fe}}} f_{\mathrm{n}}^{\mathrm{efe}} B_{\mathrm{sy}}^{\mathrm{eBe}} g_{\mathrm{t}}^{\mathrm{egt}} \tag{8.96}$$

$$p_{\mathrm{Fet}} = p_{\mathrm{ht}} + p_{\mathrm{et}} \tag{8.97}$$

$$p_{\mathrm{Fey}} = p_{\mathrm{hy}} + p_{\mathrm{ey}} \tag{8.98}$$

$$p_{\mathrm{Fet}} = p_{\mathrm{Fet}} m_{\mathrm{sth}} \tag{8.99}$$

$$p_{\mathrm{Fey}} = p_{\mathrm{Fey}} m_{\mathrm{sy}} \tag{8.100}$$

$$p_{\mathrm{Fe}} = p_{\mathrm{Fet}} + p_{\mathrm{Fey}} \tag{8.101}$$

式中，efh 是磁滞损耗的频率指数；eBh 是磁滞损耗的磁通密度指数；efe 是涡流损耗的频率指数；eBe 是涡流损耗的磁通密度指数；egt 是厚度指数。

分别计算轭部的铁耗 p_{Fey} 和齿部的铁耗 p_{Fet}，能够跟踪它们的变化情况，从而便于在关键区域采取修正措施来降低这些损耗。

8.6.5 热校核

为了粗略验证电机绕组的过热情况，首先要计算用于热传递的机座总表面积 A_{fr}

$$A_{\mathrm{fr}} = \left(\pi k_{\mathrm{f}} D_{\mathrm{s0}} l_{\mathrm{f}} + \frac{\pi^2}{2} D_{\mathrm{s0}}^2\right) \times 10^{-6} \tag{8.102}$$

式中，k_{f} 是由于散热片导致的冷却表面积增加系数。

然后，引入一个等效传热系数 α_{t}，单位为 $\mathrm{W/(m^2 \cdot ^\circ C)}$。例如，对于无通风

机座该系数取值为14,对于水冷机壳套取值为100,绕组的温升 T_{w1} 为

$$T_{w1} = \frac{P_{Cu} + P_{Fe}}{\alpha_t A_{fr}} \qquad (8.103)$$

如果温升过高,而等效传热系数 α_t 根据所采用的冷却系统取的是合理值,那么就需要重新进行电机设计,降低线负荷 J_1(或者极弧系数 f_{tsp}),或增加电机铁心长度 λ_c。

8.6.6 电机特性

一般来说,永磁同步电机的特性包括:
- 基速 n_b 和最高转速 n_{max}。
- 在基速和基值(最大)电压下的连续转矩。
- 在基速下的峰值转矩。
- 在最高转速下的转矩。
- 在最高转速下的反电动势。
- 在给定最大逆变器基波电压 V_1 的情况下,效率和功率因数(或定子电流)随负载和转速的变化关系。

关于表贴式永磁同步电机更实际的建模内容可参考文献 [2-4]。

8.7 基于遗传算法的优化设计

对于采用遗传算法(GA)的表面永磁同步电机优化设计,引入以下优化变量:
- 线负荷 J_1(A/m)。
- 气隙磁通密度 B_{ag}(T)。
- 定子齿磁通密度 B_{st}(T)。
- 定子轭磁通密度 B_{sy}(T)。
- 转子轭磁通密度 B_{ry}(T)。
- 定子电流密度 J_s(A/mm^2)。
- 电机形状系数 $\lambda_c = l_c/\tau$。
- 每极每相槽数 q_1。
- 槽口宽度 s_0(mm)。
- 齿顶高度 h_{s4}(mm)。
- 线圈节距 y_1(mm)。
- 永磁体极弧系数 λ_{PM}。

这12个变量被组合成一个向量 X_0。变量向量 X 并非由设计者直接初始化,

而是由设计者指定其最小值和最大值，即 X_{min} 和 X_{max}，以及相应的分辨率 ΔX。此外，所有因技术或机械原因而设定的几何变量的最小值都被归到向量 G_{dmin} 中：
- 转子外径。
- 转子内径。
- 最小有效槽高。
- 最小总槽高。
- 最小槽宽。
- 最小有效槽面积。

所选的遗传算法对优化变量进行二进制编码。由于部分优化变量，如每极每相定子槽数 q_1 以及以槽距表示的线圈节距为整数，而其他变量是具有较大动态范围的有理数，因此它们用不同数量的比特位来表示。现在，根据变量区间 $X_{max} - X_{min}$ 以及所要求的分辨率，所需的比特位数 N_{bit} 为

$$N_{bit} = 1 + \text{int}\left(\log_2\left(\frac{X_{max} - X_{min}}{\Delta X}\right)\right) \tag{8.104}$$

为了设定遗传算法（第7章有详细介绍），我们需要确定种群规模 n_p（即每一代中的个体数量）、代数 n_g、精英因子 k_{elit}、变异率 r_m，以及参与为下一代产生遗传物质的个体的占用因子 k_{ex}。

8.7.1 目标（适应度）函数

在这里，选择了一个复杂的目标（适应度）函数：电机的初始成本加上电机在其有效使用寿命内的损耗成本，再加上因电机质量而产生的额外框架和运输成本。初始成本 C_i 仅包含有效材料的成本，因为总的制造和销售成本在很大程度上取决于特定制造商的制造工艺和成本管理。

$$C_i = m_{Cu}p_w + m_{Feu}p_{lam} + m_{PM}p_{PM} \tag{8.105}$$

式中，p_w、p_{lam} 和 p_{PM} 分别是铜、叠片和永磁体的单价，单位为美元（或欧元）/kg。

损耗成本 C_E 为

$$C_E = P_N\left(1 - \frac{1}{\eta_N}\right)n_{hy}n_y p_E \tag{8.106}$$

式中，n_{hy} 是每年的运行小时数；n_y 是运行年数；p_E 是能源成本，单位：美元（欧元）/kWh。

由于电机很少会始终在额定功率和额定转速下运行，因此我们可以引入一个理想运行循环，该循环的特点是电机在不同功率负载 P_i 和不同效率 η_i 下运行的概率为 α_i。

$$C_{\mathrm{E}} = n_{\mathrm{hy}} n_{\mathrm{y}} p_{\mathrm{E}} \sum_{i=1}^{n} \alpha_i P_i \left(1 - \frac{1}{\eta_i}\right) \tag{8.107}$$

式中，$\sum \alpha_i = 1, i = \overline{1,n}$。

尽管损耗成本 C_{E} 通常比初始成本 C_i 高，但在设计过程中 C_{E} 的数值会降低，因为许多买家无法承受较高的初始成本；实际上，在这种情况下，会采用一种基于初始成本/总成本的最优效率方案。现在，损耗成本 C_{E} 为

$$C_{\mathrm{E}} = n_{\mathrm{hy}} n_{\mathrm{y}} p_{\mathrm{E}} \sum_{i=1}^{n} \alpha_i P_i \tag{8.108}$$

式中，$P_i = \begin{cases} P_i \left(\dfrac{1}{\eta_{\mathrm{oi}}} - \dfrac{1}{\eta_i}\right) & \eta_i < \eta_{\mathrm{oi}} \\ 0 & \eta_i \geq \eta_{\mathrm{oi}} \end{cases}$

在航空应用中，小质量是一项关键的性能指标。在风力发电机的应用中也存在类似情况，当使用低成本但性能不佳的材料时，会导致发电机体积更大、质量更大，这意味着机舱和塔架也会更重，而它们额外增加的成本可能会抵消发电机初始成本的降低。为了促使算法降低电机（发电机）的质量，我们可以增加一些与电机质量 m_t 成正比的额外成本 C_m，C_m 为

$$C_m = m_t p_m \tag{8.109}$$

此外，绕组（以及铁心和永磁体）温度超过最大允许值会导致设备过早老化。为避免这种情况，在优化算法的目标函数中引入了针对超温的惩罚成本 C_{temp}。这种惩罚成本 C_{temp} 可能随超温幅度呈线性或指数变化

$$C_{\mathrm{temp}} = \begin{cases} k_{\mathrm{T}}(T - T_{\mathrm{max}}) C_i, & T > T_{\mathrm{max}} \\ 0, & T_{\mathrm{max}} \end{cases} \tag{8.110}$$

可以针对任何其他技术约束增加惩罚成本。例如，可以针对较低的功率因数增加惩罚成本，这与变流器的千伏安额定容量成本相关，同样也可以针对外径或电机轴向长度等增加惩罚成本。这些约束条件的单位成本越高，优化设计满足这些条件的可能性就越大。

最后，总成本 C_t 为

$$C_t = C_i + C_{\mathrm{E}} + C_m + C_p \tag{8.111}$$

8.7.2 基于遗传算法的永磁同步电机优化设计：案例研究

本节给出了一个针对额定功率 2.2kW、基频 50Hz 的表贴式永磁转子三相四极同步电机的设计实例。优化变量的最大值和最小值见表 8.1。本设计实例所采用的技术约束条件可在永磁同步电机优化设计 MATLAB 代码的输入文件（pmm1.m）中找到，该文件存储在随书附带光盘的"PMSMdesign"文件夹中。

总成本 C_t 即为目标函数。

表 8.1　优化变量边界

优化变量	最小值	最大值	单位	说明
J_1	15	30	kA/m	比电负荷
B_{agsp}	0.45	0.75	T	气隙磁通密度
B_{st}	1	2	T	定子齿磁通密度
B_{sy}	0.9	1.9	T	定子轭磁通密度
B_{ry}	0.9	2.1	T	转子轭磁通密度
J_s	3	8	A/mm^2	定子电流密度
lcpertau	0.5	3		每极距对应的铁心长度
q_1	2	4		每极每相槽数
so	1	5	mm	定子槽口宽度
sh4	0.5	2	mm	定子齿极尖高度
CSpan	0.66	1		每极距对应的线圈跨距
Alpm	0.5	1		每极角度对应的永磁体角度

遗传算法的迭代过程通过以下图表展示。每一代中都有一个最符合所需最优准则的成员，该成员能使代价函数最小化。每一代以代价函数的平均值为特征。对于每一代，也存在一个适应度最差的成员。通过追踪这三个数值的变化情况，可以了解遗传算法的收敛性。一开始，最优成员对应的代价函数值与代价函数平均值之间存在较大差异。适应度最差成员的代价函数值比平均值大 10 倍以上。在某一代中，成员的代价函数最小值和最大值之间的巨大差距表明该种群具有良好的进化前景。在迭代过程中，代价函数的统计值（最小值、平均值和最大值）总体呈下降趋势。代价函数的最小值在各代之间单调递减，而平均值和最大值有时会上升，尤其是在第一代（见图 8.6），可以观察到最大代价值有较大的波动。随着时间推移，种群中的成员开始拥有相似的编码，相邻两代之间代价函数的最大值和最小值的变化幅度逐渐减小。逐渐地，目标函数的最小值在多代中保持不变，即使存在代价变化，其幅度也很小。

当随机成对选取成员来产生后代时，会设定代价函数的最小差值，以避免过早收敛。过早收敛会导致种群中出现大量相同的个体，使得最大成本和平均成本骤降至最小成本。在这种情况下，用于产生后代的主要方法——交叉操作，无法带来任何改进。此时，只有通过变异才能产生新的遗传编码。但如果新成员的代

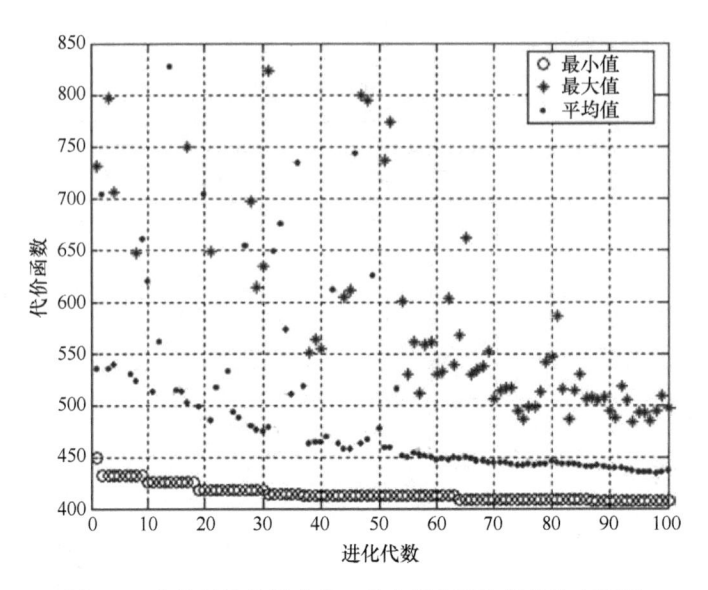

图 8.6 代价函数的最小值、最大值和平均值的演变情况

价函数值高于种群中大多数极为相似的成员的代价函数值，那么新的遗传编码将在几代之后被淘汰。

图 8.7 显示了历代最优个体的主要几何尺寸以及槽几何形状的演变情况。可以观察到，几何尺寸呈现离散值，而且同一尺寸在历经几代之后可能会再次出现。

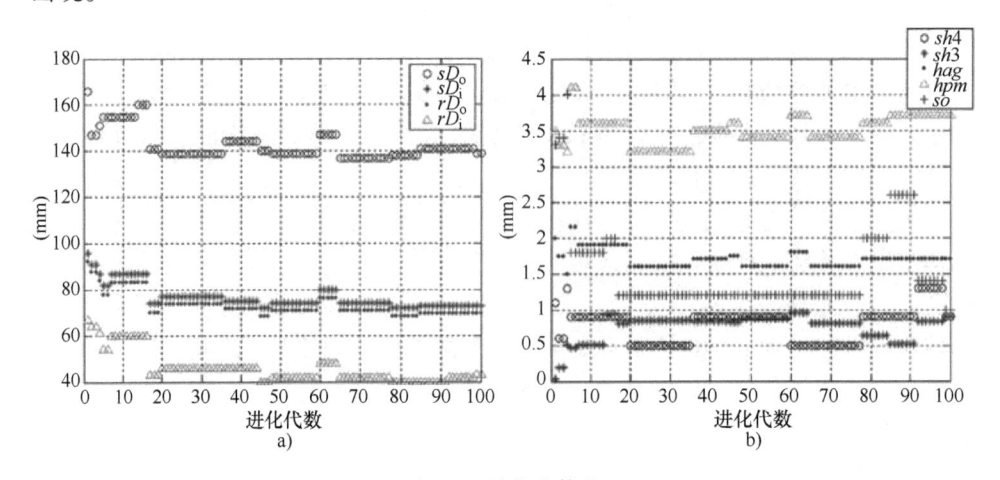

图 8.7 最优个体的
a）主要几何尺寸演变　b）槽几何形状演变

图 8.8 展示了最优个体的功率损耗和效率的演变情况。在输入功率中，机械

功率损耗设定为额定功率的 0.5% 且保持恒定。在前十代中，可以观察到能效有小幅提升（约 1%）。第一代中的最优候选方案已经具备较高的能效，因为它是包含 150 个个体的种群中的最优解。

图 8.9 显示了电机各部件的质量及其成本的变化情况。叠片是从矩形板材上冲裁下来的，在计算所用铁材质量时，会考虑能容纳定子叠片的最小矩形（正方形）面积。当转子铁心由叠片制成时，它会与定子叠片从同一块板材上冲裁下来，不会产生额外的材料成本。在许多小型永磁同步电机中会使用实心转子铁心，这种情况下，就需要计入转子铁心材料的成本。

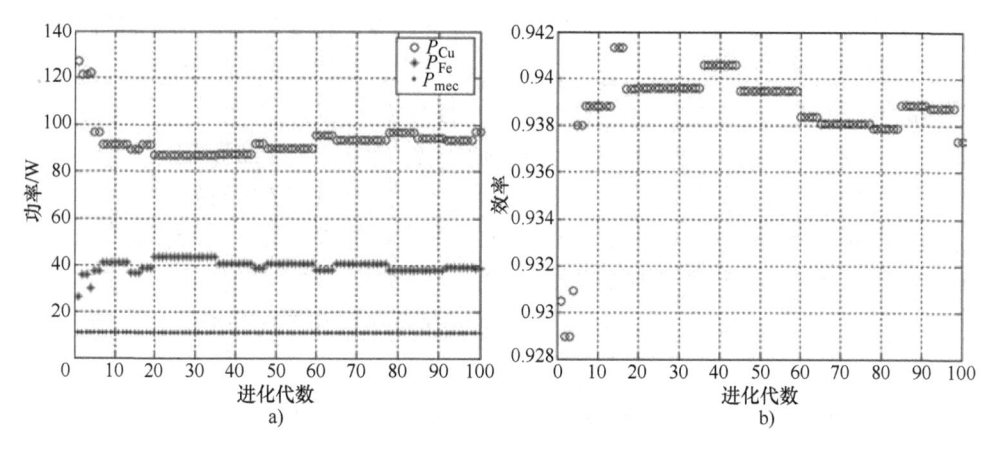

图 8.8 最优个体的
a）功率损耗演变　b）效率演变

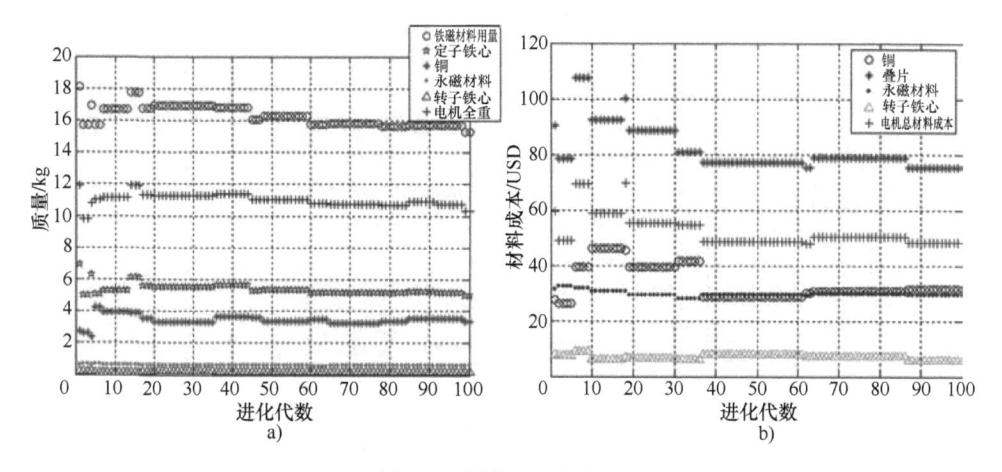

图 8.9 最优候选方案中
a）各部件的质量　b）各部件的成本

图 8.10 展示了最优候选方案的初始成本和能源成本的变化情况。可以看到，它们的数值大致相同，这符合一条广为人知的优化"经验法则"。初始成本与能源成本之和即为总成本，而总成本作为目标函数，在图 8.10 中以更合适的比例进行了绘制。通常情况下，对于最优候选方案而言，过热惩罚成本为零。

以下各图展示了最优候选方案的优化变量演变情况。优化变量的最大值、最小值以及它们的分辨率在输入文件中给出。每个变量的离散级别数量通常并非 2 的幂次方。覆盖优化变量离散级别所需的比特数［方程（8.102）］，可能会对比初始文件规范要求更多的级别进行编码。使用上述交叉方法时，有可能生成一个或多个优化变量超出上限的后代。一种解决办法是舍弃所有优化变量超出边界的后代，然后重新尝试生成可行的后代。另一种解决办法是允许优化变量大于上限，让优化算法淘汰不可行的候选方案。当优化变量大于上限具有物理意义时（例如电负荷和磁负荷），可采用这种方法。解决该问题的另一种方法是降低分辨率，使得所有二进制代码都用于表示给定边界内的变量。当变量值超出其边界没有实际意义时，则应用数学变换将优化变量强制带回其边界内。例如，永磁体宽度与极距之比大于 1 就没有实际意义。为避免这种无意义的情况，可应用以下数学变换

$$\lambda_{PM} = \begin{cases} \lambda_{PM}, & \lambda_{PM} \leq 1 \\ 2 - \lambda_{PM}, & \lambda_{PM} > 1 \end{cases} \quad (8.112)$$

某些特征可能有两种不同的编码。例如，原本会得出数值 1.1 的编码，会被强制转换为得出相对永磁体宽度等于 0.9 的编码，并且也存在能直接得出 0.9 的编码。

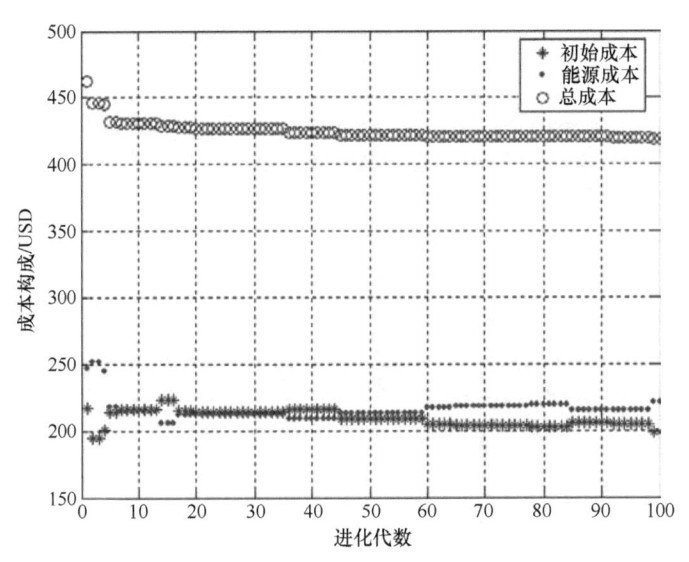

图 8.10 最优候选方案的代价（目标）函数演变情况

第 8 章 表贴式永磁同步电机的优化设计 271

线负荷的最优值大于40kA/m（见图8.11），而输入文件中设定的最大值为30kA/m。气隙磁通的最优值也趋近于其上限（见图8.12）。如果没有其他限制条件，这些优化变量将被设置更大的限值。

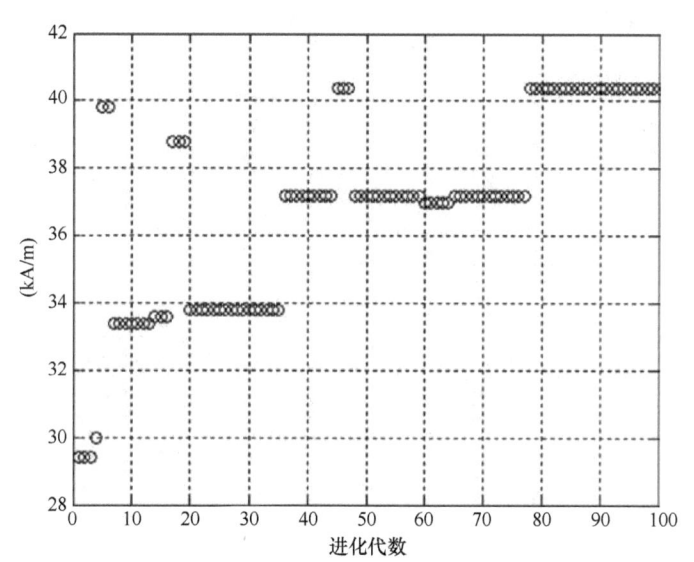

图 8.11 最优候选方案的线负荷演变情况

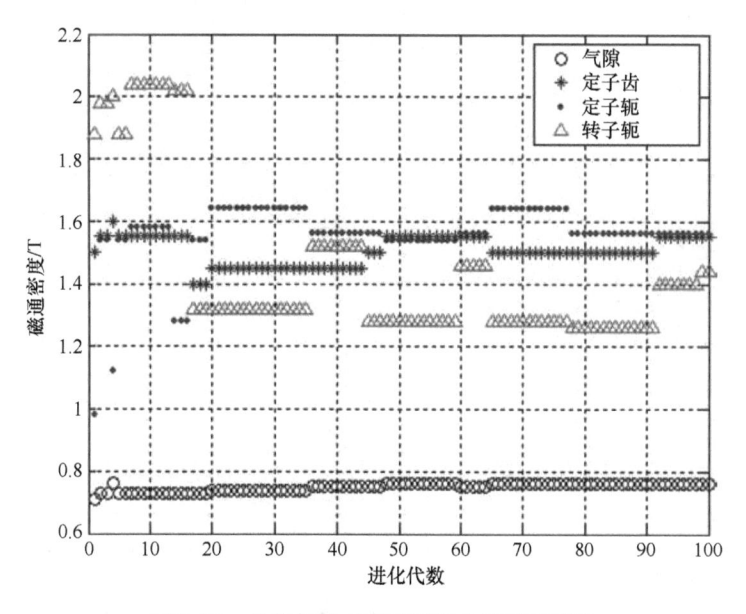

图 8.12 最优候选方案的磁通密度演变情况

在该设计中,电流密度的上限设置得足够大,因此,最优候选方案的优化值不会超过该上限(见图 8.13)。编码方法允许存在更大的电流密度,因为所需的取值范围需要 50 个采样点来覆盖,而 6 位二进制编码足以对 64 个采样点进行编码。

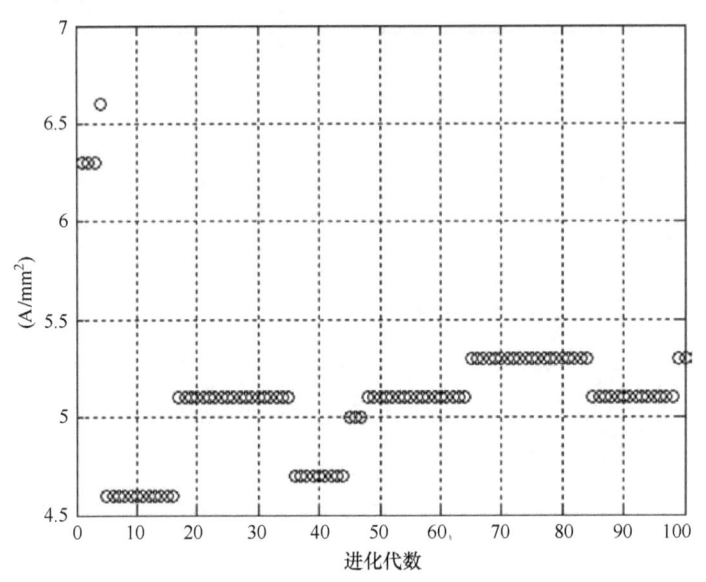

图 8.13 最优候选方案的电流密度演变情况

图 8.14 展示了历代最优候选方案的铁心长度与极距之比、线圈跨距与极距

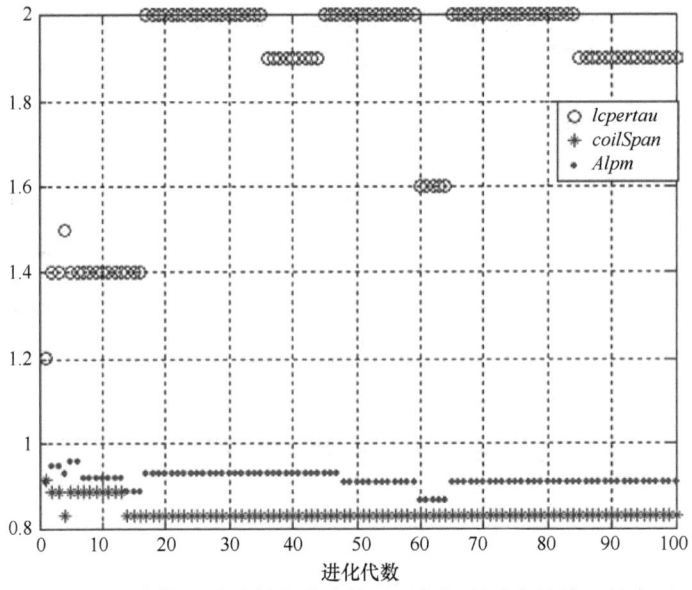

图 8.14 最优候选方案各尺寸比值的演变情况:每极距对应的铁心长度(lcpertau)、每极距对应的线圈跨距(coilSpan)以及每极距对应的永磁体宽度(Alpm)(均为标幺值)

之比以及永磁体宽度与极距之比。遗传算法得出的线圈节距与极距之比会被四舍五入为最接近的有理数,且该有理数的分母等于每极槽数。

每极每相槽数始终为整数,图 8.15 展示了历代最优候选方案对应的这一数值。

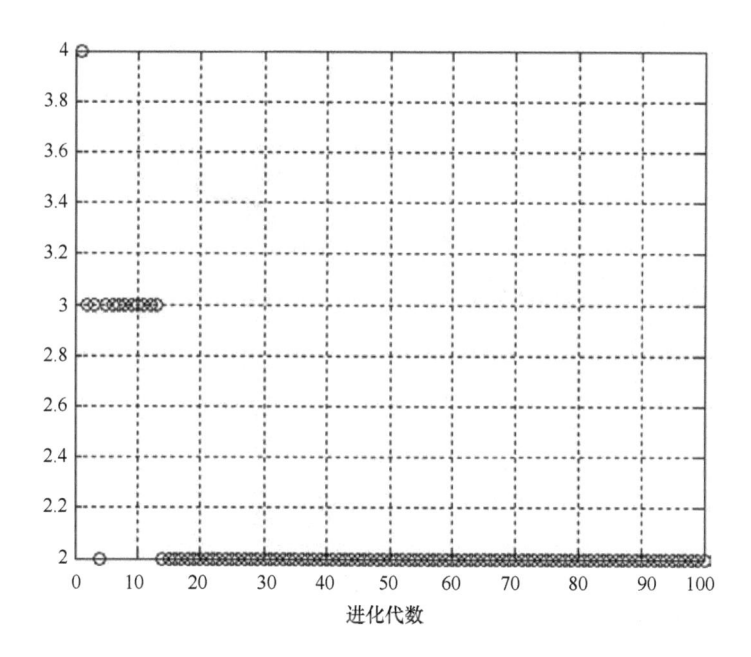

图 8.15 最优候选方案的每极每相槽数的演变情况

最后一代的所有个体都是经过漫长的选择过程得到的,分析优化变量的分布情况会很有意思。乍一看,这些个体的目标函数值较为接近(见图 8.16)。可以观察到,并非所有可能的取值水平都被取到(见图 8.17 ~ 图 8.20),而且并没有明确的规则表明哪些值能使优化函数达到最小。

我们不能断言,代表最优解的线负荷值(40.4kA/m)总能产生良好的效果(见图 8.17)。可以说,线负荷小于 25kA/m 可能过小,无法使电机成本达到可接受的水平。气隙磁通密度约为 0.75T(见图 8.18)时,以及定子磁轭和定子齿磁通密度约为 1.55T 时,有可能得到较好的解决方案。转子磁轭磁通密度对目标函数的影响较小(见图 8.18)。当电流密度小于 4A/mm^2 时,可能无法使目标函数达到最小。对于比值型的优化变量,可以说,线圈节距与极距之比等于 0.83 以及永磁体宽度与极距之比约为 0.91 时,可能会得到较好的解决方案(见图 8.20)。铁心长度与极距之比大于 2.5 时,可能总是会得到较差的结果(见图 8.20)。

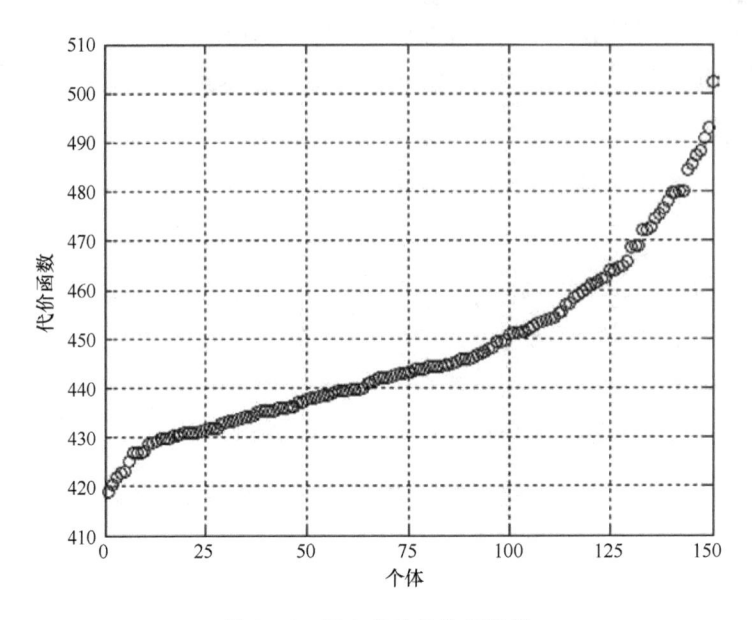

图 8.16 最末代的代价函数值

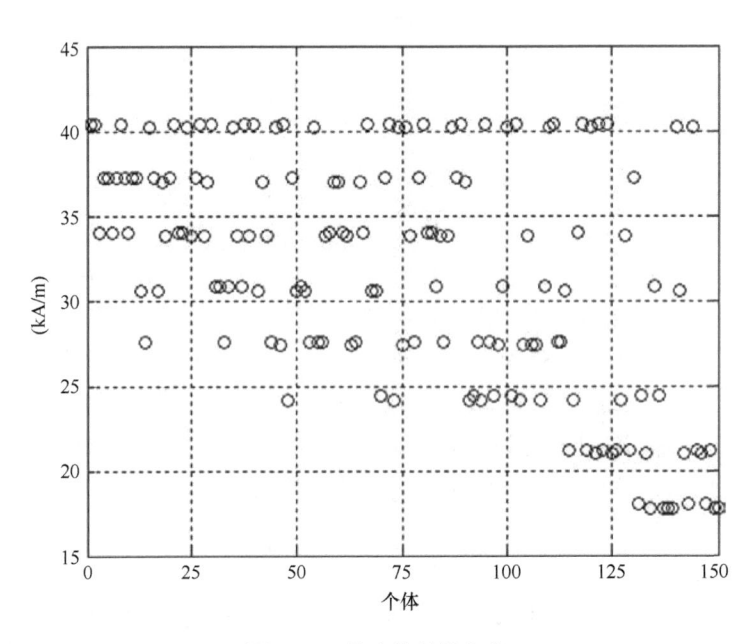

图 8.17 最末代的线负荷

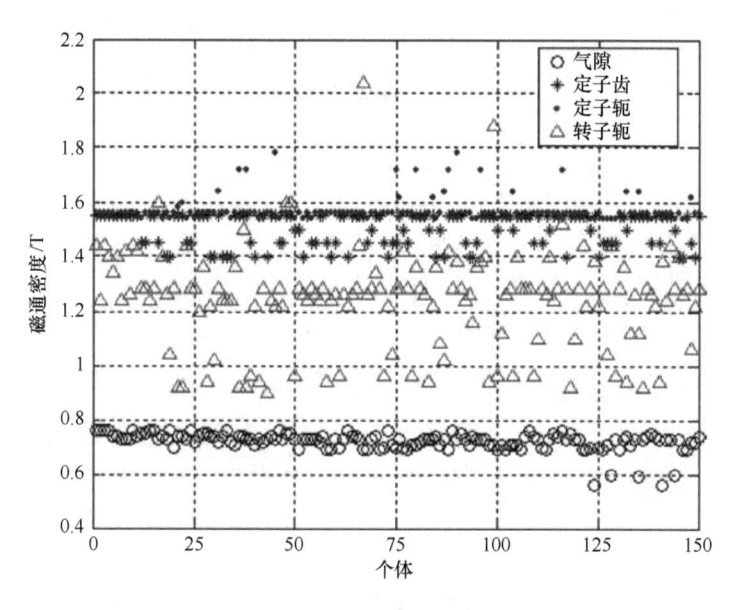

图 8.18　最末代的磁通密度

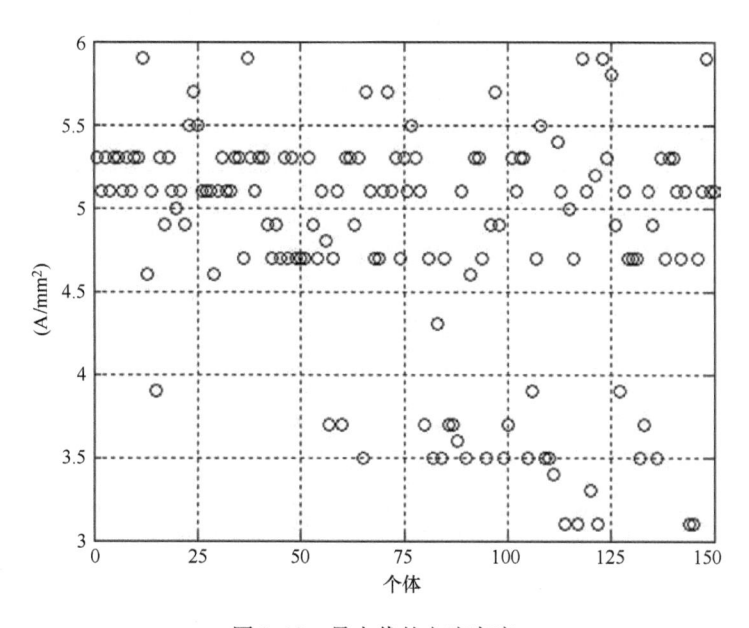

图 8.19　最末代的电流密度

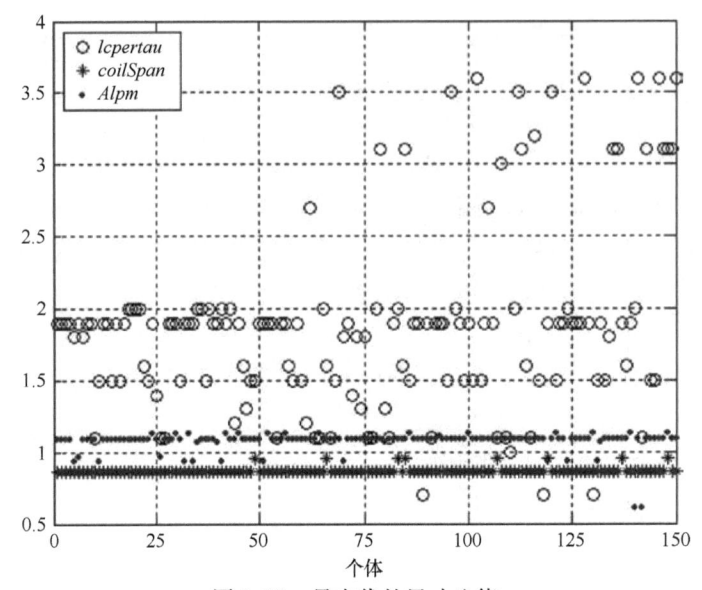

图 8.20 最末代的尺寸比值

每极每相槽数仅选取了两个值。可以注意到，在最后一代中，每极每相两个槽的出现频率高于每极每相三个槽，特别是在高性能个体中更是如此（见图 8.21）。对于许多种群而言，最优候选方案的每极每相槽数为两个，因此，该值可能会使目标函数达到最小。

通过缩小搜索范围，甚至将某些变量设为常数并将其从优化变量向量中剔除，遗传算法有望得到进一步改进。

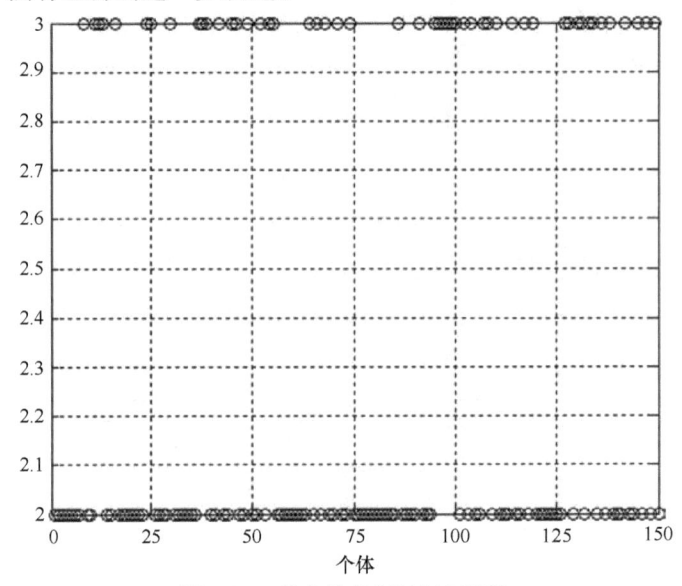

图 8.21 最末代的每极每相槽数

8.8 基于 Hooke-Jeeves 算法的永磁同步电机优化设计

与遗传算法方法中所采用的相同的优化变量向量和目标函数，也被用于实现 Hooke-Jeeves 优化算法（该算法的详细内容在第 7 章介绍）。与遗传算法中的函数相比，此时几何尺寸、优化变量以及代价函数的变化看起来像是连续函数，而在遗传算法里这些函数更像是不连续的。图 8.22 展示了主要几何尺寸、槽尺寸和永磁体尺寸的变化情况。图 8.23 呈现了功率损耗和效率的变化情况，图 8.24 则能看到各部件的质量和成本变化情况。图 8.25～图 8.28 展示了成本（目标）函数、比（线）负荷、磁通密度以及电流密度的变化情况。

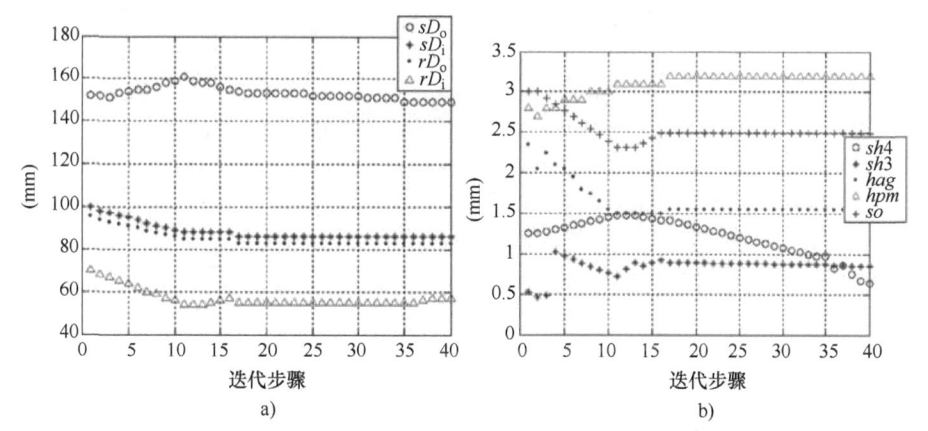

图 8.22 几何尺寸、槽尺寸和永磁体尺寸的演变情况
a）几何尺寸 b）槽尺寸和永磁体尺寸

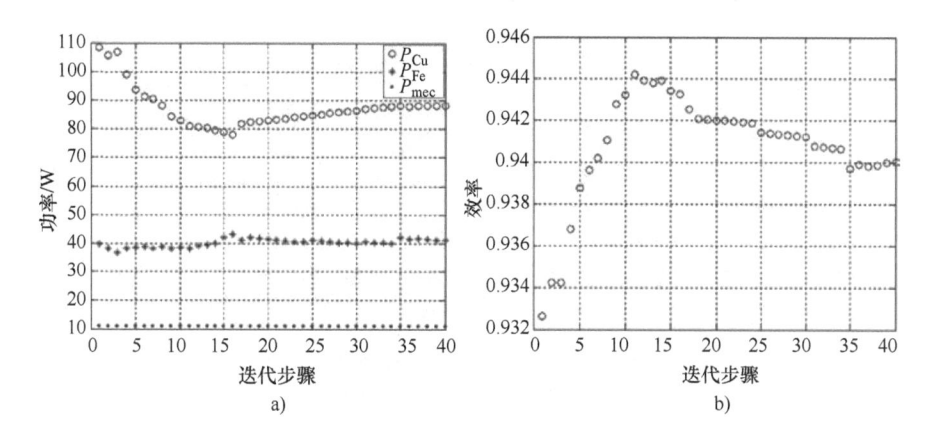

图 8.23 a）功率损耗演变情况 b）效率演变情况

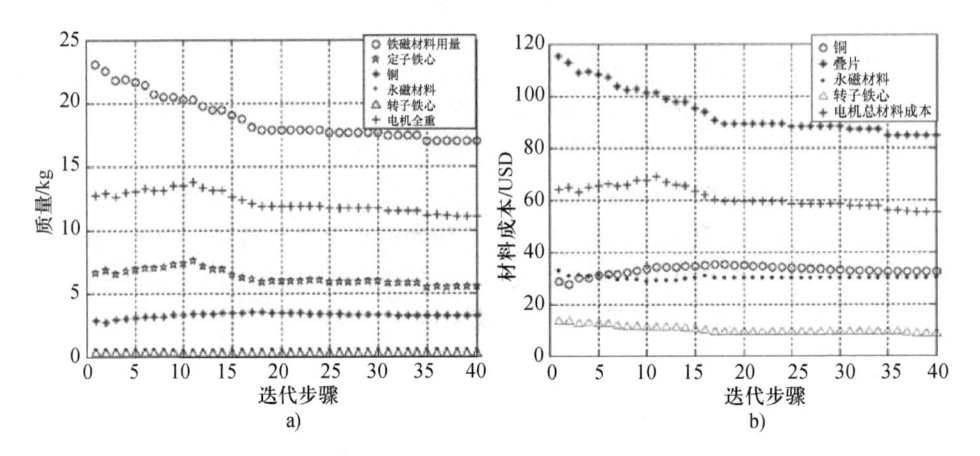

图 8.24　a) 各部件质量的演变情况　b) 成本的演变情况

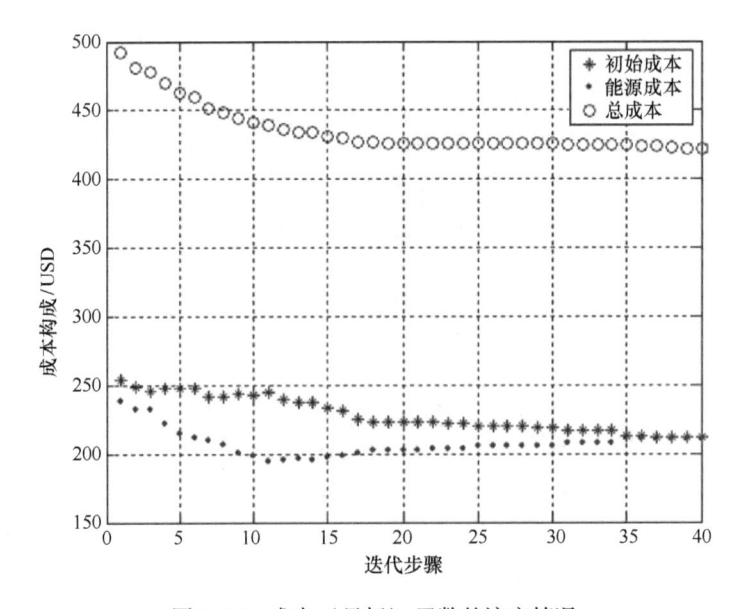

图 8.25　成本（目标）函数的演变情况

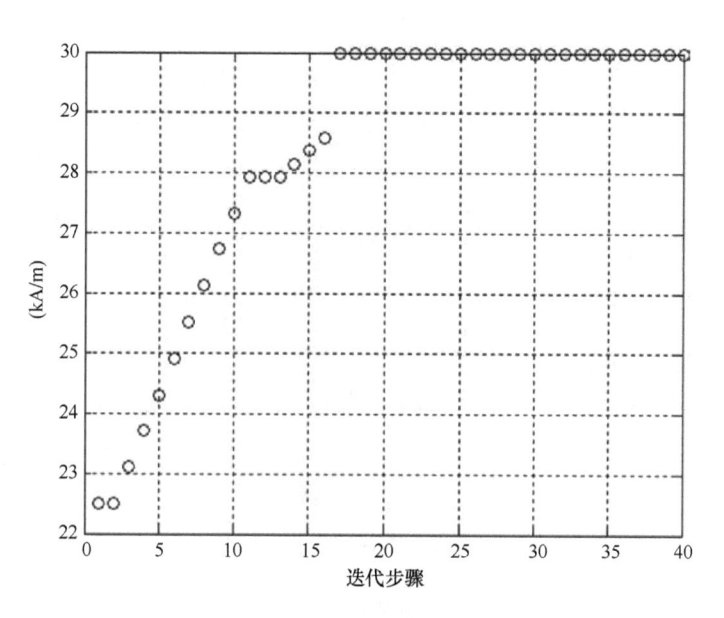

图 8.26 比（线）负荷演变情况

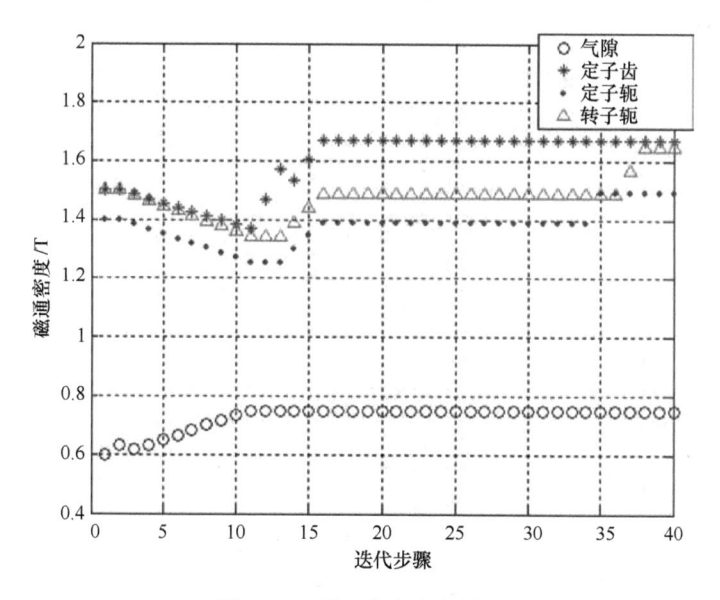

图 8.27 磁通密度演变情况

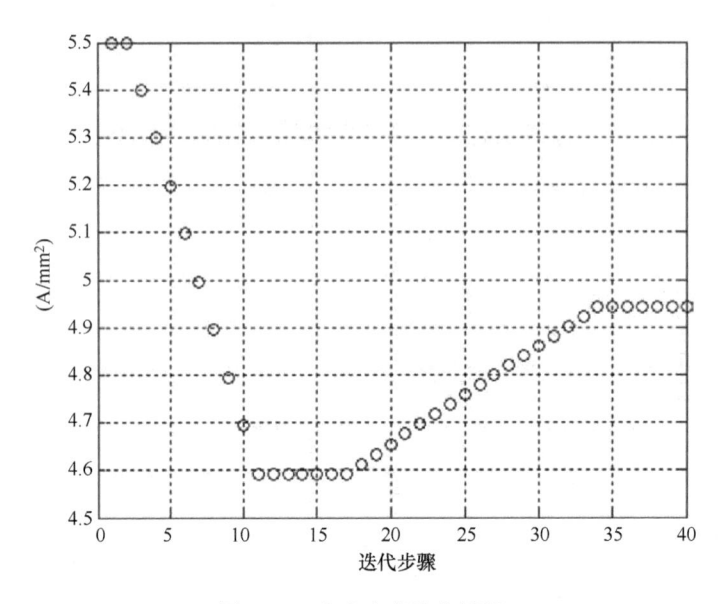

280 电机的暂态与 MATLAB 优化设计

图 8.28 电流密度演变情况

永磁体宽度与极距之比以及线圈节距与极距之比会趋近于和遗传算法中相同的值（见图 8.29），而铁心长度与极距之比会趋近于一个更小的值。该算法从每极每相三个槽开始，经过三步之后变为每极每相两个槽，并保持该数值不变（见图 8.30）。

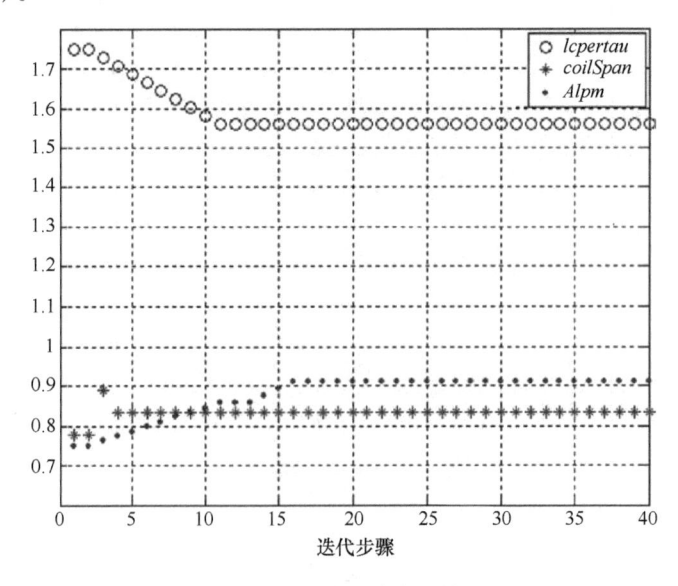

图 8.29 尺寸比值演变情况

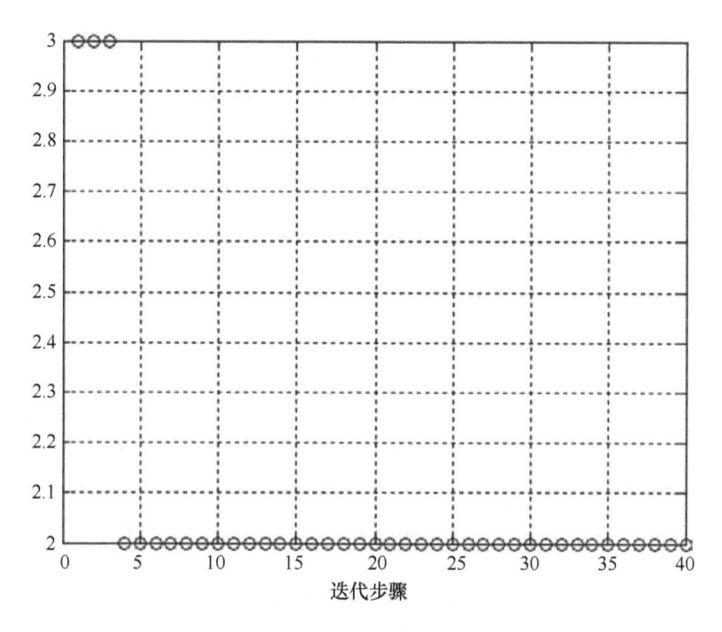

图 8.30 每极每相槽数演变情况

表 8.2 给出了分别使用遗传算法和 Hooke-Jeeves 方法进行优化设计的对比结果。两种方法得到的总成本大致相同，但遗传算法的仿真时间约为 Hooke-Jeeves 算法的 75 倍。遗传算法会选择一些超出边界值的优化变量，而 Hooke-Jeeves 算法的优化变量严格保持在指定边界内。通过 Hooke-Jeeves 算法设计的电机效率高于通过遗传算法设计的电机效率，但遗传算法对应的初始成本更低，这可能是因为遗传算法允许更大的线负荷。在 Hooke-Jeeves 算法的搜索过程中，每个变量的首次变化步长设定为整个取值范围的 10%。如此大的初始步长有助于算法探索更大的区域，从而增加跳过局部极小值的机会。

表 8.2 优化设计结果对比

参数	遗传算法	Hooke-Jeeves	单位	说明
sD_o	139	149	mm	定子外径
sD_i	73	86	mm	定子内径
$sh4$	0.9	0.6	mm	定子齿极尖高度
so	1	2.5	mm	定子槽口宽度
$sh3$	0.9	0.9	mm	定子槽楔高度
$shOA$	24.2	20.7	mm	定子槽总高度
$sh1$	21.7	18.5	mm	定子槽主（线圈）高度
shy	8.8	10.8	mm	定子轭高度
swt	4.7	5.1	mm	定子齿宽度

(续)

参数	遗传算法	Hooke-Jeeves	单位	说明
N_1	336	312		每相匝数
rD_o	69.6	82.9	mm	转子外径
rD_i	43	57	mm	转子内径
hpm	3.7	3.2	mm	永磁体厚度
hag	1.7	1.55	mm	气隙
J_l	40.4	30	kA/m	线负荷
B_{agsp}	0.76	0.75	T	气隙磁通密度
sB_{tp}	1.55	1.67	T	定子齿磁通密度
sB_{yp}	1.56	1.49	T	定子轭磁通密度
rB_{yp}	1.44	1.65	T	转子轭磁通密度
J_s	5.3	4.94	A/mm^2	定子电流密度
$l_{cpertau}$	1.9	1.6		铁心叠片长度与极距之比
q_1	2	2		每极每相槽数
$cSpan$	0.83	0.83		线圈跨距与极距之比
$alpm$	0.91	0.91		永磁体宽度与极距之比
WeightStCu	3.365	3.255	kg	线圈重量
WeightIronUsed	15.268	16.961	kg	用铁的重量
WeightStIron	5.003	5.509	kg	定子叠片重量
WeightPM	0.595	0.603	kg	永磁体重量
WeightRtIron	1.372	1.712	kg	转子铁心重量
WeightMot	10.336	11.079	kg	电机总重量
I_{qn}	3.9	3.81	A	额定电流
V_{fn}	220	220	V	额定电压
P_{Cu}	97.39	88.15	W	铜耗
P_{Fe}	38.76	41.2	W	铁耗
P_{mec}	11	11	W	机械损耗
$Etan$	93.73	94		效率
Cu_c	33.649	32.547	USD	铜材成本
lam_c	76.339	84.806	USD	叠片成本
PM_c	29.772	30.173	USD	永磁体成本
$rotIron_c$	6.8634	8.5575	USD	转子实心铁成本
pmw_c	51.679	55.395	USD	有源材料质量惩罚成本
i_{cost}	198.30	211.48	USD	初始材料成本
$energy_c$	220.73	210.52	USD	十年内（每年运行1500h）的能耗成本
t_{cost}	419.03	422.00	USD	总成本（目标函数）
sim_{time}	340.86	4.516	s	在奔腾IV 2.6GHz处理器上的仿真时间

8.9 本章小结

本章可被视为对永磁同步电机解析优化设计的扎实入门内容。全解析模型的结果应有助于更好地理解相关原理和一些细微之处。

尽管解析模型中考虑了磁饱和，但未考虑齿槽转矩。由磁饱和、静态或动态偏心等因素导致的总转矩脉动也未被纳入考量。

或许下一步是将解析优化设计方法（如本章所介绍的）整合到有限元软件中，以验证和探究齿槽转矩、总转矩波动等问题。感兴趣的读者可自行深入研究。

参 考 文 献

1. D.C. Hanselman, *Brushless Permanent Magnet Motor Design*, 2nd edition, The Writers Collective, Cranston, RI, 2003.

2. J.R. Hendershot and T.J. Miller, *Design of Brushless Permanent-Magnet Motors*, Oxford University Press, Oxford, U.K., 1995.

3. W. Ouyang, D. Zarko, and T.A. Lipo, Permanent magnet machine design practice and optimization, *Industry Applications Conference, 41st IAS Annual Meeting. Conference Record of the 2006 IEEE*, Tampa, FL, Vol. 4, pp. 1905–1911, 2006.

4. C.B. Rasmusen, Modeling and simulation of surface mounted PM motors, PhD thesis, Institute of Energy Technology, Aalborg University, Aalborg, Denmark, 1996.

5. IEC/EN 60034.

6. Thin non-oriented Electrical Steel—SURA 007, Products Information, Surahammars Bruk, Sweden.

第9章 感应电机的优化设计

9.1 用于感应电机设计的实用解析模型

本章将介绍一个相当完备的感应电机实用解析模型，并通过数值示例，将其应用于基于遗传算法和 Hooke-Jeeves 算法的优化设计计算机代码中。

感应电机的总体设计与永磁同步电机的总体设计相似，仅有细微差别。对于感应电机的设计，存在特定的设计主体以及一组选定的变量和技术约束条件[1-10]。

9.1.1 设计主体

在感应电机的设计主体中，通常会给定以下参数：

- 基准连续功率 P_b 或额定功率 P_n。
- 基速 n_b。
- 额定电压 V_n。
- 相数 m。
- 过载系数 k_1。

如果设计电机时不考虑使用电力电子设备运行，规格清单中需要规定最小启动转矩和最大直接电网连接启动电流。

对于变速应用，规格中还需增加最大转速 n_{max} 以及最大转速下的功率 P_{max}。其他常见的约束条件有：

- 在基础功率 P_b 和基础转速 n_b 下的效率。
- 在额定功率和额定转速下的功率因数 pf_{spa}。
- 材料绝缘等级（允许温度）。
- 对异物的防护等级。
- 有源材料的总初始成本。

9.1.2 设计变量

设计变量由设计人员直接选定并迭代更改，或者由优化算法进行迭代更改，以满足设计主体的要求。主要的设计变量如下：

- 线电流密度（线负载），J_1（kA/m）。

- 气隙磁通密度，B_{agsp}（T）。
- 电机波形系数——铁心叠片长度与极距之比，λ_c。
- 定子电流密度，J_s（A/mm²）。
- 转子电流密度，J_r（A/mm²）。
- 定子齿磁通密度，B_{st}（T）。
- 定子轭磁通密度，B_{sy}（T）。
- 转子齿磁通密度，B_{rt}（T）。
- 转子轭磁通密度，B_{ry}（T）。
- 每极每相的槽数，q_1。
- 定子槽口宽度，s_{os}（mm）。
- 转子槽口宽度，s_{or}（mm）。
- 定子齿顶高度，h_{s4}（mm）。
- 转子齿顶高度，h_{r1}（mm）。
- 定子线圈节距，C_{span}。

根据现有技术和电机尺寸选择下列参数：

- 电流并联支路数，a_1。
- 绕组层数，n_L。
- 气隙，g。
- 转子铁心长度与定子铁心长度之差，dl_r。
- 伸出槽外的直线端接长度，l_{f1}。
- 端部线圈连接与机座之间的轴向距离，l_{f2}。
- 铁心叠压系数，k_{stk}。
- 槽满率，k_{sf}。
- 转子端环电流密度与转子导条电流密度之比，k_{Jendr2Jr}。
- 以转子槽距数表示的转子槽斜度，r_{ss}。
- 槽楔角度，a_w。
- 槽绝缘厚度，$slotInsulThick$。
- 槽封口（槽楔）厚度，$slotClosureThick$。
- 每匝的导体根数，n_{ce}。
- 假定的定子绕组平均温度，T_{w1}。
- 假定的转子绕组（笼型绕组）平均温度，T_{w2}。
- 绕组允许的最高温度，T_{wmax}（取决于绝缘等级）。
- 冷却液（或环境）的最高温度，T_{amb}。
- 热传导系数，α_t。
- 机座散热片和冷却液流速使散热面积增大的系数，k_{ff}。

- 铁耗系数（由于磁场不均匀导致铁耗增大），k_{pfe}。

此时还需选择定子和转子磁心所用的软磁材料，以及绕组材料（转子绕组选用铜或铝）。此外，还需对机械损耗进行估算。

对于感应电机，采用最小的机械可行气隙。要开始计算，可以选择以下数值：

$$g = \begin{cases} 0.1 + 0.2 \sqrt[3]{P_n}, & p_1 = 1 \\ 0.1 + 0.1 \sqrt[3]{P_n}, & p_1 \geq 2 \end{cases} \tag{9.1}$$

式中，气隙 g 的单位为 mm，额定功率 P_n 的单位为 kW。

9.1.3 感应电机尺寸

感应电机的设计从一些准备计算开始，例如利用选定的变量和约束条件计算电网视在功率 S_n。然后，计算电机常数和定子内径

$$S_n = \frac{P_n}{\eta_{spec} \cdot pf_{spec}} \tag{9.2}$$

绕组系数 k_w 是根据分布系数 f_{ws} 和短距系数 f_{chs} 计算得出的，所使用的方程与永磁电机相同，即方程（8.4）（另见参考文献 [3]）

$$C_0 = \frac{\pi^2}{\sqrt{2}} B_{agsp} J_1 k_w \tag{9.3}$$

$$D_{si} = 1000 \cdot \sqrt[3]{\frac{60 p_s}{\pi n_n} \cdot \frac{S_n}{\lambda_c C_0}} ; (\text{mm}) \tag{9.4}$$

极距 τ 和定子铁心长度 l_{c1} 的计算方法与永磁同步电机相同[使用方程（8.7）和方程（8.8）]，计算时需用到定子内径 D_{si}。

主要的几何尺寸如图 9.1 所示。定子槽的几何形状如图 6.42 所示，转子槽的几何形状如图 6.43 所示。

定子和转子轭的宽度为

$$h_{sy} = \frac{\tau_p B_{agsp}}{\pi B_{sy}} \tag{9.5}$$

$$h_{ry} = \frac{\tau_p B_{agsp}}{\pi B_{ry}} \tag{9.6}$$

定子槽的数量、定子槽距以及齿宽分别为

$$N_{ss} = q_1 m \cdot p_1 \tag{9.7}$$

$$\tau_{ss} = \frac{\pi D_{si}}{N_{ss}} \tag{9.8}$$

$$w_{st} = \frac{B_{agsp}}{B_{st}} \tau_{ss} \tag{9.9}$$

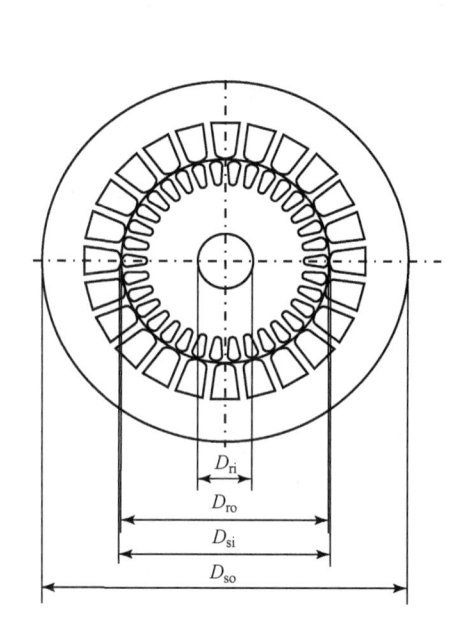

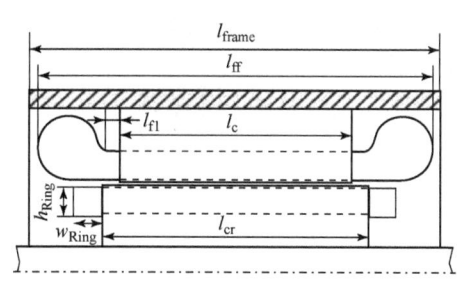

图 9.1 主要的几何尺寸

现在开始计算极磁通 Ψ_p、每相匝数 N_1 的首次近似值以及每线圈匝数 s_{b1} 为

$$\Psi_p = \frac{2}{\pi} B_{agsp} \tau_p l_c \tag{9.10}$$

$$N_1 = \frac{V_{fn}}{\sqrt{2}\pi f_n f_w \Psi_p} \tag{9.11}$$

$$s_{b1} = \frac{N_1 a_1}{p_1 q_1 n_L} \tag{9.12}$$

每线圈匝数应为整数，因此要将计算得出的值 s_{b1} 四舍五入为最接近的整数 s_b。如果最接近的整数为零，则每线圈采用一匝。随后将重新计算每相匝数 N_1 和电机铁心长度 l_c 为

$$N_1 = \frac{s_b q_1 p_1 n_L}{a_1} \tag{9.13}$$

$$l_c = \frac{s_{b1}}{s_b} l_{c1} \tag{9.14}$$

现在，定子槽的尺寸按照与永磁同步电机相同的方法进行计算［使用方程（8.15）~方程（8.22）］。

9.1.3.1 转子设计

转子槽的数量是根据极数和定子槽数量（每极每相槽数）来选择的，其选

择方式要避免产生较大的同步寄生转矩和径向力。表 9.1 列出了最常用的定子和转子槽数组合。

现在，先计算转子外径 D_{ro}，接着计算转子槽间距 τ_{rs} 和转子齿宽 w_{rt} 为

$$D_{ro} = D_{si} - 2g \tag{9.15}$$

$$\tau_{rs} = \frac{\pi D_{ro}}{N_{rs}} \tag{9.16}$$

$$w_{rt} = \frac{B_{agsp}}{B_{rt}} \tau_{rs} \tag{9.17}$$

将转子槽开口与最大可行转子槽开口进行比较，如果前者大于后者，则将其调整为最大可行值。

表 9.1　定转子槽数组合

极对数	q_1	转子槽数
1	4	18　20　22　28　30　33　34
	6	25　27　28　29　30　43
2	2	16　18　20　30　33　34　35　36
	3	24　28　30　32　34　45　48
	4	30　36　40　44　57　59
	5	36　42　48　50　70　72　74
	6	42　48　54　56　60　61　62　68　76　82　86　90
3	2	20　22　28　44　47　49
	3	34　36　38　40　44　46
	4	44　46　50　60　61　62　82　83
4	2	26　30　34　35　36　38　58
	3	42　46　48　50　52　56　60
6	2	69　75　80
	2.5	86　87　93　94

接下来计算转子槽的几何尺寸。首先，计算通过转子导条的电流 I_{rb}，然后计算转子导条所需的截面积 A_{rb}。系数为 0.95 是因为考虑了这样一个事实：定子电流的一部分是励磁电流。

$$I_{rb} = \frac{0.95 D_{si} J_1}{N_{rt}} \tag{9.18}$$

$$A_{rb} = \frac{I_{rb}}{J_r} \tag{9.19}$$

假设转子齿具有平行的侧壁。

转子槽圆形上部的半径 R_{r1} 为

$$R_{r1} = \left(\frac{a}{\cos\left(\frac{\alpha_{rs}}{2}\right)} - \sqrt{\left(a \cdot \tan\left(\frac{\alpha_{rs}}{2}\right)\right)^2 - \left(\frac{o_{rs}}{2}\right)^2} \right) \tan\left(\frac{\alpha_{rs}}{2}\right) \quad (9.20)$$

其中

$$a = D_{ro} - h_{r1} - \frac{\sqrt{D_{ro}^2 - o_{rs}^2}}{2} - \frac{w - r_t}{2\sin\left(\frac{\alpha_{rs}}{2}\right)} \quad (9.21)$$

如果所需的转子导条截面积 A_{rb} 大于半径为 R_{r1} 的圆的面积，那么将按如下方式计算转子裸槽的尺寸：

$$w_{r1} = 2R_{r1}\cos\left(\frac{\alpha_{rs}}{2}\right) \quad (9.22)$$

$$h_{r2} = \sqrt{R_{r1}^2 - \left(\frac{o_{rs}}{2}\right)^2} \quad (9.23)$$

现在来计算转子槽梯形部分所需的面积以及最大可能的面积为

$$A_{r2} = A_{rb} - o_{rs}h_{r1} - \frac{1}{2}(\pi + \alpha_{rs} - 2a\sin\frac{o_{rs}}{2R_{r1}} + \sin(\alpha_{rs}))R_{r1}^2 + \frac{1}{2}o_{r1}h_{r2} \quad (9.24)$$

$$A_{r2\max} = \frac{w_{r1}^2}{4\tan\left(\frac{\alpha_{rs}}{2}\right)} \quad (9.25)$$

最大可用面积小于所需面积意味着要减小直径，或者降低转子电流密度或转子齿磁通密度。当使用计算机代码自动进行计算时，必须以同样的方式解决这个问题。在本例中，将所需面积减小至可用面积，这意味着转子电流密度会增大，显示屏上会弹出一条警告信息。

转子槽梯形部分的高度 h_{r3} 为

$$h_{r3} = \frac{w_{r1}}{4\tan\left(\frac{\alpha_{rs}}{2}\right)}\left(1 - \sqrt{1 - \frac{\frac{A_{r2}}{A_{r2\max}} - a}{1 - a}}\right) \quad (9.26)$$

其中

$$a = \frac{\pi - \alpha_{rs} - \sin(\alpha_{rs})}{2\left(\cos\left(\frac{\alpha_{rs}}{2}\right)\right)^2}\tan\left(\frac{\alpha_{rs}}{2}\right) \quad (9.27)$$

其他转子槽的尺寸为

$$w_{r2} = w_{r1} - 2h_{r3}\tan\left(\frac{\alpha_{rs}}{2}\right) \quad (9.28)$$

$$R_{r2} = \frac{w_{r2}}{2\cos\left(\dfrac{\alpha_{rs}}{2}\right)} \tag{9.29}$$

$$h_{r4} = R_{r2}\left(1 - \sin\left(\frac{\alpha_{rs}}{2}\right)\right) \tag{9.30}$$

$$h_{rOA} = h_{r1} + h_{r2} + h_{r3} + h_{r4} \tag{9.31}$$

如果所需的转子导条面积小于半径为 R_{r1} 的圆的面积,那么转子裸槽将变为一个以方程(9.32)为半径的圆

$$R_{r1} = R_{r2} = \sqrt{\frac{A_{rb} - o_{rs}h_{r1}}{\pi}} \tag{9.32}$$

现在计算转子内径

$$D_{ri} = D_{ro} - 2(h_{rOA} + h_{ry}) \tag{9.33}$$

将转子内径四舍五入为以毫米为单位的整数值。

9.1.3.2 定子槽尺寸

用于容纳裸线圈的定子槽面积 A_{Cu}、槽面积 A_{ss}、槽有效高度 h_{s1}、总高度 h_{sOA} 以及槽宽度 w_{s1} 分别为

$$A_{Cu} = \frac{\pi D_{si} J_1}{N_{ss} J_s} \tag{9.34}$$

$$A_{ss} = \frac{A_{Cu}}{k_{sf}} \tag{9.35}$$

$$h_{s1} = \frac{-w_{s2} + \sqrt{w_{s2}^2 + 4A_{ss}\tan\left(\dfrac{\alpha_{ss}}{2}\right)}}{2\tan\left(\dfrac{\alpha_{ss}}{2}\right)} \tag{9.36}$$

$$h_{sOA} = h_{s1} + h_{s2} + h_{s3} + h_{s4} \tag{9.37}$$

$$w_{s1} = w_{s3} + 2\left(h_{s1} + h_{s2}\tan\left(\frac{\alpha_{ss}}{2}\right)\right) \tag{9.38}$$

定子外径变为

$$D_{so} = D_{si} + 2(h_{sOA} + h_{sy}) \tag{9.39}$$

在之前的几何计算中,我们会进行包括开方和减法在内的各种数学运算。有时,由于输入参数的关联性不佳,可能会得到负数或非常复杂的值,而这些值并没有实际意义。如果计算步骤是逐个进行的,那么当观察到这种无意义的值时,就可以立即停止计算并选择其他初始变量。当使用计算机代码进行计算时,也可以采用相同的方法,但如果将无意义的几何值分组进行验证,计算机代码会更简单。在这个阶段,可以验证 R_{r1}、h_{r2} 和 h_{r3} 是否为实数,以及 D_{ri}、$sTeethAlpha$、

h_{s3}、w_{s3}、R_{r1}、h_{r2}、h_{r1}、R_{r2}、w_{r2}是否大于某些最小值。如果这些验证不通过，遗传优化算法会生成新的变量，然后重复上一步骤，直到所有参数都通过测试。对于Hooke-Jeeves算法，会将最大值赋给目标函数（跳过所有参数计算）。对于Hooke-Jeeves算法而言，拥有兼容的优化变量初始值非常重要；否则，计算代码的结果将是一条错误信息。在所有待检查的值都通过测试后，才能计算出所有定子和转子的几何尺寸。

9.1.3.3 绕组端部连接长度

考虑将定子绕组的端部线圈视为一个平均直径等于线圈平均开口的半圆，以此来计算定子绕组的端部连接长度l_f。同时，还要加上线圈端部连接的右侧部分长度l_{f1}。

$$l_f = \frac{\pi}{2} k_y \tau_p \left(1 + \frac{h_{sOA}}{D_{si}}\right) + 2l_{f1} \tag{9.40}$$

带绕组定子的长度l_{ff}可进行近似计算

$$l_{ff} = l_c + 2l_{f1} + k_y \tau_p \left(1 + \frac{h_{sOA}}{D_{si}}\right)^{\ominus} \tag{9.41}$$

计算转子端部连接的轴向长度时，需考虑其高度（该高度等于转子槽的总高度h_{rOA}）、端环电流I_{er}以及转子端环中的电流密度（该电流密度与转子导条电流密度J_r成正比，比例系数为k_{Jr}）。

$$I_{er} = \frac{I_{rb}}{2\sin\left(\frac{\pi p}{2N_{rs}}\right)} \tag{9.42}$$

$$A_{Ring} = \frac{I_{er}}{k_{Jr} J_r} \tag{9.43}$$

$$h_{Ring} \approx h_{rOA} \tag{9.44}$$

$$w_{Ring} = \frac{A_{Ring}}{h_{Ring}} \tag{9.45}$$

不带轴的转子的转动惯量为

$$J_{ir} = \frac{1}{8}((D_{ri}^2 + D_{rc}^2)m_{ry} + (D_{rc}^2 + D_{ro}^2)(m_{rt} + m_{rb}) +$$
$$((D_{ri} - 2h_{r1})^2 + (D_{ri} - 2h_{r1} - 2h_{Ring})^2)m_{ring}) \tag{9.46}$$

9.1.4 感应电机参数

定子绕组电阻为

⊖ 此处原书有误。——译者注

$$R_{s0} = \frac{s_b q_1 p n_L (L_c + l_{soh})}{A_{sb} a_1^2} \rho_{Tw} \tag{9.47}$$

分别计算转子导条和短路环的电阻，然后将其折算到定子绕组侧

$$R_{rb} = \rho_{2Tw} \frac{l_{rc}}{A_{rslot}}; \rho_{2Tw} - \text{转子电阻率} \tag{9.48}$$

$$R_{Ring} = k_{rRing} \cdot \rho_{2Tw} \frac{\pi D_{mRing}}{A_{Ring} N_{rs}} \tag{9.49}$$

式中，D_{mRing}是短路环的平均直径；k_{rRing}是转子环相对于转子导条的折算系数。

在考虑等效损耗的情况下，计算转子环电阻的表达式为

$$k_{rRing} = \frac{1}{2\sin\left(\frac{\pi p_1}{N_{rs}}\right)} \tag{9.50}$$

短路环的横截面积尺寸与转子槽距相当。短路环实际上是一个块状导体，其实际电阻并不等于计算得出的电阻。在一些书籍中，这种差异被包含在折算系数里，该折算系数被视为一个经验系数。

最后，转子等效电阻为

$$R_r = (R_{rb} + R_{rRing})\left(N_1 \frac{k_w}{k_{wr}}\right)^2 \frac{m}{N_{rs}} \tag{9.51}$$

通常，为了减少转矩脉动和噪声，转子导条会采用斜槽设计。转子绕组系数f_{wr}是根据斜槽比r_{sk}（转子槽斜偏移量除以转子槽距）来计算的，该斜槽比由设计人员作为初始参数给定。

$$f_{wr} = \frac{2\tau_p \sin\left(\frac{\pi}{2} r_{sk} \frac{\tau_{rs}}{\tau_p}\right)}{\pi r_{sk} \tau_{rs}} \tag{9.52}$$

励磁电感取决于励磁电流。考虑磁心的磁化曲线，计算励磁电流与励磁磁通的关系较为简单。一开始，会给定气隙磁通密度的一个值（若要绘制曲线则给定多个值）。利用磁路定律来计算定子齿、定子轭、转子齿和转子轭中的磁通密度。通过插值法根据磁化曲线计算出磁场强度，然后得出产生该磁场所需的磁动势为

$$V_m = V_{mag} + V_{mst} + V_{msy} + V_{mrt} + V_{mry} \tag{9.53}$$

$$V_{mag} = \frac{B_{ag}}{\mu_0} k_C g \tag{9.54}$$

式中，k_C为卡特系数，它等于分别针对定子和转子计算得出的卡特系数k_{C1}和k_{C2}的乘积，具体计算方式如方程（8.43）所示。定子和转子齿以及磁轭所需的磁动势，其计算方法与永磁同步电机类似。

每极磁通Φ由方程（9.56）给出，其中k_f是气隙磁通密度分布的波形系数。

对于未饱和的磁心，波形系数等于 π/2；当磁心饱和时，波形系数会减小，如图9.2所示。图中展示了波形系数 k_f 随定子齿饱和系数 k_{ts} 变化的关系。

$$k_{ts} = 1 + \frac{V_{mst} + V_{mrt}}{V_{mag}} \quad (9.55)$$

$$\Phi = \frac{\tau_p}{k_f} l_c B_{ag} \quad (9.56)$$

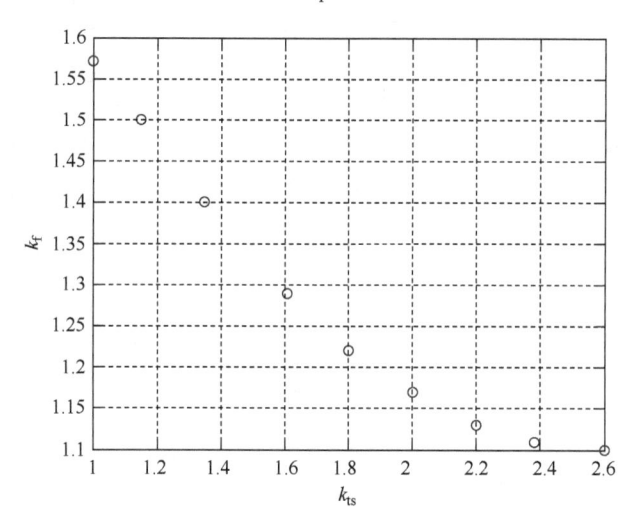

图9.2　磁通密度分布的波形系数 k_f 与定子齿饱和系数 k_{ts} 的关系

每相气隙磁链 Ψ_m、励磁电流 I_m 以及电感 L_m 分别为

$$\Psi_m = N_1 k_w \Phi \quad (9.57)$$

$$I_m = \frac{\pi p_1 V_m}{m \cdot N_1 f_w} \quad (9.58)$$

$$L_m = \frac{\Psi_m}{I_m} \quad (9.59)$$

也可以计算周期性励磁电感的不饱和值 L_{m0}

$$L_{m0} = 2\mu_0 m \frac{(N_1 k_w)^2}{\pi^2} \frac{\tau_p l_c}{p_1 k_C g} \quad (9.60)$$

计算定子漏电感时，需要考虑槽漏磁导、端部连接漏磁导和谐波漏磁导。如果定子槽的形状以及端部连接分布与永磁同步电机定子的情况相同，那么对于定子槽漏磁导，可使用相同的表达式［方程（8.63）~方程（8.69）］；对于端部连接漏磁导，可使用方程（8.70）。

定子谐波漏磁导[1]

$$\lambda_{\rm sd} = 0.3\rho_{\rm d1} k_{01}\sigma_{\rm d1}(q_1 k_{\rm w})^2 \frac{\tau_{\rm ss}}{k_{\rm C} g} \tag{9.61}$$

其中

$$k_{01} = 1 - 0.033 \frac{o_{\rm ss}^2}{g\tau_{\rm ss}} \tag{9.62}$$

$$\sigma_{\rm d1} = \left(\frac{\sin\left(\frac{\pi}{6q_1}\right)}{\sin\left(\frac{\pi}{2} y_{\rm c}\right)}\right)^2 \sum_{u=6k\pm 1, k\geq 1} \left(\frac{\sin\left(\frac{\pi}{2}\nu y_{\rm c}\right)}{\sin\left(\pi\frac{\nu}{6q_1}\right)}\right)^2 \tag{9.63}$$

当转子导条倾斜角度为零时,$\rho_{\rm d1}$的值可从图 9.3a 中获取;当转子导条倾斜角度等于转子槽距时,$\rho_{\rm d1}$的值可从图 9.3b 中获取。

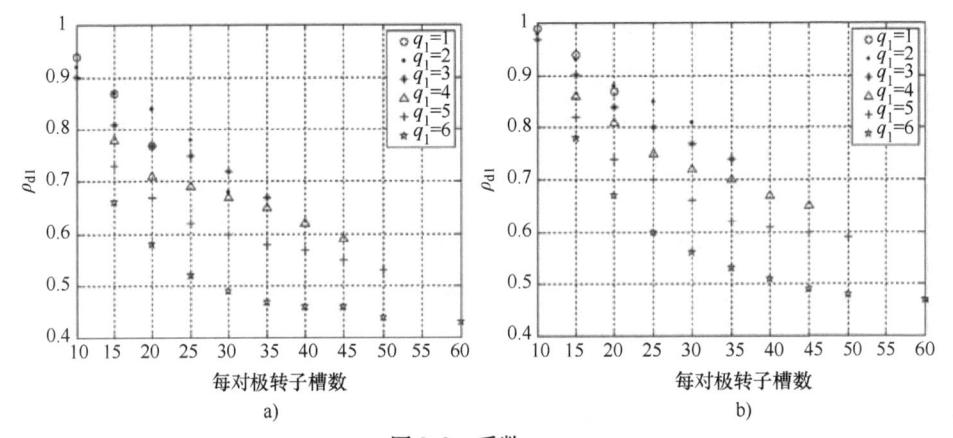

图 9.3 系数 $\rho_{\rm d1}$
a) 转子导条无斜槽 b) 转子导条斜槽度等于转子槽距

最后,定子漏电感 $L_{\rm s\sigma}$ 为

$$L_{\rm s\sigma} = 2\mu_0 \frac{N_1^2}{p_1 q_1}(\lambda_{\rm ss} + \lambda_{\rm sd} + \lambda_{\rm s0}) l_{\rm c} \tag{9.64}$$

对于图 9.1 所示的当前转子槽形状,其转子槽漏磁导为

$$\lambda_{\rm rs} = \frac{\pi}{6} + \frac{2h_{\rm r3}}{3(w_{\rm r1} + w_{\rm r2})} + \frac{h_{\rm r1}}{o_{\rm rs}} \tag{9.65}$$

转子端环漏磁导为

$$\lambda_{\rm r0} = k_{\rm r\,Ring}^2 \cdot \frac{D_{\rm w\,Ring}}{l_{\rm rc} \cdot N_{\rm rs}} \cdot \log\left(4.7\frac{D_{\rm w\,Ring}}{h_{\rm Ring} + 2w_{\rm Ring}}\right) \tag{9.66}$$

转子谐波漏磁导为[1]

$$\lambda_{\rm rd} = 0.3 k_{02} \cdot \tau_{\rm d2} \cdot \left(\frac{N_{\rm rs}}{6p_1} \cdot f_{\rm wr}\right)^2 \cdot \frac{\tau_{\rm rs}}{k_{\rm C} \cdot g} \tag{9.67}$$

其中

$$k_{02} = 1 - 0.033 \cdot \frac{o_{\text{rs}}^2}{g \cdot \tau_{\text{rs}}} \quad (9.68)$$

系数 σ_{d2} 随 q_2（转子每极每相的平均槽数）的变化关系如图9.4所示。

$$q_2 = \frac{N_{\text{rs}}}{6p_1} \quad (9.69)$$

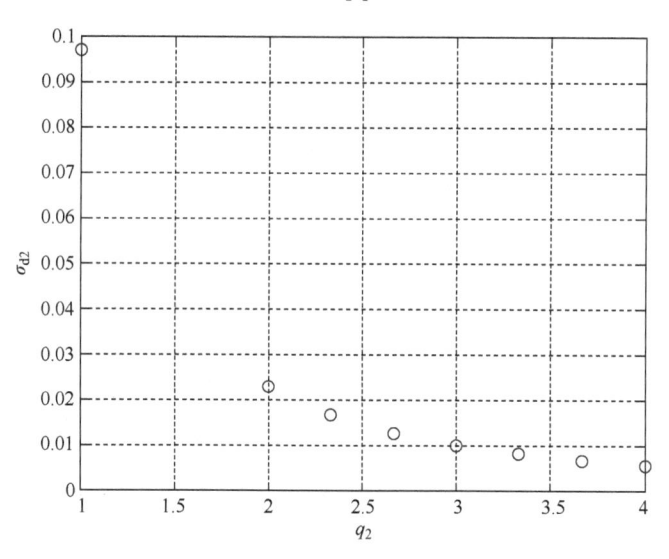

图 9.4　系数 σ_{d2}

最后，转子漏电感为

$$L_{\text{r}\sigma} = 4\mu_0 m \frac{(N_1 \cdot k_{\text{w}})^2}{N_{\text{rs}}} \cdot (\lambda_{\text{rs}} + \lambda_{\text{rd}} + \lambda_{\text{r0}}) l_{\text{rc}} \quad (9.70)$$

利用稳态电路模型来计算电机的性能（详见《电机的稳态模型、测试及设计》5.26节）。

9.2　基于遗传算法的感应电机优化设计

在前面介绍了较为完整的感应电机模型之后，这里给出一个额定功率为22kW、基频为50Hz的三相两极笼型（短路转子）感应电机的设计实例。以电机的总成本作为目标函数。优化变量的最大值和最小值列于表9.2。本设计实例所采用的技术约束条件可在感应电机优化设计的 MATLAB 代码的输入文件（im1.m）中找到，该文件存储在随书附带的光盘里"IMdesign"文件夹中。表9.2还列出了三种情况下优化设计实例的最终结果：GA——种群数量为100且进化代数为 200 的遗传算法；GA1——种群数量为 30 且进化代数为 50 的遗传算法；以及 Hooke-Jeeves 算法。优化目标成本函数为电机的全寿命成本，其中包括初始有效材料成本和能量损耗成本。

表 9.2 优化变量

优化变量	最小值	最大值	GA	GA1	Hooke-Jeeves	单位
J_1	12	40	28	24.2	27.31	kA/m
B_{agsp}	0.4	0.85	0.63	0.64	0.63	T
B_{st}	1.2	2.1	2.46	1.66	2.1	T
B_{sy}	1	2	1.74	1.62	1.7	T
B_{rt}	1.2	2.1	2.34	2.42	1.75	T
B_{ry}	1	2	1.84	1.88	1.56	T
J_s	2.5	8	2.8	3.2	3.52	A/mm^2
J_r	2	7.5	2.2	2	3.62	A/mm^2
$sh4$	0.3	2	0.8	2.1	1.1	mm
s_{os}	0.5	2	1.4	0.8	1.2	mm
$rh1$	0.3	2	0.5	0.9	1.2	
s_{or}	0.3	2	1.2	0.3	1.1	mm
$l_{cpertau}$	0.5	2	0.9	1	1	
q_1	2	6	5	5	4	
$cSpan$	0.66	1	0.73	0.8	0.83	
$rSlots$			18	18	18	

主要的优化变量，即线负荷 J_1 和气隙磁通密度 B_{agsp}，在三种对比情况下数值相近。对于 GA1 算法，线负荷较小，但 50 代的进化代数太少，难以找到电机的最优设计方案。从转子和定子轭磁通密度可以看出，遗传算法中使用的优化变量编码允许出现大于上限的值。对于像"M19"这样常见的磁心材料，定子齿和转子齿中的比磁通密度似乎过大。实际上，实际的磁通密度要小一些，因为在如此高的饱和程度下，气隙磁通密度的分布形状会从理想值 1.57 降低到高饱和时的 1.1。对于理想（正弦）磁通分布，若齿部磁通密度峰值为 2.5T，要产生相同的极磁通，齿部实际所需磁通密度小于 1.8T。每一代都以代价函数的平均值、最小值和最大值为特征。它们随代数的变化情况如图 9.5 所示。属于种群中最优电机的代价函数最小值呈单调下降趋势。代价函数的平均值也趋于下降。

图 9.6～图 9.11 展示了最优个体的代表性优化变量在 200 代进化过程中的变化情况。线负荷以及定子和转子中的电流密度呈现出若干离散值，但从图 9.6 中可以看出，在最优个体性能提升时，并未观察到这些离散值有明显的变化趋势。此外，转子电流仅出现了三个离散值，且第一个值仅在第一代出现。

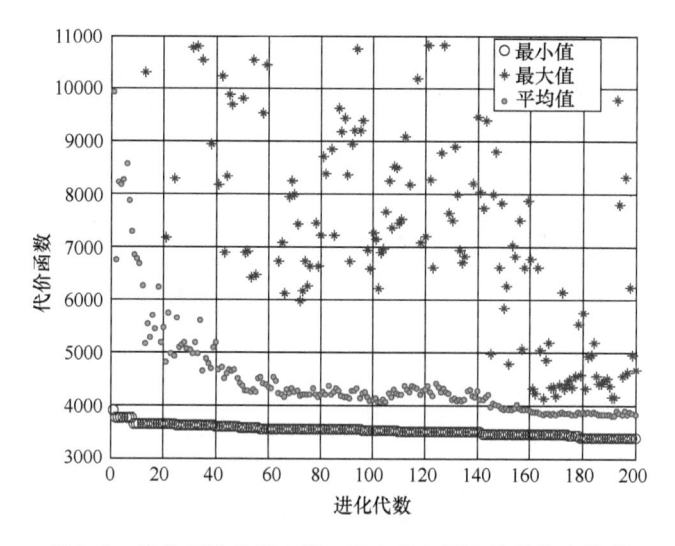

图 9.5 代价函数的最小值、最大值和平均值的演变情况

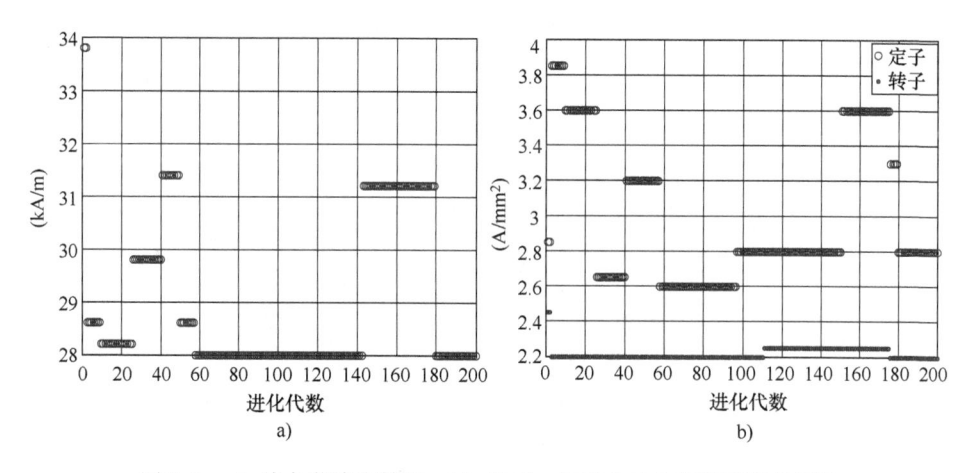

图 9.6 a) 线负荷演变情况 b) 定子、转子中的电流密度演变情况

如图 9.7 所示，气隙磁通密度同样呈现出离散值，但从第一代到最后一代，它会缓慢增加。目标函数的减小与气隙磁通密度的增加之间似乎存在着良好的相关性。当最优候选解不断优化时，定子齿和转子齿中的磁通密度也会随之增加。

如图 9.8 所示，铁心长度与极距之比，以及线圈节距与极距之比呈现出随机变化，有若干离散值，到最后一代时，这些值保持不变。如图 9.9 所示，定子槽数和转子槽数也仅有少数几个离散值，并且在最后几代中保持不变。

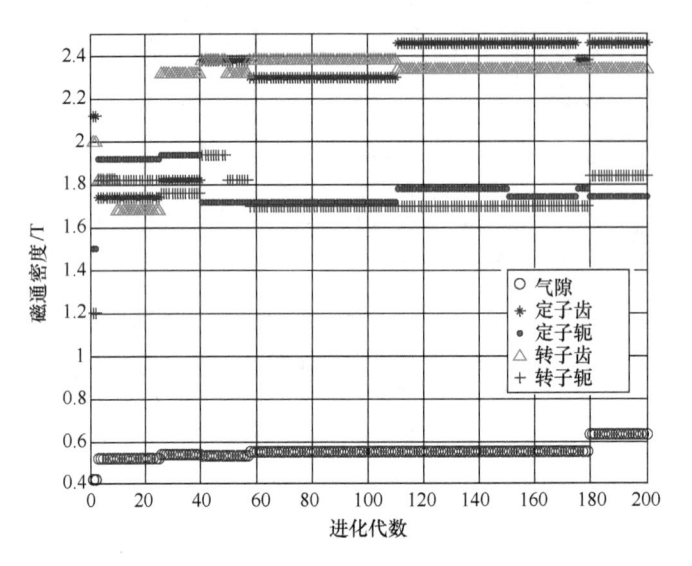

图 9.7 气隙和磁心磁通密度的演变情况

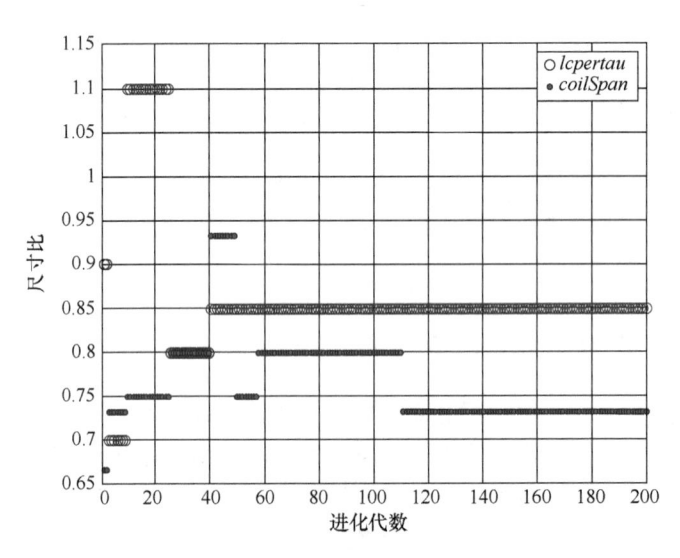

图 9.8 最优候选方案的尺寸比演变情况：每极距对应的铁心长度（lcpertau）和每线圈节距对应的线圈节距（coilSpan）

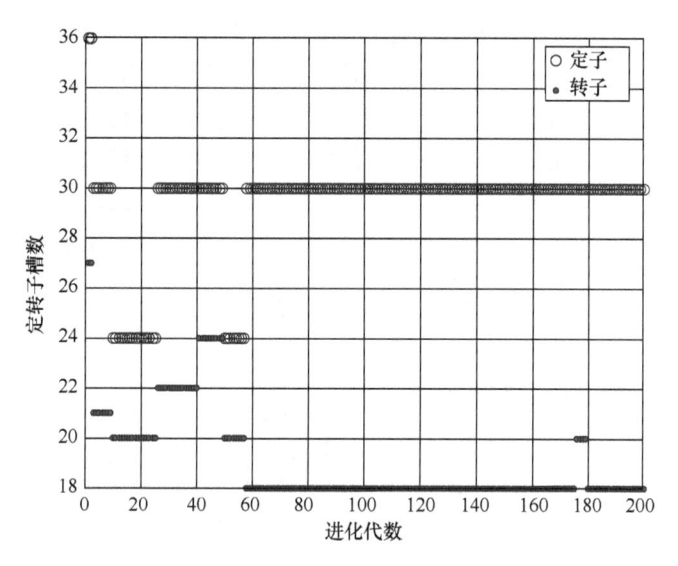

图 9.9　定子、转子槽数的演变情况

如果遗传算法具有连续性，那么最后一代成员的代价函数和优化变量分布可以显示出该算法的进化潜力。在本例中，从图 9.10 可以看出，代价函数仍然有较大的变化范围。成员按照代价函数递增的顺序排列。从图 9.11 可以观察到，线负荷与代价函数之间没有相关性。在最后一代中，线负荷仅保留了几个离散值，但其分布仍覆盖了较大的区域。定子电流密度分布只有少数几个值，并且它们的分布与代价函数无关，这些值处于电流密度的下限。不过，转子电流是个例

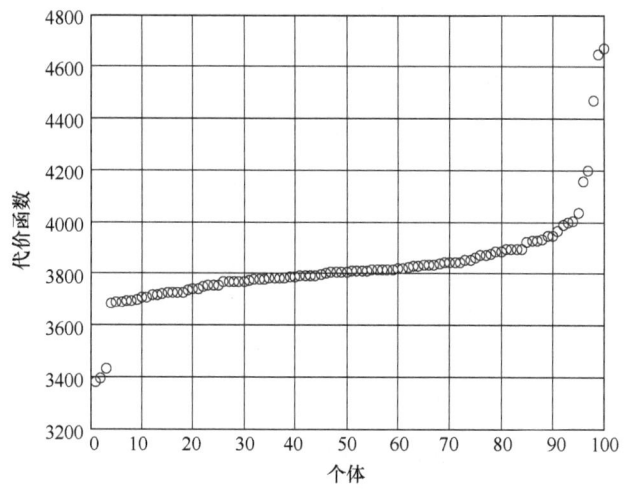

图 9.10　最末代的代价函数

外；对于三个成员而言，转子电流密度较大时，代价函数的值也较大。如图 9.12 所示，在最后一代中，气隙磁通密度与代价函数存在相关性。气隙磁通密度的最大值对应着代价函数的较小值。气隙磁通密度只有几个离散值，且覆盖范围较小。如果目标函数的全局最小值处于气隙磁通密度较大的值处，那么该成员的进一步进化可能会非常缓慢，因为只有良好的变异才能产生更大的气隙磁通。还可以看到，较大的齿磁通密度可能会产生更优的目标函数值。

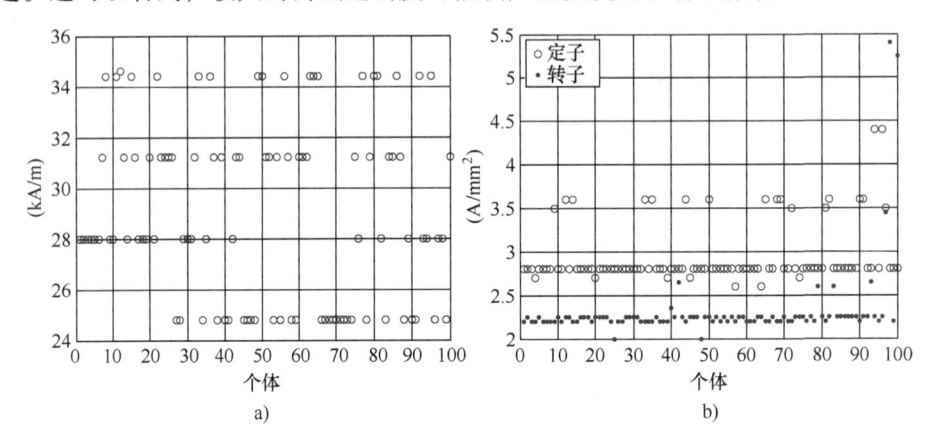

图 9.11 最末代的
a) 线负荷 b) 电流密度

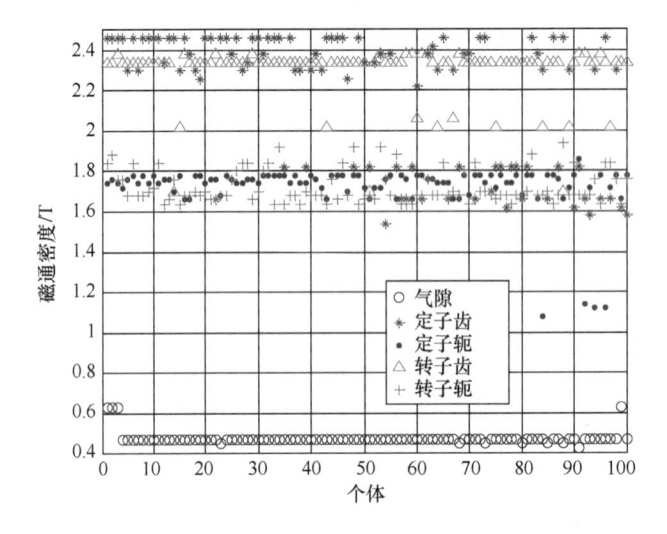

图 9.12 最末代的磁通密度

如图 9.13 所示，铁心长度与极距之比以及线圈节距与极距之比被缩减为少数几个值，且它们的分布似乎与代价函数无关。从图 9.14 可以看出，对于定子槽数，五个可能的值中仅保留了两个。这两个定子槽数值仅与三个转子槽数值组合。槽数与代价函数之间没有明显的相关性。不过，可以得出结论：定子采用 24 或 30 个槽比采用 18 个槽或 36 个槽要好。18 个槽可能太少，36 个槽可能太多，因为在性能优于第一代的最后一代中，这两个槽数没有被选中。

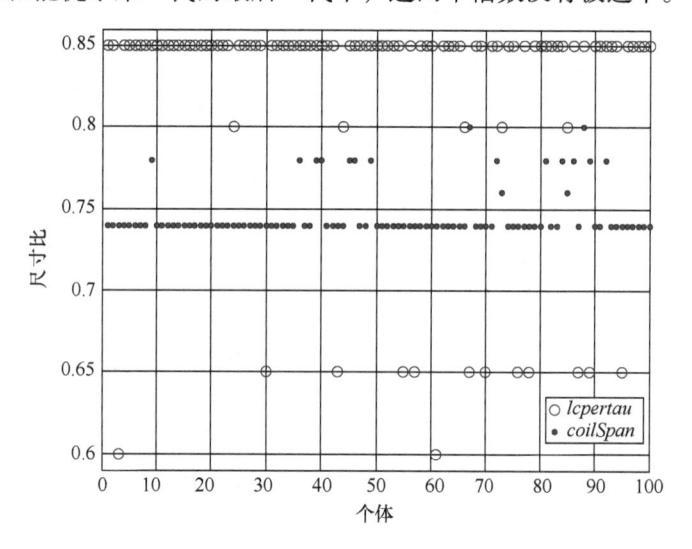

图 9.13 最末代的尺寸比

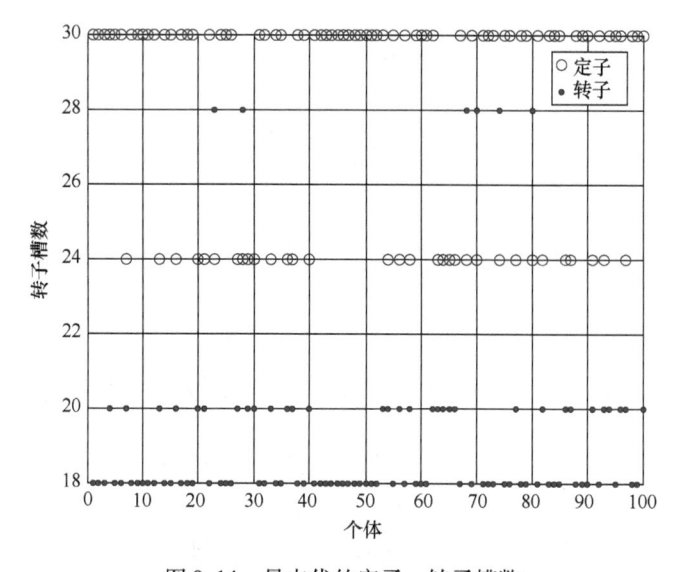

图 9.14 最末代的定子、转子槽数

图 9.15 展示了转子和定子直径的变化情况。存在几个离散值，它们所覆盖

的变化范围较小。图 9.16 展示了定子和转子槽尺寸的变化情况。与槽高度的数值相比，其变化范围适中。

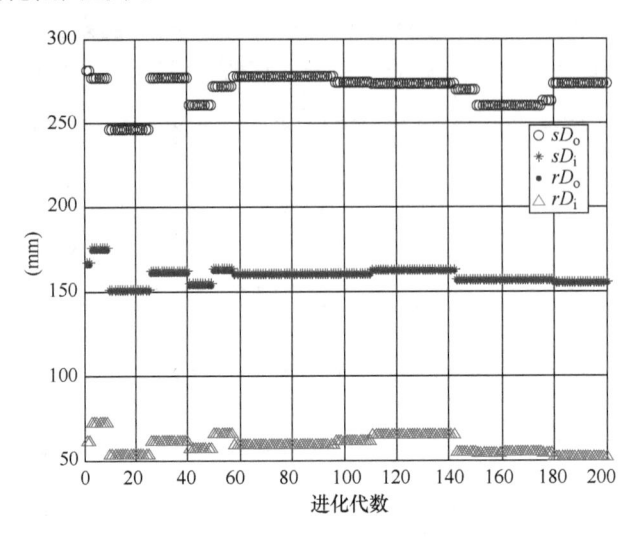

图 9.15 转子和定子直径的演变情况

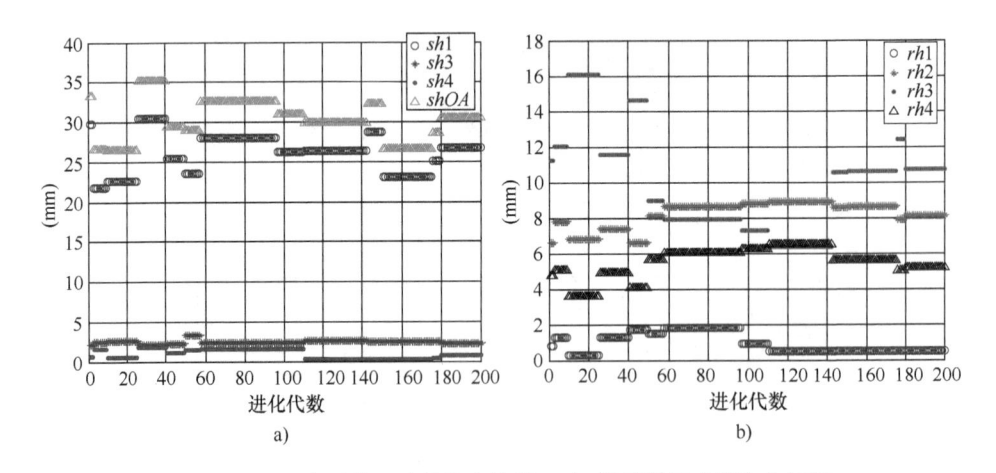

图 9.16 a) 定子槽尺寸的演变情况 b) 转子槽尺寸的演变情况

图 9.17 展示了功率损耗和效率的变化情况。铜损耗呈现出下降的趋势，而电机效率则呈现出上升的趋势。这种变化是离散的，且并非单调变化。图 9.17 还展示了功率因数的变化情况，其也呈现出非单调的上升趋势。

图 9.18 展示了电机以及定子和转子质量的变化情况。图 9.19 展示了绕组和磁心部件质量的变化情况。如图 9.20 所示，代价函数单调下降，但并未观察到质量变化与代价函数变化之间存在直接的相关性。

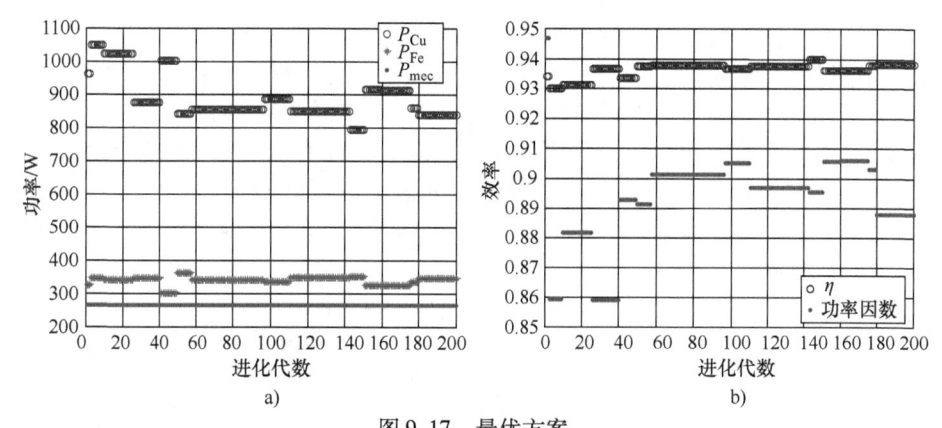

图 9.17 最优方案
a) 功率损耗 b) 效率演变情况

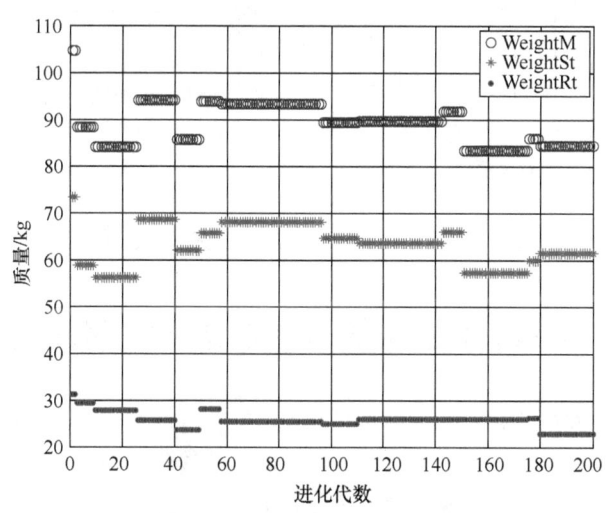

图 9.18 电机质量的演变情况

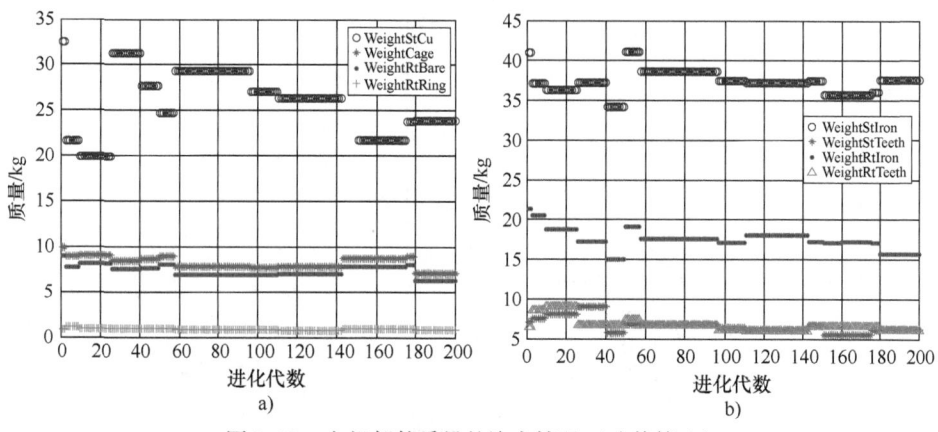

图 9.19 电机部件质量的演变情况（遗传算法）

图 9.20 还展示了代价函数的各个组成部分，如铜材成本、叠片成本、笼型绕组成本以及非预期的能量损耗成本。初始成本包含铜材、叠片和笼型绕组等有源材料的成本，以质量为基础计算。总成本（即目标函数）包含初始成本和能量损耗成本。它可能还包含一项因温度超过最大允许值而产生的惩罚成本，以及若启动电流大于最大允许值（在本例中，为额定电流的六倍）所产生的启动电流惩罚成本。需要注意的是，图 9.20 展示的是每一代中的最优个体，其中并未体现惩罚成本。

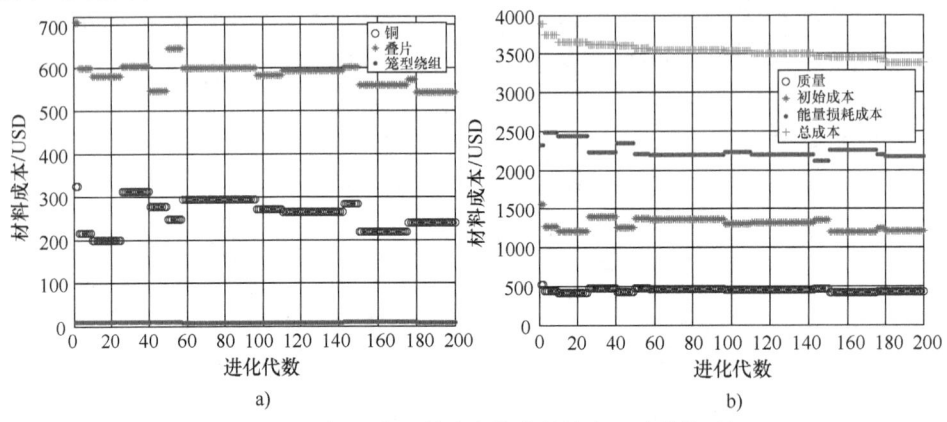

图 9.20 目标函数及其成本构成的演变（遗传算法）

9.3 基于 Hooke-Jeeves 算法的感应电机优化设计

与遗传算法方法中所采用的相同的优化变量向量和目标函数（总成本 C_E），也被用于实施 Hooke-Jeeves 优化算法。在优化过程中，线负荷的变化步长较小，如图 9.21 所示。其最终值与遗传算法方法得到的最终值相近。从该图中还可以看出，定子和转子的电流密度有所降低。

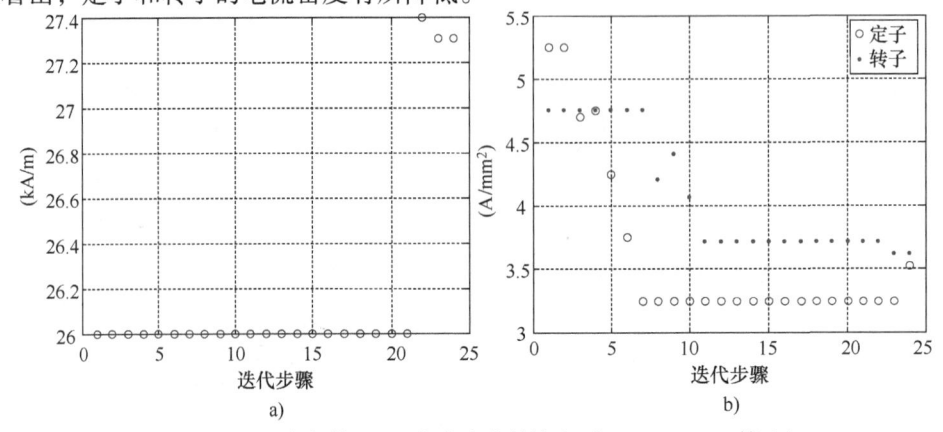

图 9.21 a）电负荷 b）电流密度的演变（Hooke-Jeeves 算法）

在优化过程中，气隙磁通密度保持不变，如图 9.22 所示，但其初始值接近遗传算法优化得到的最优值。定子齿磁通朝着其最大值增加。其他磁心磁通密度也有增加的趋势，但并未达到上限。

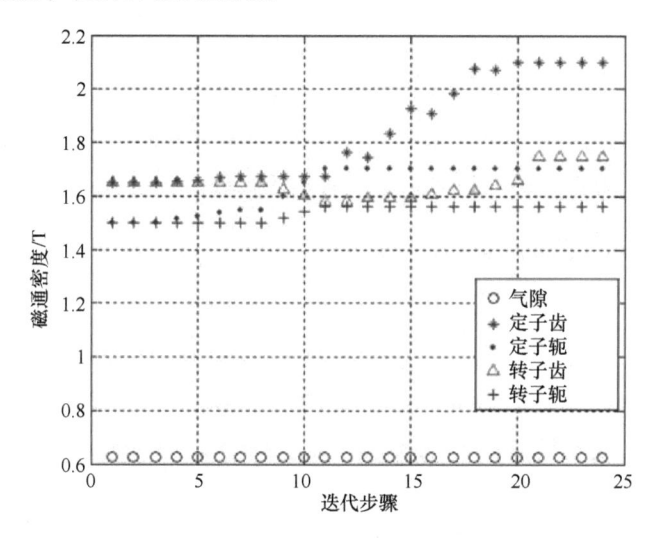

图 9.22 磁通密度的演变（Hooke-Jeeves 算法）

如图 9.23 所示，铁心长度与极距之比下降了约 25%，而线圈节距与极距之比保持不变。如图 9.24 所示，定子槽数保持 24 槽不变，这与遗传算法优化最后一代得到的结果相同。转子槽数在第一次优化步骤中从 34 槽减少到 18 槽，这也是遗传算法得出的最优结果。

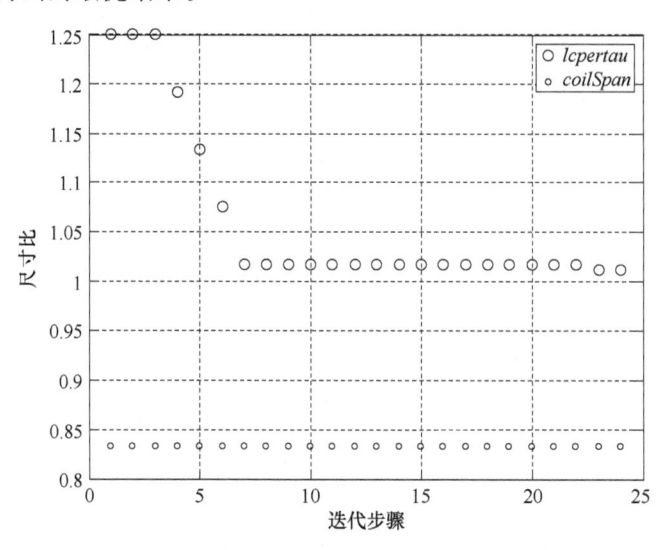

图 9.23 尺寸比的演变（Hooke-Jeeves 算法）

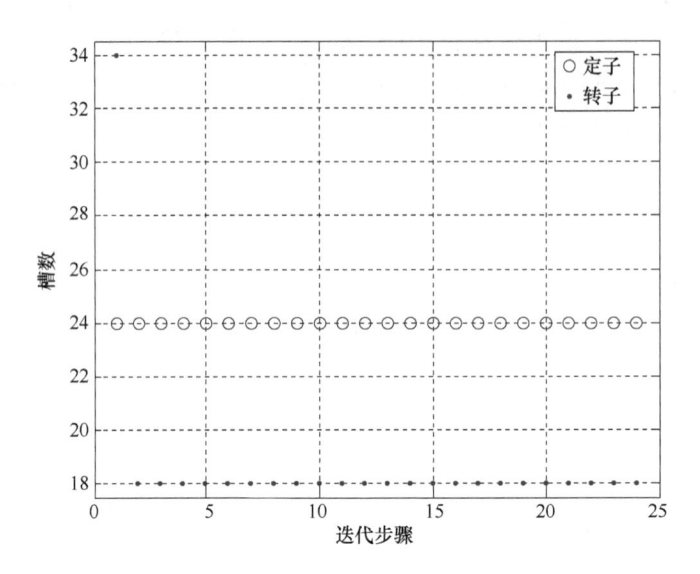

图 9.24　定子、转子槽数的演变（Hooke-Jeeves 算法）

图 9.25 展示了转子和定子直径的变化情况。定子内径 sD_i 和转子外径 rD_o 略有增加，而定子外径 sD_o 的增加幅度稍大一些。因此，如图 9.26 所示，定子槽高度也有所增加。

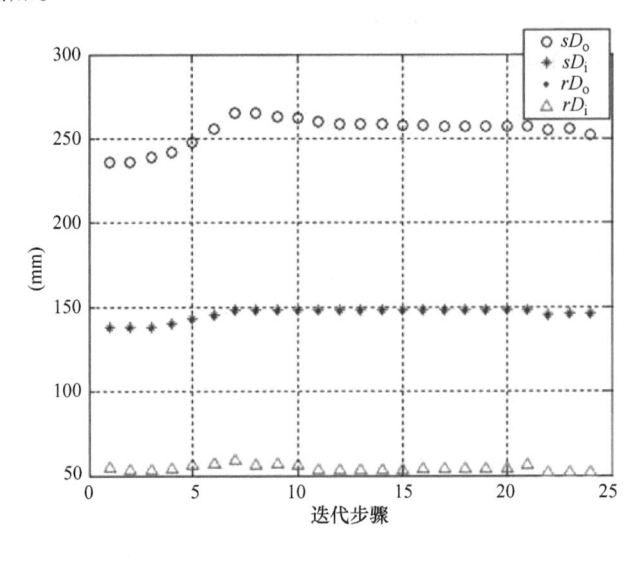

图 9.25　定子、转子直径的演变（Hooke-Jeeves 算法）

如图 9.27 所示，铜损耗有所降低，而铁损耗略有增加，因此效率 η 得以提

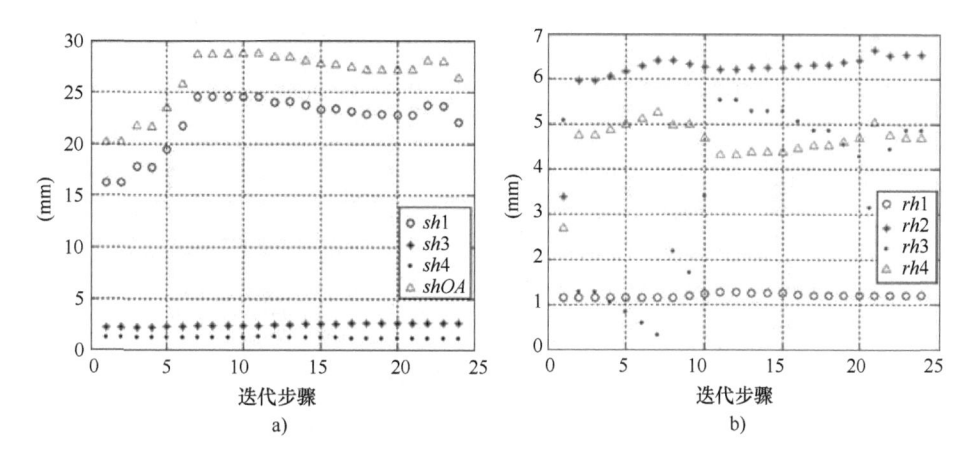

图9.26 a) 定子槽高度的演变 b) 转子槽尺寸的演变（Hooke-Jeeves 算法）

高。图 9.27 中所示的功率因数也下降到了可接受的值。

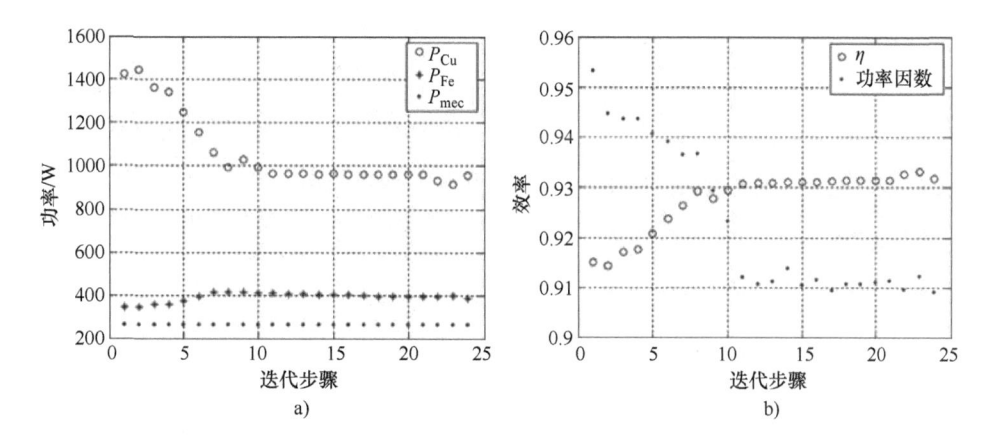

图 9.27 损耗和功率因数的演变（Hooke-Jeeves 算法）

如图 9.28 所示，由于定子质量增加，电机质量增加了约 10kg。如图 9.29 所示，定子质量的增加主要是由于额外增加了定子绕组（铜）。

如图 9.30 所示，目标函数持续下降。第一步下降是由于消除了惩罚成本。在第一个和第二个解之间，电流密度和电机直径没有变化，而定子齿顶高度 h_{s4} 显著增加；因此我们可以得出结论，启动电流惩罚已被消除。由此，尽管前期有所上升，但由于效率提高，代价函数继续下降。

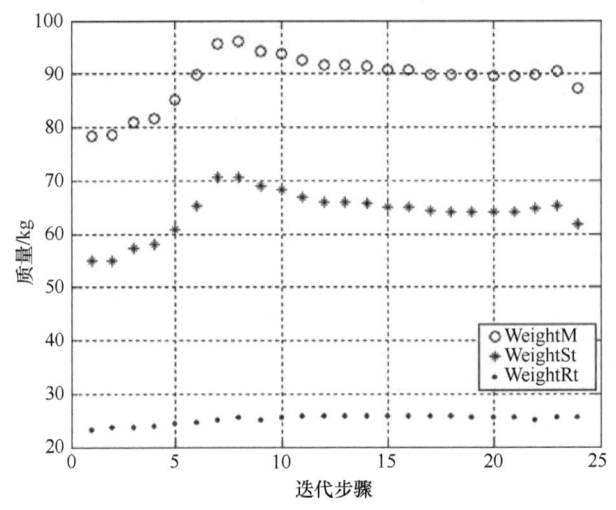

图 9.28　电机质量的演变（Hooke-Jeeves 算法）

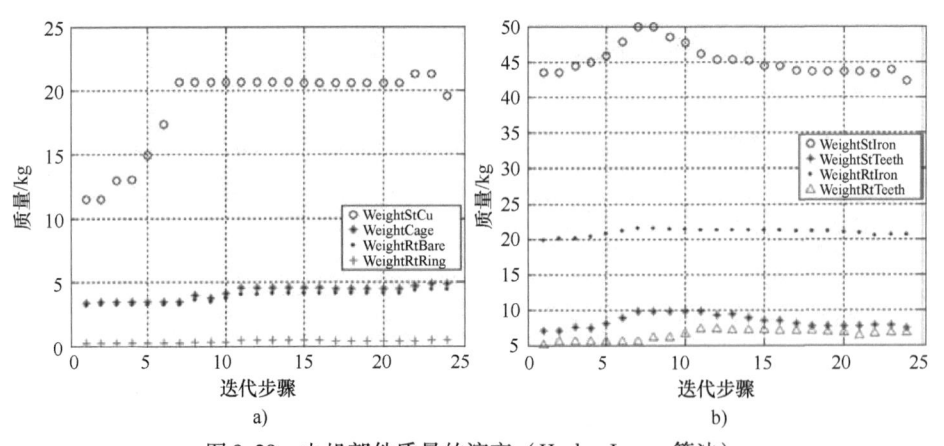

图 9.29　电机部件质量的演变（Hooke-Jeeves 算法）

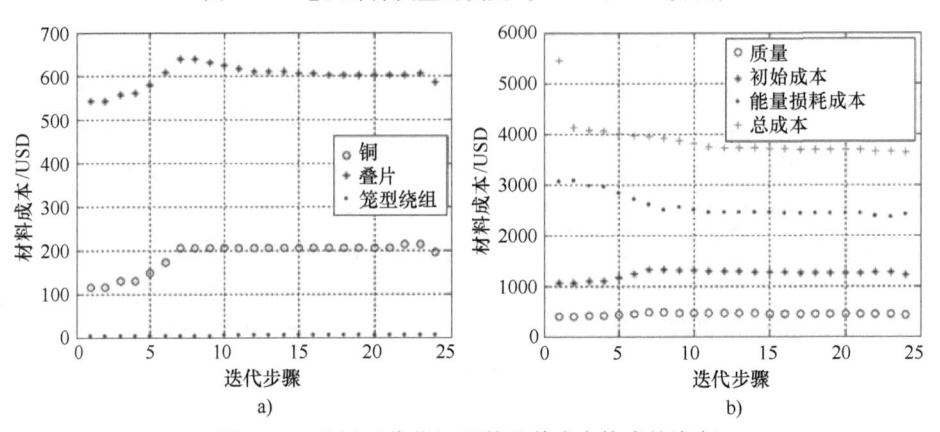

图 9.30　目标（代价）函数及其成本构成的演变

9.4 电机性能

电机性能是通过电路模型计算得出的，不过在计算励磁电感时考虑了磁饱和的影响。这里将采用遗传算法（GA）设计的电机性能与采用 Hooke-Jeeves 优化算法设计的电机性能进行了对比。

图 9.31 展示了两台电机的磁链与励磁电流的关系。可以看出，在小电流（5A）情况下，采用遗传算法（GA）设计的电机磁链比采用 Hooke-Jeeves 算法（HG）设计的电机磁链略大；而在中、大电流情况下，HG 电机的磁链比 GA 电机的磁链大。因此，HG 电机比 GA 电机饱和程度更高。从图 9.32 所示的励磁电感与励磁电流的关系，以及图 9.33 所示的气隙磁通密度与励磁电流的关系，也能得出相同的结论。图 9.34 展示了饱和系数与励磁电流的关系。尽管定子齿和转子齿中的比磁通密度较大，但定子轭对饱和系数的影响最大。这与两极电机的情况相同，因为两极电机的磁力线通过定子轭的路径较长。

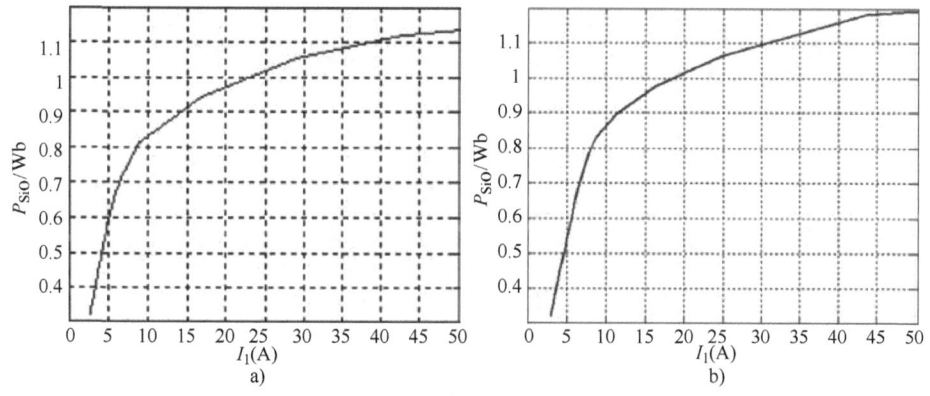

图 9.31 磁链与励磁电流的关系
a) 遗传算法　b) Hooke-Jeeves 算法

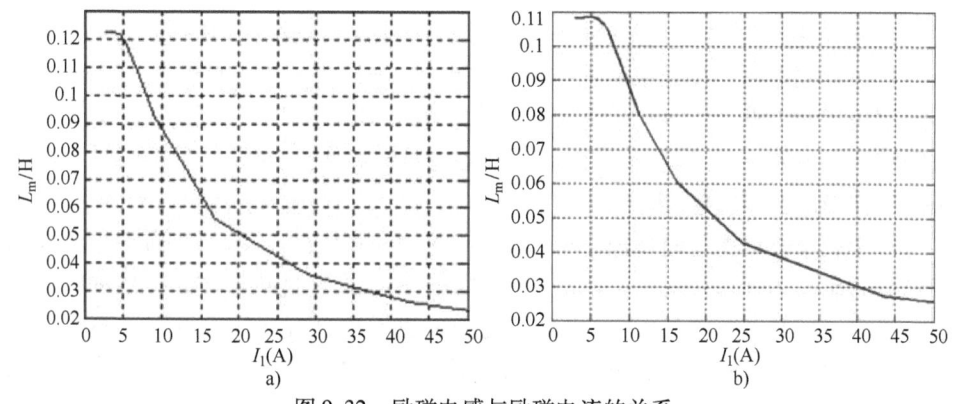

图 9.32 励磁电感与励磁电流的关系
a) 遗传算法　b) Hooke-Jeeves 算法

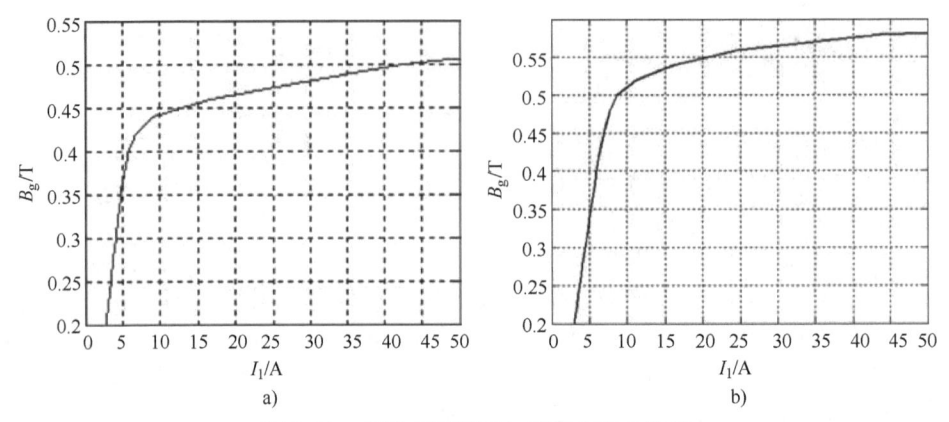

图 9.33 气隙磁通密度与励磁电流的关系
a）遗传算法　b）Hooke-Jeeves 算法

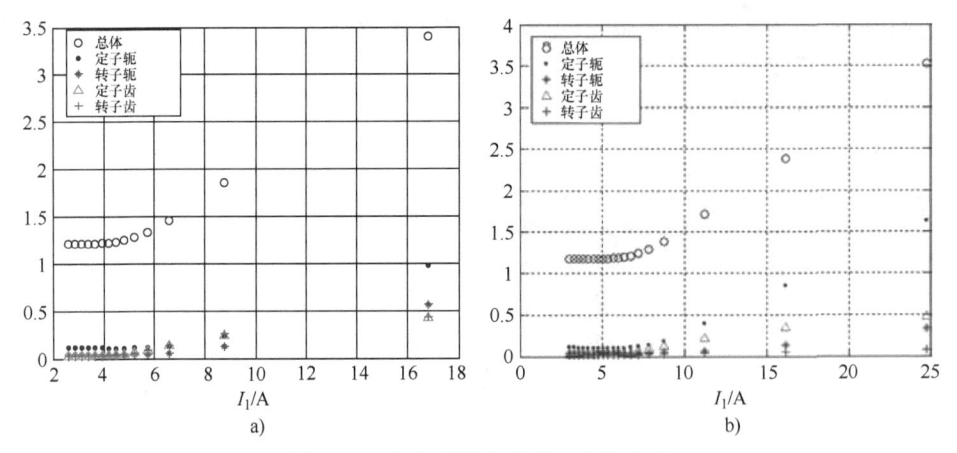

图 9.34 饱和系数与励磁电流的关系
a）遗传算法　b）Hooke-Jeeves 算法

图 9.35 展示了两台电机的转矩-转差率特性曲线。与采用 Hooke-Jeeves 算法（HG）设计的电机相比，采用遗传算法（GA）设计的电机峰值转矩更小，临界转差率也更小。此外，GA 电机的启动转矩小于 HG 电机。从表 9.3 可知 GA 电机的转子电阻较小，这就解释了上述特性差异的原因。如图 9.36 所示，HG 电机的启动电流比 GA 电机略小。

对于启动电流超过允许值的电机，通过设置惩罚成本，从而使启动电流与额定电流的比值达到可接受的范围。若不设置这种惩罚，优化算法设计出的电机启动电流会达到额定电流的 12 倍之多。这类电机不适合直接接入电网。不过，它们具有较大的峰值转矩，这意味着在变速驱动中，电机在恒功率下能有较宽的调速范围。

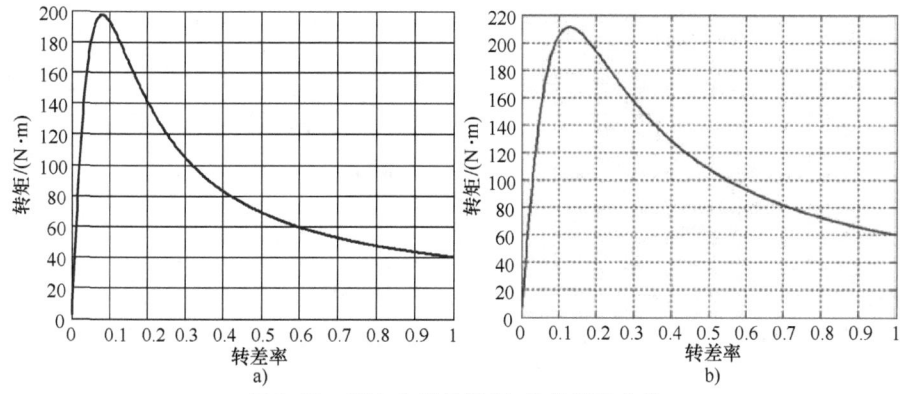

图 9.35　两台电机的转矩-转差特性曲线
a）遗传算法　b）Hooke-Jeeves 算法

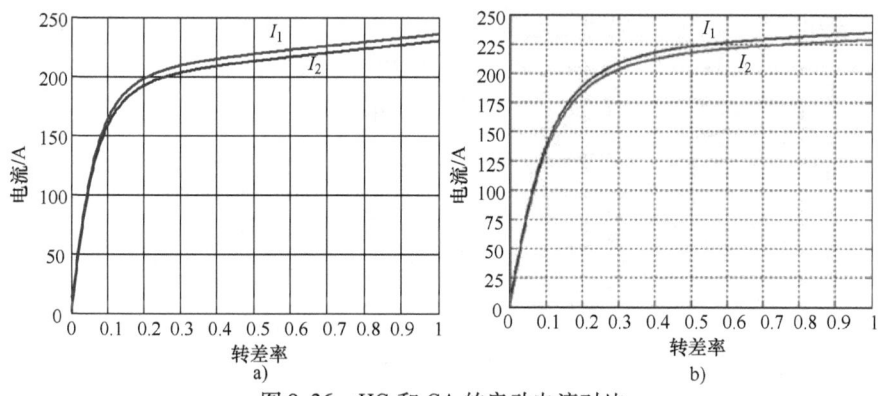

图 9.36　HG 和 GA 的启动电流对比
a）遗传算法　b）Hooke-Jeeves 算法

图 9.37 展示了输入功率和输出功率随转差率的变化情况，而图 9.38 展示了效率和功率因数随转差率的变化情况。

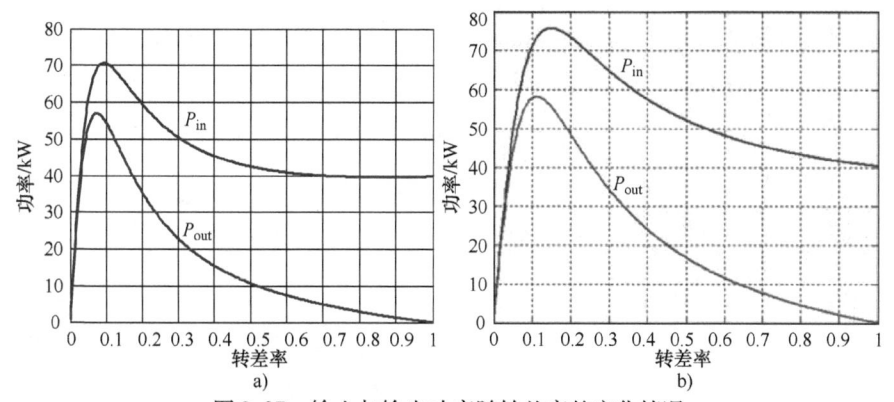

图 9.37　输入与输出功率随转差率的变化情况
a）遗传算法　b）Hooke-Jeeves 算法

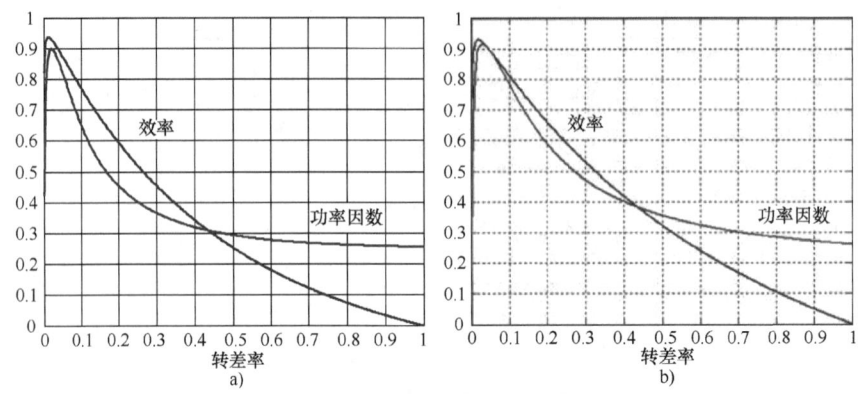

图 9.38 效率、功率因数与转差率的关系
a）遗传算法 b）Hooke-Jeeves 算法

图 9.39 展示了两台电机的电流与转矩的关系，图 9.40 则展示了效率、功率因数与转矩的关系。表 9.3 列出了所设计电机的主要尺寸和参数。

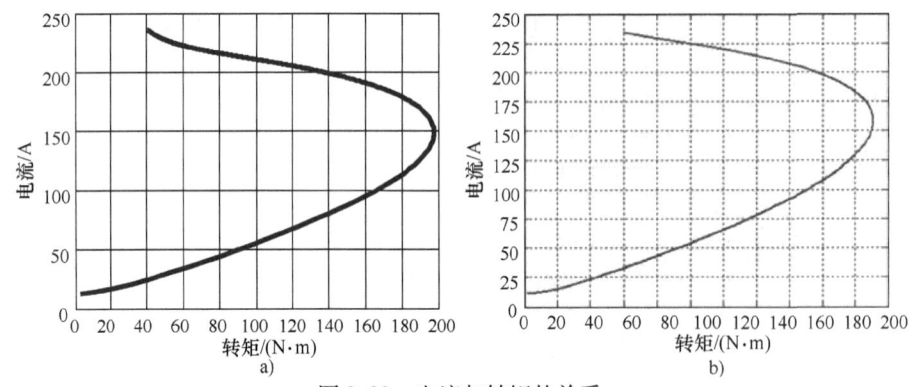

图 9.39 电流与转矩的关系
a）遗传算法 b）Hooke-Jeeves 算法

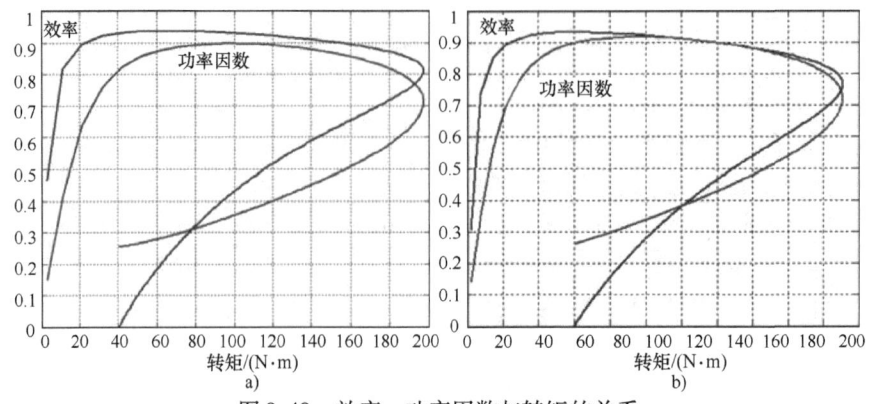

图 9.40 效率、功率因数与转矩的关系
a）遗传算法 b）Hooke-Jeeves 算法

表9.3 优化后的感应电机尺寸和参数

参数	GA1	GA2	Hooke-Jeeves	单位	说明
D_{so}	273	269	252	mm	定子外径
D_{si}	156	152.2	146	mm	定子内径
D_{ri}	52	52	52	mm	转子内径
L_c	192.2	223.5	244.5	mm	定子铁心长度
g	0.65	0.65	0.65	mm	气隙
hs_{OA}	30.5	28.2	26.4	mm	定子槽高度
h_{s1}	26.7	23.5	22.1	mm	定子槽主高度
h_{s3}	2.3	2	2.6	mm	定子槽楔高度
h_{sy}	28.1	30.2	26.6	mm	定子轭高度
w_{st}	4.2	6.1	5.7	mm	定子齿宽度
N_1	60	50	48		每相匝数
h_{rOA}	24.5	23.7	17.3	mm	转子槽高度
w_{r1}	16.1	15.7	12.9	mm	转子槽顶宽度
w_{r2}	12.3	12.3	11.2	mm	转子槽底宽度
h_{ry}	26.7	25.9	29.2	mm	转子轭高度
b_{rt}	7.5	7.2	9.3	mm	转子齿宽度
WeightStCu	23.868	19.234	19.536	kg	定子绕组质量
WeightIronUsed	108.391	122.337	117.475	kg	加工铁心质量
WeightStIron	37.58	47.671	42.308	kg	定子铁心质量
WeightRtIron	9600.13	10.722	13.76	kg	转子铁心质量
WeightCage	7.161	7.58	4.861	kg	转子笼质量
WeightM	84.31	92.07	87.261	kg	电机质量（有源材料）
I_{1n}	39.49	40.24	38.58	A	额定电流（均方根值）
V_{fn}	220	220	220	V	额定相电压（均方根值）
P_{Cu}	837.56	845.16	956.75	W	铜耗
P_{Fe}	346.54	382.59	386.81	W	铁耗
P_{mec}	264	264	264	W	机械损耗（额定功率P_n的1.2%）
E_{tan}	93.82	93.65	93.19	%	额定效率
Cosphin	0.89	0.87	0.91		额定功率因数
sR	0.113	0.116	0.112	Ω	定子直流电阻
rR	0.08	0.071	0.12	Ω	转子直流电阻
RFe	372	332	340	Ω	等效铁耗电阻

(续)

参数	GA1	GA2	Hooke-Jeeves	单位	说明
$Lm0_{sat}$	53.17	54.959	62.07	mH	额定电压下的励磁电感
L_{sl}	1.632	1.774	1.449	mH	定子漏感
L_{rl}	1.544	2.287	1.537	mH	转子漏感
rJ	0.075	0.079	0.074	kgm^2	转子惯量
Cu_c	238.677	192.338	195.363	USD	定子绕组成本
Lam_c	541.957	611.685	587.374	USD	铁心成本
$cage_c$	7.161	7.58	4.861	USD	铁心加工成本
pmw_c	421.552	460.352	436.304	USD	鼠笼成本
i_{cost}	1209.348	1271.955	1223.903	USD	质量惩罚成本
$energy_c$	2172.148	2237.62	2411.335	USD	初始成本
t_{cost}	3381.496	3509.575	3635.238	USD	总成本（目标函数）
sim_{time}	286.047	23.343	5.735	s	仿真时间（Intel 双核处理器）

Hooke-Jeeves 算法的优化步长更小，所需的计算时间也明显少很多，这在表9.3中清晰可见。Hooke-Jeeves 算法仅需 5.735s，而对于种群数量为 100 且进化代数为 200 的遗传算法，仿真时间达到了 286.047s。Hooke-Jeeves 算法陷入了局部最小值，此时目标函数值为 3635.238 美元，而遗传算法得到的目标函数值为 3381 美元，比前者小了约 5%。Hooke-Jeeves 算法和遗传算法的初始成本似乎相近。若使用较少的种群数量（30）和较少的进化代数，遗传算法的优化时间会减少，但得到的目标函数值与 Hooke-Jeeves 算法相当。用几个随机的初始变量向量来启动 Hooke-Jeeves 算法，应能提高找到全局最优解的概率，且计算时间仍会显著低于遗传算法。

9.5 本章小结

综上所述，本章按以下方式展开：
- 提供了一个相当完备的感应电机解析模型，该模型考虑了磁饱和情况；有关其他感应电机模型，可见参考文献 [4, 6]。
- 随后，将该解析模型分别融入基于遗传算法和 Hooke-Jeeves 算法的优化设计计算机代码中。
- 以电机总成本作为成本函数，对同一台电机进行了优化设计，并对结果进行了详尽的展示与讨论。

- 两种优化设计算法均取得了良好的效果，但 Hooke-Jeeves 算法所需的计算时间仅为遗传算法的 1/50。
- 为避免陷入局部最优解，Hooke-Jeeves 算法需要从几组（5～8 组）初始变量集开始运算。
- 完成优化设计后，有必要使用有限元法进行实验验证。
- 后续还需将基于遗传算法和 Hooke-Jeeves 算法的优化设计代码集成到一个完整的设计代码中。
- 关于感应电机优化设计的更多内容，可查阅《美国电气电子工程师学会汇刊》（IEEE Trans.）的《能量变换》（EC）和《磁学》（MAG）分册。

参 考 文 献

1. I. Boldea and S.A. Nasar, *Induction Machine Handbook*, CRC Press, New York, 2001.

2. M.A. Awadallah, Parameter estimation of induction machines from nameplate data using particle swarm optimization and genetic algorithm techniques, *Elec. Power Compon. Syst.*, 36(8), 2008, 801–814.

3. E.S. Hamdi, *Design of Small Electric Machines*, John Wiley & Sons, Chichester, U.K., 1994.

4. V. Ostovic, *Dynamics of Saturated Electric Machines*, Springer-Verlag, New York, 1989.

5. B. Heller and V. Hamata, *Harmonic Field Effects in Induction Machines*, Elsevier, Amsterdam, the Netherlands, 1977.

6. G. Madescu, I. Boldea, and T.J.E. Miller, The optimal lamination approach to induction, machine design global optimization, *IEEE Trans. Ind. Applic.*, 34(3), 1998, 422–428.

7. Z.M. Zhao, S. Meng, C.C. Chan, and E.W.C. Lo, A novel induction machine design suitable for, inverter-driven variable speed systems, *IEEE Trans. Energy Convers.*, 15(4), 2000, 413–420.

8. T.C. O'Connell and P.T. Krein, A preliminary investigation of computer-aided Schwarz-Christoffel transformation for electric machine design and analysis, *2006 IEEE COMPEL Workshop*, Rensselaer Polytechnic Institute, Troy, NY, July 16–19, 2006, pp. 166–172.

9. M.B. Norton and P.J. Leonard, An object oriented approach to parameterized electrical machine design, *IEEE Trans. Magn.*, 36(4), 2000, 1687–1691.

10. J. Avey and R. King, Effects of specification requirements on induction machine design and operation, Paper No. PCIC-2003-11, pp. 111–120.

Electric Machines: Steady State, Transients, and Design with MATLAB®
by Ion Boldea, Lucian Tutelea ISBN: 9781420055726.

Copyright © 2010 by Taylor and Francis Group, LLC.

Authorized translation from English language edition published by CRC Press, part of Taylor & Francis Group LLC; All rights reserved; 本书原版由 Taylor & Francis 出版集团旗下 CRC 出版公司出版, 并经其授权翻译出版。版权所有, 侵权必究。

China Machine Press is authorized to publish and distribute exclusively the Chinese (Simplified Characters) language edition. This edition is authorized for sale in the Chinese mainland (excluding Hong Kong SAR, Macao SAR and Taiwan). No part of the publication may be reproduced or distributed by any means, or stored in a database or retrieval system, without the prior written permission of the publisher.

本书中文简体翻译版授权由机械工业出版社独家出版并限在中国大陆地区（不包括香港、澳门特别行政区及台湾地区）销售。未经出版者书面许可，不得以任何方式复制或发行本书的任何部分。

Copies of this book sold without a Taylor & Francis sticker on the cover are unauthorized and illegal. 本书封面贴有 Taylor & Francis 公司防伪标签，无标签者不得销售。

北京市版权局著作权合同登记图字：01-2018-5517 号。

图书在版编目（CIP）数据

电机的暂态与 MATLAB 优化设计 /（罗）扬·博尔代亚 (Ion Boldea),（美）卢西恩·图特拉 (Lucian Tutelea) 著; 武洁译. -- 北京: 机械工业出版社, 2025.6. --（现代电机典藏系列）. -- ISBN 978-7-111-78609-2

I. TM302-39

中国国家版本馆 CIP 数据核字第 2025CK8799 号

机械工业出版社（北京市百万庄大街22号　邮政编码100037）
策划编辑：江婧婧　　　　　　　　责任编辑：江婧婧　朱　林
责任校对：曹若菲　李　杉　　　　封面设计：鞠　杨
责任印制：单爱军
北京华宇信诺印刷有限公司印刷
2025年8月第1版第1次印刷
169mm×239mm・20.5印张・397千字
标准书号：ISBN 978-7-111-78609-2
定价：125.00元

电话服务　　　　　　　　　　网络服务
客服电话：010-88361066　　　机　工　官　网：www.cmpbook.com
　　　　　010-88379833　　　机　工　官　博：weibo.com/cmp1952
　　　　　010-68326294　　　金　书　网：www.golden-book.com
封底无防伪标均为盗版　　　　机工教育服务网：www.cmpedu.com